高等职业教育"十二五"精品课程规划教材

机械设计基础

林茂用　主编
段红萍　林　青　吴汝杨
梅明亮　吴　迅　何用辉　参编
徐　宁　主审

北京邮电大学出版社
·北京·

内 容 简 介

本书是根据教育部有关高职高专教育机械设计基础课程教学基本要求、教育部教高〔2006〕16号等相关文件的精神，并结合编者多年从事教学、生产实践的经验编写的基于工作过程为导向的项目式课程。

全书涵盖工程力学、工程材料、机械原理、机械零件等内容，共分4个项目，项目一"设计概论"、项目二"机构设计"、项目三"零部件的设计"、项目四"传动装置的设计"，这4个项目按照职业成长规律和认知规律从简单到复杂、从单一到综合的"串行结构"排序，把自成体系的"工程材料"、"工程力学"分散在"机械原理、机械零件"中，在知识总量不变的情况下序化了教学内容，并通过工程案例的驱动使工程材料、工程力学、机械原理和机械零件的知识相互融洽，相互渗透，形成了有机的统一体。本书各个项目均有工程项目案例导入、习题和参考答案。带 * 号课题可根据专业需要进行取舍。

本书可作为高等职业院校机械类、机电类和近机类专业的规划教材，也可作为成人教育机电类教材，同时可供从事机械设计、制造和维修等工作的有关人员参考。

图书在版编目(CIP)数据

机械设计基础/林茂用主编．--北京：北京邮电大学出版社，2010.10(2018.7重印)
ISBN 978-7-5635-2435-8

Ⅰ.①机… Ⅱ.①林… Ⅲ.①机械设计—高等学校：技术学校—教材 Ⅳ.①TH122

中国版本图书馆 CIP 数据核字(2010)第 191712 号

书　　　名：	机械设计基础
主　　　编：	林茂用
责任编辑：	刘炀
出版发行：	北京邮电大学出版社
社　　　址：	北京市海淀区西土城路 10 号(邮编：100876)
发 行 部：	电话：010-62282185　传真：010-62283578
E-mail：	publish@bupt.edu.cn
经　　　销：	各地新华书店
印　　　刷：	北京九州迅驰传媒文化有限公司
开　　　本：	787 mm×1 092 mm　1/16
印　　　张：	25.5
字　　　数：	668 千字
版　　　次：	2010 年 10 月第 1 版　2018 年 7 月第 5 次印刷

ISBN 978-7-5635-2435-8　　　　　　　　　　　　　　　　　　　　　　　定　价：45.00元
・ 如有印装质量问题，请与北京邮电大学出版社发行部联系 ・

前　　言

一、课程教学目标

《机械设计基础》课程是面向高职机械类或近机械类专业群的一门重要的专业技术基础课,也是一门古老而又经典的课程,随着社会的发展和科技的进步,《机械设计基础》的内容在不断地丰富和完善。它主要研究工程材料的牌号、性能及选用,构件在外力作用下的变化规律、机械中的常用机构和通用零件的工作原理、机构特点、基本的设计理论和计算方法。通过本课程的学习,使学生掌握机械基本理论和基本知识,培养学生初步具备运用相关知识、手册设计简单传动装置的能力。在设计的教学情境中反复训练工程思维方式和行为模式,培养学生正确的设计思想和严谨的工作作风,为完成产品设计中的机构设计、零部件设计、标准件选用等典型工作任务培养专业能力、方法能力和社会能力。

二、课程编写理念

以工作过程为导向,以培养学生综合设计能力为主线,以应用为目的,以"必须、够用"为度,以讲清概念、强化应用为重点即以过程性知识为主,以陈述性知识为辅的理念来确定本课程的主要内容和体系结构;把课程内容整合为4个项目,项目一"设计概论"、项目二"机构设计"、项目三"零部件的设计"、项目四"传动装置的设计",这四个项目按照职业成长规律和认知规律从简单到复杂、从单一到综合的"串行结构"排序的理念编写课程。

三、课程编写特点

概据制造企业发展的需要和职业岗位的任职要求,着眼于课程教学内容的整体规划和项目组合,按照职业成长规律和认知规律序化教学内容,把自成体系的"工程材料"、"工程力学"分散在"机械原理、机械零件"中。静力学部分突出力系平衡方程的应用,常用材料突出牌号、性能、应用放在项目一。材料力学和材料的选用部分不再设单独的课题,而是按项目需要溶入到各课题中,形成了理论与实践、知识与能力紧密结合的一体化模式,通过项目的驱动使工程材料、工程力学、机械原理和机械零件的知识相互融洽,相互渗透,形成了有机统一体项目,4个项目"设计概论"、"机构设计"、"零部件的设计"、"传动装置的设计"属同一设计概念范畴、成串形排列,按职业成长规律和认知规律,以零部件为载体,以工程实际案例为切入点,在知识总量不变的情况下,序化教学内容,使工程材料、工程力学、机械原理及机械零件不再是独立的学科体系,而是按职业岗位群任职要求所需要的知识、能力、素质构建课程体系,即基于工作过程的项目式学习领域。

本书由福建信息职业技术学院林茂用老师主编,段红萍、林青、吴迅、吴汝扬、梅明亮、何用辉老师参编。具体的编写分工如下:林茂用老师编写1.0、1.1、1.4、2.0、2.1.1、2.1.3、2.1.4、2.2、3.0、3.3.2、4.0;段红萍老师编写1.2、1.3、2.1.2、3.2;林青老师编写3.1、4.1;吴迅老师编写3.3.1、3.3.2;吴汝杨老师编写4.2;梅明亮老师编写2.3、4.3;何用辉老师编写2.2.4;本书由徐宁老师主审。

由于项目式教材是全新的课题,加上作者水平有限,时间仓促,书中难免有疏漏和错误之处,恳请同行专家及读者提出批评意见。

编者

2010年7月

目 录

项目一 设计概论 …………………………………………………………………… 1

1.0 工程项目实例一 …………………………………………………………………… 1
1.1 课题一:本课程的性质和研究对象、主要内容和任务 ……………………… 2
1.2 课题二:机械零件的常用材料 ………………………………………………… 4
  1.2.1 材料的力学性能 …………………………………………………………… 4
  1.2.2 晶体结构 ………………………………………………………………… 11
  1.2.3 铁碳合金 ………………………………………………………………… 15
  1.2.4 钢的热处理 ……………………………………………………………… 24
  1.2.5 工程金属材料 …………………………………………………………… 41
  1.2.6 工程材料的选用 ………………………………………………………… 80
1.3 课题三:构件的静力学分析 …………………………………………………… 92
  1.3.1 静力学的基本概念 ……………………………………………………… 92
  1.3.2 平面力系 ………………………………………………………………… 103
  1.3.3 空间力系的平衡问题 …………………………………………………… 112
1.4 课题四:机械设计概述 ………………………………………………………… 118
  1.4.1 机械设计的基本要求 …………………………………………………… 118
  1.4.2 机械设计的类型 ………………………………………………………… 119
  1.4.3 机械设计的一般过程 …………………………………………………… 120
  1.4.4 零件的失效形式和计算准则 …………………………………………… 120
  1.4.5 机械零件设计的一般步骤 ……………………………………………… 121
  1.4.6 机械零部件的标准化 …………………………………………………… 122
  1.4.7 零件的失效 ……………………………………………………………… 122

项目二 机构设计 …………………………………………………………………… 123

2.0 工程项目实例二 ………………………………………………………………… 123
2.1 课题一:平面连杆机构 ………………………………………………………… 123
  2.1.1 平面连杆机构的运动幅及自由度 ……………………………………… 124
  2.1.2 杆件的轴向拉压及强度计算 …………………………………………… 132
  2.1.3 四杆机构的基本类型及其演化 ………………………………………… 144
  2.1.4 四杆机构的特性 ………………………………………………………… 150

2.2 课题二：凸轮机构 ……………………………………………………………… 155
    2.2.1 概述 …………………………………………………………………… 155
    2.2.2 从动件常用运动规律 ………………………………………………… 158
    2.2.3 图解法设计凸轮轮廓 ………………………………………………… 161
    2.2.4 凸轮机构设计中的几个问题 ………………………………………… 163
2.3 课题三：间歇运动机构 ………………………………………………………… 166
    2.3.1 棘轮机构 ……………………………………………………………… 166
    2.3.2 槽轮机构 ……………………………………………………………… 170
    2.3.3 不完全齿轮机构和凸轮式间歇运动机构 …………………………… 171

项目三 零部件的设计 …………………………………………………………… 174

3.0 工程项目实例三 ………………………………………………………………… 174
3.1 课题一：联接 …………………………………………………………………… 174
    3.1.1 螺纹联接的基本知识 ………………………………………………… 175
    3.1.2 螺栓的强度计算 ……………………………………………………… 185
    3.1.3 键联接及其他联接 …………………………………………………… 192
    3.1.4 联轴器、离合器和制动器 …………………………………………… 201
    3.1.5 弹簧的功用和类型 …………………………………………………… 210
3.2 课题二：轴 ……………………………………………………………………… 216
    3.2.1 轴的分类及材料 ……………………………………………………… 216
    3.2.2 传动轴的强度和刚度计算 …………………………………………… 219
    3.2.3 心轴的强度计算 ……………………………………………………… 228
    3.2.4 转轴的强度设计 ……………………………………………………… 245
    3.2.5 轴的设计 ……………………………………………………………… 249
3.3 轴承 ……………………………………………………………………………… 258
    3.3.1 滑动轴承 ……………………………………………………………… 258
    3.3.2 滚动轴承 ……………………………………………………………… 265

项目四 传动装置的设计 ………………………………………………………… 288

4.0 工程项目实例四 ………………………………………………………………… 288
4.1 课题一：带传动 ………………………………………………………………… 289
    4.1.1 带传动的类型 ………………………………………………………… 290
    4.1.2 V带的结构和标准 …………………………………………………… 294
    4.1.3 带传动的理论基础 …………………………………………………… 297
    4.1.4 带传动的计算 ………………………………………………………… 299
    4.1.5 V带轮的结构设计 …………………………………………………… 306
    4.1.6 带传动的张紧装置、安装与维护 …………………………………… 308
4.2 课题二：齿轮传动 ……………………………………………………………… 310
    4.2.1 齿轮传动的特点及分类 ……………………………………………… 310
    4.2.2 渐开线齿廓的啮合特性 ……………………………………………… 311

4.2.3　渐开线齿轮主要参数及几何尺寸计算 …………………………………………… 313
　　4.2.4　渐开线齿轮啮合传动 ………………………………………………………………… 315
　　4.2.5　渐开线齿轮的加工原理和根切现象 ………………………………………………… 318
　　4.2.6　变位齿轮简介 ………………………………………………………………………… 322
　　4.2.7　齿轮的失效形式及材料选用 ………………………………………………………… 323
　　4.2.8　直齿圆柱齿轮传动的强度计算 ……………………………………………………… 328
　　4.2.9　斜齿圆柱齿轮传动 …………………………………………………………………… 337
　　4.2.10　圆柱齿轮的结构及传动维护 ………………………………………………………… 345
　　4.2.11　圆锥齿轮传动 ………………………………………………………………………… 347
　　4.2.12　蜗杆传动 ……………………………………………………………………………… 350
　4.3　课题三：齿轮系 …………………………………………………………………………………… 359
　　4.3.1　齿轮系及其分类 ……………………………………………………………………… 359
　　4.3.2　定轴轮系传动比的计算 ……………………………………………………………… 360
　　4.3.3　行星轮系传动比的计算 ……………………………………………………………… 362
　　4.3.4　组合轮系传动比的计算 ……………………………………………………………… 365
　　4.3.5　轮系的应用 …………………………………………………………………………… 366
　　4.3.6　其他新型齿轮传动装置简介 ………………………………………………………… 368
项目一作业 ……………………………………………………………………………………………… 370
项目二作业 ……………………………………………………………………………………………… 379
项目三作业 ……………………………………………………………………………………………… 384
项目四作业 ……………………………………………………………………………………………… 392
附录 ……………………………………………………………………………………………………… 397
参考文献 ………………………………………………………………………………………………… 399

设 计 概 论

项目一

1.0 工程项目实例一

在日常生活中经常见到的机器如图 1-0-1、图 1-0-2、图 1-0-3 所示,那么机器的功能有哪些?它由哪几部分组成?组成每一部分的零部件是用什么材料制造的?零部件在工作过程中会受哪些载荷作用?如何进行机械设计?这些问题本课程将通过 4 个项目加以探讨。

图 1-0-1

图 1-0-2

图 1-0-3

1.1 课题一：本课程的性质和研究对象、主要内容和任务

随着社会经济的发展和科学技术的不断提高，机械产品的种类越来越多，例如内燃机、机床、破碎机、起重机、发电机、洗衣机、缝纫机、汽车等。

如图1-1-1所示为内燃机，它由气缸体（机架）、曲轴、连杆、活塞、进气阀、排气阀、推杆、凸轮及齿轮等组成。当燃气推动活塞作往复运动时，通过连杆使曲轴作连续转动，从而将燃气的热能转换成曲轴的机械能。为了保证曲轴的连续转动，通过齿轮、凸轮、推杆和弹簧等的作用，按一定的运动规律启闭阀门，以输入燃气和排除废气。通过对该机构进行分析，发现它主要由3种机构组成：①由机架、曲轴、连杆和活塞组成的曲柄滑块机构，它将活塞的往复运动转变为曲轴的连续运动；②由机架、凸轮和推杆构成的凸轮机构，它将凸轮的连续转动转变为推杆的往复运动；③由机架、齿轮构成的齿轮机构，其作用是改变转速的大小和方向。

如图1-1-2所示为颚式破碎机，由电动机、V带、带轮、偏心轴、动颚板、肘板、定颚板及机架等组成。电动机的转动通过带传动带动偏心轴转动，进而使动颚板产生平面运动，与定颚板一起实现压碎物料的功能。

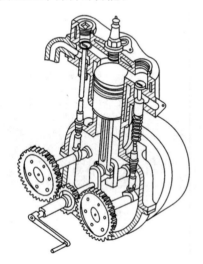

图1-1-1 内燃机

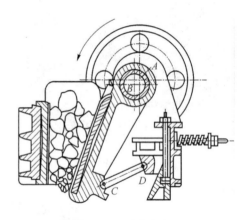

图1-1-2 颚式破碎机

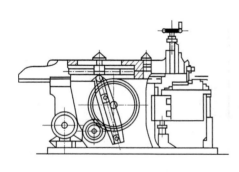

图1-1-3 牛头刨床

图1-1-3是牛头刨床，其工作过程是：电动机通电后开始工作，带动齿轮机构、导杆机构、刀具运动以及工作台运动，最终实现工件的刨削工作。

通过以上工程案例我们对机器有了初步的认识，那么机器应如何定义呢？它是由哪几部分组成的？机械设计应具备哪些知识？应如何进行设计？

机器是由若干零部件组成的，具有确定运动的构件的组合体，是由若干个机构共同联合工作而实现预定工作要求的装置，它用来转换能量，改变或传递物料

和处理信息,以代替和减轻人的体力和脑力劳动。

机构是实现传递机械运动和动力或改变机械运动形式的构件组合体。例如在工程上或生活中常见的连杆机构、凸轮机构、间歇运动机构等。

机械是机器与机构的总称。

在人类的长期生产活动中,创造和设计了各种机器。机器的种类很多,根据其用途不同,可以分为:动力机器(如电动机、内燃机等)、加工机器(如机床、纺织机等)、运输机器(如汽车、输送机等)和信息处理机器(如计算机、照相机等)。

从大的方面看,机器由3个部分组成,即原动部分、传动部分和执行部分。伴随着科技的发展,一个重要的趋势就是各个学科领域之间的相互渗透和融合。如今在机械工程领域,自动控制、电子技术和计算机技术等应用日益广泛地深入,因此从某种意义上来说:现代的机械系统应该是机电一体化的系统。一个现代化的机械系统包括4个方面,即:原动机、传动装置、执行机构和控制系统。

原动机的功能是用来接受外部能源,为机械系统提供动力输入,例如电动机将电能转换为机械能、发电机将机械能转换为电能、内燃机将化学能转换为机械能等。传动部分由原动机驱动,用于将原动机的运动形式、运动及动力参数进行变换,改变为执行部分所需的运动形式,从而使执行部分实现预期的生产职能。

虽然机器的种类很多,但是所有的机器都具有3个共同的基本特征。

（1）机器都是由实物体组成的。

（2）组成机器的各构件之间都具有确定的相对运动。

（3）机器均能转换机械能或完成有用的机械功。

机器的种类繁多,其构造、性能和用途各不相同。但从机器的组成分析,它们都是由一些典型的机构和零件组成,最常用的有平面连杆机构、凸轮机构、间歇运动机构等,这些机构也就是本课程的主要研究对象。

尽管机构也有许多不同种类,其用途也各有不同,但它们都有与机器前两个相同的特征。由上述分析可知,机构是机器的重要组成部分,用以实现机器的功能。一部机器可能只包含一个机构,也可能由若干个机构所组成。

机器与机构的根本区别在于:机构的主要职能是传递运动和动力,而机器的主要职能除传递运动和动力外,还能转换机械能或完成有用的机械功。

组成机械的相对运动的单元体称为构件,它可以是一个零件,也可以是由几个零件组成的刚性结构。构件与零件的根本区别在于:构件是运动的单元体,而零件是制造的单元体。在各种机械中普遍使用的零件称为通用零件,如螺钉、轴、轴承、齿轮等。只在某种机器中使用的零件称为专用零件,如活塞、曲轴、叶片等。这些自由分散的零件,一旦按照一定的方式和规则组合到一部机器中,它们就成为机器上不可或缺的一部分,发挥着各自的作用。特别是一些关键零部件,决定着整个机器的性能。

综上所述,本课程的研究对象是常用机构和通用零件。主要阐述机械设计的一般原则、步骤、应满足的基本要求,零件的设计准则和工作能力,常用工程材料选用、力学模型的简化与计算、常用机构、通用零件、传动装置等的工作原理、特点和基本设计方法。

机械设计基础是机类专业必修的一门专业技术基础课,其任务是使学生获得金属材料及热处理、力学、机械原理及机械零件的基本知识和基本技能。通过学习,学会选材、学会使用手册查阅资料、选用标准;研究机械零部件在载荷等因素作用下的平衡问题及承载能力,具有设计机械传动及简单机械装置的能力,同时为后续课程的学习和解决工程实际问题打下坚实的基础。

1.2 课题二:机械零件的常用材料

1.2.1 材料的力学性能

金属材料具有良好的使用性能和工艺性能,被广泛用来制造机械零件和工程结构。所谓使用性能是指金属材料在使用过程中表现出来的性能,包括力学性能、物理性能(如电导性、热导性等)、化学性能(如耐蚀性、抗氧化性等)。所谓工艺性能是指金属材料在各种加工过程中所表现出来的性能,包括铸造性能、锻造性能、焊接性能、热处理性能和切削加工性能等。

材料的力学性能是指材料在各种载荷(外力)作用下表现出来的抵抗能力,它是机械零件设计和选材的主要依据。常用的力学性能有强度、塑性、硬度、冲击韧度和疲劳强度等。

1.2.1.1 强度与塑性

1. 拉伸试验和应力-应变曲线

GB 228—87 规定了拉伸试验的方法和拉伸试验试样的制作标准。如图 1-2-1 所示,在试验时,金属材料制作成一定的尺寸和形状,将拉伸试样装夹在拉伸试验机上,对试样施加拉力,在拉力不断增加的过程中观察试样的变化,直至把试样拉断。

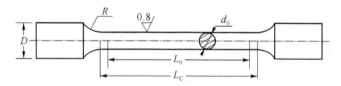

图 1-2-1 圆形拉伸试样示意图

根据拉伸过程中试样载荷(F)和伸长量(Δl)之间的关系,可以绘制出金属的拉伸曲线。如图 1-2-2 所示为低碳钢的拉伸曲线,拉伸过程可分为弹性变形、塑性变形和断裂 3 个阶段。具体分析如下。

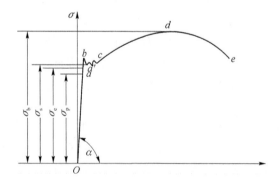

图 1-2-2 低碳钢拉伸曲线

oa 段:试样的伸长量与载荷呈直线关系,完全符合胡克定律,试样处于弹性变形阶段。

aa'段：伸长量与载荷不再成正比关系，拉伸曲线不成直线，试样仍处于弹性变形阶段。

bc段（拉伸曲线中的平台部分）：外力不增加或变化不大，试样仍继续伸长，出现明显的塑性变形，这种现象称为屈服现象。

cd段：在这个阶段，随着载荷增加，整个试样均匀伸长。同时，随着塑性变形不断增加，试样的变形抗力也逐渐增加，这个阶段是材料的强化阶段。

d点：载荷达到最大，试样局部面积减小，伸长量增加，形成"缩颈"。

de段：随着缩颈处截面不断减小（非均匀塑性变形阶段），承载能力不断下降，到e点时试样发生断裂。

2. 强度

强度是指材料在外力作用下抵抗变形或断裂的能力。由于所受载荷的形式不同，金属材料的强度可分为抗拉强度、抗压强度、抗弯强度和抗剪强度等。

材料受外力时，其内部产生了大小相等方向相反的内力，单位横截面积上的内力称为应力，用σ表示。通过拉伸试验可以测出材料的强度指标。金属材料的强度是用应力值来表示的。从拉伸曲线可以得出3个主要的强度指标：弹性极限、屈服强度和抗拉强度。

(1) 弹性极限：材料产生完全弹性变形时所承受的最大应力值，用符号σ_e表示，单位为MPa。

$$\sigma_e = \frac{F_e}{S_0}$$

式中，F_e——试样保持完全弹性变形时的最大载荷；

S_0——试样的原始横截面积。

一般情况下，弹性极限σ_e值越大，材料的弹性越好，弹性极限σ_e是选择弹性零件材料的主要依据。

(2) 屈服强度（屈服点）：材料产生屈服现象时的最小应力值，用符号σ_s表示，单位为MPa

$$\sigma_s = \frac{F_s}{S_0}$$

式中，F_s——试样发现屈服现象时的载荷；

S_0——试样的原始横截面积。

有些金属材料，如高碳钢、铸铁等，在拉伸试验中没有明显的屈服现象。所以国标中规定，以试样的塑性变形量为试样标距长度的0.2%时的应力作为屈服强度，用$\sigma_{0.2}$表示。

屈服点σ_s和屈服强度$\sigma_{0.2}$通常是机器零件设计的主要强度指标，也是评定金属材料强度的重要指标之一。工程上各种机器零件工作时不允许发生过量残余变形而失效，设计的许用应力以σ_s或$\sigma_{0.2}$来确定。

(3) 抗拉强度：材料断裂前所能承受的最大应力值，用符号σ_b表示，单位为MPa。

$$\sigma_b = \frac{F_b}{S_0}$$

式中，F_b——试样拉断前承受的最大载荷；

S_0——试样的原始横街面积。

试样在拉伸过程中，在达到最大载荷之前，塑性变形是均匀的，但超过σ_b后，产生应力集中，出现缩颈现象，因此抗拉强度σ_b表示了塑性材料抵抗最大均匀塑性变形的能力。铸铁等脆性材料在拉伸过程中一般不出现缩颈现象。抗拉强度就是材料的断裂强度，脆性材料制成的零件以σ_b确定其许用应力。

3. 塑性

塑性是指金属材料在载荷作用下,产生塑性变形而不破坏的能力。金属材料的塑性也是通过拉伸试验测得的。常用的塑性指标有伸长率和断面收缩率。

(1) 伸长率:试样拉断后标距长度的伸长量与原始标距长度的百分比,用符号 δ 表示,即

$$\delta = \frac{l_1 - l_0}{l_0} \times 100\%$$

式中,l_1——试样拉断后标距的长度;

l_0——试样的原始标距。

长试样和短试样的伸长率分别用 δ_{10} 和 δ_5 表示,习惯上 δ_{10} 也常写成 δ。同一种材料,通常优先选用短的比例试样。

(2) 断面收缩率:试样拉断后,缩颈处横截面积的缩减量与原始横截面积的百分比,用符号 ψ 表示,即

$$\psi = \frac{S_0 - S_1}{S_0} \times 100\%$$

式中,S_1——试样拉断后断裂处的最小横截面积;

S_0——试样的原始标距。

断面收缩率与试样尺寸无关,因此能更可靠地反映材料的塑性。材料的伸长率和断面收缩率愈大,则表示材料的塑性愈好。塑性好的材料,如铜、低碳钢,容易进行轧制、锻造、冲压等;塑性差的材料,如铸铁,不能进行压力加工,只能用铸造方法成形。

4. 刚度

刚度是指材料抵抗弹性变形的能力,刚度的大小一般用弹性模量 E 表示,单位为 MPa。弹性模量是指材料在弹性状态下的应力与应变的比值,即

$$E = \frac{\sigma}{\varepsilon}$$

式中,σ——试样承受的应力;

ε——试样的应变。

在应力-应变曲线上,弹性模量是直线部分的斜率。对于材料而言,弹性模量 E 越大,其刚度越大。E 主要取决于各种金属材料的本性,是一个对组织不敏感的力学性能指标。

机械零件大多数是在弹性状态下工作的,但零件对刚度有一定的要求,一般不允许有过量的弹性变形,因为过量的弹性变形会使机器的精度下降。另外,零件的刚度还与零件的形状、截面尺寸有关。例如,镗床的镗杆,为了保证高的加工精度,要选刚度较大的材料,同时还必须有足够的截面尺寸。

1.2.1.2 硬度

硬度指材料抵抗局部变形,尤其是塑性变形、压痕或划痕的能力,是衡量金属软硬程度的判据,常用的硬度主要包括布氏硬度、洛氏硬度、维氏硬度。

1. 布氏硬度

(1) 试验原理

如图 1-2-3 所示,用直径为 D 的淬火钢球或硬质合金钢球做压头,以相应的试验力 F 将压头压入试件表面,经规定的保持时间后,在试件表面得到一直径为 d 的压痕。用试验力除以压痕表面积 A,所得值即为布氏硬度,用符号 HB 表示。淬火钢球时为 HBS(HBS 小于 450),

硬质合金压头时为 HBW(HBW 小于 650)。

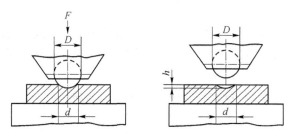

图 1-2-3 布氏硬度试验原理图

$$\text{HBS(W)} = \frac{F}{A_{\text{压}}} = \frac{2F}{\pi D(D - \sqrt{D^2 - d^2})} \text{ kgf/mm}^2$$

式中,试验力 F 的单位是 kgf,1 kgf=9.807 N。

$$\text{HBS(W)} = \frac{0.102 \times 2F}{\pi D(D - \sqrt{D^2 - d^2})} \text{ kgf/mm}^2$$

式中,试验力 F 的单位是 N。

其中,$A_{\text{压}}$——压痕表面积,mm^2;

d, D, h——压痕平均直径、压头直径、压痕深度,mm。

注:试验时布氏硬度不需计算,只要利用刻度放大镜测出压痕直径 d,再由 d 值根据压痕直径与布氏硬度对照表查出对应的硬度值。

(2)操作方法

如图 1-2-4 所示,将试样安装在工作台上,用手转动手轮,使工作台上升并与压头接触。开动电动机,通过减速箱使砝码慢慢地施加试验力,将压头压入试样表面。当试验力保持一定时间后,电动机可自动反转卸去试验力,电动机即自动停止,转动手轮使工作台下降。取下试样,用放大镜在两个垂直方向测出压痕直径的平均值查表得布氏硬度值。

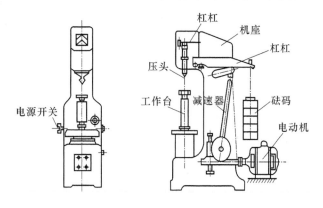

图 1-2-4 HB-3000 型布氏硬度试验机简图

(3)表示方法

布氏硬度值+HBS(W)+球体直径(mm)/试验力(kgf)/加载保持时间(s),10~15 s 不标出。

例如,120HBS10/100/30,表示用 10 mm 直径的淬火钢球作为压头,在 100 kgf 作用下,保持时间为 30 s,测得的布氏硬度值为 120;500HBW5/750,表示用 5 mm 直径的硬质合金钢作为压头,在 750 kgf 作用下,保持 10~15 s,测得的布氏硬度值为 500。

(4) 特点

① 优点:压痕面积大,能反映大体积范围内各组成物的平均硬度,试验结果较稳定。

② 缺点:其压痕较大,不宜于成品检查,更不宜于薄件,且操作时间长,压痕测量较费时。

(5) 应用

测定灰铸铁、有色金属及各种软钢等硬度不是很高的材料。

2. 洛氏硬度

(1) 试验原理

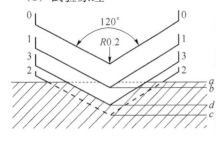

图 1-2-5 洛氏硬度试验原理图

如图 1-2-5,使用顶角为 120°金刚石圆锥体或直径为 1.588 mm 淬火钢球做压头,在初试验力下,压头由表面 a 到 b 处位置(防止因试件表面不平引起误差);在初试验力和主试验力共同作用下,压头到 c 位置,此时卸除主试验力,保持初试验力,因试件弹性变形使压头回到 d 位置。故压头在主试验力作用下,实际压入试件产生塑性变形的深度为 bd。bd 越大,硬度越低。为适应习惯上数值大、硬度高的概念,故用常数 K 减去 bd 作为硬度值(规定每 0.002 mm 的压痕深度为一个硬度单位),直接由硬度计表盘读出。

$$HR = K - \frac{bd}{0.002} \text{(洛氏硬度没有单位)}$$

其中,K 为常数,当使用金刚石压头(C/A)时 $K=100$;使用淬火钢球压头(B)时 $K=130$。

(2) 操作方法

如图 1-2-6 所示,将试样放在工作台上,顺时针转动工作台,将试样与压头接触使指示器指针有所偏动即加上初载荷,调整指示器指针至 B 或 C 点(调零),将操纵手柄向前扳动(加主载荷),待指针转动后将手柄扳回(卸除主载荷)后在指示器上读出硬度值。

(3) 表示方法

数字(洛氏硬度值)+HR+C/B/A

(4) 特点

① 优点:试验操作简单、方便,能直接从刻度盘上读出硬度值,测试的硬度范围大,压痕小,无损于试件表面,可直接测量成品或较薄工件。

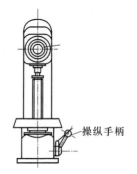

图 1-2-6 HR-150 型洛氏硬度试验机简图

② 缺点:因压痕较小,当材料内部组织不均匀时,会使测量值不够精确。应测量 3 次取平均值。

(5) 应用

HRA:测量硬度范围 70~88,硬质合金、表面淬火、渗碳钢等。

HRB:测量硬度范围 20~100,低碳钢、铜、铝合金和可锻铸铁等。

HRC:测量硬度范围 20~70,淬火钢、调质钢和高硬度铸铁等。

3. 维氏硬度

(1) 试验原理

原理与布氏硬度原理相同,只是压头是两相对面夹角为 136°的正四棱锥金刚石。如图 1-2-7 所示。测出两对角线长度求平均值,计算压痕表面积。用试验力除以表面积即为维氏硬度值,用 HV 表示,单位为 kgf/mm²。根据压痕对角线长度平均值查表即可获得维氏硬度值。

图 1-2-7 维氏硬度试验原理图

(2)表示方法

与布氏硬度相同,只是少了钢球体的直径。

例如,640HV30/20,表示在 30 kgf 载荷作用下,保持 20 s 测得的维氏硬度值为 640。

(3)特点(可测量硬度值范围 5~1 000)

① 优点:试验力小,压痕深度浅,轮廓清晰,数字准确可靠。

② 缺点:试验不如洛氏简单,不适于成批生产的常规试样。

(4)应用

测量金属镀层,细小、极薄的材料和化学热处理后的材料。

1.2.1.3 冲击韧度

对于承受波动或冲击载荷的零件及在低温条件下使用的设备,如冲床、铆钉等,其材料性能仅考虑以上几种指标是不够的,必须考虑抗冲击性能。金属材料在冲击载荷作用下抵抗破坏的能力称为冲击韧度。冲击试验是在摆锤式冲击试验机上进行的。如图 1-2-8 所示。

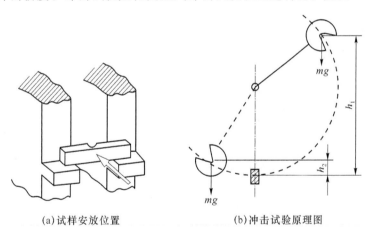

(a)试样安放位置   (b)冲击试验原理图

图 1-2-8 摆锤式冲击试验原理

试验时,摆锤的位能损失 $mgh_1 - mgh_2 = mg(h_1 - h_2)$ 就是冲断试样所需要的能量,即试样变形和断裂所消耗的功,称为冲击吸收功 A_K,即 $A_K = mg(h_1 - h_2)$。其中,mg 表示摆锤所受的重力;A_K 表示冲击吸收功。U 型缺口试样和 V 型缺口试样分别表示为 A_{KU} 和 A_{KV},其单位是焦耳(J)。冲击吸收功的大小由试验机的刻度盘上读出。

将冲击吸收功除以试样缺口底部横截面积,即得到冲击韧度值,冲击韧度用符号 α_K 表示,单位为 J/cm²,即

$$\alpha_K = \frac{A_K}{S}$$

工程中的某些金属材料当温度降低到某一程度时,会出现冲击吸收功明显下降的现象,这

种现象称为冷脆现象。许多船舶、桥梁等大型结构脆断的事故都是由于低温冷脆造成的。A_K是一个由强度和塑性共同决定的综合性力学性能指标,由于冲击吸收功对材料内部组织十分敏感;因此在生产、科研中被广泛应用。通过测定 A_K 和对试样断口进行分析,能很好地反应材料的内部缺陷,如气泡、夹渣、偏析等冶金缺陷和过热、回火脆性等热加工缺陷,这些缺陷使材料的冲击吸收功明显下降。因此,目前用冲击试验来检验冶炼、热处理及各种热加工工艺和产品的质量。

冲击韧度值是在大能量一次冲断试样条件下测得的性能指标。但实际生产中许多机械零件很少受到大能量一次冲击而断裂,多数是在工作时承受小能量多次冲击后才断裂。材料在多次冲击下的破坏过程是裂纹产生和扩展的过程,是每次冲击损伤积累发展的结果,它与一次冲击有着本质的区别。这种情况下,用 α_K 值衡量材料抵抗冲击能量是不确切的,应进行小能量多次冲击试验测定。

多次冲击试验是将材料制成专门的多冲缺口试样,将试样放在多冲试验机上,使其受到试验机锤头的小能量多次冲击,测定被测材料在一定冲击能量下,开始出现裂纹和最后断裂的冲击次数,作为多次冲击抗力指标。

试验显示材料在多次冲击下的破坏过程包括裂纹形成、裂纹扩展和瞬时断裂 3 个阶段,其破坏是每次冲击损伤积累发展的结果,不同于一次冲击的破坏过程。

进一步研究表明,多次冲击抗力取决于材料的强度和塑性。如果冲击能量低,冲击次数多,则材料的冲击韧度取决于材料的强度;如果冲击能量高,则材料冲击韧度取决于材料的塑性。

1.2.1.4 疲劳强度

许多机械零件(如齿轮、弹簧、连杆、主轴等)都是在交变应力(即应力的大小、方向随时间作周期性变化)下工作。虽然应力通常低于材料的屈服强度,但零件在交变应力作用下长时间工作,也会发生断裂,这种现象称为疲劳断裂。据统计,各类断裂失效中,80%是由于各种不同类型的疲劳破坏所造成的。

疲劳断裂具有突然性,因此危害很大。疲劳断裂有以下 3 个特点。

(1) 疲劳断裂是一种低应力脆断,断裂应力低于材料的屈服强度,甚至低于材料的弹性极限。

(2) 断裂前,零件没有明显的塑性变形,即使断后,伸长率和断面收缩率很高的塑性材料断裂同样没有明显的塑性变形。

(3) 疲劳断裂对材料的表面和内部缺陷非常敏感,疲劳裂纹常在表面缺口(如螺纹、车痕和油孔等)、脱碳层、夹渣物、碳化物及孔洞等处形成。

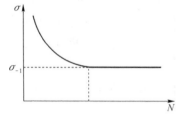

图 1-2-9 钢铁材料的疲劳曲线

产生疲劳的原因,往往是由于零件应力高度集中的部位或材料本身强度较低的部位,在交变应力作用下产生了疲劳裂纹,并随着应力循环周次的增加,裂纹不断扩展,使零件有效承载面积不断减小,最后突然断裂。

通过疲劳试验可测得材料所承受的交变应力 σ 与断裂前的应力循环次数 N 之间的关系曲线,称为疲劳曲线,如图 1-2-9 所示。应力值愈低,断裂前应力循环次数愈多,当应力低于某一数值时,曲线与横坐标平行,表明材料可经受无数次应力循环而不断裂。

表示材料经受无数次应力循环而不破坏的最大应力称为疲劳强度。对称循环应力的疲劳强度用 σ_{-1} 表示。工程上规定，钢铁材料应力循环次数达到 10^7 次，有色金属应力循环次数达到 10^8 次时，不发生断裂的最大应力作为材料的疲劳强度。经测定，钢的 σ_{-1} 只有 σ_b 的 50% 左右。

疲劳断裂的过程，往往是在零件的表面，有时也可能在零件的内部某一薄弱部位产生裂纹，在交变应力作用下，裂纹不断扩展，使材料的有效承载截面不断减小，最后产生突然断裂。提高疲劳强度的方法很多，如设计时，尽量避免尖角、缺口和截面突变，可避免应力集中引起的疲劳裂纹；还可以通过降低表面粗糙度和采用表面强化的方法（如表面淬火、喷丸处理、表面滚压等）来提高疲劳强度。

1.2.2 晶体结构

1.2.2.1 金属的晶体结构

自然界中的一切固态物质，根据其内部原子或分子的聚集状态，可分为晶体和非晶体两大类。总的来说，凡是内部原子或分子在三维空间内，按照一定几何规律作周期性的重复排列的物质称为晶体，如金刚石、石墨及故态金属与合金。凡是内部原子或分子无规律堆积的物质称为非晶体，如普通玻璃、松香和沥青等。晶体具有固定的熔点，呈现规则的外形，并具有各向异性特征。

为了研究晶体中原子的排列规律，假定理想晶体中的原子都是固定不动的刚性球体，并用假象的线条将晶体中各原子中心连接起来，便形成了一个空间格架，这种抽象的、用于描述原子在晶体中规则排列方式的空间格架称为晶格。晶体中原子的排列具有周期性的特点，因此，通常只从晶格中选取一个能够完全反映晶格特征的、最小的几何单元来分析晶体中原子的排列规律，这个最小的几何单元称为晶胞。实际上整个晶格就是由许多大小、形状和位向相同的晶胞在三维空间重复堆积排列而成的。如图 1-2-10 所示。

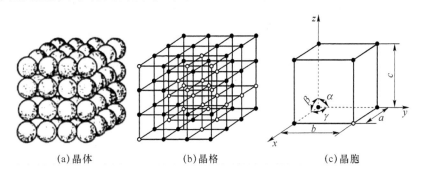

(a) 晶体　　　(b) 晶格　　　(c) 晶胞

图 1-2-10　晶体、晶格与晶胞示意图

由于金属原子之间具有很强的结合力，所以金属晶体中的原子都趋向于紧密排列。但不同的金属具有不同的晶体结构，大多数金属的晶体结构都比较简单，其中常见的有以下 3 种。

1. 体心立方晶格

晶胞是一个立方体，在立方体的 8 个角上和立方体的中心各有一个原子。每个晶胞中实际含有的原子数为 $1/8 \times 8 + 1 = 2$，如图 1-2-11 所示。具有体心立方晶格的金属有 α 铁（α-Fe），铬（Cr），钒（V），钨（W），钼（Mo）等。

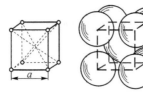 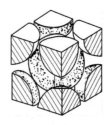

图 1-2-11　体心立方晶胞

2．面心立方晶格

晶胞是一个立方体，在立方体的 8 个角上和立方体的 6 个面的中心各有一个原子。每个晶胞中实际含有原子数为数 1/8×8+1/2×6＝4，如图 1-2-12 所示。具有面心立方晶格的金属有 γ 铁(γ-Fe)，镍(Ni)，铜(Cu)，铝(Al)，银(Ag)，金(Au)等。

  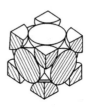

图 1-2-12　面心立方晶胞

3．密排六方晶格

晶胞是个正六方柱体，它是由 6 个呈长方形的侧面和 2 个呈正六边形的底面所组成。在密排六方晶胞的 12 个角和上、下底面中心各有一个原子，另外在晶胞中间还有 3 个原子。每个晶胞中实际含有的原子数为 2×1/6+1/2×2+3＝6，如图 1-2-13 所示。具有密排六方晶格的金属有铍(Be)，镁(Mg)，锌(Zn)，镉(Cd)等。

 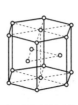 

图 1-2-13　密排六方晶胞

1.2.2.2　合金的晶体结构

纯金属一般具有良好的电导性、热导性和金属光泽，但其种类有限，生产成本高，力学性能低，无法满足人们对金属材料提出的高品种和高性能的要求。因此，通过配制各种不同成分的合金，可以有效地改变金属材料的结构、组织和性能，满足人们对金属材料更高的力学性能和某些特殊的物理、化学性能的要求。同纯金属相比，合金材料的应用比纯金属要广泛得多。碳钢、合金钢、铸铁、黄铜、硬铝等都是常用的合金材料。

合金中具有同一化学成分且结构相同的均匀组成部分叫做相。合金中相与相之间有明显的界面。若合金是由成分、结构都相同的同一种晶粒构成的，各晶粒虽有界面分开，但它们仍属于同一种相；若合金是由成分、结构都不相同的几种晶粒构成的，则它们将属于不同的几种相。例如，纯铁在常温是由单相的 α-Fe 组成的。铁与碳形成铁碳合金，由于铁与碳相互作用

形成一种化合物 Fe_3C，这种 Fe_3C 的成分、结构与 α-Fe 完全不同，因此，在铁碳合金中就出现了一个新相 Fe_3C，称为渗碳体。

合金(Alloy)的性能一般都是由组成合金的各相的成分、结构、形态、性能和各相的组合情况所决定的。因此，在研究合金的组织与性能之前，必须先了解合金组织中的相结构。

如果把合金加热到熔化状态，则组成合金的各组元即相互溶解成均匀的溶液。但合金溶液经冷却结晶后，由于各组元之间相互作用不同，固态合金中将形成不同的相结构，合金的相结构可分为固溶体和金属化合物两大类。

1. 固溶体

当合金由液态结晶为固态时，组元间仍能互相溶解而形成的均匀相，称为固溶体。

固溶体的晶格类型与其中某一组元的晶格类型相同，而其他组元的晶格结构将消失。能保留住晶格结构的组元称为溶剂，另外的组元称为溶质。因此，固溶体的晶格类型与溶剂的晶格相同，而溶质以原子状态分布在溶剂的晶格中。在固溶体中，一般溶剂含量较多，溶质含量较少。

(1) 固溶体的分类

按照溶质原子在溶剂晶格中分布情况的不同，固溶体可分为以下两类。

① 间隙固溶体

若溶质原子在溶剂晶格中并不占据晶格结点的位置，而是处于各结点间的空隙中，则这种形式的固溶体称为间隙固溶体，如图 1-2-14(a) 所示。由于溶剂晶格的空隙是有限的，故能够形成间隙固溶体的溶质原子的尺寸都比较小，一般情况下，当溶质原子与溶剂原子直径的比值小于 0.59 时，才能形成间隙固溶体。因此，形成间隙固溶体的溶质元素，都是一些原子半径小于 1Å 的非金属元素，如 H(0.46Å)、B(0.97Å)、C(0.77Å)、O(0.60Å)、N(0.71Å)等。

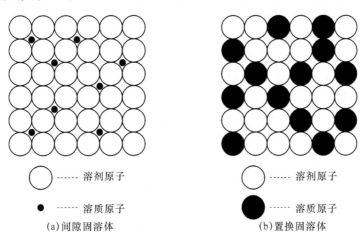

(a) 间隙固溶体　　(b) 置换固溶体

图 1-2-14　固溶体的两种类型

在金属材料的相结构中，形成间隙固溶体的例子很多，如碳钢中碳原子溶入 α-Fe 晶格空隙中形成的间隙固溶体，称为铁素体；碳原子溶入 γ-Fe 晶格空隙中形成的间隙固溶体，称为奥氏体。

由于溶剂格的空隙有一定的限度，随着溶质原子的溶入，溶剂晶格将发生畸变，如图 1-2-15(a) 所示。溶入的溶质原子越多，所引起的畸变就越大。当晶格畸变量超过一定数值时，溶剂的晶格就会变得不稳定，于是溶质原子就不能继续溶解，所以间隙固溶体的溶解度都有一定的限度。

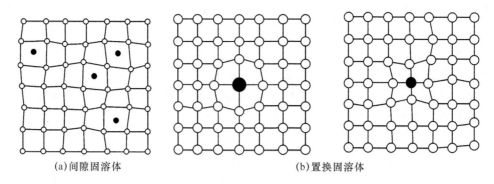

(a)间隙固溶体　　　　　　　　　　(b)置换固溶体

图 1-2-15　形成固溶体时的晶格畸变

② 置换固溶体

若溶质原子代替一部分溶剂原子而占据着溶剂晶格中的某些结点位置,则这种类型的固溶体称为置换固溶体,如图 1-2-14(b)所示。在金属材料的相结构中,形成置换固溶体的例子也不少,如某种不锈钢中,铬和镍原子代替部分铁原子而占据了 γ-Fe 晶格某些结点位置形成的置换固溶体。

在置换固溶体中,溶质在溶剂中的溶解度主要取决于两者原子直径的差别、它们在周期表中相互位置和晶格类型。一般说来,溶质原子和溶剂原子直径差别越小,则溶解度越大;两者在周期表中位置越靠近,则溶解度也越大。如果上述条件能很好地满足,而且溶质与溶剂的晶格结构也相同,则这些组元往往能无限互相溶解,即可以任何比例形成置换固溶体,这种固溶体称为无限固溶体,如铁和铬、铜和镍便能形成无限固溶体。反之,若不能很好满足上述条件,则溶质在溶剂中的溶解度是有限度的,这种固溶体称为有限固溶体,如铜和锌、铜和锡都形成有限固溶体。有限固溶体的溶解度还与温度有密切关系,一般温度越高,溶解度越大。

固溶体虽然仍保持着溶剂的晶格类型,但当形成置换固溶体时,由于溶质原子与溶剂原子的直径不可能完全相同,因此,也会造成固溶体晶格常数的变化和晶格的畸变,如图 1-2-15(b)所示。

(2) 固溶体的性能

由于固溶体的晶格发生畸变,使位错移动时所受到的阻力增大,结果使金属材料的强度、硬度增高。这种通过溶入溶质元素形成固溶体,从而使金属材料的强度、硬度升高的现象,称为固溶强化。

固溶强化是提高金属材料机械性能的一种重要途径。例如,南京长江大桥的建筑中,大量采用的含锰为 $w(Mn)=1.30\%\sim1.60\%$ 的低合金结构钢,就是由于锰的固溶强化作用提高了该材料的强度,从而大大节约了钢材,减轻了大桥结构的自重。

实践表明,适当掌握固溶体的中溶质含量,可以在显著提高金属材料的强度、硬度的同时,使其仍能保持相当好的塑性和韧性。例如,往铜中加入 19% 的镍,可使合金材料的强度极限 σ_b 由 220 MPa 提高到 380~400 MPa,硬度由 44 HBS 提高到 70 HBS,而延伸率仍然能保持 50% 左右。若用加工硬化的办法使纯铜达到同样的强化效果,其延伸率将低于 10%。这就说明,固溶体的强度、韧性和塑性之间能有较好的配合,所以对综合机械性能要求较高的结构材料,几乎都是以固溶体作为最基本的组成相。可是,通过单纯的固溶强化所达到的最高强度指标仍然有限,仍不能满足人们对结构材料的要求,因而在固溶强化的基础上须再补充进行其他的强化处理。

2. 金属化合物

合金中溶质含量超过溶剂的溶解度时将出现新相。这个新相可能是一种晶格类型和性能完全不同于任意合金组元的化合物,例如,碳钢中的Fe_3C(渗碳体)。金属化合物一般具有复杂的晶体结构。金属化合物的特点是熔点高、硬度高和脆性大。因此,当冶金中出现金属化合物时,通常能提高合金的强度、硬度和耐磨性,但也会降低塑性和韧性。金属化合物是各类合金钢、硬质合金及许多有色合金的重要组成部分。

多数工业合金均为固溶体和最少化合物构成的混合物,通过调整固溶体的溶解度和其中的化合物的形态、数量、大小及分布,可使合金的力学性能在一个相当大的范围内变动,从而满足不同的性能要求。

合金的相结构对合金的性能有很大的影响,表 1-2-1 归纳了合金相结构的特征。

表 1-2-1 合金相结构的特征

类别	分类	在合金中的位置及作用	力学性能特点
固溶体	置换固溶体,间隙固溶体	基体相,提高塑性及韧性	塑性、韧性好,强度比纯组元高
金属化合物	正常价化合物,电子价化合物,间隙化合物	强化相,提高强度、硬度及耐磨性	熔点高,硬度高,脆性大

1.2.2.3 金属的同素异构转变

少数金属(如铁、钴、镍)在固态下随温度改变,由一种晶格转变为另一种晶格的现象,称为金属的同素异构转变。转变时,有结晶潜热产生,导致金属体积变化,产生较大应力。得到的不同晶格的晶体,称为同素异构体。

液态纯铁在 1 538 ℃时结晶成具有体心立方晶格的 δ-Fe;冷却到 1 394 ℃时发生同素异构转变,由体心立方晶格的 δ-Fe 转变为面心立方晶格的 γ-Fe;继续冷却到 912 ℃时又发生同素异构转变,由面心立方晶格的 γ-Fe 转变为体心立方晶格的 α-Fe。再继续冷却,晶格类型不再发生变化。纯铁的同素异晶转变过程可概括如下:

$$\delta\text{-Fe} \underset{1\,394\ ℃}{\rightleftharpoons} \gamma\text{-Fe} \underset{912\ ℃}{\rightleftharpoons} \alpha\text{-Fe}$$

体心立方晶格　　面心立方晶格　　体心立方晶格

金属发生同素异晶转变时,必然伴随着原子的重新排列,这种原子的重新排列过程,实际上就是一个结晶过程,与液态金属结晶过程的不同点在于其是在固态下进行的,但它同样遵循结晶过程中的形核与长大规律。为了和液态金属的结晶过程相区别,一般称其为重结晶。纯铁的同素异晶转变是钢铁材料能够进行热处理的理论依据,也是钢铁材料能获得各种性能的主要原因之一。如图 1-2-16 为纯铁的冷却曲线图。

1.2.3 铁碳合金

钢铁是现代工业中应用最广泛的金属材料。其基本组元是铁和碳,故统称为铁碳合金。由于碳的质量分数大于 6.69% 时,铁碳合金的脆性很大,已无实用价值。

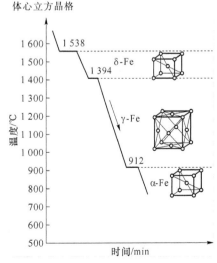

图 1-2-16　纯铁的冷却曲线

所以,实际生产中应用的铁碳合金其碳的质量分数均在6.69%以下。为了改善铁碳合金的性能,还可以在碳钢和铸铁的基础上加入合金元素形成合金钢和合金铸铁,以满足各类机械零件的需要。

1.2.3.1 铁碳合金的基本组织

纯铁塑性好,但强度低,很少用来制造机械零件。在纯铁中加入少量的碳形成铁碳合金,可使强度和硬度明显提高。铁和碳发生相互作用形成固溶体和金属化合物,同时固溶体和金属化合物又可组成具有不同性能的多相组织。因此,铁碳合金的基本组织有铁素体、奥氏体、渗碳体、珠光体和莱氏体。

1. 铁素体

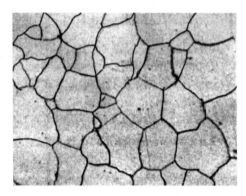

碳溶入 α-Fe 中形成的间隙固溶体称为铁素体,用符号 F 表示。铁素体具有体心立方晶格,这种晶格的间隙分布较分散,所以间隙尺寸很小,溶碳能力较差,在727 ℃时碳的溶解度最大为0.021 8%,室温时几乎为零。铁素体的塑性、韧性很好($\delta=30\%\sim 50\%$、$\alpha_{KU}=160\sim 200 \text{ J/cm}^2$),但强度、硬度较低($\sigma_b=180\sim 280$ MPa、$\sigma_s=100\sim 170$ MPa、硬度为$50\sim 80$ HBS)。铁素体的显微组织如图1-2-17所示。

图1-2-17 铁素体的显微组织

2. 奥氏体

碳溶入 γ-Fe 中形成的间隙固溶体称为奥氏体,用符号 A 表示。奥氏体具有面心立方晶格,其致密度较大,晶格间隙的总体积虽较铁素体小,但其分布相对集中,单个间隙的体积较大,所以γ-Fe 的溶碳能力比 α-Fe 大,727 ℃时溶解度为0.77%,随着温度的升高,溶碳量增多,1 148 ℃时其溶解度最大为2.11%。

奥氏体常存在于727 ℃以上,是铁碳合金中重要的高温相,强度和硬度不高,但塑性和韧性很好($\sigma_b\approx 400$ MPa、$\delta\approx 40\%\sim 50\%$、硬度为$160\sim 200$ HBS),易锻压成形。奥氏体的显微组织示意图如图1-2-18所示。

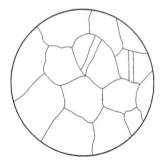

3. 渗碳体

渗碳体是铁和碳相互作用而形成的一种具有复杂晶体结构的金属化合物,常用化学分子式 Fe_3C 表示。渗碳体中碳的质量分数为6.69%,熔点为1 227 ℃,硬度很高(800 HBW),塑性和韧性极低($\delta\approx 0$、$\alpha_{KU}\approx 0$),脆性大。渗碳体是钢中的主要强化相,其数量、形状、大小及分布状况对钢的性能影响很大。

图1-2-18 奥氏体的显微组织示意图

渗碳体根据结晶来源不同,又可分为:

① 一次渗碳体:由液体中直接结晶。

② 二次渗碳体:由奥氏体中析出。

③ 三次渗碳体:由铁素体中析出。

4. 珠光体

珠光体是由铁素体和渗碳体组成的多相组织,用符号 P 表示。珠光体中碳的质量分数平均为0.77%,由于珠光体组织是由软的铁素体和硬的渗碳体组成,因此,它的性能介于铁素体和渗碳体之间,即具有较高的强度(σ_b=770 MPa)和塑性(δ=20~25%),硬度适中(180 HBS)。

5. 莱氏体

碳的质量分数为4.3%的液态铁碳合金冷却到1 148 ℃时,同时结晶出奥氏体和渗碳体的多相组织称为莱氏体,用符号Ld表示。在727 ℃以下莱氏体由珠光体和渗碳体组成,称为变态莱氏体,用符号Ld'表示。莱氏体的性能与渗碳体相似,硬度很高,塑性很差。

1.2.3.2 Fe-Fe₃C 相图

Fe-Fe₃C 相图是指在极其缓慢的加热或冷却的条件下,不同成分的铁碳合金,在不同温度下所具有的状态或组织的图形。它是研究铁碳合金成分、组织和性能之间关系的理论基础,也是选材、制定热加工及热处理工艺的重要依据。由于碳的质量分数超过6.69%的铁碳合金脆性很大,无实用价值,所以,对铁碳合金相图仅研究 Fe-Fe₃C 部分。此外,在相图的左上角靠近δ-Fe 部分还有一部分高温转变,由于实用意义不大,将其简化。简化后的 Fe-Fe₃C 相图如图1-2-19所示。

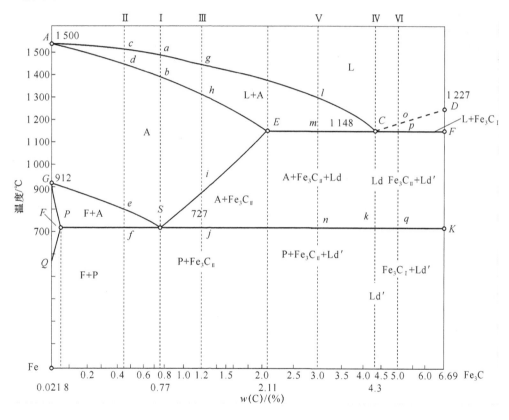

图1-2-19 简化的 Fe-Fe₃C 相图

1. 相图分析

Fe-Fe₃C 相图纵坐标表示温度,横坐标表示成分,碳的质量分数由0~6.69%,左端为纯铁的成分,右端为 Fe₃C 的成分。

(1) 相图中的主要特性点

Fe-Fe₃C 相图中主要特性点的温度、成分及其含义如表1-2-2所示。

表 1-2-2 Fe-Fe₃C 相图中主要的特性点

特性点	t/℃	$w(C)/(\%)$	含 义
A	1 538	0	纯铁的熔点
C	1 148	4.3	共晶点,发生共晶转变 $L_{4.3} \rightarrow Ld(A_{2.11}+Fe_3C)$
D	1 227	6.69	渗碳体的熔点
E	1 148	2.11	碳在 γ-Fe 中的最大溶解度
G	912	0	α-Fe→γ-Fe,纯铁的同素异构转变点
P	727	0.021 8	碳在 α-Fe 中的最大溶解度
S	727	0.77	共析点,发生共析转变 $A_{0.77} \rightarrow F_{0.0218}+Fe_3C$
Q	600	0.008	碳在 α-Fe 中的溶解度

(2) 相图中的主要特性线

ACD 线为液相线,在 ACD 线以上合金为液态,用符号 L 表示。液态合金冷却到此线时开始结晶,在 AC 线以下结晶出奥氏体,在 CD 线以下结晶出渗碳体,称为一次渗碳体,用符号 Fe_3C_I 表示。

AECF 线为固相线,在此线以下合金为固态。液相线与固相线之间为合金的结晶区域,这个区域内液体和固体共存。

ECF 线为共晶线,温度为 1 148 ℃。液态合金冷却到该线温度时发生共晶转变:

$$L_{4.3} \xrightleftharpoons{1\ 148\ ℃} A_{2.11} + Fe_3C_{6.69}$$

即 C 点成分的液态合金缓慢冷却到共晶温度(1 148 ℃)时,从液体中同时结晶出 E 点成分的奥氏体和渗碳体。共晶转变后的产物称为莱氏体,C 点称为共晶点。凡是碳的质量分数为 2.11%~6.69% 的铁碳合金均会发生共晶转变。

PSK 线为共析线,又称 A_1 线,温度为 727 ℃。铁碳合金冷却到该温度时发生共析转变:

$$A_{0.77} \xrightleftharpoons{727\ ℃} F_{0.0218} + Fe_3C_{6.69}$$

即 S 点成分的奥氏体缓慢冷却到共析温度(727 ℃)时,同时析出 P 点成分的铁素体和渗碳体。共析转变后的产物称为珠光体,S 点称为共析点。凡是碳的质量分数为 0.021 8%~6.69% 的铁碳合金均会发生共析转变。

ES 线是碳在 γ-Fe 中的溶解度曲线,又称 A_{cm} 线。碳在 γ-Fe 中的溶解度随温度的下降而减小,在 1 148 ℃ 时溶解度为 2.11%,到 727 ℃ 时降为 0.77%。因此,凡 $w(C) > 0.77\%$ 的铁碳合金由 1 148 ℃ 冷却到 727 ℃ 的过程中,都有渗碳体从奥氏体中析出,这种渗碳体称为二次渗碳体,用符号 Fe_3C_{II} 表示。

GS 线,又称 A_3 线。是冷却时由奥氏体中析出铁素体的开始线。PQ 线是碳在 α-Fe 中的固态溶解度曲线。碳在 α-Fe 中的溶解度随温度下降而减小,在 727 ℃ 时溶解度为 0.021 8%,到 600 ℃ 时降为 0.008%。因此,铁碳合金从 727 ℃ 向下冷却时,多余的碳从铁素体中以渗碳体的形式析出,这种渗碳体称为三次渗碳体,用符号 Fe_3C_{III} 表示。因其数量极少,常予以忽略。

2. 铁碳合金的分类及室温组织

根据碳的质量分数和室温组织的不同,可将铁碳合金分为以下 3 类。

(1) 工业纯铁,$w(C) \leqslant 0.021\ 8\%$。

(2) 钢,$0.0218\% < w(C) \leq 2.11\%$。钢根据其碳的质量分数及室温组织的不同,又可分为以下3类。

① 亚共析钢,$0.0218\% < w(C) < 0.77\%$,室温组织为铁素体F+珠光体P。

② 共析钢,$w(C) = 0.77\%$,室温组织为珠光体P。

③ 过共析钢,$0.77\% < w(C) \leq 2.11\%$,室温组织为珠光体P+二次渗碳体$Fe_3C_{II}$。

(3) 白口铁,$2.11\% < w(C) < 6.69\%$。根据其碳的质量分数及室温组织的不同,又可分为以下3类。

① 亚共晶白口铸铁,$2.11\% < w(C) < 4.3\%$,室温组织为珠光体P+二次渗碳体Fe_3C_{II}+变态莱氏体Ld'。

② 共晶白口铸铁,$w(C) = 4.3\%$,室温组织为变态莱氏体Ld'。

③ 过共晶白口铸铁,$4.3\% < w(C) \leq 6.69\%$,室温组织为变态莱氏体Ld'+一次渗碳体Fe_3C_I。

3. 典型铁碳合金的结晶过程及组织

(1) 共析钢的结晶过程及组织

图 1-2-19 中合金Ⅰ为 $w(C) = 0.77\%$ 的共析钢。共析钢在 a 点温度以上为液体状态(L)。当缓冷到 a 点温度时,开始从液态合金中结晶出奥氏体(A),并随着温度的下降,奥氏体量不断增加,剩余液体的量逐渐减少,直到 b 点以下温度时,液体全部结晶为奥氏体。$b \sim s$ 点温度间为单一奥氏体的冷却,没有组织变化。继续冷却到 s 点温度(727 ℃)时,奥氏体发生共析转变形成珠光体(P)。在 s 点以下直至室温,组织基本不再发生变化,故共析钢的室温组织为珠光体(P)。共析钢的结晶过程如图 1-2-20 所示。

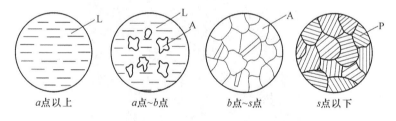

图 1-2-20 共析钢结晶过程示意图

珠光体的显微组织如图 1-2-21 所示。在显微镜放大倍数较高时,能清楚地看到铁素体和渗碳体呈片层状交替排列的情况。由于珠光体中渗碳体量较铁素体少,因此渗碳体层片较铁素体层片薄。

(2) 亚共析钢的结晶过程及组织

图 1-2-19 中合金Ⅱ为 $w(C) = 0.45\%$ 的亚共析钢。合金Ⅱ在 e 点温度以上的结晶过程与共析钢相同。当降到 e 点温度时,开始从奥氏体中析出铁素体。随着温度的下降,铁素铁量不断增多,奥氏体量逐渐减少,铁素体成分沿 GP 线变化,奥氏体成分沿 GS 线变化。当温度降到 f 点(727 ℃)时,剩余奥氏体碳的质量分数达到 0.77%,此时奥氏体发生共析转变,形成珠光体,而先析出铁素体保持不变。这样,共析转变后的组织为铁素体和珠光体组成。温度继续下降,组织基本不变。室温组织仍然是铁素体和珠光体(F+P)。其结晶过程如图 1-2-22 所示。

图 1-2-21 珠光体的显微组织(500×)

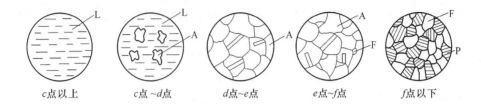

图 1-2-22 亚共析钢结晶过程示意图

所有亚共析钢的室温组织都是由铁素体和珠光体组成,只是铁素体和珠光体的相对量不同。随着含碳量的增加,珠光体量增多,而铁素体量减少。其显微组织如图 1-2-23 所示。图中白色部分为铁素体,黑色部分为珠光体,这是因为放大倍数较低,无法分辨出珠光体中的层片,故呈黑色。

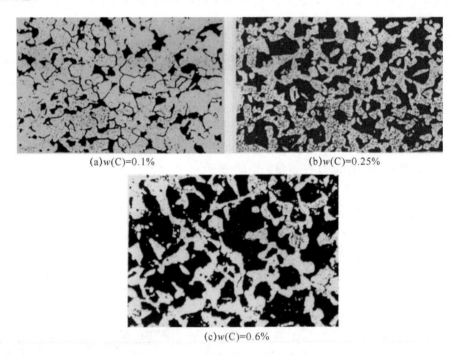

图 1-2-23 亚共析钢的显微组织(200×)

根据显微组织中珠光体所占的面积可粗略地计算出亚共析钢中碳的质量分数。由于室温下铁素体中碳的含量几乎为零,可以忽略不计,所以钢中碳的质量分数约等于珠光体中碳的含量,即

$$w(C) = 0.77\% \times S_P$$

式中:$w(C)$——碳的质量分数;

S_P——珠光体所占的面积百分比。

(3) 过共析钢的结晶过程及组织

图 1-2-19 中合金Ⅲ为 $w(C)=1.2\%$ 的过共析钢。合金Ⅲ在 i 点温度以上的结晶过程与共析钢相同。当冷却到 i 点温度时,开始从奥氏体中析出二次渗碳体。随着温度的下降,析出的二次渗碳体量不断增加,并沿奥氏体晶界呈网状分布,而剩余奥氏体碳含量沿 ES 线逐渐减少。当温度降到 j 点(727 ℃)时,剩余的奥氏体碳的质量分数降为 0.77%,此时奥氏体发生共

析转变,形成珠光体,而先析出的二次渗碳体保持不变。温度继续下降,组织基本不变。所以,过共析钢的室温组织为珠光体和网状二次渗碳体(P+Fe₃C$_{Ⅱ}$)。其结晶过程如图 1-2-24 所示。

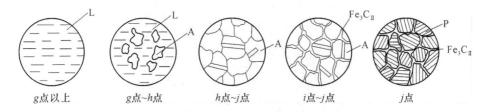

图 1-2-24　过共析钢结晶过程示意图

所有过共析钢的室温组织都是由珠光体和二次渗碳体组成。只是随着合金中含碳量的增加,组织中网状二次渗碳体的量增多。过共析钢的显微组织如图 1-2-25 所示。图中层片状黑白相间的组织为珠光体,白色网状组织为二次渗碳体。

(4) 共晶白口铁的结晶过程及组织

图 1-2-19 中合金Ⅳ为 $w(C)=4.3\%$ 的共晶白口铁。合金Ⅳ在 C 点温度以上为液态,当温度降到 C 点(1 148 ℃)时,液态合金发生共晶转变形成莱氏体,由共晶转变形成的奥氏体和渗碳体又称为共晶奥氏体、共晶渗碳体。随着温度的下降,莱氏体中的奥氏体将不断析出二次渗碳体,奥氏体的含碳量沿着 ES 线逐渐减少。当温度降到 K 点时,奥氏体中碳的质量分数

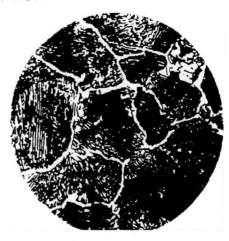

图 1-2-25　过共析钢的显微组织(500×)

降为 0.77%,奥氏体发生共析转变,形成珠光体。温度继续下降,组织基本不变。由于二次渗碳体与莱氏体中的渗碳体连在一起,难以分辨,故共晶白口铁的室温组织由珠光体和渗碳体组成,称为变态莱氏体(Ld′)。其结晶过程如图 1-2-26 所示。

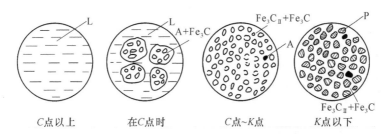

图 1-2-26　共晶白口铁结晶过程示意图

共晶白口铁的显微组织如图 1-2-27 所示。图中黑色部分为珠光体,白色基体为渗碳体。

(5) 亚共晶白口铁的结晶过程及组织

图 1-2-19 中合金Ⅴ为 $w(C)=3.0\%$ 的亚共晶白口铁。合金在 l 点温度以上为液态,缓冷到 l 点温度时,开始从液体中结晶出奥氏体。随着温度的下降,奥氏体量不断增多,其成分沿 AE 线变化;液体量不断减少,其成分沿 AC 线变化。当温度降到 m 点(1 148 ℃)时,剩余液体

图 1-2-27 共晶白口铁的显微组织(125×)

碳的质量分数达到 4.3%,发生共晶转变,形成莱氏体。温度继续下降,奥氏体中不断析出二次渗碳体,并在 n 点温度(727 ℃)时,奥氏体转变成珠光体。同时,莱氏体在冷却过程中转变成变态莱氏体。所以亚共晶白口铁的室温组织为珠光体、二次渗碳体和变态莱氏体($P+Fe_3C_{II}+Ld'$)。其结晶过程如图 1-2-28 所示。

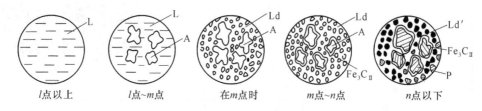

图 1-2-28 亚共晶白口铁的结晶过程示意图

亚共晶白口铁的显微组织如图 1-2-29 所示。图中黑色块状或呈树枝状分布的为由初生奥氏体转变成的珠光体,基体为变态莱氏体。组织中的二次渗碳体与共晶渗碳体连在一起,难以分辨。

图 1-2-29 亚共晶白口铁的显微组织(125×)

所有亚共晶白口铁的室温组织都是由珠光体和变态莱氏体组成。只是随着含碳量的增加,组织中变态莱氏体量增多。

(6) 过共晶白口铁的结晶过程及组织

图 1-2-19 中合金Ⅵ为 $w(C)=5.0\%$ 的过共晶白口铁。合金在 o 点温度以上为液体,冷却到 o 点温度时,开始从液体中结晶出板条状一次渗碳体。随着温度的下降,一次渗碳体量不断增多,液体量逐渐减小,其成分沿 DC 线变化。当冷却到 p 点温度时,剩余液体的碳的质量分数达到 4.3%,发生共晶转变,形成莱氏体。在随后的冷却中,莱氏体变成变态莱氏体,一次渗碳体不再发生变化,仍为板条状。所以,过共晶白口铁的室温组织为一次渗碳体和变态莱氏体($Ld'+Fe_3C_I$)。其结

晶过程如图 1-2-30 所示。

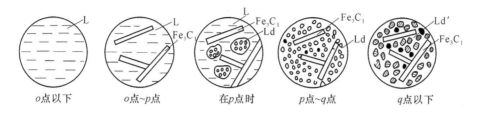

图 1-2-30　过共晶白口铁的结晶过程示意图

所有过共晶白口铁室温组织都是由一次渗碳体和变态莱氏体组成。只是随着含碳量的增加,组织中一次渗碳体量增多。过共晶白口铁的显微组织如图 1-2-31 所示。图中白色板条状为一次渗碳体,基体为变态莱氏体。

1.2.3.3　碳含量对铁碳合金组织和性能的影响

1. 碳含量对平衡组织的影响

从上面分析可知,不同成分的铁碳合金在共析温度以下都是由铁素体和渗碳体两相组成。随着含碳量的增加,渗碳体量增加,铁素体量减小,而且渗碳体的形态和分布情况也发生变化,所以,不同成分的铁碳合金室温下具有不同的组织和性能。其室温组织变化情况如下:

图 1-2-31　过共晶白口铁的显微组织(125×)

$$F+P \rightarrow P \rightarrow P+Fe_3C_{II} \rightarrow P+Fe_3C_{II}+Ld' \rightarrow Ld' \rightarrow Ld'+Fe_3C_I$$

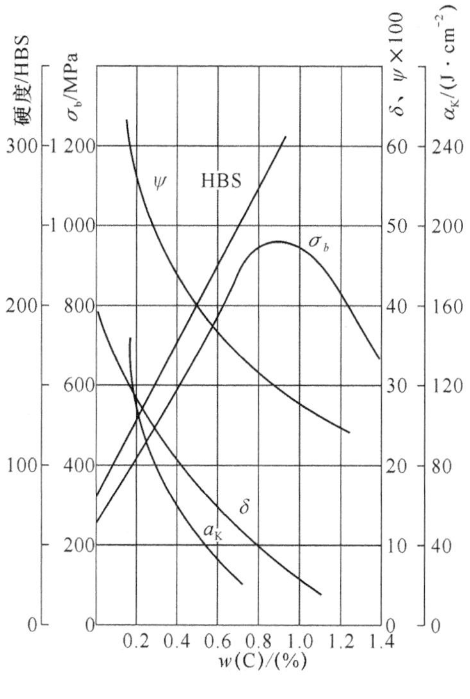

2. 含碳量对力学性能的影响

钢中铁素体为基体,渗碳体为强化相,而且主要以珠光体的形式出现,使钢的强度和硬度提高,故钢中珠光体量越多,其强度、硬度越高,而塑性、韧性相应降低。但过共析钢中当渗碳体明显地以网状分布在晶界上,特别在白口铁中渗碳体成为基体或以板条状分布在莱氏体基体上,将使铁碳合金的塑性和韧性大大下降,以致合金的强度也随之降低,这就是高碳钢和白口铁脆性高的主要原因。图 1-2-32 为钢的力学性能随含碳量变化的规律。

由图可见,当钢中碳的质量分数小于 0.9% 时,随着含碳量的增加,钢的强度、硬度直线上升,而塑性、韧性不断下降;当钢中碳的质量分数大于 0.9% 时,因网状渗碳体的存在,不仅使钢的塑性、韧性进一步降低,而且强度也明显下降。为了保证工业上使用的钢具有足够的强度,并具有一定的塑性和韧性,钢中碳的质量分数一般都不超过 1.4%。碳的质量分数 2.11% 的白口铁,由于组织

图 1-2-32　含碳量对钢力学性能的影响

中出现大量的渗碳体,使性能硬而脆,难以切削加工,因此在一般机械制造中应用很少。

1.2.3.4 Fe-Fe₃C 相图的应用

Fe-Fe₃C 相图揭示了铁碳合金的组织随成分变化的规律,根据组织可以大致判断出力学性能,便于合理地选择材料。例如,建筑结构和型钢需要塑性、韧性好的材料,应选用低碳钢($w(C) \leqslant 0.25\%$);机械零件需要强度、塑性及韧性都较好的材料,应选用中碳钢;工具需要硬度高、耐磨性好的材料,应选用高碳钢。而白口铁可用于需要耐磨、不受冲击、形状复杂的铸件,如拔丝模、冷轧辊、犁铧等。

Fe-Fe₃C 铁碳相图不仅可作为选材的重要依据,还可作为制定铸造、锻造、焊接、热处理等热加工工艺的重要依据,如确定浇注温度、确定锻造温度范围及热处理的加热温度等。这些将在后续章节、后续课程详细介绍。

必须指出,铁碳相图是在极缓慢的加热或冷却条件下得到的,而实际生产中冷却速度较快,合金的相变温度与冷却后的组织都将与相图中不同。另外,通常使用的铁碳合金,除铁、碳两元素外,往往还含有多种杂质或合金元素,这些元素对相图将有影响,应予以考虑。

1.2.4 钢的热处理

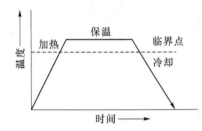

图 1-2-33 热处理工艺曲线示意图

热处理是采用适当的方式对金属材料或工件进行加热、保温和冷却,以获得预期的组织结构与性能的工艺。热处理工艺方法较多,但其过程都是由加热、保温和冷却 3 个阶段组成的。热处理工艺曲线如图 1-2-33 所示。

热处理是机械零件及工具制造过程中的重要工序。它可以改善工件的组织和性能,充分发挥材料潜力,从而提高工件使用寿命。就目前机械工业生产状况而言,各类机床中要经过热处理的工件约占总量的 60%～70%;汽车、拖拉机中占 70%～80%;轴承、各种工模具和滚动轴承等几乎都需要热处理。因此,热处理在机械制造中占有十分重要的地位。

钢的热处理具有以下 3 个特点。

(1) 只改变机械零件的内部组织及其性能,而不改变其外形和尺寸,是改善钢材性能的重要措施。

(2) 热处理能充分发挥钢材的性能潜力,显著提高零件使用寿命,节省金属材料,节约能源。

(3) 机械零件毛坯通过热处理可以改善其加工性能;零件通过最终热处理,可以获得所需的使用性能。

根据热处理的目的、加热和冷却方法的不同,热处理大致分类如图 1-2-34 所示。

1.2.4.1 钢在加热时的组织转变

加热是热处理过程中的一个重要阶段,其目的主要是使钢奥氏体化。下面以共析钢为例,研究钢在加热时的组织转变规律。

1. 奥氏体的形成过程

将共析钢加热至 Ac_1 温度时,便会发生珠光体向奥氏体的转变,其转变过程也是一个形核和长大的过程,一般可分为4个阶段,如图1-2-35所示。

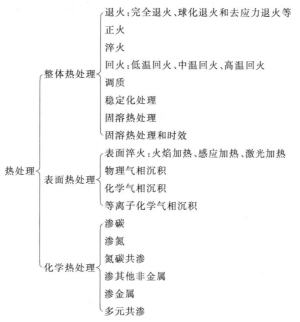

图1-2-34 热处理的分类

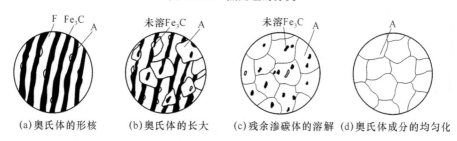

图1-2-35 共析钢中奥氏体的形成过程示意图

(1) 奥氏体晶核的形成

奥氏体晶核优先在铁素体和渗碳体的两相界面上形成,这是因为相界面处成分不均匀,原子排列不规则,晶格畸变大,能为产生奥氏体晶核提供成分和结构两方面的有利条件。

(2) 奥氏体晶核的长大

奥氏体晶核形成后,依靠铁素体的晶格改组和渗碳体的不断溶解,奥氏体晶核不断向铁素体和渗碳体二个方向长大。与此同时,新的奥氏体晶核也不断形成并随之长大,直至铁素体全部转变为奥氏体为止。

(3) 残余渗碳体的溶解

在奥氏体的形成过程中,当铁素体全部转变为奥氏体后,仍有部分渗碳体尚未溶解(称为残余渗碳体),随着保温时间的延长,残余渗碳体将不断溶入奥氏体中,直至完全消失。

(4) 奥氏体成分均匀化

当残余渗碳体溶解后,奥氏体中的碳成分仍是不均匀的,在原渗碳体处的碳浓度比原铁素体处的要高。只有经过一定时间的保温,通过碳原子的扩散,才能使奥氏体中的碳成分均匀一致。

亚共析钢和过共析钢的奥氏体形成过程与共析钢基本相同,不同的是亚共析钢的平衡组织中除了珠光体外还有先析出的铁素体,过共析钢中除了珠光体外还有先析出的渗碳体。若

加热至 Ac_1 温度,只能使珠光体转变为奥氏体,得到奥氏体+铁素体或奥氏体+二次渗碳体组织,称为不完全奥氏体化。只有继续加热至 Ac_3 或 Ac_{cm} 温度以上,才能得到单相奥氏体组织,即完全奥氏体化。

2. 奥氏体晶粒的大小及其影响因素

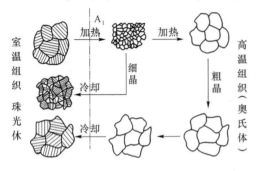

奥氏体晶粒的大小对钢冷却后的组织和性能有很大影响。钢在加热时获得的奥氏体晶粒大小,直接影响到冷却后转变产物的晶粒大小(如图 1-2-36 所示)和力学性能。加热时获得的奥氏体晶粒细小,则冷却后转变产物的晶粒也细小,其强度、塑性和韧性较好;反之,粗大的奥氏体晶粒冷却后转变产物也粗大,其强度、塑性较差,特别是冲击韧度显著降低。

图 1-2-36 钢在加热和冷却时晶粒大小的变化

(1) 奥氏体的晶粒度

晶粒度是表示晶粒大小的一种尺度。奥氏体晶粒的大小用奥氏体晶粒度来表示,生产中常采用标准晶粒度等级图,由比较的方法来测定钢的奥氏体晶粒大小。国家标准 GB 6394—86《金属平均晶粒度测定法》将奥氏体标准晶粒度分为 00,0,1,2,…,10 等 12 个等级,其中常用的为 1~8 级。1~4 级为粗晶粒,5~8 级为细晶粒。金属平均晶粒度标准等级图如图 1-2-37 所示。

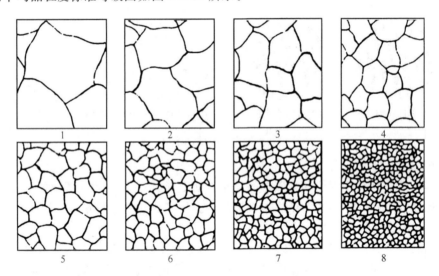

图 1-2-37 金属平均晶粒度标准评级图

(2) 影响奥氏体晶粒大小的因素

珠光体向奥氏体转变完成后,最初获得的奥氏体晶粒是很细小的。但随着加热的继续,奥氏体晶粒会自发地长大。

① 加热温度和保温时间

奥氏体刚形成时晶粒是细小的,但随着温度的升高,奥氏体晶粒将逐渐长大,温度越高,晶粒长大越明显;在一定温度下,保温时间越长,奥氏体晶粒就越粗大。因此,热处理加热时要合理选择加热温度和保温时间,以保证获得细小均匀的奥氏体组织。

② 钢的成分

随着奥氏体中碳含量的增加,晶粒的长大倾向也增加;若碳以未溶碳化物的形式存在时,则有阻碍晶粒长大的作用。

在钢中加入能形成稳定碳化物的元素(如钛、钒、铌、锆等)和能形成氧化物或氮化物的元素(如适量的铝等),有利于获得细晶粒,因为碳化物、氧化物、氮化物等弥散分布在奥氏体的晶界上,能阻碍晶粒长大;锰和磷是促进奥氏体晶粒长大的元素。

1.2.4.2 钢在冷却时的组织转变

Fe-Fe₃C 相图中所表达的钢的组织转变规律是在极其缓慢的加热和冷却条件下测绘出来的,但在实际生产过程中,其加热速度、冷却方式、冷却速度等都有所不同,而且对钢的组织和性能都有很大影响。

钢经加热、保温后能获得细小的、成分均匀的奥氏体,然后以不同的方式和速度进行冷却,以得到不同的产物。在钢的热处理工艺中,奥氏体化后的冷却方式通常有等温冷却和连续冷却两种。等温冷却是将已奥氏体化的钢迅速冷却到临界点以下的给定温度进行保温,使其在该等温温度下发生组织转变,如图 1-2-38 中的曲线 1 所示;连续冷却是将已奥氏体化的钢以某种冷却速度连续冷却,使其在临界点以下的不同温度进行组织转变,如图 1-2-38 中的曲线 2 所示。

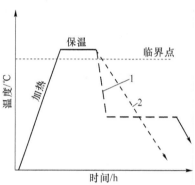

图 1-2-38 两种冷却方式示意图
1—等温冷却;2—连续冷却

奥氏体在相变点 A_1 以上是稳定相,冷却至 A_1 以下就成了不稳定相,必然要发生转变。但并不是冷却至 A_1 温度以下就立即发生转变,而是在转变前需要停留一段时间,这段时间称为孕育期。在 A_1 温度以下暂时存在的不稳定的奥氏体称为过冷奥氏体。在不同的过冷度下,过冷奥氏体将发生珠光体型转变、贝氏体型转变、马氏体型转变等 3 种类型的组织转变。共析钢过冷奥氏体等温转变产物如表 1-2-3 所示。

表 1-2-3 共析钢过冷奥氏体等温转变产物的组织及硬度

组织名称	符号	转变温度/℃	组织形态	层间距/μm	分辨所需放大倍数	硬度/HRC
珠光体	P	A_1～650	粗片状	约 0.3	小于 500	小于 25
索氏体	S	650～600	细片状	0.3～0.1	1 000～1 500	25～35
托氏体	T	600～550	极细片状	约 0.1	10 000～100 000	35～40
上贝氏体	$B_上$	550～350	羽毛状	—	大于 400	40～45
下贝氏体	$B_下$	350～M_s	黑色针状	—	大于 400	45～55

1.2.4.3 退火与正火

钢的退火和正火是常用的两种基本热处理工艺,主要用来处理工件毛坯,为以后切削加工和最终热处理做好组织准备,因此,退火和正火通常又称为预备热处理。对一般铸件、焊接件以及性能要求不高的工件,退火、正火也可作为最终热处理。

在实际生产中,各种工件在制造过程中都有不同的工艺路线,如铸造→退火(或正火)→切削加工→成品;锻造→退火(或正火)→粗加工→淬火→回火→精加工→成品。可见,退火和正火是应用非常广泛的热处理方法。将其安排在铸造或锻造之后、切削加工之前的原因有以下两点。

（1）在铸造和锻造之后，钢件不但残留有铸造或锻造应力，而且还往往存在着成分和组织上的不均匀性，因而机械性能较差，并且会导致以后淬火时钢件的变形和开裂。经过退火或正火后，便可得到细而均匀的组织，并消除残余应力，改善钢件的机械性能，并为随后的淬火做好组织上的准备。

（2）铸造或锻造后，钢件硬度经常偏高或偏低，严重影响切削加工。经过退火或正火后，钢的组织更接近于平衡组织，其硬度适中，有利于下一步的切削。

1. 钢的退火

钢的退火是将工件加热到临界点以上或在临界点以下某一温度保温一定时间后，以缓慢的冷却速度（一般随炉冷却）进行冷却的热处理工艺。其目的是消除钢的内应力、降低硬度、提高塑性、细化组织及均匀化学成分，以利于后续加工，并为最终热处理做好组织准备。

根据钢的成分、组织状态和退火目的不同，退火常分为：完全退火、球化退火、去应力退火、扩散退火和再结晶退火等。各种退火与正火工艺的加热温度范围如图 1-2-39 所示。部分退火与正火的工艺曲线如图 1-2-40 所示。

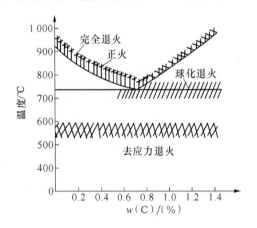

图 1-2-39　各种退火、正火加热温度范围示意图

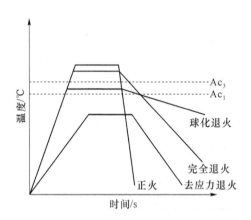

图 1-2-40　部分退火、正火的工艺曲线示意图

（1）完全退火

完全退火是将工件完全奥氏体化后缓慢冷却，获得接近平衡组织的退火。通常是将工件加热至 Ac_3 以上 30～50 ℃，保温一定时间后，缓慢冷却（炉冷或埋入砂中、石灰中冷却）至 500 ℃ 以下出炉空冷至室温。完全退火时，由于加热时钢的组织完全奥氏体化，在以后的缓冷过程中奥氏体全部转变为细小而均匀的平衡组织，所得室温组织为铁素体＋珠光体，从而降低钢的硬度，细化晶粒，充分消除内应力，改善切削加工性能。

完全退火主要用于亚共析钢的铸件、锻件和焊接件等。过共析钢不宜采用完全退火，因为其被加热到 Ac_{cm} 线以上退火后，二次渗碳体以网状形式沿奥氏体晶界析出，使钢的强度和韧性显著降低，也为以后的热处理留下了隐患（如淬火时容易产生淬火裂纹）。

（2）球化退火

球化退火是使工件中碳化物（渗碳体）球状化而进行的退火。通常将共析钢或过共析钢加热到 Ac_1 以上 20～30 ℃，保温一定时间后，随炉缓慢冷却至 600 ℃ 以下，再出炉空冷，所得到的室温组织为铁素体基体上均匀分布的球状（颗粒）渗碳体，即球状珠光体组织。在保温阶段，没有溶解的渗碳体会自发地趋于球状(球体表面积最小),在随后的缓冷过程中,球状渗碳体会逐渐长大,最终形成球状珠光体组织。球化退火的目的是降低硬度,改善切削加工性能,并为淬火作组织准备,减小工件淬火冷却时的变形和开裂。球化退火主要用于共析钢和过共析钢制造的刃具、量具和模具等零件。

(3) 去应力退火

去应力退火是为了去除工件由于塑性变形加工、切削加工或焊接造成的内应力及铸件内存在的残余应力而进行的退火。通常将工件缓慢($100\sim150$ ℃/h)加热到 $500\sim650$ ℃,保温后,随炉缓冷($50\sim100$ ℃/h)至 $200\sim300$ ℃,再出炉空冷。由于加热温度低于 A_1,故钢不发生相变。

去应力退火主要用于消除钢件在切削加工、铸造、锻造、热处理和焊接等过程中产生的残余应力并稳定其尺寸,铸件在去应力退火的加热及冷却过程中无相变发生。

2. 钢的正火

正火是将钢件加热到 Ac_3 或 Ac_{cm} 以上 $30\sim50$ ℃,保温适当的时间后,从炉中取出在空气中冷却的热处理工艺。正火的目的是细化晶粒,消除网状渗碳体,并为淬火、切削加工等后续工序作组织准备。

正火与退火所得的室温组织同属珠光体,但正火的奥氏体化温度高,冷却速度快,过冷度较大,因此正火后所得到的组织比较细,钢件的强度、硬度比退火高一些。同时,正火与退火相比,具有操作简便、生产周期短、生产率高和成本低等特点。正火在生产中主要应用于以下4种场合。

(1) 改善切削性能。低碳钢和低碳合金钢退火后铁素体所占比例较大,硬度偏低,切削加工时都有"粘刀"现象,而且表面粗糙度参数值都较大。正火能适当提高硬度,改善切削加工性。因此,低碳钢、低碳合金钢都选择正火作为预备热处理,而 $w(C)>0.5\%$ 的中高碳钢、合金钢都选择退火作为预备热处理。

(2) 消除网状碳化物,为球化退火作组织准备。对于过共析钢,正火加热到 Ac_{cm} 以上可以使网状碳化物充分溶解到奥氏体中,空气冷却时碳化物来不及充分析出,因而消除了网状碳化物组织,同时细化了预备热处理。

(3) 用于普通结构零件或某些大型非合金钢工件的最终热处理,以代替调质处理,如铁道车辆的主轴。

(4) 用于淬火返修件,消除应力,细化组织,防止重新淬火时产生变形与开裂。

3. 退火与正火的选择

退火与正火同属钢的预备热处理,在操作过程中,如装炉、加热速度及保温时间都基本相同,只是冷却方式不同,在生产实际中有时两者可以相互代替。究竟如何选择退火与正火,一般可从以下几点考虑。

(1) 从切削加工性上考虑。切削加工性包括硬度、切削脆性、表面粗糙度及对刀具的磨损等。一般金属的硬度在 $170\sim230$ HBS 范围内,切削性能较好。高于该范围就会过硬,难以加工,而刀具磨损快;低于该范围则切屑不易断,造成刀具发热和磨损,加工后的零件表面粗糙度很大。可见,对于低、中碳结构钢以正火作为预备热处理比较合适,高碳结构钢和工具钢则以退火为宜。至于合金钢,由于合金元素的加入,使钢的硬度有所提高,故中碳以上的合金钢一般都采用退火以改善切削性。

(2) 从使用性能上考虑。如工件性能要求不太高,随后不再进行淬火和回火,则往往用正火来提高其机械性能。但若零件的形状比较复杂,正火的冷却速度有形成裂纹的危险,则应采用退火。

(3) 从经济性上考虑。正火比退火的生产周期短,耗能少,且操作简便,故在可能的条件下,应优先考虑以正火代替退火。

1.2.4.4 淬火和回火

1. 钢的淬火

钢的淬火是指将工件加热到 Ac_3 或 Ac_1 以上 30~50 ℃奥氏体化后,保温一定的时间,然后以大于临界冷却速度冷却(一般为油冷或水冷),获得马氏体或(和)贝氏体组织的热处理工艺。

马氏体是碳或合金元素在 α-Fe 中的过饱和固溶体,是单相亚稳组织,硬度较高,用符号 M 表示。马氏体的硬度主要取决于马氏体中碳的质量分数。马氏体中由于溶入过多的碳原子,从而使 α-Fe 晶格发生畸变,增加了其塑性变形的抗力,故马氏体中碳的质量分数越高,其硬度也越高。

(1) 淬火的目的

淬火的目的主要是使钢件得到马氏体(或贝氏体)组织,提高钢的硬度和强度,与适当的回火相配合,可以更好地发挥钢材的性能潜力。因此,重要的结构件,特别是承受动载荷和剧烈摩擦作用的零件,以及各种类型的工具等都需要进行淬火。

(2) 淬火工艺

淬火是一种复杂的热处理工艺,又是决定产品质量的关键工序之一,淬火后要得到细小的马氏体组织而又不至于产生严重的变形和开裂,就必须根据钢的成分、零件的大小和形状,结合 C 曲线合理地确定淬火加热和冷却方法。

① 淬火加热温度的确定

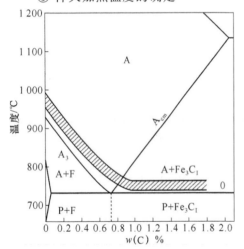

图 1-2-41 碳钢的淬火加热温度范围

马氏体大小取决于奥氏体晶粒大小。为了使淬火后得到细而均匀的马氏体,首先要在淬火加热时得到细而均匀的奥氏体。因此,加热温度不宜选得过高,一般只允许比临界点高 30~50 ℃。碳钢的淬火加热温度范围如图 1-2-41 所示。

亚共析钢淬火加热温度为 Ac_3 以上 30~50 ℃,因为在此温度范围内,可获得全部细小的奥氏体晶粒,淬火后得到均匀细小的马氏体。若加热温度过高,则引起奥氏体晶粒粗大,使钢淬火后的性能变坏;若加热温度过低,则淬火组织中尚有未溶铁素体,使钢淬火后的硬度不足。

共析钢和过共析钢淬火加热温度为 Ac_1 以上 30~50 ℃,此时的组织为奥氏体加渗碳体颗粒,淬火后获得细小马氏体和球状渗碳体,能保证钢淬火后得到高的硬度和耐磨性。如果加热温度超过 Ac_{cm},将导致渗碳体消失,奥氏体晶粒粗大,淬火后得到粗大针状马氏体,残余奥氏体量增多,硬度和耐磨性降低,脆性增大;如果淬火温度过低,可能得到非马氏体组织,则钢的硬度达不到要求。

② 淬火介质

淬火冷却速度是决定淬火质量的关键,工件在快速冷却过程中,由于内外温差而引起较大的热应力,往往使钢件在淬火冷却时产生变形或开裂。为了保证工件获得马氏体组织,又要减小变形,防止开裂,获得良好的淬火效果,应采用合理的冷却速度进行冷却。因此,应合理选用冷却介质。最常用的冷却介质是水和油。

水是冷却能力较强的冷却介质,来源广、价格低、成分稳定不易变质。水在 550~650 ℃范围内具有很大的冷却速度,可防止珠光体的转变,但在200～300 ℃时冷却速度仍然很快,这时正发生马氏体转变,必然会引起淬火钢的变形和开裂。若在水中加入10%的盐(NaCl)或碱,可将500～650 ℃范围内的冷却速度提高,但在200～300 ℃范围内冷却速度基本不变,因此水及盐水或碱水常被用作碳钢的淬火冷却介质,但都易引起材料变形和开裂,有很大的局限性。

油(一般采用矿物油,如机油、变压器油和柴油等。机油一般采用10号、20号、30号机油,油的标号越大,黏度越大,闪点越高,冷却能力越低,使用温度相应提高)在200～300 ℃范围内的冷却速度较慢,可减少钢在淬火时的变形和开裂倾向,但在550～650 ℃范围内的冷却速度不够大,不易使碳钢淬火成马氏体,即不易淬硬,不适用于厚度超过5～8 mm的碳钢工件,多用于合金钢的淬火。其缺点是价格较高、容易燃烧且淬火件不易清洗。

在使用水、油淬火时,水温宜低一些,油温宜高一些,以降低黏度,增加流动性,提高冷却能力。所谓"冷水热油"就是这个道理。当然油温也不宜太高,以免引起油面燃烧。

③ 淬火方法

为了使工件淬火成马氏体并防止变形和开裂,单纯依靠选择淬火介质是不行的,还必须要采取简便的、经济的、正确的淬火方法。最常用的淬火方法有以下4种。

(a) 单介质淬火。已加热到奥氏体化的钢件在一种淬火介质中冷却的方法,如图1-2-42(a)所示。单介质淬火操作简单,易实现机械化和自动化,但水淬容易产生变形与开裂,油淬容易产生硬度不足或硬度不均匀现象,主要适用于截面尺寸无突变、形状简单的工件。一般非合金钢采用水作淬火介质,合金钢采用油作淬火介质。

(b) 双介质淬火。将工件加热,奥氏体化后先浸入冷却能力较强的介质中,在组织即将发生马氏体转变时转入冷却能力弱的介质中冷却的方法,称为双介质淬火(如图1-2-42(b)所示)。如先在水中冷却后再在油中冷却的双介质淬火。由于马氏体是在缓冷条件下转变的,可以有效降低内应力、防止开裂的倾向。它主要适用于中等复杂形状的高碳钢工件和较大尺寸的合金钢工件。

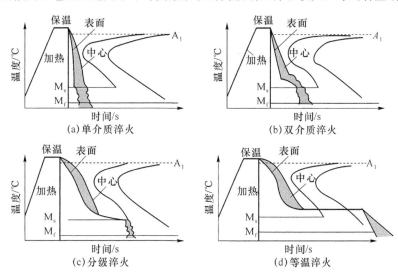

图1-2-42　各种淬火方法示意图

双介质淬火既能保证得到高硬度又能防止变形和开裂的倾向是它的优点,关键是如何控制在水中的停留时间。如果在水中停留时间过长,相当于单介质淬火,仍易变形开裂;时间过短,难以抑制向珠光体的转变而淬不硬。根据实践经验,工件在水中的停留时间可以按下列方法计算:

按工件有效厚度(或直径)每 2.5 mm²/s 计算(例如,直径为 12 mm 圆铰刀,水中停留 4~5 s);凭手中感觉,高温时,手中会感到震动,当感到振动减弱时,应立即从水中提出放入油中。

(c) 马氏体分级淬火。工件加热奥氏体化后浸入温度稍高或稍低于 M_s 点的盐浴或碱浴中,保持适当时间,在工件整体都达到冷却介质温度后取出空冷以获得马氏体组织的淬火方法,称为马氏体分级淬火,如图 1-2-42(c)所示。马氏体分级淬火能够减小工件中的热应力,并缓和相变产生的组织应力,减少了淬火变形,适用于尺寸比较小且形状复杂的工件的淬火。

(d) 贝氏体等温淬火。工件加热奥氏体化后快冷到贝氏体转变温度区间等温保持,使奥氏体转变为贝氏体的淬火,如图 1-2-42(d)所示。

贝氏体等温淬火的特点是淬火后淬火应力小,能有效地防止变形和开裂,工件具有较高的强度、韧性、塑性和耐磨性,缺点是生产周期较长,要有一定的设备,可用来处理各种中、高碳钢和合金钢制造的小型复杂工件。

(e) 冷处理。冷处理是指工件淬火冷却到室温后,继续在一般制冷设备或低温介质中冷却的工艺。冷处理的目的主要是消除和减少残余奥氏体,稳定工件尺寸,获得更多的马氏体。如量具、精密轴承、精密丝杠和精密刀具等,均应在淬火之后进行冷处理,以消除残余奥氏体。

(3) 钢的淬透性与淬硬性

① 淬透性与淬硬性的概念

钢的淬透性是评定钢淬火质量的一个重要参数,它对于钢材选择、编制热处理工艺都具有重要意义。淬透性是指在规定条件下钢试样淬硬深度和硬度分布表征的材料特性。所谓淬硬深度,一般采用从淬火表面向里到半马氏体区(由 50%马氏体和 50%非马氏体组成)的垂直距离。淬火时,钢件截面上各处的冷却速度是不同的,表面的冷却速度最高,越到中心冷却速度越低。换句话说,淬透性是钢材的一种属性,是指钢淬火时获得马氏体的能力。

钢淬火后可以获得较高的硬度,不同化学成分的钢淬火后所得马氏体组织的硬度值是不同的。以钢在理想条件下淬火所能达到的最高硬度来表征的材料特性,称为淬硬性。钢是否能淬得硬首先得看淬硬性,淬硬性主要与钢中碳的质量分数有关,更确切地说,它取决于淬火加热时固溶于奥氏体中的碳的质量分数的多少。奥氏体中碳的质量分数越高,钢的淬硬性越好,淬火后硬度值也越高,而钢中合金元素对其淬硬性的影响不大。

由于淬硬性与淬透性是两个意义不同的概念,因此必须注意:淬火后硬度高的钢,其淬透性并不一定好;而淬火后硬度低的钢,其淬透性不一定低。

② 影响淬透性的因素

钢的淬透性主要取决于过冷奥氏体的稳定性,稳定性越好,淬火临界冷却速度越低,则钢的淬透性越好。因此,凡是影响奥氏体稳定性的因素均影响钢的淬透性,主要影响因素有如下两点。

(a) 钢的化学成分。钢中含碳量越接近共析成分,过冷奥氏体越稳定,淬透性越好。除钴外,大多数合金元素溶于奥氏体后,使 C 曲线右移,降低临界冷却速度,提高钢的淬透性。

(b) 奥氏体化温度及保温时间。提高奥氏体化温度将使奥氏体晶粒长大,成分更均匀,从而限制珠光体等的生核率,降低钢的冷却速度,增大淬透性。

③ 淬透性的应用

淬透性不同的钢材淬火后得到的淬硬层深度不同,所以沿截面的组织和机械性能差别很大。因此机械制造中截面较大或形状复杂的重要零件,以及应力状态较复杂的螺栓、连杆等零件,要求截面机械性能均匀,应选用淬透性较好的钢材。

受弯曲和扭转力的轴类零件,应力在截面上的分布是不均匀的,其外层受力较大,心部受力较小,可考虑选用淬透性较低的、淬硬层较浅(如为直径的1/3~1/2)的钢材。有些工件(如焊接件)不能选用淬透性高的钢件,否则容易在焊缝热影响区内出现淬火组织,造成焊缝变形和开裂。

淬透性对钢经热处理后的力学性能有很大的影响。完全淬透的工件,经回火后整个截面上的力学性能均匀一致;未淬透的工件,经回火后未淬透部分的屈服点和冲击韧性均较低。

综上所述,淬透性是机械零件设计时选择材料和制订热处理工艺规程时的重要依据。

(4) 淬火缺陷

工件在淬火加热和冷却过程中,由于加热温度高,冷却速度快,很容易产生某些缺陷。在热处理过程中设法减轻各种缺陷的影响,对提高产品质量有实际意义。

① 过热与过烧

工件在淬火加热时,由于加热温度过高或保温时间过长而使奥氏体晶粒过度长大,导致力学性能显著降低的现象称为过热。工件过热后形成粗大的奥氏体晶粒,需要通过正火或退火来消除。过热工件淬火后脆性显著增加。

工件加热温度过高,致使奥氏体晶界氧化和部分熔化的现象称为过烧。过烧工件淬火后强度低,脆性大,并且无法补救,只能报废。

过热和过烧主要都是由于加热温度过高引起的,因此,合理确定加热规范,严格控制加热温度和保温时间可以防止过热和过烧。

② 氧化与脱碳

工件在加热时,介质中的氧、二氧化碳和水蒸气等与之反应生成氧化物的过程称为氧化。工件在加热时介质与其表层的碳发生反应,使表层碳的质量分数降低的现象称为脱碳。

氧化使工件表面烧损,增大表面粗糙度参数值,减小工件尺寸,甚至使工件报废。脱碳使工件表面碳的质量分数降低,使力学性能下降,引起工件早期失效。

③ 硬度不足和软点

钢件淬火后表面硬度低于应有的硬度,达不到技术要求,称为硬度不足。加热温度过低或保温时间过短;淬火介质冷却能力不够或冷却不均匀;工件表面不清洁及工件表面氧化脱碳等,均容易使工件淬火后达不到要求的硬度值。钢件淬火硬化后,其表面存在硬度偏低的局部小区域,这种小区域称为软点。

工件产生硬度不足和大量的软点时,可在退火或正火后,重新进行正确地淬火处理予以补救,即可消除硬度不足和大量软点。

④ 变形和开裂

变形是淬火时工件产生形状和尺寸偏差的现象。开裂是淬火时工件产生裂纹的现象。工件产生变形与开裂的主要原因,都是由于热处理过程中工件内部存在着较大的内应力造成的。

热应力是指工件加热或冷却时,由于不同部位出现温差而导致热膨胀或冷缩不均所产生的应力。相变应力是热处理过程中,因工件不同部位组织转变不同步而产生的内应力。

工件在淬火时,热应力和相变应力同时存在,这两种应力总称为淬火应力。当淬火应力大于钢的屈服点时,工件就会发生变形;当淬火应力大于钢的抗拉强度时,工件就会产生开裂。

淬火时应力的产生是不可避免的,工件引起的变形一般可矫正过来,但若产生裂纹则只能报废。为了减少工件淬火时产生变形和开裂的现象,可以从两个方面采取措施,第一,淬火时正确编制加热温度、保温时间和冷却方式,可以有效地减少工件变形和开裂现象;第二,淬火后及时进行回火处理。

2. 钢的回火

回火是指工件淬硬后,重新加热到 A_1 以下的某一温度,保温一段时间,然后冷却到温的热处理工艺。淬火钢的组织主要由马氏体和少量残余奥氏体组成(有时还有未溶碳化物),这些组织很不稳定(有自发向珠光体型组织转化的趋势,如马氏体中过饱和的碳要析出、残余奥氏体要分解等),且马氏体硬度高、脆性大、韧性低,还具有不可避免的很大内应力,极易发生变形开裂,所以很少直接使用,一般必须及时回火。回火是紧接淬火之后进行的,通常也都是零件进行热处理的最后一道工序。其目的是消除和减小内应力、稳定组织,调整性能,以获得强度和韧性之间较好的配合。

(1) 钢在回火时组织和性能的变化

工件淬火之后,其中的马氏体与残余奥氏体都是不稳定组织,它们有自发向稳定组织转变的趋势。为了促进这种转变,可进行回火。回火是由一个非平衡组织向平衡组织转变的过程,这个过程是依靠原子的迁移和扩散进行的。回火温度越高,扩散速度越快,反之,扩散速度就越慢。

随着回火温度的升高,淬火组织将发生一系列的变化。根据组织转变情况,回火一般分为 4 个阶段:马氏体分解、残余奥氏体分解、碳化物转变、渗碳体的聚集长大和铁素体的再结晶。

① 回火第一阶段(≤200 ℃)——马氏体分解

在 80 ℃ 以下温度回火时,淬火钢没有明显的组织转变,此时只发生马氏体中碳的偏聚,而没有开始分解。在 80～200 ℃ 回火时,马氏体开始分解,析出极细微的碳化物,使马氏体中碳的质量分数降低。

在这一阶段中,由于回火温度较低,马氏体中仅析出了一部分过饱和的碳原子,所以它仍是碳在 α-Fe 中的过饱和固溶体。析出的极细微碳化物,均匀分布在马氏体基体上。这种过饱和度较低的马氏体和极细微碳化物的混合组织称为回火马氏体。这一阶段内应力逐渐减小。

② 回火第二阶段(200～300 ℃)——残余奥氏体分解

当温度升至 200～300 ℃ 时,马氏体分解继续进行,但占主导地位的转变已是残余奥氏体的分解过程了。残余奥氏体分解是通过碳原子的扩散先形成偏聚区,进而分解 α 相和碳化物的混合组织,即形成下贝氏体。此阶段钢的硬度没有明显降低。

③ 回火第三阶段(250～400 ℃)——碳化物转变

在此温度范围,由于温度过高,碳原子的扩散能力较强,铁原子也恢复了扩散能力,马氏体分解和残余奥氏体分解析出的过渡碳化物将转变为较稳定的渗碳体。随着碳化物的析出和转变,马氏体中碳的质量分数不断降低,马氏体的晶格畸变消失,马氏体转变为铁素体,得到的铁素体基体内分布着细小的粒状(或片状)渗碳体组织,该组织称为回火托氏体。此阶段淬火应力基本消除,硬度有所下降,塑性、韧性得到提高。

④ 回火第四阶段(>400 ℃)——渗碳体的聚集长大和铁素体的再结晶

由于回火温度已经很高,碳原子和铁原子均具有较强的扩散能力,第三阶段形成的渗碳体薄片将不断球化并长大。在 500～600 ℃ 以上时,α 相逐渐发生再结晶,使铁素体形态失去原来的板条状或片状,而形成多边形晶粒。此时,组织为铁素体上分布着粒状碳化物,该组织称为回火索氏体。回火索氏体具有良好的综合力学性能。此阶段内应力和晶格畸变完全消除。

根据实验可知,淬火钢随回火温度的升高,强度、硬度降低而塑性与韧性提高。

(2) 回火方法及其应用

回火是最终热处理。根据钢在回火后组织和性能的不同,按回火温度范围可将回火分为 3 种:低温回火、中温回火和高温回火。

① 低温回火

低温回火温度范围是150～250 ℃。经低温回火后组织为回火马氏体,保持了淬火组织的高硬度和耐磨性,降低了淬火应力,减小了钢的脆性。低温回火后硬度一般为58～62 HRC。低温回火主要用于高碳钢、合金工具钢制造的刃具、量具、冷作模具、滚动轴承、渗碳件及表面淬火件等。

为了提高精密零件与量具的尺寸稳定性,可在100～150 ℃(水中、油中)长时间(可达数十小时)低温回火,这种回火叫时效处理或尺寸稳定处理。

② 中温回火

中温回火温度范围是250～500 ℃。淬火钢经中温回火后组织为回火托氏体,大大降低了淬火应力,使工件获得了高的弹性极限和屈服强度,并具有一定的韧性。中温回火后硬度为35～50 HRC。中温回火主要用于处理弹性元件,如各种卷簧、板簧和弹簧钢丝等。

有些受小能量多次冲击载荷的结构件,为了提高强度增加小能量多次冲抗力,也采用中温回火。

③ 高温回火

高温回火温度范围是500～650 ℃。淬火钢经高温回火后组织为回火索氏体,淬火应力可完全消除,强度较高,有良好的塑性和韧性,具有良好的综合力学性能。高温回火后硬度为24～38 HRC。工件淬火加高温回火的复合热处理工艺又称为调质处理。高温回火主要用于处理轴类、连杆、螺栓和齿轮等工件。

调质处理可作为最终热处理,但由于调质处理后钢的硬度不高,便于切削加工,并能得到较好的表面质量,故也作为表面淬火和化学热处理的预备热处理。

(3) 回火脆性

淬火钢回火时,随着回火温度的升高,通常其硬度、强度降低,而塑性、韧性提高,但是在250～350 ℃及500～600 ℃范围内回火时,钢的冲击韧性反而显著降低,这种脆化现象称为回火脆性。

① 低温回火脆性

淬火钢在250～350 ℃范围内回火时所产生的回火脆性称为低温回火脆性,也称为第一类回火脆性。几乎所有淬火后形成马氏体的钢在此温度回火,都不同程度地产生这种脆性。这与在这一温度范围沿马氏体的晶界析出碳化物的薄片有关,第一类回火脆性一旦产生就无法消除,故又称不可逆回火脆性。目前尚无有效办法完全消除这类回火脆性,所以一般不在250～350 ℃温度范围回火。

② 高温回火脆性

淬火钢在500～650 ℃范围内回火后出现的脆性称为高温回火脆性,又称为第二类回火脆性。这类回火脆性主要发生在含铬、镍、硅和锰等合金钢,在500～650 ℃长时间保温或以缓慢速度冷却时,便发生明显脆化现象,但回火后快速冷却,脆化现象便消失或受到抑制,所以这类回火脆性也叫可逆回火脆性。高温回火脆性产生的原因,一般认为与锑、锡、磷等杂质元素在原奥氏体晶界上偏聚有关。

1.2.4.5 钢的表面热处理与化学热处理

在生产中,有些零件如齿轮、凸轮、曲轴、花键轴和活塞销等,要求表面具有高硬度和耐磨性,而心部仍然具有一定的强度和足够的韧性。在这种情况下,要达到上述要求,如果只从材料方面去解决是很困难的。如选用高碳素钢,淬火后硬度虽然很高,但心部韧性不足;如采用低碳钢,虽然心部韧性好,但表面硬度低、耐磨性差。这时就需要对零件进行表面热处理或化学热处理,以满足上述要求。

表面热处理是为改变工件表面的组织和性能,仅对其表面进行热处理的工艺。表面淬火是最常用的表面热处理。

表面淬火是指仅对工件表层进行淬火的工艺,其目的是使工件表面获得高硬度和耐磨性,而心部保持较好的塑性和韧性,以提高其在扭转、弯曲等交变载荷或在摩擦、冲击及接触应力大等工作条件下的使用寿命。它不改变工件表面化学成分,而是采用快速加热方式,使工件表层迅速奥氏体化,使心部仍处于临界点以下,并随之淬火,使表层硬化。依加热方法的不同,表面淬火方法主要有感应加热表面淬火、火焰加热表面淬火、电接触加热表面淬火及电解液加热表面淬火等。目前生产中应用最多的是感应加热表面淬火和火焰加热表面淬火。

(1) 感应加热表面淬火

利用感应电流通过工件所产生的热效应,使工件表层、局部或表面加热并进行快速冷却的淬火工艺,称为感应加热表面淬火。

① 感应加热的基本原理

一个线圈通以交流电,就会在线圈内部和周围产生一个交变磁场。如将工件置于此交变磁场中,工件中将产生一个交变感应电流,其频率与线圈中电流频率相同,在工件中形成一个闭合回路,称为涡流。涡流在工件内的分布是不均匀的,表面密度大,心部密度小。通入线圈的电流频率越高,涡流就越集中于工件的表层,这种现象称为集肤效应。依靠感应电流的热效应,使工件表层在几秒钟内快速加热到淬火温度,然后迅速喷水冷却,使工件表面层淬硬,这就是感应加热表面淬火的基本原理,如图 1-2-43 所示。

② 感应加热表面淬火的特点

感应加热表面淬火与普通加热淬火相比有如下特点。

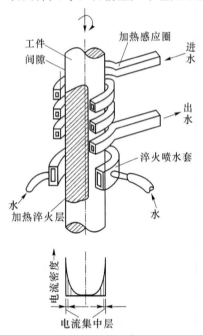

图 1-2-43 感应加热表面淬火示意图

(a) 加热时间短,工件基本无氧化、脱碳,淬硬层深,易控制,且变形小,产品质量好。奥氏体晶粒细小,淬火后获得细小马氏体组织,使表面比一般淬火硬度高 2~3 HRC,且脆性较低。表面淬火后,在淬硬的表面层中存在较大的残余压应力,提高了工件的疲劳强度。

(b) 加热速度快,热效率高,生产率高,易实现机械化、自动化,适于大批生产。

(c) 感应加热设备复杂昂贵,投资大,维修、调试比较困难,形状复杂的感应圈不易制造,不适于单件生产。

③ 感应加热表面淬火的应用

感应加热表面淬火主要用于中碳钢和中碳低合金钢制造的中小型工件的成批生产。淬火时工件表面加热深度主要取决于电流频率。生产上通过选择不同的电流频率来达到不同要求的淬硬层深度。

根据电流频率不同,感应加热表面淬火分为 3 类:高频加热、中频加热和工频加热。感应加热表面淬火的应用如表 1-2-4 所示。

表 1-2-4 感应加热表面淬火的应用

分类	频率范围/kHz	淬火深度/mm	适用范围
高频加热	50～300	0.3～2.5	中小型轴、销、套等圆柱形零件,小模数齿轮
中频加热	1～10	3～10	尺寸较大的轴类,大模数齿轮
工频加热	50	10～20	大型($>\varnothing 300$)零件表面淬火或棒料穿透加热

感应加热表面淬火后,需要进行低温回火,但回火温度比普通低温回火温度稍低,其目的是为了降低淬火应力。生产中有时采用自回火法,即当工件淬火冷至 200 ℃左右时,停止喷水,利用工件中的余热达到回火的目的。

(2) 火焰加热表面淬火

火焰加热表面淬火是利用氧—乙炔或其他可燃气燃烧的火焰喷射至工件表面上,使工件快速加热,当达到淬火温度时立即喷水快速冷却,从而获得预期的硬度和淬硬层深度的一种表面淬火工艺,如图 1-2-44 所示。

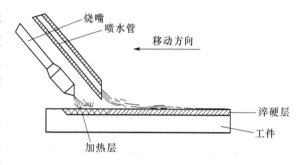

图 1-2-44 火焰加热表面淬火示意图

火焰加热表面淬火工件的选材,常用中碳钢如 35、45 钢以及中碳合金结构钢如 40Cr、65Mn 等,如果含碳量太低,则淬火后硬度较低;碳和合金元素含量过高,则易淬裂。

火焰加热表面淬火的淬硬层深度一般为 2～6 mm,若淬硬层过深,往往使工件表面严重过热,产生变形与裂纹。

火焰加热表面淬火操作简便,不需要特殊设备,成本低。但生产率低,工件表面容易过热,质量较难控制,工作条件差,因此,使用受到一定的限制。火焰加热表面淬火主要用于单件或小批生产的各种齿轮、轴和轧辊等。

1.2.4.6 化学热处理

钢的化学热处理是将工件置于适当的活性介质中加热、保温,使一种或几种元素渗入它的表层,以改变其化学成分、组织和性能的热处理工艺。这种热处理与表面淬火相比,其特点是表层不仅有组织的变化,而且还有化学成分的变化。

化学热处理的主要目的除提高钢件的表面硬度、耐磨性以及疲劳极限外,也用于提高零件的抗腐蚀性、抗氧化性,以替代昂贵的合金钢。

化学热处理方法很多,通常以渗入元素来命名,如渗碳、渗氮、碳氮共渗、渗硼、渗硅及渗金属等。由于渗入元素的不同,工件表面处理后获得的性能也不相同。渗碳、渗氮及碳氮共渗是以提高工件表面硬度和耐磨性为主,渗金属的主要目的是提高耐腐蚀性和抗氧化性等。化学热处理由分解、吸收和扩散 3 个基本过程所组成。即渗入介质在高温下通过化学反应进行分解,形成渗入元素的活性原子;渗入元素的活性原子被钢的表面吸附;被吸附的活性原子由钢的表层逐渐向内扩散。目前在机械制造业中,最常用的化学热处理是渗碳、渗氮和碳氮共渗。

1. 渗碳

为提高工件表层碳的质量分数并在其中形成一定的碳含量梯度,将工件在渗碳介质中加热、保温,使碳原子渗入的化学热处理工艺称为渗碳。

渗碳所用的钢一般是 $w(C)=0.10\%\sim 0.25\%$ 的低碳钢和低碳合金钢,如 15、20、20r、

20CrMnTi、20SiMnVB 等钢,渗碳层深度一般都在 0.5～2.5 mm 之间,渗碳后表面层的含碳量可达到 0.8%～1.1%。渗碳后的工件都要进行淬火和低温回火,使工件表面获得高的硬度(56～64 HRC)、耐磨性和疲劳强度,而心部仍保持一定的强度和良好的韧性。渗碳被广泛应用于要求表面硬而心部软的工件上,如齿轮、凸轮轴和活塞销等。

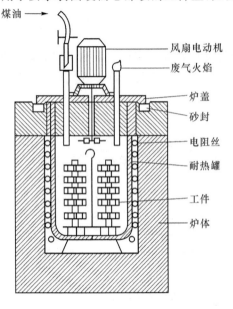

图 1-2-45 气体渗碳示意图

根据渗碳时介质的物理状态不同,渗碳可分为气体渗碳、液体渗碳和固体渗碳,目前常用的是气体渗碳。气体渗碳是工件在气体渗碳介质中进行的渗碳工艺,它是将工件放入密封的加热炉中(如图 1-2-45 所示的井式气体渗碳炉),通入气体渗碳剂进行的渗碳。

2. 渗氮

在一定温度下于一定介质中,使氮原子渗入工件表层的化学热处理工艺,称为渗氮(又叫氮化)。渗氮的目的是提高工件表层的硬度、耐磨性、热硬性、耐腐蚀性和疲劳强度。

渗氮处理广泛应用于各种高速运转的精密齿轮、高精度机床主轴、交变循环载荷作用下要求疲劳强度高的零件(如高速柴油机曲轴)以及要求变形小和具有一定耐热、抗腐蚀能力的耐磨零件(如阀门)等。但是渗氮层薄而脆,不能承受冲击和振动,而且渗氮处理生产周期长,生产成本较高。钢件渗氮后不需要淬火就可达到 68～77 HRC 的硬度,目前常用的渗氮方法有气体渗氮和离子渗氮两种。气体渗氮是把工件放入密封箱式(或井式)炉内加热(温度 500～580 ℃),并通入氨气,使其分解,分解出的活性氮原子被工件表面吸收,得到一定深度的渗氮层。零件不需要渗氮的部分应镀锡或镀铜保护,也可留 1 mm 的余量,在渗氮后磨去。

渗氮工件的加工工艺路线如下:
毛坯锻造→退火或正火→粗加工→调质→精加工→镀锡(非渗氮面)→渗氮→精磨或研磨

3. 碳氮共渗

在奥氏体状态下同时将碳、氮原子渗入工件表层,并以渗碳为主的化学热处理工艺,称为碳氮共渗。根据共渗温度不同,可分为低温(520～580 ℃)、中温(760～880 ℃)和高温(900～950 ℃)碳氮共渗,其目的主要是提高工件表层的硬度和耐磨性。

1.2.4.7 热处理工艺应用

热处理是改善金属或合金性能的主要方法之一,广泛应用于机械制造中,重要的机械零件绝大多数都要进行处理。此外,在进行零件的结构设计、制定零件的加工工艺路线及分析零件质量时,也经常涉及热处理问题。热处理穿插在机械制造过程的加工工序之间,因此,科学合理地安排热处理的工序位置与相关技术及零件热处理结构工艺进行优化设计是非常重要的。

1. 热处理的技术条件

设计人员在设计零件时,首先应根据零件的工作条件和环境,选择材料,提出零件的性能要求,然后根据这些要求选择热处理工序及相关技术要求,来满足零件的使用性能要求。因此,在零件图上应标出热处理方法名称及有关应达到的力学性能指标。对于一般的零件仅需标注出硬度值即可;对于重要的零件则还应标注强度、塑性、韧性指标或金相组织状态要求;对于化学热处理零件不仅要标出硬度值,还要标注渗层部位和渗层的深度。

标注热处理技术条件时,推荐采用《金属热处理工艺分类及代号》(GB/T 12603—1990),并标明应达到的力学性能指标及其他要求,可用文字在零件图样标题栏上方作扼要说明。热处理工艺代号标注方法如图 1-2-46 所示。

热处理工艺代号由基础分类工艺代号及附加分类工艺代号组成。在基础分类工艺代号中按照工艺类型、工艺名称和实现工艺的加热方法 3 个层次进行分类,均有相应的代号,如表 1-2-5 所示。

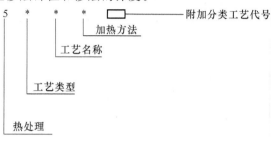

图 1-2-46 热处理工艺代号标注方法

表 1-2-5 热处理工艺分类及代号

工艺总称	代号	工艺类型	代号	工艺名称	代号	加热方法	代号
热处理	5	整体热处理		退火	1	加热炉	1
				正火	2		
				淬火	3		
				淬火回火	4		
				调质	5		
				稳定化处理	6		
				固溶化处理	7	感应	2
				固溶化处理和时效	8		
		表面热处理		表面淬火和回火	1	火焰	3
				物理气相沉积	2	电阻	4
				化学气相沉积	3	激光	5
				等离子化学气相沉积	4	电子束	6
		化学热处理		渗碳	1	等离子体	7
				渗氮	3	其他	8
				碳氮共渗	4		
				渗其他非金属	5		
				渗金属	6		
				多元共渗	7		
				溶渗	8		

其中工艺类型分为整体热处理、表面热处理和化学热处理3种;工艺名称都是按组织状态或渗入元素进行分类的;加热方法分为加热炉加热、感应加热、电阻加热类型;附加分类是对基础分类中某些工艺的具体条件再进一步细化分类,包括各种热处理的加热介质(如表1-2-6所示)、退火工艺方法(如表1-2-7所示)、淬火冷却介质或冷却方法、渗碳和碳氮共渗的后续冷却工艺等。

表1-2-6 加热介质及代号

加热介质	固体	液体	气体	真空	保护气体	可控气氛	液态床
代号	S	L	G	V	P	C	F

表1-2-7 退火工艺方法

退火工艺	去应力退火	均匀化退火	再结晶退火	石墨化退火	去氢退火	球化退火	等温退火
代号	O	d	r	g	h	S	n

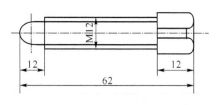

热处理5154,235HBS,尾5213,45HRC

图1-2-47 螺钉(45钢)热处理技术条件标注

如图1-2-27所示,5154表示采用电阻加热方式对螺钉进行整体调质处理,热处理后布氏硬度值应达到230~250 HBS;5213表示螺钉尾部进行表面火焰淬火和回火,热处理后的表面硬度应达到42~48 HRC。

2. 热处理的工序位置

机械零件的加工是按照一定的加工工艺路线进行的。合理安排热处理的工序位置,对于保证零件的加工质量和改善其性能都具有重要的作用。热处理按其工序位置和目的不同,可分为预备热处理和最终热处理。预备热处理是指为调整原始组织,以保证工件最终热处理或(和)切削加工质量,预先进行的热处理,包括退火、正火和调质等。最终热处理是指使钢件达到要求的使用性能的热处理,包括淬火利回火、渗碳以及渗氮等。下面以车床齿轮为例分析热处理的工序位置和作用。

车床齿轮是传递力矩和转速的重要零件,它主要承受一定的弯曲力和周期性冲击力,转速中等,一般都选择45钢制造,要求齿表面处耐磨,工作过程中平稳,噪音小。其热处理技术条件为:整体调质处理,硬度220~250 HBS,齿表面表面淬火,硬度50~54 HRC。

车床齿轮的加工工艺路线如下:

下料→锻造→正火→粗加工→调质→精加工→高频感应加热淬火和低温回火→精磨

正火的作用是消除锻造时产生的内应力,细化组织,改善切削加工性;调质的主要作用是保证心部有足够的强度和韧性,能够承受较大的弯曲应力和冲击载荷,并为表面淬火做好组织准备;高频感应加热淬火的作用是提高齿表面的硬度、耐磨性和疲劳强度;低温回火的目的是消除应力,防止磨削加工时产生裂纹,并使齿面保持高硬度(符合齿轮热处理技术条件)和耐磨性。

3. 热处理零件的结构工艺性

零件在热处理过程中,影响其处理质量的因素比较多,其中零件的结构工艺性就是主要因素之一。零件在热处理时,发生质量问题的主要表现形式是变形与开裂,因此,为了减少零件在热处理过程中发生变形与开裂,在进行零件结构工艺性设计时应注意以下几个方面。

(1) 避免截面薄厚悬殊,合理安排孔洞和键槽。
(2) 避免尖角与棱角结构。
(3) 合理采用封闭、对称结构。
(4) 合理采用组合结构。

1.2.5 工程金属材料

工程材料是生产、生活中用来制造工具、机器、功能器件及结构件的所有材料的总称。工程材料种类繁多,有许多不同的分类方法。按其应用领域可分为机械工程材料、建筑工程材料、电子工程材料等。按使用性能可分为结构材料和功能材料,结构材料主要是考虑材料的力学性能,是作为承力构件使用的材料;功能材料主要是考虑材料的物理、化学性能,如声、光、电、热、磁等。通常机械工程材料按成分和组成特点分为金属材料、高分子材料、陶瓷材料和复合材料 4 大类,其中金属材料因其具有良好的力学性能和工艺性能,是目前应用最广泛的材料。

金属材料分类如图 1-2-48 所示,一般分为钢铁材料和非铁金属材料两大类,其中钢铁材料包括钢和铸铁,占金属材料总量的 95% 以上,在国民经济中起着重要的作用。非铁金属材料也称有色金属,如铜、铝、镁等,虽然产量和使用量较少,但因其具有某些特殊性能,所以成为现代工业中不可缺少的金属材料。

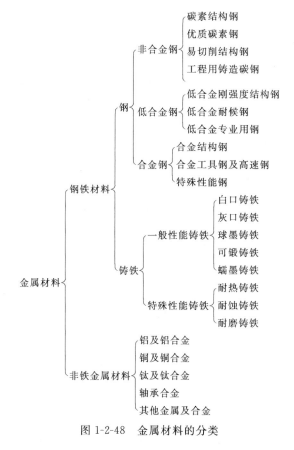

图 1-2-48 金属材料的分类

目前,随着科学技术的发展,传统的金属材料在冶炼、热处理、加工等方面不断取得新的进步,质量和性能进一步提高。与此同时,出现了一些新型高性能金属材料,如单晶合金、纳米金属材料、非晶态金属材料和超导材料等。另外一些功能金属材料,如永磁合金、形状记忆合金和超细金属隐身材料,也正向着高功能化和多功能化发展。

1.2.5.1 钢铁金属材料

钢铁材料是钢和铸铁的总称。一般将含碳量在 $0.0218\%\sim2.11\%$ 之间的铁碳合金称为钢,而将含碳量大于 2.11% 的铁碳合金称为铸铁,含碳量小于等于 0.0218% 的铁碳合金称为工业纯铁。

钢根据化学成分可分为非合金钢、低合金钢、合金钢 3 类。非合金钢(碳钢)因为成本低、并具有一定的力学性能和良好的工艺性,在工业生产中得到广泛的应用。合金钢是有目的地向钢中加入某些合金元素,以获得更高的力学性能和特殊的物理化学性能,但经济性和工艺性较差。铸铁与钢相比,含有较高的碳和硅,有良好的铸造性、减震性等,而且工艺简单,使用广泛。在铸铁中加入一定量的合金元素得到合金铸铁,可以提高铸铁的力学性能或获得特殊的物理化学性能。

(1) 非合金钢的分类

非合金钢的分类方法有很多,常见的方法有以下几种。

① 按钢中碳含量的多少分类

(a) 低碳钢:含碳量 $w(C)\leqslant 0.25\%$。

(b) 中碳钢:含碳量 $0.25\%\leqslant w(C)\leqslant 0.6\%$。

(c) 高碳钢:含碳量 $w(C)>0.6\%$。

② 按主要质量等级、主要性能及使用特性分类

(a) 普通质量非合金钢

普通质量非合金钢是指对生产过程中控制质量无特殊规定的一般用途的非合金钢。主要包括:一般用途碳素结构钢,如 GB 700 规定中的 A、B 级钢;碳素钢筋钢;铁道用一般碳素钢,如轻轨和垫板用碳素钢;一般钢板桩型钢。

(b) 优质非合金钢

优质非合金钢是指除普通质量非合金钢和特殊质量非合金钢以外的非合金钢,在生产过程中需要特别控制质量(如控制晶粒度,降低硫、磷含量,改善表面质量或增加工艺控制等),以达到比普通质量非合金钢特殊的质量要求(如良好的抗脆断性能,良好的冷加工成形性等),但这种钢生产控制不如特殊质量非合金钢严格。

优质非合金钢主要包括:机械结构用优质碳素钢,如 GB 699 规定中的优质碳素结构钢中的低碳钢和中碳钢;工程结构用碳素钢,如 GB 700 规定的 C、D 级钢;冲压薄板的低碳结构钢;镀层板、带用的碳素钢;锅炉和压力容器用碳素钢;造船用碳素钢;铁道用优质碳素钢,如重轨用碳素钢;焊条用碳素钢;冷锻、冷冲压等冷加工用非合金钢;非合金易切削结构钢;电工用非合金钢板、钢带;优质铸造碳素钢。

(c) 特殊质量非合金钢

特殊质量非合金钢是指在生产过程中需要特别严格控制质量和性能(如控制淬透性和纯洁度)的非合金钢。应符合下列条件,钢材要经热处理并至少具有下列一种特殊要求的非合金钢(包括易切削钢和工具钢)。例如,要求淬火和回火状态下的冲击性能;有效淬硬深度或表面硬度;限制表面缺陷;限制钢中非金属夹杂物含量和(或)要求内部材质均匀性;限制磷和硫的含量等。

特殊质量非合金钢主要包括:保证淬透性非合金钢;保证厚度方向性能非合金钢;铁道用特殊非合金钢,如车轴坯、车轮、轮箍钢;航空、兵器等专业用非合金结构钢;核能用的非合金钢;特殊焊条用非合金钢;碳素弹簧钢;特殊盘条钢及钢丝;特殊易削钢;碳素工具钢和中空钢;电磁纯铁;原料纯铁。

③ 按非合金钢的用途分类

(a) 碳素结构钢。

(b) 优质碳素结构钢。

(c) 碳素工具钢。

(d) 一般工程用铸造碳钢。

(e) 易切削结构钢。

④ 按炼钢时的脱氧程度分类

(a) 沸腾钢:F。

(b) 镇静钢:Z。

(c) 半镇静钢:b。

(d) 特殊镇静钢:TZ。

镇静钢是指脱氧完全的钢,这类钢化学成分均匀,内部组织致密,质量较高;沸腾钢是指脱氧不完全的钢,这类钢化学成分不均匀,内部组织不够致密,存在部分小气泡,质量较差;半镇静钢的脱氧程度和性能介于镇静钢和沸腾钢之间;特殊镇静钢的脱氧质量优于镇静钢,钢的内部材质均匀,非金属夹杂物含量少,可以满足特殊需要。

(2) 碳素结构钢

碳素结构钢主要用于一般工程结构和普通机械零件。因为价格低、工艺性好,所以应用量很大(占钢总产量的70%左右)。通常热轧成扁平成品或各种型材(圆钢、扁钢、槽钢或工字钢等),一般不经过热处理。

碳素结构钢的牌号由代表屈服点的字母、屈服点的数值、质量等级符号和脱氧方法符号4部分按顺序组成。其中,屈服点的字母以"屈"字汉语拼音首位字母"Q"表示;屈服点的数值以钢材厚度(或直径)不大于16 mm的屈服点数值表示;质量等级分A、B、C、D 4级,从左到右质量依次提高;脱氧方法分别用F、b、Z、TZ表示为沸腾钢、半镇静钢、镇静钢和特殊镇静钢。

例如,Q235AF,表示屈服点是235 MPa的A级碳素结构钢,脱氧不完全,属于沸腾钢。而如Q235C表示屈服点是235 MPa的C级碳素结构钢,脱氧完全,属于镇静钢。

碳素结构钢的牌号、化学成分、力学性能及用途如表1-2-8、表1-2-9所示。

表1-2-8 碳素结构钢的牌号、化学和用途

牌号	化学成分 $w/(\%)$					脱氧方法	用途
			Si	S	P		
				≤			
Q195	0.06~0.12	0.25~0.50	0.30	0.050	0.045	F、b、Z	载荷小的零件、铁丝、垫铁、垫圈开口销、拉杆、冲压件及焊接件
Q215A	0.09~0.15	0.25~0.55	0.30	0.050	0.045	F、b、Z	拉杆、套圈、垫圈、渗碳零件及焊接件
Q215B				0.045			

续表

牌号	化学成分 w/%		Si	S	P	脱氧方法	用途
			≤				
Q23SA	0.14~0.22	0.30~0.65		0.050	0.045	F、b、Z	金属结构件,心部强度要求不高的渗碳体或氰化零件,拉杆、连杆、吊钩、螺栓、螺母及焊接件,C、D级用于重要的焊接件
Q235B	0.12~0.20	0.30~0.70		0.045			
Q235C	≤0.18	0.35~0.80	0.30	0.040	0.040	Z	
Q235D	≤0.17			0.035	0.035	TZ	
Q255A	0.18~0.28	0.40~0.70	0.30	0.050	0.045	F、b、Z	转轴、心轴、吊钩、拉杆、摇杆楔等强度要求不高的零件
Q255B				0.045			
Q275	0.28~0.38	0.50~0.80	0.35	0.050	0.045	b、Z	轴类、链轮、齿轮、吊钩等强度要求较高的零件

表 1-2-9 碳素结构钢的力学性能

牌号	拉伸试验												
	σ_s/MPa						σ_b/MPa	δ_5/%					
	钢材厚度(直径)/mm							钢材厚度(直径)/mm					
	≤16	>16~40	>40~60	>60~100	>100~150	>150		≤16	>16~40	>40~60	>60~100	>100~150	>150
	≥							≥					
Q195	(195)	(185)					315~430	33	32				
Q21SA / Q215B	215	205	195	185	175	165	335~450	31	30	29	28	27	26
Q235A / Q235B / Q235C / Q235D	235	225	215	205	195	185	375~500	26	25	24	23	22	21
Q255A / Q255B	255	245	235	225	215	205	410~550	24	23	22	21	20	19
Q275	275	265	255	245	235	225	490~630	20	19	18	17	16	15

(3) 优质碳素结构钢

优质碳素结构钢所含硫、磷和夹杂物少,化学成分控制较严格,塑性和韧性都比较好。这类钢在机械制造中应用极为广泛,常用于较为重要的机械结构零件,可以通过各种热处理改善零件的力学性能。

优质碳素结构钢的牌号用两位数字表示,这两位数表示钢中平均碳的质量分数的百分之几。例如,45钢表示该钢碳的质量分数为万分之四十五。这类钢全部是优质级,不标质量等级符号。

根据化学成分的不同,优质碳素结构钢可分为普通含锰量钢和较高含锰量钢。普通含锰量钢的锰含量小于0.80%,较高含锰量钢的锰含量为0.7%~1.2%。较高含锰量钢在牌号后面标出元素符号 Mn。优质碳素结构钢的牌号、成分、力学性能及用途如表 1-2-10 所示。

表 1-2-10 优质碳素结构钢的牌号、化学成分、性能及用途

牌号	化学成分 w/(%)					力学性能					应用举例
	C	Si	Mn	P	S	σ_s/MPa	σ_b/MPa	δ_5/(%)	ψ/%	A_{KV}/J	
				$\leqslant$		$\geqslant$					
08F	0.05~0.11	$\leqslant$0.03	0.25~0.50	0.035		295	175	35	60		受力不大但要求高韧性的冲击件、焊接件、紧固件,如螺栓、螺母垫圈;渗碳淬火后可制造要求不高的耐磨件,如凸轮、滑块和活塞销等
10	0.07~0.13	0.17~0.37	0.35~0.65			335	205	31	55	—	
15	0.12~0.18					375	225	27	55	—	
20	0.17~0.23					410	245	25	55	—	
25	0.22~0.29	0.17~0.37	0.50~0.80			450	275	23	50	71	
30	0.27~0.34	0.17~0.37	0.50~0.80			490	295	21	50	63	负荷较大的零件,如连杆、曲轴、主轴、活差销、表面淬火齿轮和凸轮等
35	0.32~0.39					530	315	20	45	55	
40	0.37~0.44					570	335	19	45	47	
45	0.42~0.50					600	355	16	45	39	
50	0.47~0.55					630	375	14	40	31	
55	0.52~0.60					645	380	13	35	—	
60	0.57~0.65	0.17~0.37	0.50~0.80			675	400	12	35		要求弹性极限或强度较高的零件,如轧辊、弹簧、钢丝绳和偏心轮笔
65	0.62~0.70					695	410	10	30		
70	0.67~0.75					715	420	9	30		
75	0.72~0.80					1 080	880	7	30		
80	0.77~0.85					1 080	930	6	30		
85	0.82~0.90					1 130	980	6	30		
15Mn	0.12~0.18		0.70~1.00			410	245	26	55	—	应用范围和普通含锰量的优质碳素结构钢相同,但淬透性较高
30Mn	0.27~0.34					540	315	20	45	63	
40Mn	0.37~0.44	0.17~0.37				590	355	17	45	47	
45Mn	0.42~0.50					620	375	15	40	39	
60Mn	0.57~0.65					695	410	11	35		
65Mn	0.62~0.70	0.17~0.37	0.90~1.20			735	430	9	30		
70Mn	0.67~0.75	0.17~0.37	0.90~1.20			785	450	8	30		

08、10 钢的碳的质量分数低、塑性很好、强度低,且焊接性能好,主要用于制作薄板、冷冲压零件、容器和焊接件,属于冷冲压钢。

15、20、25 钢属于渗碳钢,这类钢强度较低,但塑性、韧性较高,冷冲压性能和焊接性能较好,可以制造各种受力不大但要求高韧性的零件,如焊接容器、螺钉、杆件、轴套、齿轮和活塞销等,还可用作冷冲压件和焊接件。这类钢经渗碳淬火后,表面硬度可达 60 HRC 以上,耐磨性好,而心部具有一定的强度和韧性,可用于制造要求表面硬度高、耐磨,并承受冲击载荷的零件。

30、35、40、45、50、55 钢属于调质钢,经过热处理后具有良好的综合力学性能,主要用于制作要求强度、塑性和韧性都较高的零件,如齿轮、套筒、轴、连杆和键等。这类钢在机械制造中应用非常广泛,特别是 40、45 钢在机械零件中应用更广泛。

60、65、70、75、80、85 钢属于弹簧钢,经热处理后可获得较高的弹性极限,主要用于制造尺

寸较小的弹簧、弹性零件及耐磨零件,如机车车辆及汽车的螺旋弹簧、板弹簧、气门弹簧和弹簧发条等。

(4) 碳素工具钢

碳素工具钢(非合金工具钢)生产成本较低,加工性能良好,可用于制作低速、手动刀具及常温下使用的工具、模具和量具等。

碳素工具钢的牌号是在 T("碳"的汉语拼音字首)的后面加数字来表示,数字表示钢的平均碳的质量分数为千分之几。如 T9 表示平均碳的质量分数是 0.9% 的碳素工具钢。碳素工具钢都是优质钢,若钢号末尾标 A,表示该钢是高级优质碳素工具钢,如 T10A。

各种牌号的碳素工具钢淬火后的硬度相差不大,但随着含碳量的增加,未溶的二次渗碳体增多,钢的耐磨性提高,韧性降低。因此,不同牌号的碳素工具钢,其应用是不同的。

碳素工具钢的主要牌号、化学成分、性能及用途如表 1-2-11 所示。

表 1-2-11 碳素工具钢的牌号、化学成分、性能及用途

牌号	化学成分 w/(%)			退火状态 HBS	试样淬火 HRC	用途举例
	C	Si	Mn	不大于	不小于	
T7 T7A	0.65~0.74	≤0.35	≤0.40	187	800~820 ℃ 水冷 62	用作承受冲击、韧性较好、硬度适当的工具,如扁铲、手钳、大锤、旋具和木工工具等
T8 T8A	0.85~0.74	≤0.35	≤0.40	187	800~820 ℃ 水冷 62	用作能承受冲击、要求具有较高硬度与耐磨性的工具,如冲头、压缩空气锤工具及木工工具等
T10 T10A	0.95~1.04	≤0.35	0.40	197	760~780 ℃ 水冷 62	用作不受剧烈冲击、要求具有高硬度与耐磨性的工具,如车刀、刨刀、冲头、丝锥、钻头和手工锯锯条等
T12 T12A	1.15~1.24	≤0.35	≤0.40	207	760~780 ℃ 水冷 62	用作不受冲击、要求具有高硬度、高耐磨性的工具,如锉刀刮刀、精车刀、丝锥和量具等

(5) 易切削结构钢

易切削结构钢是钢中加入一种或几种元素,利用其本身或与其他元素形成一种对切削加工有利的夹杂物,来改善钢材的切削加工性。目前常用元素是硫、磷、铅、钙等。如在钢中加入硫($w(S)=0.18\%\sim0.30\%$),同时加入锰($w(Mn)=0.6\%\sim1.55\%$),使钢中形成大量的 MnS 夹杂物。切削时,这些夹杂物可起到断屑的作用,从而减少动力损耗。此外,硫化物在切削过程中还有一定的润滑作用,可以减小刀具与工件表面的摩擦。

易切削结构钢的牌号前要加字母 Y("易"的汉语拼音字首),以区别其他结构用钢。例如,Y12 表示平均碳的质量分数是 0.12% 的易切削结构钢。锰的质量分数较高的易切削结构钢应在牌号后加 Mn,如 Y40Mn。

采用高效专用自动机床加工的零件,大多用易切削结构钢。Y12、Y15 是硫磷复合低碳易切削钢,用来制造螺栓、螺母和管接头等不重要的标准件;Y45ca 钢适合于高速切削加工,比用

45钢提高生产效率一倍以上,用来制造重要的零件,如机床的齿轮轴、花键轴等热处理零件。部分易切削结构钢的牌号、化学成分及性能如表1-2-12所示。

表1-2-12 易切削结构钢的化学成分和力学性能

牌号	化学成分 $w/(\%)$				力学性能(热轧状态)	
	C	Mn	S	P	σ_b/MPa	δ/(%) 不小于
Y12	0.08~0.16	0.70~1.00	0.10~0.20	0.08~0.15	390~540	22
Y20	0.17~0.25				450~600	20
Y30	0.27~0.35	0.70~1.00	0.08~0.15	≤0.06	510~655	15
Y35	0.32~0.40				510~655	14
Y40Mn	0.37~0.45	1.20~1.55	0.20~0.30	≤0.05	539~735	14

(6)工程用铸造碳钢

在机械制造业中,许多形状复杂的零件,用锻压方法难以生产,而力学性能要求比铸铁件高,这时可用工程铸造碳钢采用铸造的方法来获得铸钢件。铸造碳钢广泛用于制造重型机械、矿山机械、冶金机械和机车车辆的某些零部件。

工程用铸造碳钢的牌号前面是ZG("铸钢"的汉语拼音字首),后面是两组数字,第一组数字代表屈服强度最低值,第二组数字代表抗拉强度最低值。例如,ZG200-400表示屈服强度不小于200 MPa,抗拉强度不小于400 MPa的工程用铸钢。工程用铸造碳钢的牌号、化学成分、性能及用途如表1-2-13所示。

表1-2-13 工程用铸造碳钢的牌号、成分和用途

牌号	主要化学成分 $w/\%$				室温力学性能(不小于)					用途举例
	C≤	Si≤	Mn≤	P和S≤	$\sigma_s(\sigma_{0.2})$	σ_b/MPa	δ_5/(%)	ψ/(%)	A_{KU}/J	
ZG200-400	0.20	0.50	0.80	0.04	200	400	25	40	30	用于受力不大的机械零件,如机座、变速箱壳等
ZG230-450	0.30	0.50	0.90	0.04	230	450	22	32	25	用于受力不大、韧性好的机械零件,如砧座、外壳、轴承盖、阀体等
ZG270-500	0.40	0.50	0.90	0.04	270	500	18	25	22	用于轧钢机机架、轴承座、连杆、曲轴、缸体等
ZG310-570	0.50	0.60	0.90	0.04	310	570	15	21	15	用于载荷较高的大齿轮、缸体、制动轮、辊子等
ZG340-640	0.60	0.60	0.90	0.04	340	640	10	18	10	强度高、耐磨性、切削性、流动性好,焊接性较差,裂纹敏感性较大。用于齿轮、棘轮等

1.2.5.2 低合金钢和合金钢

为了改善钢的的力学性能或获得特殊性能,在炼钢时有目的地加入一些合金元素,这类钢称为合金钢。所加的合金元素的质量分数低于5%的合金钢称为低合金钢。加入合金元素的钢,提高了钢的力学性能,改善了工艺性能,并获得某些特殊的物理、化学性能(如耐热性、抗氧

化性和抗腐蚀性等)。虽然合金钢的生产工艺复杂、成本较高,但在各领域的应用却很广泛,重要的工程结构、机械零件都使用合金钢。

1. 低合金钢和合金钢的分类及牌号

(1) 低合金钢的分类

低合金钢是按其主要质量等级和主要性能或使用特性进行分类的。

① 按主要质量等级分类

低合金钢按主要质量等级可分为3种,分别是普通质量低合金钢、优质低合金钢和特殊质量低合金钢。

(a) 普通质量低合金钢。指不规定在生产过程中需要特别控制质量要求的仅作一般用途的低合金钢。

普通质量低合金钢主要包括一般用途低合金结构钢(如09MnV)、低合金钢筋钢(如20MnSi)、铁道用一般低合金钢(如低合金轻轨钢45SiMnP)和矿用一般低合金钢(调质处理的钢号除外,如20MnK、25MnK等)。

(b) 优质低合金钢。指除普通质量低合金钢和特殊质量低合金钢以外的低合金钢。

优质低合金钢主要包括可焊接的低合金高强度钢,锅炉和压力用低合金钢、造船用低合金钢、桥梁用低合金钢、低合金耐候钢、铁道用低合金钢、铁路用异型钢和起重机用低合金钢等。

(c) 特殊质量低合金钢。指在生产过程中需要特别严格控制质量和性能(特别是严格控制硫、磷等杂质含量和纯洁度)的低合金钢。

特殊质量低合金钢主要包括核能用低合金钢、保证厚度方向性能低合金钢、铁道合金车轮钢、低温用低合金钢和舰船兵器等专用特殊低合金钢等。

② 按主要性能及使用特性分类

低合金钢按主要性能及使用特性分类,可分为可焊接的低合金高强度结构钢、低合金耐候钢、低合金钢筋钢、铁道用低合金钢、矿用低合金钢和其他低合金钢等。

(2) 合金钢的分类

合金钢中合金元素规定质量分数界限值总量是 $w(Me) \geqslant 5.43\%$,并且合金钢是按其主要质量等级、主要性能或使用特性分类的。

① 按主要质量等级分类

合金钢按主要质量等级可分为优质合金钢和特殊质量合金钢。

(a) 优质合金钢。指在生产过程中需要特别控制质量和性能,但其生产控制和质量要求不如特殊质量合金钢严格。

优质合金钢主要包括一般工程结构用合金钢,合金钢筋钢,不规定磁导率的电工用硅(铝)钢,铁道用合金钢,地质、石油钻探用合金钢,耐磨钢和硅锰弹簧钢。

(b) 特殊质量合金钢。指在生产过程中需要特别严格控制质量和性能的合金钢。除优质合金钢以外的所有其他合金钢都为特殊质量合金钢。

② 按主要性能及使用特性分类

(a) 合金结构钢。建筑及工程用钢,包括低合金结构钢、钢筋钢等;机械制造用钢,包括合金渗碳钢、调质钢、弹簧钢和滚动轴承钢等。

(b) 合金工具钢。用于制造各种工具(刃具、模具和量具等)的钢,包括合金工具钢和高速工具钢。

(c) 特殊性能钢。指具有特殊物理、化学性能或力学性能的钢,包括不锈钢、耐热钢、耐磨钢、软磁钢、永磁钢和无磁钢等。

③ 按钢中合金元素的种类分类

按钢中合金元素的种类分为铬钢、锰钢、铬锰钢、铬镍钢、硅锰钢和锰矾硼钢等。

(3) 低合金钢和合金钢的牌号

① 低合金高强度结构钢的牌号

低合金高强度结构钢的牌号由代表屈服点的汉语拼音首位字母、屈服点数值、质量等级符号(A、B、C、D、E)、脱氧方法符号(F、BZ、Z和TZ,其中Z和TZ可省略)等4个部分按顺序组成。例如,Q390A 表示屈服点 $\sigma_s \geqslant 390$ MPa,质量为 A 级的低合金高强度结构钢。

② 合金钢(包括部分低合金结构钢)的牌号

我国合金钢的编号是按照合金钢中碳的质量分数及所含合金元素的种类和其质量分数来编制的。一般牌号的首部是表示其平均碳的质量分数的数字,数字含义与优质碳素结构钢是一致的。对于结构钢,数字表示平均碳的质量分数的万分之几;对于工具钢,数字表示平均碳的质量分数的千分之几。当合金钢中某合金元素 Me 的平均质量分数 $w(Me)<1.5\%$ 时,牌号中仅标出元素符号,不标明含量;当 $1.5\% \leqslant w(Me)<2.5\%$ 时,在该元素后面相应地用整数"2"表示其平均质量分数;当 $2.5\% \leqslant w(Me)<3.5\%$ 时,在该元素后面相应地用整数"3"表示其平均质量分数,依此类推。

(a) 合金结构钢的牌号。合金结构钢的牌号采用"二位数字+元素符号+数字"的方法表示。前面两位数字表示碳的平均质量分数的万分之几,合金元素以元素符号表示,元素符号后面的数字表示该合金元素平均质量分数的百分数。如 60Si$_2$Mn 表示 $w(C)=0.60\%$、$w(Si) \geqslant 1.5\%$、$w(Mn)<1.5\%$ 的合金结构钢。当钢中有钒、钛、铝、硼、稀土铼等微合金元素,虽含量很低,但在钢中作用显著,仍应在钢号中标出元素符号,如 20MnVB 钢。

(b) 滚动轴承钢。滚动轴承钢有自己独特的牌号,用"G+元素符号+数字"表示;"G"是"滚"字汉语拼音之首字母,后面的元素符号及数字表示所含合金元素及其质量分数;铬轴承钢碳的质量分数不标出,但铬元素的质量分数用千分之几标出,其余与合金结构钢牌号规定相同,如 GCr15,其 $w(Cr)$ 为 1.5%。

(c) 合金工具钢。合金工具钢牌号表示方法与合金结构钢相似,是采用"一位数字+元素符号+数字"表示。一位数字表示碳的平均质量分数的千分之几,若钢中 $w(C) \geqslant 1.0\%$,为了避免与结构钢相混淆,则在牌号中不标出碳的平均质量分数。例如,9Mn2V 表示 $w(C)=0.9\%$、$w(Mn)>1.5\%$、$w(V) \leqslant 1.5\%$ 的合金工具钢;CrWMn 钢号前没有数字,表示 $w(C) \geqslant 1.0\%$。

对于高速工具钢,牌号中不标出碳的质量分数,如 W18Cr4v。

(d) 特殊用途钢。特殊性能钢的牌号表示方法与合金工具钢基本相同。例如,不锈钢 2Cr13 表示 $w(C)=0.2\%$、$w(Cr)=12\%$;若 $w(C) \leqslant 0.08\%$,用"0"表示;$w(C) \leqslant 0.03\%$,则用"00"表示。例如 0Cr18Ni9、00Cr12 等。

(e) 专用合金结构钢牌号。对专用合金结构钢在牌号头部(或尾部)加上代表该钢用途的符号;牌号头部的"H"、"Y"、"GH"分别表示"焊接"、"易切削"、"高温合金",牌号尾部的"C"、"R"、"q"、"K"分别表示"船用"、"压力容器"、"桥梁"、"矿用"。

2. 低合金钢

(1) 低合金高强度结构钢

低合金高强度结构钢是建筑及工程用结构钢中的主要钢种,它与非合金钢相比,有较高的强度、足够的塑性和韧性,同时拥有良好的焊接性和耐腐蚀性。

低合金高强度结构钢含碳量较低,一般小于 0.20%;合金元素质量分数较低,其主加元素为锰,辅加元素为钒、钛、铌、铬、铝、镍等。Mn 的作用是固溶于铁素体产生固溶强化,增加并细化珠光体;钒、钛、铌等元素既可细化晶粒,提高强度和韧性,又能改善焊接性能,降低冷脆转变温度;铬、铌可提高钢的冲击韧性,改善钢的热处理性能,提高钢的强度,并且铬、铌均可提高对大气的抗腐蚀能力。

低合金高强度结构钢强度级别在 295~460 MPa 之间。低合金结构钢的牌号由代表屈服点的汉语拼音首字母(Q)、屈服点数值、质量等级符号(A、B、C、D、E)3 个部分按顺序排列。例如,Q345A 表示屈服点数值 345 MPa,质量等级为 A 的低合金高强度钢。这类钢通常在热轧空冷(正火)状态下供应,使用时一般不需要进行专门的热处理,广泛应用于建筑、桥梁、车辆、船舶、石油及化工等行业。低合金高强度结构钢的常用牌号、性能及用途如表 1-2-14 所示。

表 1-2-14 低合金高强度结构钢的常用牌号、性能及用途

牌号	质量等级	屈服点 σ_s/MPa 厚度(直径,边长)/mm ≤16	>16~35	>35~50	>50~100	抗拉强度 σ_b/MPa	伸长率 δ_5/(%)	冲击功 A_{KU}(纵向)/J +20℃	0℃	-20℃	-40℃	用途
						不小于						
Q295	A	295	275	255	235	390~570	23	34				车辆冲压件、冷弯形钢、中低压化工容器、输油管道和油船等
	B	295	275	255	235	390~570	23					
Q345	A	345	325	295	275	470~630	21					船舶、铁路车辆、桥梁、管道、压力容器、石油贮罐、起重及矿山机械、厂房钢架和电站设备等
	B	345	325	295	275	470~630	21					
	C	345	325	295	275	470~630	22	34	34	34	27	
	D	345	325	295	275	470~630	22					
	E	345	325		275	470~630	22					
Q390	A	390	370	350	330	490~650	19					中高压锅炉汽包、中高压石油化工容器、大型船舶、车辆和较高载荷的焊接结构件等
	B	390	370	350	330	490~650	19					
	C	390	370	350	330	490~650	20	34	34	34	27	
	D	390	370	350	330	490~650	20					
	E	390	370	350	330	490~650	20					
Q420	A	420	400	380	360	520~680	18					大型船舶、桥梁、电站设备、起重机械、中压或高压锅炉及容器的大型焊接结构件等
	B	420	400	380	360	520~680	18					
	C	420	400	380	360	520~680	19	34	34	34	27	
	D	420	400	380	360	520~680	19					
	E	420	400	380	360	520~680	19					
Q460	C	460	440	420	400	550~720	17					经淬火加回火后用于人型挖掘机、起重运输机械和钻井平台等
	D	460	440	420	400	550~720	17	34	34	34	27	
	E	460	440	420	400	559~720	17					

(2) 低合金耐候钢

耐候钢是指耐大气腐蚀,它是在低碳非合金钢的基础上加入少量的铜、铬、钼等合金元素,在金属表面形成一层保护膜。为了进一步改善性能,还可加入铌、钛、钒等元素。我国目前使用的耐候钢分为焊接结构用耐候钢和高耐候性结构钢两大类。

焊接结构用耐候钢,如 12MnCuCr,用于制造桥梁、建筑及其他要求耐候性的结构钢;高耐候钢性结构钢,如 09CuPCrNiA,用于制造车辆、建筑、塔架和其他要求高耐候性的结构钢。

(3) 低合金钢专业钢

低合金专业用钢是在低合金高强度钢的基础上,对其成分、工艺、性能作了相应调整,来适应某些专业的特殊需要。如锅炉、压力容器、船舶、桥梁和建筑钢筋等专用钢。

汽车用低合金钢是一类较大的专业用钢,如 06TiL、16Mnl、09MnREL 等,主要用于制造汽车大梁、托架及车壳等结构件;矿用低合金钢主要用于矿用结构件,如 213MnK、20MnVK 等;铁道用低合金钢主要用于重轨、轻轨和异型钢,如 U71Cu、U7lMn、U71MnSi 等。

3. 机械结构用合金钢

机械制造用钢包括合金渗碳钢、合金调质钢、合金弹簧钢和滚动轴承钢。主要用于制造机械零件,如轴、齿轮和连杆等。

(1) 合金渗碳钢

合金渗碳钢通常指经渗碳淬火、低温回火后使用的合金钢。主要用于制造承受强烈冲击载荷和摩擦磨损的机械零件。如汽车的变速齿轮、内燃机上凸轮轴和活塞销等。

① 化学成分及性能特点

合金渗碳钢 $w(C)=0.1\%\sim0.25\%$,以保证心部有足够的强度和韧性;主加元素是锰、铬、镍、硼等,提高淬透性,保证心部获得低碳马氏体;辅加元素是钒、钛、钨、钼等,可细化晶粒并抑制钢件在渗碳时产生过热。

合金渗碳钢经渗碳、淬火和低温回火后,表面具有高的硬度、耐磨性和疲劳抗力,心部具有足够的强度和韧性,另外还具有良好的热处理工艺性能,如渗碳能力和淬透性。

② 常用钢种、牌号及热处理特点

合金渗碳钢根据淬透性的高低分为 3 种,低淬透性渗碳钢,如 20Cr、20Mn 等;中淬透性渗碳钢,如 20CrMnTi、20CrMnMo 等;高淬透性渗碳钢,如 20Cr2Ni4、18Cr2Ni4WA 等。

合金渗碳钢的热处理一般是正火作为预先热处理,渗碳后淬火加上低温回火作为最终热处理。热处理后表层获得高碳回火马氏体加合金渗碳体,硬度一般为 58~64 HRC,而心部组织在淬透时为低碳回火马氏体,若淬不透为铁素体加屈氏体。

20CrMnTi 钢制造汽车变速箱齿轮工艺路线如下:

锻造→正火→加工齿形→局部镀铜(防渗碳)→渗碳→预冷淬火→低温回火→喷丸→磨齿(精磨)

常用合金渗碳钢的化学成分、性能、热处理及用途如表 1-2-15 所示。

表 1-2-15 常用合金渗碳钢的热处理规范、性能及用途

钢号	渗碳温度/℃	热处理			力学性能					应用举例
		预备热处理温度/℃	淬火温度/℃	回火温度/℃	σ_b/MPa	σ_s/MPa	δ_5/(%)	ψ/(%)	A_{KU}/J	
20Cr	910~950	880 水或油冷	780~820 水或油冷	200	835	540	10	40	47	齿轮、小轴、活塞销
20CrMnTi		880 油冷	870 油冷	200	1 080	850	10	45	55	汽车和拖拉机上各种变速齿轮、传动件
20CrMnMo			850 油冷	200	1 180	885	10	45	55	拖拉机主动齿轮、活塞销、球头销
20MnVB			860 油冷	200	1 080	885	10	45	55	可代替 20CrMnTi 钢制作齿轮及其他渗碳零件

(2) 合金调质钢

合金调质钢是指经调质后使用的钢。合金调质钢主要用于制造在重载荷下同时又受冲击

载荷作用的一些重要零件,如汽车、拖拉机、机床等上的齿轮、轴类件、连杆和螺栓等。它是机械结构用钢的主体,要求零件具有高强度、高韧性相结合的良好综合力学性能。

① 化学成分及性能特点

合金调质钢是在中碳钢的基础上加入合金元素形成的。其 $w(C)=0.3\%\sim0.5\%$,主加元素为铬、锰、硅、铌、硼等,目的是提高淬透性并细化晶粒;辅加元素钒、钛、钨、铝可提高回火稳定性;钨、钼还可降低第二类回火脆性。

合金调质钢经调质后具有良好的综合力学性能,强度、硬度、塑性、韧性都比较好,而且足够的淬透性使零件整体性能均匀。

② 常用钢种、牌号及热处理特点

合金调质钢的预先热处理为退火或正火,最终热处理为淬火后高温回火(即调质处理),回火温度一般为 500~650 ℃,热处理后的组织为回火索氏体。要求表面有良好耐磨性的,则可在调质后进行表面淬火或氮化处理。典型钢种有 40Cr、40Cr NiMo、40CrMnMo 等。

40Cr 钢连杆螺栓的生产工艺路线如下:

下料→锻造→退火(或正火)→切削(粗加工)→调质→机械加工(精加工)→装配

常用合金调质钢的牌号、热处理、力学性能与用途如表 1-2-16 所示。

表 1-2-16　常用合金调质钢的热处理、力学性能及用途

钢号	热处理		力学性能					用途举例
	淬火温度/℃	回火温度/℃	σ_b/MPa	σ_s/MPa	δ_5/(%)	ψ/(%)	A_{KU}/J	
40B	840 水冷	550 水冷	780	635	12	45	55	齿轮转向拉杆、凸轮等
40Cr	850 油冷	520 水、油冷	980	785	9	45	47	齿轮、套筒、轴、进气阀等
40MnB	850 油冷	500 水、油冷	980	785	10	45	47	汽车转向轴、半轴、蜗杆等
40CrNi	820 油冷	500 水、油冷	980	785	10	45	55	重型机械齿轮、燃气轮片、转子和轴等
40CrMnMo	850 油冷	600 水、油冷	980	785	10	45	63	重载荷轴、齿轮、连杆等

(3) 合金弹簧钢

弹簧是机械仪表中的重要零件,主要在冲击、振动、周期性扭转和弯曲等交变应力下工作,利用弹性变形时储存的能量缓和机械设备的冲击和振动。

① 化学成分及性能特点

合金弹簧钢有较高的弹性极限、较高的屈强比,以保证弹簧有足够的弹性变形能力和承载能力;较高的疲劳强度和足够的韧性,防止在交变载荷作用下疲劳断裂或在冲击作用下脆断;同时合金弹簧钢还有良好的淬透性和低的脱碳敏感性。

合金弹簧钢碳的质量分数 $w(C)=0.45\%\sim0.7\%$,中高碳含量以保证高的弹性极限和疲劳极限。主加合金元素是锰、硅、铬,辅加元素是少量的钨、钼、钒、硼等。合金元素的主要作用是提高淬透性(Mn、Si、Cr、B),提高回火稳定性(Mo、Si、Cr、V、W),细化晶粒、防止脱碳(W、Mo、V),提高弹性极限(Si、Mn)等。

② 弹簧成型工艺及热处理特点

常用弹簧的热处理,根据尺寸不同,分为热成型和冷成型两种工艺,其热处理方法也不同。

(a) 冷成型加工弹簧。适用于加工小型弹簧($D<10$ mm),常用冷拔钢丝冷卷成型,称为

冷成型。冷拔弹簧钢丝主要是通过冷加工变形使钢产生加工硬化从而提高强度的。冷卷后的弹簧不必进行淬火处理,只进行一次消除内应力和稳定尺寸的定型处理,即将弹簧加热到 200~300 ℃去应力退火,保温一段时间后取出空冷。

(b) 热成型加工弹簧。对于大型弹簧或复杂形状的弹簧,通常在淬火加热的同时进行成型,这种成型方法称为热成型。把钢坯料加热至高于正常淬火温度 50~80 ℃,进行热卷或热成型,然后利用成型后的余热立即淬火,再进行中温回火(420~500 ℃),获得回火托氏体组织,硬度为 40~48 HRC,具有较高的弹性极限和疲劳极限。为了提高弹簧的疲劳强度,还可采用喷丸处理来强化表面,使表面产生残余压应力,提高弹簧使用寿命。

③ 常用钢种、牌号

60Si2Mn 是最常用的合金弹簧钢,主要用来制造汽车、拖拉机、机车上的减震板簧和螺旋弹簧等。而 50CfVA 可制作在 350~400 ℃下承受重载的较大型弹簧,如阀门弹簧、高速柴油机的汽门弹簧。常用合金弹簧钢的牌号、成分、热处理、性能及用途如表 1-2-17 所示。

表 1-2-17 常用合金弹簧钢的牌号、成分、热处理、性能及用途

牌号	主要化学成分 w/(%)					热处理		力学性能(不小于)				用途举例
	$w(C)$	$w(Si)$	$w(Mn)$	$w(Cr)$	其他	淬火	回火	σ_b/MPa	σ_s/MPa	δ_{10}/(%)	ψ/(%)	
55Si2Mn	0.52~0.60	1.50~2.00	0.60~0.90			870 油	480	1 300	1 200	6	30	∅20~∅25 mm 弹簧,工作温度低于 230 ℃
60Si2Mn	0.56~0.64	1.50~2.00	0.60~0.90			870 油	480	1 300	1 200	5	25	∅25~∅30 mm 弹簧,工作温度低于 300 ℃
50CrVA	0.46~0.54	0.17~0.37	0.50~0.80	0.80~1.10	$w(V)=$ 0.10~0.20	850 油	500	1 300	1 150	10 (δ_5)	40	∅30~∅50 mm 弹簧,工作温度低于 210 ℃的气阀弹簧
60Si2CrVA	0.56~0.64	1.40~1.80	0.40~0.70	0.90~1.20	$w(V)=$ 0.10~0.20	850 油	410	1 900	1 700	6 (δ_5)	20	$D<50$ mm 弹簧,工作温度低于 250 ℃
50SiMnMoV	0.52~0.60	0.90~1.20	1.00~1.30		$w(V)=$ 0.08~0.15 $w(Mo)=$ 0.2~0.30	880 油	550	1 400	1 300	6	30	$D<75$ mm 弹簧,重型汽车、越野汽车大截面板簧

(4) 滚动轴承钢

滚动轴承钢是用来制造滚动轴承的内、外套圈及滚动体的专用钢。滚动轴承在运转时承受着很高的接触应力和周期性交变载荷,而滚动体与套圈之间的相对滑动,也会产生摩擦和磨损。

① 化学成分及性能特点

滚动轴承钢具备高的接触疲劳强度和弹性极限,以保证轴承能够承受很高的交变载荷和接触应力;同时滚动轴承钢具有高的硬度(61~65 HRC)和耐磨性,足够的韧性、淬透性、尺寸稳定性,以及一定抗腐蚀能力。

为了保证轴承钢的高硬度和耐磨性，其碳的质量分数一般在 $w(C)=0.95\%\sim1.10\%$ 之间。其主加元素为铬，通常 $w(Cr)=0.5\%\sim1.65\%$，辅加元素为硅、锰、钼、钒等。铬可溶入奥氏体中，提高淬透性，也可与碳形成均匀分布的细粒状合金渗碳体，铬还有利于提高低温回火稳定性和耐蚀能力。对大型轴承，加入硅、锰、钼、钒，可以进一步提高淬透性和强度，改善回火稳定性；加入钼、钒，可防止过热。

② 常用钢种、牌号及热处理特点

滚动轴承钢以高碳铬轴承钢最多。铬轴承钢的预备热处理一般是球化退火，最终热处理是淬火+低温回火(160～180 ℃)。热处理后的组织为回火马氏体、细粒状碳化物以及少量残余奥氏体，对于精密轴承件，为了稳定尺寸，还必须再进行冷处理和时效处理，以减少残余奥氏体和消除内应力。

铬轴承钢制造轴承的加工工艺路线是：

轧制、锻造→球化退火→机械加工→淬火+低温回火→磨削加工→装配

根据轴承钢的化学成分及用途不同，可分为高碳铬轴承钢、无铬轴承钢、渗碳轴承钢、高碳铬不锈轴承钢和高温轴承钢。高碳铬轴承钢应用最广，用量最大的是 GCr15，主要用于制造中、小型轴承。

常用滚动轴承钢的牌号、热处理与用途如表 1-2-18 所示。

表 1-2-18 滚动轴承钢的牌号、热处理与用途

牌号	化学成分 w/(%)				热处理			用途举例
	$w(C)$	$w(Si)$	$w(Mn)$	$w(Cr)$	淬火温度/℃	回火温度/℃	回火后硬度/HRC	
GCr9	1.00～1.10	0.15～0.35	0.25～0.45	0.90～1.25	810～830	150～170	62～66	一般工作条件下小尺寸的滚动体和内、外套圈
GCr9SiMn	1.00～1.10	0.45～0.75	0.95～1.25	0.90～1.25	810～830	150～180	61～65	一般工作条件下的滚动体和内外套圈，广泛用于汽车、拖拉机、内燃机、机床及其他工业设备上的轴承
GCr15	0.95～1.05	0.15～0.35	0.25～0.45	1.40～1.65	825～845	150～170	62～66	
GCr15SiMn	0.95～1.05	0.45～0.75	0.95～1.25	1.40～1.65	825～845	150～180	≥62	大型或特大型轴承(外径>440 mm)的滚动体和内、外套圈
GSiMnV	0.95～1.10	0.55～0.80	1.10～1.30	V0.20～0.30	780～820	160	≥61	可代替 GCr15 等

4. 合金工具钢和高速工具钢

合金工具钢是在非合金工具钢的基础上加入合金元素而获得的钢。加入合金元素提高了钢的淬透性、热硬性和强韧性，可用来制造形状复杂、性能要求较高的工具。

合金工具钢通常按用途分类，有合金刃具钢、合金量具钢和合金模具钢。高速工具钢(简称高速钢)用于制造较高速切削的刃具。

(1) 合金刃具钢

① 化学成分及性能特点

合金刃具钢主要用于制造形状较复杂、截面尺寸较大的低速切削刃具,如铰刀、丝锥、成形刀和钻头等金属切削刀具。刃具切削时受切削力作用且切削发热,还要承受一定的冲击与振动,因此刃具要具有高强度、高硬度、高耐磨性、高的热硬性和足够的塑性与韧性。

低合金刃具钢是常用刃具钢,碳质量分数 $w(C)=0.75\%\sim1.50\%$,保证有足够的强度和耐磨性。

主加的合金元素有硅、锰、铬、钒、钨等。其中硅、锰、铬提高淬透性;硅、铬提高回火抗力;钨、钒保持较高的热硬性和耐磨性。

② 常用钢种、牌号及热处理特点

常用低合金刃具钢有 9SiCr、9Mn2V、CrWMn 等,其中 9SiCr 应用最广,特别适合制造变形要求严格的各种薄刃刀具。

低合金刃具钢的预先热处理为球化退火,最终热处理为淬火+低温回火,其组织为回火马氏体、碳化物和少量残余奥氏体,其硬度可达 60~64 HRC。

9SiCr 加工圆板牙的工艺路线如下:

下料→球化退火→机械加工→淬火+低温回火→磨削加工→抛槽→开口

常用低合金刃具钢的牌号、成分、热处理和用途如表 1-2-19 所示。

表 1-2-19 常用低合金刃具钢牌号、化学成分、热处理及用途

牌号	化学成分 $w/(\%)$					热处理及硬度		应用举例
	$w(C)$	$w(Si)$	$w(Mn)$	$w(Cr)$	其他	淬火/℃	回火硬度(不低于)/HRC	
9Mn2V	0.85~0.95	1.70~2.00	≤0.35		$w(V)=$ 0.10~0.25	780~810 油	62	小冲模、冲模及剪刀、冷压模、雕刻模、料模、各种变形小的量规、样板、丝锥、板牙、铰刀等
9SiCr	0.85~0.95	0.30~0.60	1.20~1.60	0.95~1.25		830~860 油	62	板牙、丝锥、钻头、齿轮铣刀、冷冲模、冷轧辊等
CrWMn	0.90~1.05	0.80~1.10	0.15~0.35	0.90~1.20	$w(V)=$ 1.20~1.60	820~840 油	62	板牙、拉刀、量规、形状复杂的高精度的冲模等
8MnSi	0.75~0.85	0.80~1.10	0.30~0.60			800~820 油	60	木工凿子、锯条或其他工具
Cr06	1.30~1.45	≤0.40	≤0.40	0.50~0.70		780~810 油	64	剃刀、刀片、刮刀、刻刀、外科医疗刀具等

(2) 合金量具钢

① 化学成分及性能特点

卡尺、千分尺、块规、样板等测量工具在使用过程中主要受摩擦而产生磨损,使测量的精确度降低,因此量具钢应该有较高的硬度和耐磨性,高的尺寸稳定性以及一定的韧性。

常用来制造量具的合金钢,其化学成分与低合金刃具钢类似,碳质量分数 $w(C)=0.75\%\sim1.50\%$,并加入铬、钨、锰等合金元素,提高淬透性,保证钢的硬度、耐磨性,并增加尺寸稳定性。

② 常用钢种、牌号及热处理特点

量具的最终热处理为淬火并低温回火,淬火后还应立即进行冷处理(-70~-50 ℃),使

残余奥氏体尽可能地转变为马氏体，以保证量具尺寸的稳定性。

量具钢无专业用钢，常用的量具钢为低合金工具钢。对简单量具如卡尺、样板、直尺和量规等可用T10A等碳素工具钢制造，一些模具钢和滚动轴承钢也可用来制造量具。对于形状复杂、精度要求较高的量具如量块、量规等可采用CrWMn、GCr15、W18Cr4V等钢制造。

(3) 合金模具钢

制造模具的材料很多，非合金工具钢、高速钢、轴承钢和耐热钢等都可制作各类模具，用得最多的是合金工具钢。根据用途，模具用钢可分为冷作模具钢和热作模具钢。

① 冷作模具钢

(a) 用途与性能特点。冷作模具钢用于制作使金属冷塑性变形的模具，如冷冲模、冷镦模和冷挤压模等，工作温度不超过200～300℃。冷作模具在工作时承受较大的弯曲应力、压力、冲击及摩擦，因此冷作模具钢应具有高硬度、高耐磨性和足够的强度、韧性。

冷作模具钢的碳质量分数 $w(C)=0.9\%\sim2.0\%$，保证钢的淬硬性和形成足够的碳化物。主要加入的元素有铬、钨、锰、钼、钒等，提高淬透性和强度，形成难熔的合金碳化物，以提高耐磨性、回火稳定性，并细化晶粒。

(b) 常用钢种、牌号及热处理特点。尺寸较小的冷作模具可选用9Mn2V、CrWMn等，承受重载荷、形状复杂、要求淬火变形小且耐磨性高的大型模具，则必须选用淬透性大的高铬、高碳的Cr12型冷作模具钢或高速钢。

冷作模具钢的预备热处理为球化退火，最终热处理一般是淬火后低温回火，硬度可达62～64 HRC。

常用的冷作模具钢牌号、化学成分、热处理及用途如表1-2-20所示。

表 1-2-20　常用的冷作模具钢牌号、化学成分、热处理及用途

牌号	化学成分 w/(%)							热处理		用途举例
	$w(C)$	$w(Si)$	$w(Mn)$	$w(Cr)$	$w(W)$	$w(Mo)$	$w(V)$	淬火/℃	不小于/HRC	
Cr12	2.00～2.30	≤0.40	≤0.40	11.5～13.0				950～1 000 油	60	冷冲模、冲头、钻套、量规、螺纹滚丝模和拉丝模等
Cr12MoV	1.45～1.70	≤40	≤0.40	11.00～12.50		0.40～0.60	0.15～0.30	950～1 000 油	58	截面较大、形状复杂、工作条件繁重的各种冷作模具等
9Mn2V	0.85～0.95	≤0.40	1.70～2.00				0.10～0.25	780～810 油	62	要求变形小、耐磨性高的量规、块规和磨床主轴等
CrWMn	0.90～1.05	≤0.40	0.80～1.10	0.90～1.20	1.20～1.60			800～830 油	62	淬火变形很小、长而形状复杂的切削刀具反形状复杂、高精度的冷冲模等

② 热作模具钢

(a) 用途与性能特点。热作模具钢用于制作使金属在高温下塑变成形的模具,如热锻模、热挤压模和压铸模等,工作时型腔表面温度可达 600 ℃以上。热作模具的工作条件上冷作模具有很大不同,在工作时承受很大的压力和冲击,并反复受热和冷却,因此要求热作模具钢在高温下具有足够的强度、硬度、耐磨性和韧性,以及良好的耐热疲劳性,即在反复的受热、冷却循环中,表面不易热疲劳(龟裂),还应具有良好的导热性及高的淬透性。

热作模具钢的碳质量分数 $w(C)=0.3\%\sim0.6\%$,保证钢有足够的韧性、强度及硬度。主要加入的元素有铬、铌、锰、硅等,提高淬透性和强度;辅加元素为钼、钨、钒,以提高热硬性、回火稳定性、抗疲劳性并细化晶粒。

(b) 常用钢种、牌号及热处理特点。常用的热作模具钢有 5CrNi、Mo 等。热作模具钢的最终热处理为淬火后高温(或中温)回火,组织为回火索氏体,硬度在 40 HRC 左右。

常用的热作模具钢的牌号、化学成分、热处理及用途如表 1-2-21 所示。

表 1-2-21 常用的热作模具钢的牌号、化学成分、热处理及用途

牌号	化学成分 $w/(\%)$							交货状态	热处理	用途举例
	$w(C)$	$w(Si)$	$w(Mn)$	$w(Cr)$	$w(W)$	$w(Mo)$	$w(V)$	(退火)/HBS	淬火/℃	
5CrMnMo	0.50~0.60	0.25~0.60	1.20~1.60	0.60~0.90		0.15~0.30		197~241	820~850 油	中小型锤锻模(边长≤300~400 mm)、小压铸模
5CrNiMo	0.50~0.60	≤0.40	0.50~0.80	0.50~0.80		0.15~0.30		197~241	830~860 油	形状复杂、冲击载荷大的各种大、中型锤锻模
3Cr2W8V	0.30~0.40	≤0.40	≤0.40	2.20~2.70	7.50~9.00		0.20~0.50	207~255	1 075~1 125 油	压铸模、平锻机凸模和凹模、镶块和热挤压模等
4Cr5W2VSi	0.32~0.42	0.80~1.20	≤0.40	4.50~5.50	1.60~2.40		0.60~1.00	<229	1 030~1 050 油	高速锤用模具与冲头、热挤压用模具和有色金属压铸等

(4) 高速工具钢

① 化学成分及性能特点

高速钢具有较高的热硬性,能够在温度达到 600 ℃时保持较高的硬度和耐磨性,用其制作的刀具的切削速度比一般工具钢高得多,而且高速钢的强度也比碳素工具钢和低合金工具钢高 30%~50%。此外,高速钢还具有很好的淬透性,在空气冷却的条件下也能淬硬。但高速钢的导热性差,在热加工时要特别注意。

高速钢碳的碳质量分数为 0.7%~1.65%,含碳量较高,主要是保证其与加入的合金元素形成碳化物,使淬火马氏体的碳的质量分数大于 0.5%,以提高高速钢的硬度。主要加入的合金元素有钨、钼、铬、钒、钴等,合金元素总量大于 10%。其中钨、钼是提高其耐回火性、热硬性及耐磨性的主要元素;钒的作用是提高高速钢的热硬性和耐磨性,并能细化晶粒,提高韧性;铬

主要是提高高速钢的淬透性,对提高高速钢的热硬性也有一定作用。

② 常用钢种、牌号及热处理特点

高速钢属莱氏体钢,铸造组织比较复杂,其中有共晶莱氏体,碳化物呈粗大的鱼骨状,不可用热处理来消除,必须通过多次锻造,将其击碎,使其呈小块状,并均匀分布。高速钢锻造后一般进行等温退火,以降低硬度,改善切削加工性。退火加热温度为840～880 ℃,

为了缩短退火时间,可冷却到720～750 ℃等温退火。

高速钢淬火时一般要经过预热,淬火温度高,一般为1 200～1 285 ℃。目的是使难溶的合金碳化物更多地溶解到奥氏体中去。淬火介质一般用油,也可用盐浴进行马氏体分级淬火,以减小变形。高速钢淬火组织为马氏体+未溶合金碳化物+残余奥氏体(25%～35%)。

高速钢淬火后因为残余奥氏体比较多,必须要经过多次高温回火。回火温度一般为550～570 ℃。如果淬火后先经冷处理,则回火一次即可。在回火过程中,残余奥氏体中析出碳和合金元素,形成特殊碳化物(如 W_2C、VC 等),并向回火马氏体转化,同时淬火马氏体也弥散析出细小碳化物,所以,高速钢经二、三次回火后,钢产生"二次硬化"现象,导致钢的硬度略有提高。

此外,高速钢刀具在淬火、回火后,再经气体软氮化、硫氮共渗、气相沉积 TiC、TiN 等工艺后,可进一步提高其使用寿命。高速钢主要用于制造各种切削刀具,也可用于制造某些重载冷作模具和结构件(如柴油机的喷油嘴偶件)。但是高速热加工工艺复杂,钢价格高。

在高速钢中,W18Cr4V 的应用最早、最为广泛,适用于制造一般高速切削的车刀、刨刀、铣刀和钻头等,但韧性较差;W6Mo5Cr4V2 钢具有良好的韧性和高的耐磨性,正在逐步取代W18Cr4V;W9Mo3Cr4V 是最新发展起来的通用性高速钢,由于它具有前二者的优点,又符合我国的资源条件,因而得到越来越广泛的应用。

常见高速钢的牌号、化学成分及热处理规范如表 1-2-22 所示。

表 1-2-22 常用高速钢的牌号、化学成分、热处理规范

牌号	化学成分 $w/(\%)$					热处理温度/℃			回火后/HRC
	$w(C)$	$w(W)$	$w(Mo)$	$w(Cr)$	$w(V)$	预热	淬火	回火	不小于
W18Cr4V	0.70～0.80	17.5～19.0	≤0.30	3.80～4.40	1.00～1.40	820～870	1 270～1 285	550～570	63
W6Mo5Cr4V2	0.80～0.90	5.50～6.75	4.50～5.50	3.80～4.40	1.75～2.20	820～840	1 210～1 230	540～560	64
W9Cr3Mo4V	0.77～0.87	8.50～9.50	2.70～3.30	3.80～4.40	1.30～1.70	820～870	1 210～1 230	540～560	64

5. 特殊性能钢

特殊性能钢是指具有特殊物理、化学性能的合金钢,如不锈钢、耐热钢、耐磨钢和特殊物理性能钢等。

(1) 不锈钢

不锈钢按照其组织的不同可分为以下 3 种。

① 铁素体型不锈钢

这类钢 $w(C)$ 一般小于 0.12%,主要合金元素是铬,高达 12%～32%。这类钢抗腐蚀的特点是在表面形成一层含铬的氧化物保护膜,且一定量的铬也使其电极电位提高。实验证明,在铁中加入 13% 以上的铬,就能够在其表面形成一层完整致密的钝化膜,且铁的电极电位也由 −0.56 V 跃升至 0.2 V,显著提高其抗腐蚀能力。

铁素体型不锈钢有较强的抵抗大气、硝酸及盐水溶液腐蚀的能力,且高温抗氧化性能好,

主要用于制作化工设备中的容器、管道等。典型牌号为 0Cr13、1Cr17、00Cr12 等。

② 马氏体型不锈钢

这类钢 $w(C)$ 一般为 $0.1\%\sim0.4\%$,部分钢号达到 $0.6\%\sim1.0\%$。随着含碳量的增加,钢的强度、硬度提高,但耐蚀性降低;而且碳化物多,会与基体金属形成更多的微电池,加剧了电化学腐蚀。主加合金元素仍然是铬,质量分数为 $12\%\sim18\%$。

马氏体型不锈钢最终热处理是油冷(或空冷)淬火,获得马氏体组织,再根据不同性能,采用高温回火或低温回火,最后的使用组织为回火索氏体或回火马氏体。马氏体型不锈钢多用于制造一些力学性能要求高而耐蚀性要求稍低的零件,如医疗器械、喷嘴、阀门、量具、刀具和弹簧等。典型牌号为 1Cr13、2Cr13、3Cr13、4Cr13、7Cr17 等。

③ 奥氏体型不锈钢

这是在常温下呈单一奥氏体组织的不锈钢。钢中铬的质量分数一般为 $17\%\sim19\%$,Ni 的质量分数约为 $8\%\sim15\%$。为提高耐蚀性,这种钢采用固溶处理,即把钢加热到 1 100 ℃ 左右,使碳化物全部溶解于奥氏体中,然后水中快冷,以获得单相奥氏体组织的方法。为了保证其抗腐蚀性能,钢的含碳量都比较低,因而强度、硬度低,塑性、韧性和蚀性能较前两种钢好,并具有良好的冷变形能力和焊接工艺性能。这类钢适用于制作耐腐蚀性要求较高的化工容器、管道、设备衬里以及医疗器械等。典型的牌号有 0Cr18Ni9、1Cr18Ni9、1Cr18Ni9Ti 等。

(2) 耐热钢

耐热钢是指在高温下不发生氧化,并且有较高热强性的钢。金属材料的强度随着温度的升高会逐渐下降,而且不同的钢种在高温下下降的程度是不同的,一般结构钢比耐热钢下降得快些。在耐热钢中主要含有铬、硅、铝等合金元素。这些元素在高温下与氧作用,在钢表面形成一层致密的高熔点氧化膜(Cr_2O_3、Al_2O_3、SiO_2),能有效地保护钢在高温下不被氧化。另外,加入钼、钨、钛等元素是为了阻碍晶粒长大,提高耐热钢的高温热强性。按照使用温度范围和组织,耐热钢可分为以下 3 类。

① 珠光体耐热钢

这类钢合金元素含量少、工艺性好,用于工作温度低于 600 ℃ 的结构件,如锅炉、化工压力容器、石油热裂装置、热交换器和气阀等耐热零件及构件。一般在正火+高温回火状态下使用,组织为细珠光体或索氏体+铁素体,常用牌号为 15CrMo、12Cr1MoV 等。

② 马氏体耐热钢

这类钢含有大量的铬元素,抗氧化性和热强性高、淬透性好、回火稳定性高,常用于 600 ℃ 以下受力较大的零件,如汽轮机叶片和转子。常用钢号为 1Cr3、2Cr13、1Cr11MoV、1Cr12WMoV 等。

另一类含硅的马氏体耐热钢如 4Cr9Si2、4Cr10Si2Mo 钢,主要提高耐磨性和热强性,是典型的汽车阀门用钢。耐热钢一般在淬火+高温回火后使用,其组织为回火马氏体。

③ 奥氏体耐热钢

这类钢中含有较多的铬、铌元素,其抗氧化性、热强性以及奥氏体稳定性都很高,工作温度可达 600~800 ℃,主要用于较重要的零件,如气轮机叶片、发动机排气阀和炉管等。

这类钢一般进行固溶处理或固溶+时效处理。常用钢号为 1Cr18Ni9Ti、4Cr14Ni14W2Mo。

(3) 耐磨钢

耐磨钢是指在强烈冲击和挤压载荷作用下能够产生硬化的钢。其性能要求是很高的耐磨性和韧性。典型钢种是 ZGMn13 系列高锰钢,成分特点为 $w(C)=0.9\%\sim1.5\%$,$w(Mn)=$

11%～14%。较高的含碳量是为了保证钢的耐磨性,但含碳过高会在高温下析出碳化物,引起韧性下降;高锰是为了和碳配合完全获得奥氏体组织,提高钢的加工硬化速率。由于极易加工硬化,所以很难进行机械加工,高锰钢件多采用铸造成形。高锰钢铸态组织是奥氏体＋碳化物(沿晶界析出),故其性能硬而脆,耐磨性也差,不宜实际使用。实践表明,只有使高锰钢处于全部奥氏体状态,使用中才能显示出高的韧性和耐磨性,因此,高锰钢的热处理应当是"水韧处理",即把铸钢件加热至 1 100 ℃保温,使碳化物完全溶于奥氏体中,然后水中急冷以得到单相奥氏体。水韧处理后一般不作回火,因为加热至 250 ℃以下时,有碳化物析出,使脆性增加。

高锰钢水韧处理后硬度不高(180～200 HBS),塑性、韧性却很好,但当受到巨大压力、摩擦和强烈的冲击作用时,零件表面迅速产生塑性变形而引起加工硬化,同时,诱发表层奥氏体转变成马氏体,使表面硬度显著提高(52～56 HRC)。因此零件表面具有高的耐磨性,而心部仍保持原来奥氏体的高韧性和塑性,能够抵抗强烈的冲击。当表面硬化层磨损后,新暴露出的表面又发生上述转变,形成新的硬化层,这就显示了高锰钢的高耐冲击能力和高耐磨的性能特点。但在受力不大的情况下,发挥不出高锰钢的耐磨性。

高锰钢主要用于制造挖掘机铲齿、坦克和拖拉机的履带板、推土机挡板、破碎机鄂板、球磨机衬板、铁路道岔、防弹钢板和保险箱钢板等。

(4) 特殊物理性能钢

特殊物理性能钢属于特殊质量合金钢,它包括永磁钢、软磁钢、无磁钢、高电阻钢及其合金。下面主要介绍永磁钢、软磁钢和无磁钢的性能和应用。

① 永磁钢

永磁钢具有高的剩磁感及矫顽磁力(即不易退磁的能力)特性,即在外界磁场磁化后,能长期保留大量剩磁,要想去磁,则需要很高的磁场强度。永磁钢一般都具有与高碳工具钢类似的化学成分,$w(C)$在 1%左右,常加入的合金元素是铬、钨和钼等。这类钢淬透性好,经淬火和回火后,其硬度和强度高。永磁钢主要用于制造无线电及通讯器材里的永久磁铁装置以及仪表中的马蹄形磁铁。

② 软磁钢(硅钢片)

软磁钢是一种磁化后容易去除磁性的磁性材料。碳的质量分数 $w(C) \leqslant 0.08\%$,硅的质量分数在 1%～4%之间,通常轧制成薄片,是一种重要的电工用钢。

硅钢片在常温下的组织是单一的铁素体,硅溶于铁素体后增加了电阻,减少了涡流损失,能在较弱的磁场强度下有较高的磁感应强度。

硅钢片可分为电机硅钢片和变压器硅钢片。电机硅钢片中硅的质量分数较低,约为1%～2.5%,塑性好,常见钢号为 D1 和 D2;变压器硅钢片中硅的质量分数较高,约为 3%～4%,磁性较好,但塑性差,常见钢号为 D3 和 D4。

软磁钢经退火后不仅可以提高其磁性,而且还有利于其进行冲压加工。

③ 无磁钢

无磁钢是指在电磁场作用下,不引起磁感或不被磁化的钢,由于这类钢不受磁感应作用,也就不干扰电磁场。无磁钢常用于电机绑扎钢丝绳和护环、变压器的盖板、电动仪表壳体与指针等。

1.2.5.3 铸铁

1. 概述

铸铁是碳的质量分数大于 2.11%的铁碳合金,并含有较多的硅、锰、硫、磷等元素。铸铁与钢的主要区别,一是碳含量及硅含量高,并且碳多以石墨形式存在;二是硫、磷杂质多。

工业上常用铸铁的碳的质量分数在 2.11%~4.5%,为了改善铸铁的力学性能或某些特殊性能,可加入一些合金元素如铜、铝、铬等,得到合金铸铁。铸铁是工业上的重要的金属材料之一,被广泛应用于各个工业部门。

(1) 铸铁的性能特点与分类

铸铁具有优良的铸造性、减振性、切削加工性,而且缺口敏感性低、抗压强度高。除此之外,铸铁生产工艺简单、价格低廉,经合金化后可获得良好的耐热性和耐腐蚀性,在机械制造、冶金矿山和石油化工等各方面得到广泛应用。特别是稀土镁球墨铸铁的出现,打破了钢与铸铁的使用界限,使一些过去用钢制造的零件如曲轴、连杆和齿轮等,已可采用球墨铸铁来制造。

铸铁与钢相比,抗拉强度、塑性、韧性等力学性能低,不能用锻压的方法加工成形。铸铁的种类很多,根据碳在铸铁中存在的形式及形态不同,铸铁可分为以下几类。

① 白口铸铁。碳绝大部分以渗碳体形式存在,极少量固溶于铁素体,断口呈银白色。白口铸铁中存在大量渗碳体,因此硬而脆,很少直接制造机械零件,主要用作炼钢原料、可锻铸铁毛坯等。

② 灰口铸铁。碳主要以片状石墨形态存在,断口呈暗灰色。具有一定力学性能和良好切削加工性能,是生产中应用最广泛的一种铸铁。

③ 可锻铸铁。碳主要以团絮状石墨形态存在,力学性能较普通灰铁高,但生产工艺复杂。

④ 球墨铸铁。碳主要以球状石墨形态存在,其力学性能较高,并可通过各种热处理进一步提高强度,应用比较广泛。

⑤ 蠕墨铸铁。石墨形态介于片状和球状之间,似蠕虫状,故称蠕墨铸铁。

(2) 铸铁的石墨化

铸铁中的碳大部分以两种形式存在,一是碳化物状态,如渗碳体及合金铸铁中的其他碳化物;二是游离状态,即石墨(以 G 表示)。石墨(G)是铸铁的重要组成相,是碳的一种同素异晶体,石墨的晶格类型为简单六方晶格,其基面中的原子结合力较强,而两基面之间的结合力弱,故石墨的基面很容易滑动,常呈片状形态存在,其强度、硬度、塑性和韧性极低。

影响铸铁组织和性能的关键是石墨在铸铁中的存在形态、大小和分布状况。铸铁组织中石墨的形成过程称之为石墨化过程。铸铁的石墨化可以有两种方式,一种是石墨直接从液态合金和奥氏体中析出;另一种是渗碳体在一定条件下分解出石墨。影响石墨化的主要因素是铸铁的化学成分和冷却速度。

① 碳和硅是强烈促进石墨化的元素,对铸铁石墨化起决定性作用。碳、硅含量愈高,愈容易石墨化。但碳、硅含量过多,会导致石墨片粗大,降低力学性能。

硫是强烈阻止石墨化的元素,使碳转变为渗碳体,形成白口铁组织,还会降低铸铁的力学性能和流动性,使铸铁的铸造性能恶化。因此硫含量越少越好,一般控制在 0.15% 以下。

锰也是阻碍石墨化的元素。但它和硫有很大的亲和力,在铸铁中能与硫形成 MnS,减弱硫对石墨化的有害作用。

② 结晶时的冷却速度对铸铁石墨化的影响也很大。冷却越慢,碳原子越容易扩散,越有利于石墨化的进行;而快冷时,石墨来不及析出,则易产生白口组织。冷却速度受造型材料、铸造方法和铸件壁厚等因素的影响。例如,金属型铸造使铸铁冷却快,砂型铸造冷却较慢;壁薄的铸件冷却快,壁厚的冷却慢。因此,同一铸件的心部和厚壁处易形成灰口,而表层和薄壁处易得到白口组织。在实际生产中,通过对铸铁化学成分和冷却速度的控制,可生产出不同组织

和性能要求的铸件。对于薄壁铸件,容易形成白口铸铁组织,要得到灰铸铁组织,应增加铸铁的碳、硅含量。相反,厚大的铸件,为避免得到过多的石墨,应适当减少铸铁的碳、硅含量。

2. 常用普通铸铁

(1) 灰口铸铁

① 灰口铸铁的成分、组织

灰铸铁的化学成分一般是:$w(C)=2.5\%\sim 4.0\%$,$w(Si)=1.0\%\sim 3.0\%$,$w(Mn)=0.6\%\sim 1.2\%$,$w(S)\leqslant 0.15\%$,$w(P)\leqslant 0.3\%$。

灰铸铁组织是片状石墨分布在钢的基体上。根据化学成分和冷却条件对石墨化的影响,可以获得3种不同基体组织的灰铸铁。

(a) 铁素体灰铸铁,其组织为F+粗片状G,这种铸铁的强度和硬度最低。

(b) 铁素体-珠光体灰铸铁,其组织为F+P+较粗片状G,属中强度铸铁,用途较广。

(c) 珠光体灰铸铁,其组织为P+细片状G,其强度、硬度最高。

② 灰口铸铁的性能

灰铸铁的性能主要取决于其钢基体的性能和石墨的数量、形状、大小及分布状况。由于石墨本身的强度、硬度和塑性都很低,因此,灰铸铁中存在的石墨,就相当于在钢的基体上布满了大量孔洞和裂缝,割裂了基体组织的连续性,从而减小了基体金属的有效承载面积。而且在石墨的尖角处易产生应力集中,使铸铁在受到拉力和冲击载荷时,造成铸件局部损坏,并迅速扩展形成脆性断裂。因此灰铸铁的抗拉强度和塑性比同样基体的钢低得多。若片状石墨越多,越粗大,分布越不均匀,则灰铸铁的强度和塑性就越低。

石墨除有割裂基体的不良作用外,也有它有利的一面。灰铸铁与碳钢相比,有许多优良的特性。

(a) 优良的铸造性能。由于灰铸铁碳的质量分数高、熔点较低且流动性好,因此,凡是不能用锻造方法制造的零件,都可采用铸铁材料进行铸造成型。此外,石墨的比容较大,当铸件在凝固过程中析出石墨时,部分地补偿了铸件在凝固时基体的收缩,故铸铁的收缩量小,适合铸造形状复杂和薄壁铸件。

(b) 良好的切削加工性。灰铸铁在进行切削加工时,由于石墨起着减摩和断屑作用,故切削加工性能好,刀具磨损小。

(c) 良好的吸震性。石墨能阻止和吸收震动,这种吸震能力大约是钢的数倍。因此,灰铸铁广泛用作机床床身、床头箱及各类机器底座等。

(d) 较低的缺口敏感性。灰铸铁中由于石墨的存在,就相当于其内部存在许多的小缺口,使表面的小缺陷或小缺口的相对作用减弱。

(e) 良好的减摩性。由于石墨本身的润滑作用,以及它从铸铁表面脱落后留下的孔洞具有储存润滑油的能力,故灰铸铁具有良好的减摩性。

(f) 抗压强度高灰铸铁在承受压应力时,裂纹是闭合的,不会缩小有效承载面积,同时也不产生缺口应力集中现象,故灰铸铁的抗压强度与钢相近。

③ 灰铸铁的孕育处理(变质处理)

为了提高灰铸铁的力学性能,必须细化和减少石墨片,在生产中常用的方法就是孕育处理,即在铁水浇注之前,往铁水中加入少量的孕育剂(如硅铁或硅钙合金),改变铁水的结晶条件,使铁液内同时生成大量均匀分布的石墨晶核,使灰铸铁获得细小均匀分布的片状石墨和细晶粒的珠光体组织。经过孕育处理的灰铸铁称为孕育铸铁。孕育铸铁的强度有很大提高,并且塑性和韧性也有所改善，因此，常用来制造力学性能要求较高、截面尺寸变化较大的大型铸件。

④ 灰铸铁的热处理

热处理只能改变灰铸铁的基体组织，而不能改变石墨的形状、大小和分布情况。因此，铸铁的热处理一般是用于消除铸件的内应力和白口组织，稳定铸件尺寸和提高铸件工作表面的硬度及耐磨性。由于石墨的导热性差，因此，灰铸铁在热处理过程中其加热速度要比非合金钢稍慢些。

(a) 去内应力退火(时效处理)。铸铁件在冷却过程中，因各部位的冷却速度不同造成其收缩不一致，从而产生一定的内应力。这种内应力可以通过铸件的变形得到缓解，但是这一过程比较缓慢，因此，铸件在形成后一般都需要进行去内应力退火(时效处理)，特别是一些大型、复杂或加工精度较高的铸件(如床身、机架等)。

铸件去内应力退火是将铸件缓慢加热到 500～650 ℃，保温一定时间(2～6 h)，然后随炉缓冷至 200 ℃以下出炉空冷，也称为人工时效。经去内应力退火后，可消除铸件内部 90% 以上的内应力。

对大型铸件可采用自然时效，即将铸件在露天下放置半年以上，使铸造应力缓慢松弛，从而使铸件尺寸稳定。

(b) 消除白口退火。铸件表层或薄壁处因冷却速度较快(尤其是金属型铸造)，容易出现白口组织，使切削加工困难，所以必须采用高温退火才能消除白口组织，以降低硬度，改善切削加工性。消除白口的退火方法是将铸件加热到 800～900 ℃，保温 2～5 h，使渗碳体分解为石墨，而后随炉缓冷至 400～500 ℃再出炉空冷。

(c) 表面淬火。表面淬火是为提高铸件表面硬度和耐磨性。如机床导轨表面、内燃机气缸套内壁等。表面淬火的方法主要有火焰加热表面淬火、高频和中频感应加热淬火、激光淬火及电接触加热表面淬火等。机床导轨表面一般采用电接触加热表面淬火方法，可显著提高其耐磨性，而且导轨变形比较小。

⑤ 灰铸铁的牌号及用途

灰铸铁的牌号用"HT"及数字组成。其中"HT"是"灰铁"两字汉语拼音的第一个字母，其后的数字表示最低抗拉强度，如 HT100 表示灰铸铁，最低抗拉强度是 100 MPa。

常用灰铸铁的牌号、力学性能及用途如表 1-2-23 所示。

表 1-2-23 常用灰铸铁的牌号、力学性能及用途

类别	牌号	力学性能		用途举例
		σ_b/MPa 不小于	硬度/HBW	
铁素体灰铸铁	HT100	100	143～229	低载荷和不重要零件，如盖、外罩、手轮、支架
铁素体-珠光体灰铸铁	HT150	150	163～229	承受中等应力的零件，如底座、床身、工作台、阀体、管路附件及一般工作条件要求的零件
珠光体灰铸铁	HT200	200	170～241	承受较大应力和重要的零件，如汽缸体、齿轮、机座、床身、活塞、齿轮箱和油缸等
	HT250	250	170～241	
孕育铸铁	HT300	300	187～225	车床、冲床等受力较大的床身、机座、主轴箱、卡盘、齿轮等，高压油缸、泵体、阀体、衬套、凸轮、大型发动机的曲轴、汽缸体等
	HT350	350	197～269	

(2) 球墨铸铁

球墨铸铁是将灰铸铁成分的铁水在浇注前进行球化处理和孕育处理,结晶时石墨呈球状析出形成的铸铁,简称球铁。

① 球墨铸铁的成分、组织

球墨铸铁的化学成分一般是:$w(C)=3.6\%\sim4.0\%$,$w(Si)=2.0\%\sim2.8\%$,$w(Mn)=0.6\%\sim0.8\%$,$w(S)\leqslant0.04\%$,$w(P)\leqslant0.1\%$,稀土元素约为 $0.03\%\sim0.05\%$。

球墨铸铁组织是片状石墨分布在钢的基体上,按球墨铸铁钢基体组织的不同,球墨铸铁组织可分为 3 种不同类型。

(a) 铁素体球墨铸铁,其组织为 F+G(球)。

(b) 铁素体-珠光体球墨铸铁,其组织为 F+P+G(球)。

(c) 珠光体球墨铸铁,其组织为 P+G(球)。

② 球墨铸铁的性能

球墨铸铁的基体组织上分布着球状石墨,由于球状石墨对基体组织的割裂作用和应力集中作用很小,所以球墨铸铁的强度、塑性和韧性远高于灰铸铁,而且石墨球越圆整、细小、均匀,则力学性能越高。球墨铸铁同时还具有灰铸铁的减振性、耐磨性和低的缺口敏感性等一系列优点。在某些性能方面球墨铸铁甚至可与碳钢相媲美,如疲劳强度与中碳钢接近。此外,球墨铸铁在生产中经退火、正火、调质处理、等温淬火等不同的热处理,可明显提高其力学性能。但是球墨铸铁的收缩率较大,流动性稍差,对原材料及处理工艺要求较高。

③ 球墨铸铁的热处理

球墨铸铁的热处理工艺性能较好,凡是钢可以进行的热处理工艺,一般都适合于球墨铸铁,而且球墨铸铁通过热处理改善性能的效果比较明显。球墨铸铁常用的热处理工艺有以下 4 种方式。

(a) 退火(石墨化退火)。退火的目的是获得高韧性的铁素体球墨铸铁,消除铸造内应力,改善切削加工性。若有自由渗碳体,应采用 900~950 ℃高温退火,保温 2~5 h,随炉缓冷至 600 ℃,出炉后空冷。

(b) 正火。正火的目的是得到高强度的珠光体球墨铸铁,以提高强度和耐磨性。把球铁加热至 880~920 ℃,保温后出炉空冷,得到珠光体基体的球墨铸铁,称为球铁高温正火。为了提高球铁的综合力学性能,可加热至 840~880 ℃,保温后空冷,得到基体组织是珠光体和少量铁素体的球墨铸铁,此为球铁低温正火。

(c) 调质处理。调质处理是将球铁加热至 850~900 ℃油冷淬火,而后在 550~620 ℃回火,得到的基体组织是回火索氏体。调质处理提高了球铁的综合力学性能,用于受力比较复杂、要求综合力学性能好的球铁件,如曲轴、连杆等。

(d) 等温淬火。球铁经过等温淬火可获得高强度、高硬度和较高的韧性。

等温淬火的加热温度与普通淬火相同,一般是 860~900 ℃,保温后迅速置于 250~300 ℃的等温盐浴炉中进行等温处理,然后取出空冷,一般不进行回火,处理后的基体组织为下贝氏体。贝氏体等温淬火适用于形状复杂、易变形或易开裂的铸件,如齿轮、凸轮轴等。

④ 球墨铸铁的牌号及用途

球墨铸铁的牌号用"QT"及其后面两组数字表示。"QT"是"球铁"两字汉语拼音的第一个字母,两组数字分别代表其最低抗拉强度和最低伸长率。如 QT 400-18 表示最低抗拉强度是 400 MPa,最小伸长率是 18%。

常用球墨铸铁的牌号、力学性能及用途如表 1-2-24 所示。

表 1-2-24 常用球墨铸铁的牌号、力学性能及用途

基体类型	牌号	σ_b/MPa	$\sigma_{0.2}$/MPa	δ/(%)	硬度/HBW	应用举例
铁素体	QT400-15	400	250	15	130~180	阀体,汽车、内燃机车零件,机床零件,减速器壳
	QT450-10	450	310	10	160~210	
铁素体-珠光体	QT500-7	500	320	7	170~230	机油泵齿轮,机车、车辆轴瓦
珠光体	QT700-2	700	420	2	225~305	柴油机曲轴、凸轮轴,气缸体、汽缸套、活塞环
	QT800-2	800	480	2	245~335	
下贝氏体	QT900-2	900	600	2	280~360	汽车螺旋锥齿轮,拖拉机减速齿轮,柴油机凸轮轴

(3) 可锻铸铁

可锻铸铁是一定化学成分的白口铸铁通过可锻化退火而获得的具有团絮状石墨的铸铁。

① 可锻铸铁的成分、组织

可锻铸铁的化学成分一般是:$w(C)=2.2\%\sim2.8\%$,$w(Si)=1.0\%\sim2.8\%$,$w(Mn)=0.5\%\sim0.7\%$,$w(S)\leqslant0.2\%$,$w(P)\leqslant0.1\%$,碳和硅的质量分数较低,以保证获得白口组织。

可锻铸铁的生产经过两个过程,首先浇铸成白口坯件,然后进行石墨化退火。即将白口铁件加热到 900~1 000 ℃,经过长时间保温(约 15 h),使渗碳体分解成团絮状石墨,然后随炉缓冷至 650 ℃以下出炉空冷。按石墨化程度不同,可得到两种不同基体的可锻铸铁。

(a) 铁素体可锻铸铁,其组织为 F+G(团絮),也称黑心可锻铸铁。

(b) 珠光体可锻铸铁,其组织为 P+G(团絮)。

② 可锻铸铁的性能

由于团絮状石墨对金属基体的割裂作用大为减弱,使强度、塑性和韧性较灰铸铁都有明显提高,其伸长率最高可达到 12%。习惯上称可锻铸铁,其实它并不能锻造。铁素体可锻铸铁具有一定的强度与较高的塑性和韧性;珠光体可锻铸铁的强度、硬度高,耐磨性好,但塑性要差些。

③ 可锻铸铁的牌号及其应用

可锻铸铁的牌号是由"KTH"或"KTZ"及后面的两组数字所组成。其中"KT"是"可铁"二字的汉语拼音字首,"H"表示黑心,"Z"表示以珠光体为基体。其后两组数字分别表示最低抗拉强度(MPa)和最小伸长率(%)。如 KTH350-10 表示最低抗拉强度是 350 MPa,最小伸长率是 10%的黑心可锻铸铁。

由于可锻铸铁的强度、韧性较灰铸铁高,薄壁小型铸件,如汽车、拖拉机的后桥外壳、可锻铸铁的牌号、性能及用途如表 1-2-25 所示。常用于制造一些形状复杂、受冲击和震动的管接头(管箍、弯头、三通等)、阀门等。

(4) 蠕墨铸铁

蠕墨铸铁是用高碳、低硫、低磷的铁液加入蠕化剂(镁钛合金、镁钙合金等),经蠕化处理后获得的高强度铸铁。其石墨形态介于片状和球状之间,片短而厚,头部较圆,形似蠕虫,所以称为蠕墨铸铁。

表 1-2-25　可锻铸铁的牌号、性能及用途

类型	牌号	σ_b/MPa	δ/(%)	硬度/HBS	应用举例
		不小于			
黑心可锻铸铁	KTH300-06	300	6	≤150	汽车、拖拉机的后桥外壳，转向机构，弹簧钢板支座，低压阀门，管接头，板手，铁道扣板和农具等
	KTH330-08	330	8		
	KTH350-10	350	10		
	KTH370-12	370	12		
珠光体可锻铸铁	KTZ550-04	550	4	180~230	曲轴，连杆，齿轮，凸轮轴，摇臂，活塞环等
	KTZ700-02	700	2	240~290	

① 蠕墨铸铁的成分、组织

蠕墨铸铁的化学成分一般是：$w(C)=3.5\%\sim3.9\%$，$w(Si)=2.2\%\sim2.8\%$，$w(Mn)=0.4\%\sim0.8\%$，$w(S)\leq0.15\%$，$w(P)\leq0.1\%$。

蠕墨铸铁的显微组织有以下3种类型。

(a) 铁素体蠕虫状石墨，其组织为 F+G(蠕虫)。

(b) 珠光体-铁素体蠕虫状石墨，其组织为 F+P+G(蠕虫)。

(c) 珠光体蠕虫状石墨，其组织为 P+G(蠕虫)。

② 蠕墨铸铁的性能

蠕虫状石墨对基体产生的应力集中与割裂现象明显减小，因此，蠕墨铸铁的力学性能优于基体相同的灰铸铁而低于球墨铸铁，而且蠕墨铸铁在铸造性能、导热性能等方面要比球墨铸铁好。

③ 蠕墨铸铁的牌号及其应用

蠕墨铸铁的牌号用"RuT"符号及其数字表示。"RuT"是"蠕铁"第一个字的汉语拼音及第二个字汉语拼音的第一个字母，其后数字表示最低抗拉强度。如 RuT260 表示最低抗拉强度是 260 MPa 的蠕墨铸铁。

常用蠕墨铸铁牌号与力学性能及用途如表 1-2-26 所示。

表 1-2-26　常用蠕墨铸铁牌号与力学性能及用途

基体类型	牌号	σ_b/MPa	$\sigma_{0.2}$/MPa	δ/(%)	硬度/HBS
		不小于			
珠光体	RuT420	420	335	0.75	200~280
珠光体	RuT380	380	300	0.75	193~274
铁素体-珠光体	RuT340	340	270	1.0	170~249
铁素体-珠光体	RuT300	300	240	1.5	140~217
铁素体	RuT260	260	195	3.0	121~197

3. 特殊性能铸铁

特殊性能铸铁是在普通铸铁中加入一定的合金元素，形成具有某些特殊性能的铸铁，又称合金铸铁。

(1) 耐磨铸铁

耐磨铸铁按其工作条件可分为两种类型，一种是在无润滑油的干摩擦条件下工作的"抗磨

铸铁"，另一类是在润滑条件下工作的"减摩铸铁"。

① 抗磨铸铁

抗磨铸铁要求具有均匀的高硬度组织，还要有一定的强度和冲击韧度。

(a) 中锰抗磨球墨铸铁。这类铸铁是在稀土镁球铁中加入 59.5% 的锰，改善其组织构成，形成马氏体、部分奥氏体和合金渗碳体组成的基体组织。具有高的硬度、耐磨性和一定的抗冲击性能。在一定程度上可代替高锰钢使用，可用于农机上的耙片、机引犁铧、拖拉机履带板、球磨机衬板、笋球和煤粉机锤头等。

(b) 冷硬铸铁（激冷铸铁）。冷硬铸铁实质上是一种加入少量硼、铬、钼、碲等元素的低合金铸铁，表面经激冷处理，因而具有高硬度和耐磨性，心部有一定韧性，可制造冶金轧辊、发动机凸轮轴、气门摇臂及挺杆等零件。

(c) 抗磨白口铸铁。它的组织主要是珠光体、渗碳体和碳化物组成的白口组织，具有高的硬度和耐磨性。可加入合金元素铬、钼、钒等来促使白口化。高铬白口铸铁（$w(Cr) > 12\%$），热处理后基体为高强度马氏体和高硬度碳化物，其抗磨料磨损性能很好。抗磨白口铸铁用于制造各种球磨机、水泥磨机、矿石破碎机、犁铧、泵体和叶片等零件。

② 减摩铸铁

减摩铸铁其组织构成为软基体上分布着硬质点或硬基体上分布有软组织，以便支撑并保持油膜。孕育铸铁、珠光体球铁和珠光体可锻铸铁等都是这类耐磨铸铁，分布在组织中的渗碳体即为硬化相，石墨起着润滑和贮油作用。将珠光体灰铸铁中 $w(P)$ 提高到 $0.4\% \sim 0.7\%$，产生坚硬的磷化物共晶组织，形成高磷耐磨铸铁；但普通高磷铸铁的强度和韧性较差，若再加入钒、钛、铜、铼等元素可制成高磷合金铸铁（如磷铜钛铸铁、磷钒钛铸铁、稀土磷铸铁）；往灰铸铁中加入铬、钼、铜等元素，形成铬钼铜合金铸铁。合金元素的加入使铸铁的组织细化、珠光体数量增多、铁素体基体强化，从而使强度、韧性和耐磨性提高，并具有良好的润滑性和抗咬合、抗擦伤的能力。这些合金铸铁多用作汽车发动机的汽缸套、活塞环、凸轮轴和机床导轨等。

(2) 耐热铸铁

铸铁的耐热性指铸铁在高温下抗氧化和抗热生长的能力。铸铁在高温下的破坏形式主要有两种，一是铸件产生表面氧化，二是铸件的体积发生不可逆的长大。当氧化性气体通过石墨微孔或边界渗入内部，产生低密度的氧化物，以及渗碳体分解成石墨时，铸件的体积就会胀大，结果使铸件的承载能力降低，甚至发生变形和开裂。为了提高铸铁的耐热性，可加入铝、硅、铬等合金元素，这样不仅使铸铁表面形成致密的 Al_2O_3、SiO_2、Cr_2O_3 氧化膜，保护内层不被继续氧化，而且还能提高固态相变临界点，使铸铁在使用温度范围内不发生固态相变，避免或减小热生长，从而提高其耐热性。

我国主要发展和应用硅系和铝硅系耐热铸铁，常用耐热铸铁及牌号有：中硅耐热铸铁、中硅球墨铸铁、高铝耐热铸铁、高铝球墨铸铁、铝硅球墨铸铁、低铬耐热铸铁和高铬耐热铸铁等。常用于制造加热炉底板、炉条、渗碳罐、坩埚、废气管道、热交换器和玻璃模等。

(3) 耐蚀铸铁

耐蚀铸铁是指在腐蚀性介质中工作时具有抗蚀能力的铸铁。提高铸铁耐蚀性的主要途径是合金化，即在铸铁 L+I 加入硅、铝、铬、铌、铜、钼等合金元素，提高铸铁基体组织的电极电位，并在表面形成一层连续致密的保护膜（Al_2O_3、SiO_2、Cr_2O_3），从而有效提高铸铁的抗腐蚀性。

目前应用较多的耐蚀铸铁有高硅铸铁、高硅钼铸铁、铝铸铁、铝铸铁、铬铸铁、高硅铝球铁和抗碱球铁等。广泛应用于化工、化纤、制药和采矿等部门的管道、容器、贮罐和耐酸泵等。

1.2.5.4 非铁金属材料

在工业生产中通常称铁及其合金为黑色金属材料,而把所有钢铁以外的金属材料称为非铁金属材料或有色金属材料。与钢铁相比,非铁金属的产量低、价格高,但由于其具有许多优良特性,因而在科技和工程中占有重要的地位,成为不可缺少的工程材料,广泛应用于机械制造、航空、航海、化工和电器等领域。非铁金属的种类很多,本章重点介绍机械制造业中广泛应用的铝、铜合金和轴承合金,同时简单介绍粉末冶金材料。

1. 铝及铝合金

(1) 工业纯铝

纯铝呈银白色,密度较小($2.7g/cm^3$),熔点为 660 ℃,具有面心立方晶格,无同素异构转变。纯铝的导电性、导热性仅次于银、铜、金,在金属中列第四位,在室温下,铝的导电能力为铜的 62%,但按单位质量导电能力计算,则铝的导电能力约为铜的两倍。

纯铝的强度很低(σ_b 仅 80~100 MPa),但塑性很高(断面收缩率 ψ 为 70%~90%),适合各种冷热加工,通过加工硬化,可使纯铝的抗拉强度提高,塑性降低。纯铝不能热处理强化,但可以通过冷变形强化。铝在大气中极易和氧结合形成致密的氧化膜,阻止铝的进一步氧化,故铝在大气中具有良好的耐蚀性。但铝不能耐酸、碱、盐的腐蚀。

纯铝的用途主要有代替贵重的铜合金,制作导线;配制各种铝合金以及制作要求质轻、导热或耐大气腐蚀但强度要求不高的器具。

工业纯铝分为铸造纯铝和变形纯铝两种。根据 GB/T 8063—94 规定,铸造纯铝牌号由"铸"的汉语拼音字首"Z"和铝的元素符号"Al"及表示铝含量的数字组成,例如 ZAl99.5 表示 $w(Al)=99.5\%$ 的铸造纯铝;根据 GB/T 16474—1996 规定,变形铝及铝合金的牌号用 4 位字符体系的方法表示,即用 1×××表示,牌号的最后两位数字表示最低铝百分含量×100 后小数点后面两位数字,牌号第二位的字母表示原始纯铝的改型情况,如果字母为 A,表示原始纯铝或原始合金,例如,牌号 1A30 的变形铝表示 $w(Al)=99.30\%$ 的原始纯铝,若为其他字母,则表示为原始纯铝的改型。我国变形铝的牌号有 1A50、1A30 等,高纯铝的牌号有 1A99、1A97、1A93、1A90、1A85 等。

(2) 铝合金

① 铝合金的分类

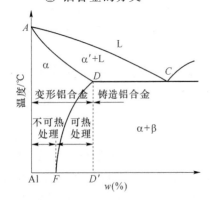

图 1-2-49 铝合金分类示意图

纯铝的强度低,因此,生产中用的结构大多是铝合金材料。铝合金中,铝与主加元素的二元相图一般都具有如图 1-2-49 所示的形式。根据该相图上最大溶解度 D 点,把铝合金分为变形铝合金(压力加工铝合金)和铸造铝合金。

(a) 变形铝合金。当加热到固溶线以上时,可得到单相固溶体,其塑性很好,宜于进行压力加工,称为变形铝合金。

其中,成分在 F 点以左的合金,其 α 固溶体成分不随温度而变,故不能用热处理使之强化,属于热处理不可强化铝合金;成分在 D 到 F 点之间的合金,α 固溶体在 DF 线以下时,成分随温度而变化,可用热处理强化,属于热处理可强化铝合金。

(b) 铸造铝合金。成分位于 D 点右边的合金，由于有共晶组织存在，适于铸造，因此称为铸造铝合金。

② 铝合金的热处理

(a) 铝合金的退火。铝合金退火的主要目的是消除应力、稳定组织、提高塑性。退火时将铝合金加热至 200～300 ℃，适当保温后空冷，或先缓冷到一定温度后空冷。为了消除变形铝合金在塑性变形过程中产生的强化现象，可对其进行再结晶退火，再结晶退火的温度视合金成分和冷变形条件而定，一般在 350～450 ℃。

(b) 铝合金的时效强化。可热处理强化的铝合金，当它加热到 α 相区，保温后在水中快冷，由于快速冷却，溶质原子难以析出，得到过饱和的 α 固溶体，此时合金的强度、硬度并没有明显升高，这种热处理称为固溶淬火（或固溶热处理）。淬火后的铝合金，由于过饱和的 α 固溶体是不稳定的，在一定温度下，随着时间的延长，合金的强度、硬度将显著升高，这就是时效强化，这一过程称为时效处理。室温下的时效称为自然时效，加热条件下的时效称为人工时效。

③ 常用铝合金

(a) 常用变形铝合金

根据主要性能特点和用途，变形铝合金可分为防锈铝合金、硬铝合金、超硬铝合金和锻铝合金等，其中后 3 类是可以热处理强化的铝合金。

根据 GB/T 16474—1996《变形铝及铝合金牌号表示方法》和 GB/T 3190—1996《变形铝及铝合金化学成分》的规定，变形铝合金牌号用 4 位字符体系表示，第一、三、四位为数字，第二位为字母"A"。牌号中第一位数字是按主要合金元素 Cu、Mn、Si、Mg、Mg2Si、Zn 的顺序来表示变形铝合金的组别，最后两位数字用以表示同一组别中的不同铝合金。部分常用变形铝合金的牌号、成分及力学性能如表 1-2-27 所示（摘自 GB/T 3190—1996、GB 10569—89、GB 10572—89）。

ⓐ 防锈铝合金。防锈铝合金主要是 Al-Mn 系和 Al-Mg 系合金。合金元素锰和镁的主要作用是产生固溶强化，并使合金保持较高的耐蚀性。但这类合金对时效强化效果较弱，不能热处理强化，常用冷变形来提高强度。

表 1-2-27 常用变形铝合金的牌号、成分及力学性能

组别	牌号	化学成分/(%)					供应状态	试样状态	力学性能		原代号
		Cu	Mg	Mn	Zn	其他			σ_b/MPa	δ_{10}/(%)	
防锈铝	5A05	0.10	4.8～5.5	0.30～0.60	0.20	Si 0.5 Fe 0.5	BR	BR	265	15	LF5
	3A21	0.20		1.0～1.6		Si 0.6 Fe 0.5	BR	BR	<167	20	LF21
硬铝	2A01	2.2～3.0	0.2～0.5	0.20	0.10	Si 0.5 Fe 0.5		BM BCZ			LY1
	2A11	3.8～4.8	0.4～0.8	0.40～0.80	0.30	Si 0.7 Fe 0.7	Y	MCZ	<235 373	12 15	LY11
	2A12	3.8～4.9	1.2～1.8	0.30～0.90	0.30	Si 0.5 Fe 0.5	Y	M CZ	≤216	14 8	LY12

续表

组别	牌号	化学成分/(%)					供应状态	试样状态	力学性能		原代号
		Cu	Mg	Mn	Zn	其他			σ_b/MPa	δ_{10}/(%)	
超硬铝	7A04	1.4~2.0	1.8~2.8	0.20~0.60	5.0~7.0	Si 0.5 Fe 0.5 Cr 0.10~0.25	Y	M	245	10	LC4
							Y	CS	490	7	
							BR	BCS	549	7	
锻铝	6A02	0.20~0.6	0.45~0.90	或 Cr 0.15~0.35		Si 0.5~1.2 Ti 0.15	R,BCZ	BCS	304	8	LD2
	2A50	1.8~2.6	0.40~0.80	0.40~0.80	0.30	Si 0.7~1.2	R,BCZ	BCS	382	10	LD5

防锈铝合金的工艺特点是塑性及焊接性能好,常用拉延法制造各种高耐蚀性的薄板容器、防锈蒙皮以及受力小、质轻、耐蚀的制品和结构件,如油箱、管道和灯具等。典型牌号有 3A21、5A05 等。

ⓑ 硬铝合金。硬铝合金是 Al-Cu-Mg 系合金,是一种应用较广的可热处理强化的铝合金。这类合金通过淬火时效可显著提高强度,强度可达 420 MPa,其比强度与高强度钢(强度为 1 000~1 200 MPa)相近,又称硬铝。但硬铝的耐蚀性远比纯铝差,特别是耐海水腐蚀性更弱,尤其是硬铝中的铜会导致其抗蚀性剧烈下降。因此,对硬铝板材可以采用表面包一层纯铝或覆铝,以增加其耐蚀性,但在热处理后强度会稍低。

2A01 属低强度硬铝,但有很好的塑性,适宜制作铆钉,又叫铆钉硬铝。2A11 为中强度硬铝,既有较高的强度,又有足够的塑性,退火态和淬火态下可进行冷冲压加工,时效处理后有较好的切削加工性能,常用来制造形状较复杂、载荷较低的结构零件,又称标准硬铝。2A12 为高强度硬铝,经热处理强化后可获得很高的强度和硬度,并有良好的耐热性,但塑性有所下降,冷、热加工能力较差,可用于制造飞机翼肋、翼架等受力构件,还可用于制造在 200 ℃ 以下工作的零件。

ⓒ 超硬铝合金。超硬铝属于 Al-Zn-Mg-Cu 系合金,并有少量的铬和锰金属。在铝合金中,超硬铝时效强化效果最好、强度最高,可达到 600 MPa,其比强度已相当于超高强度钢(强度大于 1 400 MPa),故又名超硬铝。

典型的超硬铝合金是 7A04。常用于制造飞机上受力大的结构零件,如起落架、大梁等。在光学仪器中,用于要求重量轻而受力较大的结构零件。

ⓓ 锻铝。锻铝合金包括 Al-Mg-Si-Cu 系和 Al-Cu-Mg-Ni-Te 系两类合金。前者以 Mg_2Si 为主要强化相;后者通过加入铁和镍形成合金中的耐热强化相,故又称耐热铝合金。因锻铝的自然时效速率较慢,强化效果较低,故一般均采用淬火和人工时效。

锻铝合金具有良好的热塑性和锻造性能,力学性能与硬铝相近,但热塑性及耐蚀性较高,更适于锻造,故名锻铝。由于其热塑性好,因此主要用作航空及仪表工业中各种形状复杂、比强度要求较高的锻件或模锻件,如各种叶轮、框架和支杆等。

(b) 常用铸造铝合金

与变形铝合金相比,铸造铝合金力学性能不如变形铝合金,但其铸造性能好,可进行各种成型铸造,生产形状复杂的零件。根据主加合金元素的不同,铸造铝合金的种类很多,主要有 Al-Si 系、Al-Cu 系、Al-Mg 系及 Al-Zn 系 4 种,其中以 Al-Si 系应用最广泛。铸造铝合金牌号由"ZAl"加合金元素符号及合金元素含量百分数组成。若牌号后面加"A"表示优质。铸造铝合金的代号用"铸"、"铝"两字的汉语拼音的字首"ZL"及 3 位数字表示。第一位数字表示合金类别(1 为 Al-Si 系,2 为 Al-Cu 系,3 为 Al-Mg 系,4 为 Al-Zn 系);第二位、第三位数字为合金顺序号,序号不同者化学成分也不同。例如,ZL102 表示 2 号 Al-Si 系铸造铝合金。若为优质合金,在代号后面加"A"。常用的铸造铝合金的代号、牌号、成分、力学性能及用途如表 1-2-28 所示。

表 1-2-28　常用铸造铝合金的代号、牌号、成分、性能和用途

类别	合金牌号 (代号)	铸造方法 与合金状态	力学性能			用途
			σ_b/MPa	δ_5/(%)	HBS (5/250/30)	
铝硅合金	ZAlSi7Mg (ZL101)	J,T5 S,T5	205 195	2 2	60 60	形状复杂的砂型、金属型和压力铸造零件,如飞机、仪器的零件,工作温度不超过 185 ℃的汽化器等
	ZAlSi12 (ZL102)	J,F SB,JB,F SB,JB,T2	155 145 135	2 4 4	50 50 50	形状复杂的砂型、金属型和压力铸造零件,如仪表、抽水机壳体,工作温度不超过 200 ℃、要求气密性、承受低载荷的零件
	ZAlSi5Cu1Mg (ZL105)	J,T5 S,T5 S,T6	235 195 225	0.5 1.0 0.5	70 70 70	在 225 ℃以下工作,形状复杂的铸件,如风冷发动机的气缸头、机匣和液压泵壳体等
铝铜合金	ZAlCu5Mn (ZL201)	S,T4 S,T5	295 335	8 4	70 90	砂型铸造在 175~300 ℃以下工作的零件,如支臂、挂架梁、内燃机气缸头和活塞等
铝锌合金	ZAlZn11Si7 (ZL401)	J,T1 S,T1	245 195	1.5 2	90 80	压力铸造的工作温度不超过 200 ℃,结构形状复杂的汽车、飞机零件
铝镁合金	ZAlMg10 (ZL301)	J,S,T4	280	10	60	砂型铸造的在大气或海水中工作的零件;承受大振动载荷、工作温度不超过 150 ℃的零件

铝硅铸造合金,又称硅铝明,是 4 种铸造铝合金中铸造性能最好的,具有中等强度和良好的耐蚀性。

为了改善铝硅合金的力学性能,可在浇注前往液体合金中加入含有钠或锶的变质剂,进行变质处理。变质后,铝合金的力学性能显著提高($\sigma_b \geqslant 180$ MPa,$\delta = 6\%$)。

仅含有硅的 Al-Si 系合金(如 ZL102)的主要缺点是铸件致密程度较低,强度较低(不超过 180 MPa),且不能热处理强化。为了提高铝硅合金的强度,可加入镁、铜以形成强化相 $CuAl_2$、$CuMgAl_2$、$MgSi$ 等。这样的合金在变质处理后还可以进行淬火时效,以提高强度,如 ZL105、ZL108 等合金。

铸造铝硅合金一般用来制造轻质、耐蚀、形状复杂但强度要求不高的铸件,如发动机气缸、自动工具以及仪表的外壳。同时加入镁、铜的 Al-Si 系合金(如 ZAlSi2Cu2Mg1 等),还具有较好的耐热性与耐磨性,是制造内燃机活塞的合适材料。

2. 铜及铜合金

(1) 工业纯铜

纯铜的外观呈紫红色,故常称纯铜为紫铜。铜的相对密度为 8.96,熔点为 1 083 ℃。纯铜有良好的导电性和导热性、高的化学稳定性以及高的抗大气和水腐蚀性,而且还具有一定的抗磁性。

纯铜具有面心立方晶格,无同素异晶转变,不能热处理强化。纯铜的强度不高(σ_b=230~240 MPa),硬度很低(40~50 HBS),塑性却很好(δ=45%~50%)。冷塑性变形后,可以使铜的强度提高到 400~500 MPa,但伸长率急剧下降到 2%左右。纯铜的主要用途是制作各种导线、电缆、导热体、铜管及防磁器械等。

工业纯铜分未加工产品(铜锭、电解铜)和加工产品(铜料)两种。未加工产品代号有 Cu-1 和 Cu-2 两种。加工产品代号有 T1、T2、T3 共 3 种,"T"为"铜"的汉语拼音字首,代号中数字越大,表示杂质含量愈多。纯铜中的杂质主要有铅、铋、氧、硫和磷等,这些杂质的存在,不仅会降低铜的导电性,而且还会使其在冷、热加工过程中发生冷脆和热脆现象。

(2) 铜合金

① 铜合金的分类

铜合金按化学成分可分为黄铜、青铜及白铜 3 大类。机器制造中,应用较广的是黄铜和青铜。

黄铜是以锌为主要合金元素的铜锌合金。其中不含其他合金元素的黄铜称普通黄铜(或简单黄铜),含有其他合金元素的黄铜称为特殊黄铜(复杂黄铜)。

青铜是以除锌和镍以外的其他元素作为主要合金元素的铜合金。按其所含主要合金元素的种类可分为锡青铜、铅青铜、铝青铜、硅青铜和铍青铜等。铜合金按生产方法可分为压力加工产品和铸造产品两类。

② 铜合金牌号表示方法

(a) 加工铜合金。其牌号由汉字和数字组成,为便于使用,常以代号替代牌号。

ⓐ 加工青铜。代号表示方法是:Q("青"的汉语拼音字首)+第一主加化学元素符号及含量+其他合金元素含量。例如,QSn4-3 表示 w(Sn)=4%、其他合金元素 w(Zn)=3%、余量为铜的加工锡青铜。

ⓑ 加工黄铜。普通加工黄铜代号表示方法是:H+铜元素含量(质量分数×100)。例如,H68 表示质量分数为 68%、余量为锌的黄铜。特殊加工黄铜代号表示方法是:H+主加化学元素的化学符号(除锌以外)+铜及各合金元素的含量(质量分数×100)。例如,HMn58-2 表示铜含量为 58%、锰含量为 2%、余量为锌的加工黄铜。

(b) 铸造铜合金。铸造黄铜与铸造青铜的牌号表示方法相同,为:Z+铜元素化学符号+主加元素的化学符号及含量+其他合金元素符号及含量。例如,ZCuZn38 表示锌的含量为 38%、余量为铜的铸造普通黄铜;ZCuSn10P1 表示锡含量为 10%、磷的含量为 1%、余量为铜的铸造锡青铜。

(c) 普通白铜。普通白铜的代号用"B+数字"表示,B 是"白"字的汉语拼音,数字表示平均含镍量的百分之几。如 B19 表示平均 w(Ni)为 19%、w(Ct)为 81%的普通白铜。常见的普通白铜有 B5、B19。特殊白铜的代号用"B+主加元素符号+数字"表示,数字依次表示镍和加入元素平均含量的百分之几。如 BMn3-12 表示 w(Ni)为 3%、w(Mn)为 12%,其余为铜的锰白铜。

③ 常用铜合金

(a) 黄铜

黄铜的性能与含锌量有密切的关系。当含锌量增加时,由于固溶强化,使黄铜强度、硬度提高,同时塑性和铸造性能还有所改善。当 $w(Zn)>32\%$ 时出现 β' 相,使塑性开始下降。但一定数量的 β' 相能起到强化作用,而使强度继续升高。但当 $w(Zn)>45\%$ 时,因脆硬 β' 相在组织中数量过多而使黄铜强度、塑性急剧下降,一般工业黄铜的含锌量不超过47%,如图1-2-50所示。

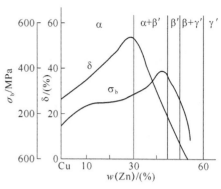

图1-2-50 黄铜的含锌量与力学性能的关系

工业中常用的普通黄铜,如H70,具有良好的冷塑性变形能力,特别适宜深冲压加工,大量用于制作枪、炮的弹壳,故又被称作"弹壳黄铜";H80有优良的耐蚀性、导热性和冷变形能力,并呈金黄色,故有"金色黄铜"之称,常用于镀层、艺术装饰品等;H62(及H59)强度较高,并有一定的耐蚀性,广泛用来制作电器上要求导电、耐蚀及适当强度的结构件,如螺栓、螺母、垫圈、弹簧及机器中的轴套等,是广泛应用的黄铜,有"商业黄铜"之称。

普通黄铜的耐蚀性良好,并与纯铜相近。但经冷加工的黄铜件存在残余应力,在潮湿的大气或海水中,特别是在含氨的气氛中,易产生应力腐蚀开裂现象(白裂)。防止应力腐蚀开裂的方法是在250~300℃时进行去应力退火。

在普通黄铜的基础上,再加入其他合金元素所组成的多合金称为特殊黄铜。常加入的元素有锡、铅、铝、硅、锰、铁等。特殊黄铜也可依据加入的第二元素命名,如锡黄铜、锰黄铜、铅黄铜、硅黄铜等。合金元素加入黄铜后,除起强化作用外,加入的锡、铝、硅、锰、镍还可提高耐蚀性与减少黄铜应力腐蚀破裂的倾向。某些元素的加入还可改善黄铜的工艺性能,如加入硅可改善铸造性能,加入铅可改善切削加工性能等。

常用的普通黄铜及特殊黄铜的牌号、代号、成分、力学性能及用途如表1-2-29所示(摘自GB 2041—89、GB 1176—87、GB 5232—85)。

表1-2-29 常用普通黄铜及特殊黄铜的牌号、成分、力学性能及用途

组别	代号或牌号	化学成分		力学性能			主要用途
		$w(Cu)$	其他	σ_b/MPa	δ/(%)	HBS	
普通黄铜	H90	88.0~91.0	余量Zn	245 — 392	35 — 3	—	供水和排水管、证章、艺术品(又称金色黄铜)
	H68	67.0~70.0	余量Zn	294 — 392	40 — 13		复杂的冷冲压件、散热器外壳、弹壳、导管、波纹管、轴套
	H62	60.5~63.5	余量Zn	294 — 412	40 — 10		销钉、铆钉、螺钉、螺母、垫圈、弹簧、夹线板等
	ZCuZn38	60.0~63.0	余量Zn	295 — 295	30 — 30	59 68.5	一般结构件,如散热器、螺钉、支架等

续表

组别	代号或牌号	化学成分 w(Cu)	化学成分 w	力学性能 σ_b/MPa	力学性能 δ/(%)	力学性能 HBS	主要用途
特殊黄铜	HSn62-1	61.0~63.0	0.7~1.1(Sn) 余量 Zn	249 — 392	35 — 5	—	与海水和汽油接触的船舶零件(又称海军黄铜)
特殊黄铜	HSi80-3	79.0~81.0	2.5~4.5(Si) 余量 Zn	300 — 350	15 — 20	—	船舶零件,在海水、淡水和蒸汽(<265℃)条件下工作的零件
特殊黄铜	HMn58-2	57.0~60.0	1.0~2.0(Mn) 余量 Zn	382 — 588	30 — 3	—	易于热压力加工,用于腐蚀条件下工作的重要零件和弱电零用件
特殊黄铜	HPb59-1	57.0~60.0	0.8~1.9(Pb) 余量 Zn	343 — 441	25 — 5	—	热冲压及切削加工零件,如销钉、螺钉、螺母、轴套(又称易削黄铜)
特殊黄铜	ZCuZn40Mn3Fe1	53.0~58.0	3.0~4.0(Mn) 0.5~1.5(Fe) 余量 Zn	440 — 490	18 — 15	98 — 108	轮廓不复杂的重要零件,海轮上在300℃以下工作的管配件、螺旋桨等大型铸件
特殊黄铜	ZCuZn25Al6Fe3Mn3	60.0~66.0	4.5~7(Al) 2~4(Fe) 1.5~4.0(Mn) 余量 Zn	725 — 745	7 — 7	166.5 — 166.5	适用于高强度、耐磨零件,如压紧螺母、重型蜗杆、轴承、衬套

(b) 青铜

ⓐ 锡青铜(以锡为主加元素的铜合金)。锡青铜是以锡为主加元素的铜合金,工业用锡青铜一般的含锡量为 $w(Sn)=3\%~14\%$。按生产方法,锡青铜可分为加工锡青铜和铸造锡青铜两类。

加工锡青铜的含锡量一般为 $w(Sn)<8\%$,适宜冷、热压力加工,通常加工成板、带、棒、管等型材使用。经加工硬化后,这类合金的强度、硬度显著提高,但塑性也下降很多。如硬化后再经去应力退火,则可在保持较高强度的情况下改善塑性,尤其是可获得高的弹性极限,这对弹性零件极为重要。加工锡青铜适宜制造仪器上要求耐蚀及耐磨的零件、弹性零件、抗磁零件以及机器中的轴承、轴套等。

铸造锡青铜其含锡、磷量一般均较加工锡青铜高,这使其具有良好的铸造性能,适于铸造形状复杂但致密度不高的铸件。这类合金是良好的减摩材料,并有一定的耐磨性,适宜制造机床中滑动轴承、蜗轮、齿轮等零件。又因其耐蚀性好,故也是制造蒸汽管、水管附件的良好材料。

ⓑ 铝青铜。它是以铝为主加元素的铜合金。通常铝的含量为 5%~11%。铝青铜和锡青铜、黄铜相比,具有更高的强度、抗蚀性及耐磨性,此外还有耐热性、耐寒性及冲击时不产生火花等特性。

铝青铜的价格低廉,性能优良,可作为价格昂贵的锡青铜的代用品,常用来制造强度及耐磨性要求较高的摩擦零件,如齿轮、蜗轮、轴套等,也用于制造仪器中要求耐蚀的零件和弹性元件。

ⓒ 铍青铜。它是以铍为主加元素(铍含量为1.7%～2.5%)的铜合金。由于铍在铜中的溶解度随温度变化很大,因而铍青铜具有很好的固溶时效强化效果,是时效强化效果极大的铜合金。经淬火之后,铍青铜可以获得很高的强度、硬度和弹性极限(σ_b=1 250～1 400 MPa,硬度为330～400 HBS,δ=2%～4%)。另外,铍青铜还有好的导热性、导电性、耐寒性、无磁性及撞击时不产生火花等特殊性能,在大气、海水中有较高的耐蚀性。如果经钠盐钝化,则耐蚀性可成倍提高,在低温F无脆性。但铍有毒,且铍青铜制造工艺复杂,价格昂贵,因而限制了它的使用。

铍青铜主要用来制作精密仪器、仪表中耐蚀和耐磨零件及防爆工具。一般铍青铜是以压力加工后淬火为供应状态,工厂制成零件后,只需进行时效处理即可。

常用青铜的牌号、成分、力学性能和用途如表1-2-30所示(摘自GB 2408—89、GB 1176—87、GB 2043—89、GB 5233—85、GB 4421—84)。

表1-2-30 常用青铜的牌号、成分、力学性能和用途

类别	牌号	制品种类	力学性能		主要特征	用途举例
			σ_b/MPa	δ/(%)		
压力加工锡青铜	QSn4-3	棒、带、板、线	350	40	有高的耐磨性和弹性,抗磁性良好,能很好地承受冷、热压力加工;在硬态下,切削性好,易焊接,在大气、淡水和海水中耐蚀性好	制作弹簧及其他弹性元件,化工设备上的耐蚀零件以及耐磨零件、抗磁零件、造纸工业用的刮刀
	QSn6.5-0.4	棒、带、板、线	750	9	锡磷青铜,性能用途和QSn6.5-0.1相似。因含磷量较高,其抗疲劳强度较高,弹性和耐磨性较好,但在热加工时有热脆性	除用作弹簧和耐磨零件外,主要用于造纸工业制作耐磨的铜网和载荷<980 MPa,圆周速度<3 m/s
	QSn4-4-2.5	带、板	650	3	含锌、铅,高的减磨性和良好的可切削性,易于焊接,在大气、淡水和海水中具有良好的耐蚀性	轴承、卷边轴套、衬套、圆盘以及衬套的内垫等
铸造锡青铜	ZCuSn10Zn2	砂型	240	12	耐蚀性、耐磨性和切削加工性能好,铸造性能好,铸件致密性较高,气密性较好	在中等及较高载荷和小滑动速度下工作的重要管配件及阀、泵体、齿轮、叶轮和蜗轮等
		金属型	245	6		
	ZCuSn10Pb1	砂型	200	3	硬度局、耐磨性极好,不易产生咬死现象,有较好的铸造性能和切削加工性能,在大气、淡水和海水中具有良好的耐蚀性	可用于高载荷和高滑动速度下工作的耐磨零件,如连杆衬套、轴瓦、齿轮、蜗轮等
		金属型	310	2		
	ZCuSn10Pb1	离心	330	4		

续表

类别	牌号	制品种类	力学性能 σ_b/MPa	δ/(%)	主要特征	用途举例
特殊锡青铜	QBe2	棒、带、板、线	500	3	含有少量镍,是力学、物理、化学综合性能良好的一种合金。经淬火时效后,具有高的强度、硬度、弹性、耐磨性、疲劳极限和耐热性,同时还具有高的导电性、导热性和耐寒性,无磁性,碰击时无火花,易于焊接,在大气、淡水和海水中耐蚀性较好	各种精密仪表、仪器中的弹簧和弹性元件,各种耐磨零件以及在高速、高压下工作的轴承、衬套、矿山和炼油厂用的冲击不产生火花的工具以及各种深冲零件
	ZCuPb30	金属型			有良好的自润滑性,易切削,铸造性能差,易产生比重偏折	要求高滑动速度的双金属轴瓦、减摩零件等
	ZCuAl10Fe3	砂型	490	13	高的强度,耐磨性和耐蚀性能好,可以焊接,但不易钎焊,大型铸件自 700 ℃空冷可防止变脆	强度高、耐磨、耐蚀的重型铸件,如轴套、螺母、蜗轮及 250 ℃以下管配件
		金属型	540	15		

(c) 白铜

通常以镍为主加元素铜镍合金成为普通白铜。由于铜、镍的晶格类型相同,在固态时能无限互溶,因而具有良好的塑性,还具有很好的耐蚀性、耐热性和特殊的电性能。因此,在精密机械零件制造领域极为常用。

特殊白铜是在普通白铜中加入锌、铝、铁、锰等合金元素组成的,根据主加元素的种类可分为锌白铜、铝白铜、铁白铜、锰白铜 4 种。合金元素的主要作用是改善白铜的力学性能、工艺性能和电热性能。

3. 滑动轴承合金

轴承合金是用来制造滑动轴承轴瓦及内衬的合金材料。当轴承支撑着轴进行工作时,轴瓦与轴之间必然会发生剧烈的摩擦,同时承受轴颈传递的交变载荷和冲击,如图 1-2-51 所示。滑动轴承承载面积大,运转平稳、无噪声,制造、维修及更换方便,所以是机床、汽车等机械中的重要零件。

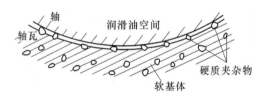

图 1-2-51 滑动轴承理想组织示意图

(1) 滑动轴承的性能要求

由于轴的价格较贵,更换困难,为了减少轴承对轴的摩擦,确保机器的正常运转,轴承合金应具备下列性能。

(a) 具有足够的抗拉强度和疲劳强度,可以承受轴颈所施加的载荷。

(b) 具有足够的塑性和韧性,以保证与轴颈的良好配合,并能承受一定的冲击与振动。

(c) 具有较小的膨胀系数和良好的导热性、耐蚀性,避免轴瓦与轴颈因强烈摩擦升温而发生咬合,并能抵抗润滑油的侵蚀。

(d) 摩擦系数小,并能保持住润滑油,以减少对轴颈的摩擦。具有良好的磨合能力,使载荷均匀分布。

(e) 具有适当的硬度,以减少轴的磨损。

(f) 加工工艺良好,铸造工艺良好,价格低廉。

(2) 常用滑动轴承

常用的轴承合金有铜基轴承合金、铅基轴承合金、锡基轴承合金和铝基轴承合金。

① 铜基轴承合金

铜基轴承合金主要分为锡青铜和铅青铜两大类。

(a) 锡青铜

常用的有 ZCuSn10P1 与 ZCuSn5Pb5Zn5 等。ZCuSn10P1 由软基体(α 固溶体)及硬质点(δ 相及化合物 Cu_3P)所构成。它的组织中存在较多的分散缩孔,有利于储存润滑油。这种合金能承受较大的载荷,广泛用于制造中等速度及承受较大的固定载荷的轴承,如电动机、泵、金属切削机床轴承。锡青铜可直接制成轴瓦,但与其配合的轴颈应具有较高的硬度(300～400 HBS)。

(b) 铅青铜

常用的是 ZCuPb30。铅青铜的显微组织由硬的基体(铜)和均匀分布在其上的软质点(铅)组成。与巴氏合金相比,它具有高的疲劳强度和承载能力、优良的耐磨性、导热性和低的摩擦系数,并可以在较高的温度(250 ℃)下正常工作,适合制造高负荷、高速度条件下工作的轴承,如航空发动机、高速柴油机及其他高速机器的主轴承。需要说明的是,虽然铅青铜属于硬基体软质点组织,但其强度较低,使用中也需挂衬,制成双金属轴承。

② 铅基轴承合金(铅基巴氏合金)

铅基轴承合金又称铅基巴氏合金,是以铅、锑为基的合金,是 Pb-Sb-Sn-Cu 系软基体硬质点合金。常用牌号为 ZPbSb16Sn16Cu2 表示 $w(Sb)=16\%$,$w(Sn)=16\%$,$w(Cu)=2\%$ 的铅基轴承合金。软基体 α+β 共晶体(α 是 Sb 溶入 Pb 中的固溶体,β 是 Pb 溶入 Sb 中的固溶体),硬质点为 β 相、SnSb 和 Cu_3Sn。该合金的强度、硬度、韧性、导热性和抗蚀性均低于锡基合金,而且摩擦系数较大,但该合金价格便宜,常用于制造承受中、低载荷的中速轴承,如汽车、拖拉机的曲轴、连杆轴承、冲床及电动机轴承等。

无论是锡基或是铅基合金,都不能承受大的压力,在使用中需将其镶铸在钢制的(一般用 08 钢冲压成型)轴瓦上,形成一层薄而均匀的内衬,才能发挥作用,这种工艺称为"挂衬"。

③ 锡基轴承合金(锡基巴氏合金)

锡基轴承合金又称锡基巴氏合金,是以锡为基体元素,加入锑、铜等元素组成的 Sn-Sb-Cu 系软基体硬质点合金。例如,ZSnSb12Pb10Cu4 表示 $w(Sb)=12\%$,$w(Pb)=10\%$,$w(Cu)=4\%$ 的锡基轴承合金。软基体是锑溶于锡的 α 固溶体,硬质点是以 SnSb 化合物为基的 β 固溶体。锡基轴承合金的热膨胀系数及摩擦系数小,具有良好的韧性、减摩性和导热性,还有良好的铸造性能和切削加工性。常用作重要的轴承,如发动机、压气机和汽轮机等巨型机器的高速轴承。其主要缺点是疲劳强度较低,工作温度不宜高于 150 ℃,且价格较高。

④ 铝基轴承合金

铝基轴承合金是一种新型减摩材料。常用的铝基轴承合金是以铝为基体元素,锡为主加元素所组成的合金。其组织是在硬基体(铝)不均匀分布着软质点(锡)。这类合金价格低廉、密度小、导热性好、疲劳强度高、耐蚀性好,但其膨胀系数大,易咬合。

常用的铝基轴承合金主要有铝锑镁轴承合金和铝锡轴承合金,其中高锡铝基轴承合金应用最广。高锡铝基轴承合金是以铝为基础,加入20%的锡和1%的铜所组成的合金。这种轴承合金适于制造重载荷作用下的高速发动机轴承,目前在汽车、内燃机车上推广使用。

工程中已逐步用铝基轴承合金代替巴氏合金和铜基轴承合金,目前使用的铝基轴承合金有 ZAlSn20Cu 和 ZAlSn6Cu1Ni1 两种。

表 1-2-31 各种轴承合金性能比较

牌号	熔化温度/℃	力学性能(不小于)			特点	用途举例
		σ_b/MPa	δ/(%)	HBS		
ZSnSb12Pb10Cu4	185			29	性软而韧,耐压,硬度较高,热强性较低,浇注性能差	一般中速中压发动机的主轴承,不适应于高温
ZSnSb11Cu6	241	90	6.0	27	应用较广,不含 Pb,硬度适中,减摩性和抗磨性较好,膨胀系数比其他巴氏合金都小,优良的导热性和耐蚀性,疲劳强度低,不宜浇注很薄且振动载荷大的轴承	重载、高速、<110 ℃的重要轴承,如 750 kW 以上电机,890 kW 以上快速行程柴油机,高速机床主轴的轴承和轴瓦
ZSnSb4Cu4	225	80	7.0	20	韧性为巴氏合金中最高者,与ZSnSb11Cu6 相比,强度、硬度较低	韧性高,浇注层较薄的重载荷高速轴承,如锅轮内燃机高速轴承
ZSnSb16Sn16Cu2	240	78	0.2	30	与 ZSnSb11Cu6 相比,摩擦系数较大,耐磨性和使用寿命不低,但冲击韧性低,不能承受冲击载荷,价格便宜	工作温度<120 ℃,无显著冲击载荷,重载高速轴承及轴衬
ZPbSb15Sn10	240	60	1.8	24	冲击韧性比上一合金高,摩擦系数大,但耐磨性好,经退火处理,其塑性、韧性、强度和减磨性均大大提高,硬度有所下降	承受中等冲击载荷,中速载荷机械的轴承,如汽车、拖拉机的曲轴和连杆轴承
ZPbSb15Sn5	248		0.2	20	与锡基 ZSnSb11Cu6 相比,耐压强度相当,塑性和导热性较差,在≤100 ℃冲击载荷较低的条件下,其使用寿命相近,属性能较好的铅基锡轴承合金	低速、轻压力条件下的机械轴承,如矿山水泵轴承、汽轮机、中等功率电机、空压机的轴承和轴衬

4. 粉末冶金材料

将金属粉末与金属或非金属粉末(或纤维)混合,经过成型、烧结等过程制成零件或材料的工艺方法称为"粉末冶金"。

(1) 粉末冶金材料工艺简介

粉末冶金的生产工艺过程为:制粉→筛分、混合→压制成型→烧结→后处理→成品。

(a) 制粉。粉末的制备可采用机械破碎法、电解法、氧化物还原法和熔融金属气流粉碎法等,如用球磨机粉碎金属原料、压缩空气流粉碎熔融金属等。

(b) 筛分、混合。目的是使粉末原料中的各组元粗细、混合均匀化。在硬质合金的生产中,常在粉末原料中加入液体以进行湿混。同时,为了改善粉末原料的可塑性和成型性,可在粉末原料中加入增塑剂,如石蜡等。

(c) 压制成型。将混合均匀的松散粉末原料装入模具中,在压力机上成型。

(d) 烧结。将压制成型后的压坯放入真空炉或保护性气氛的高温炉中进行烧结,使粉末中的间隙消除,密度增大,成为具有一定力学性能和物理性能的整体。

(e) 后处理。烧结后的粉末冶金制品可直接使用。当要求高时,还可进行精压、切削加工、浸渍或热处理等。

使用粉末冶金法可使压制品达到或极接近零件的形状、尺寸和表面粗糙度,从而实现无切削或少切削加工,使生产率和材料利用率显著提高,故粉末冶金法是比较经济的加工方法。

(2) 粉末冶金的优越性及应用

粉末冶金法具有成材率高,可加工高熔点材料,生产效率高,适合制作金属基复合材料多孔材料等优越性。

(a) 成材率高,例如,制作齿轮,一般的插齿、滚齿等机加工都要切掉大量材料,粉末冶金则不会。

(b) 可加工高熔点材料,钨、钼几乎全都是用粉末冶金方法生产的,因为其熔点太高,难以熔炼。

(c) 生产效率高,因为不需要机加工即可制作出复杂形状。多用于小尺寸零件。

(d) 适合制作金属基复合材料、多孔材料。例如钨,铜复合材料,自润滑轴承。

(3) 硬质合金

① 硬质合金的性能特点

(a) 硬度高,红硬性好,耐磨性好。在常温下,硬质合金的硬度可达 86~93 HRA,红硬性可达 900~1 000 ℃。作为切削刀具使用时,其切削速度、耐磨性与寿命都比高速钢刀有显著提高。

(b) 抗压强度高。硬质合金的抗压强度可达 6 000 MPa,但抗弯强度较低,只有高速钢的 1/3~1/2 左右。硬质合金的弹性模量很高,约为高速钢的 2~3 倍。

(c) 良好的导热性、耐蚀性和抗氧化性。硬质合金具有良好的抗大气、酸、碱腐蚀能力和抗氧化性。

(d) 硬质合金的韧性差。

② 常用硬质合金

常用硬质合金按成分与性能特点可分为 3 类,其代号、主要成分及性能如表 1-2-32 所示。

(a) 钨钴类硬质合金。此类硬质合金的化学成分为碳化钨和钴。其代号用"硬"、"钴"两字的汉语拼音的字首"YG"加钴含量的百分数表示。例如,YG6 表示钨钴类硬质合金,

$w(Co)=6\%$，其余为碳化钨的硬质合金。

表 1-2-32 常用硬质合金的代号、成分和性能（摘自 YB/T 400—94）

类别	代号	化学成分/(%)				力学性能		用途举例
		$w(WC)$	$w(TiC)$	$w(TaC)$	$w(Co)$	硬度 HRA ($\geqslant$)	抗弯硬度/MPa ($\geqslant$)	
钨钴类合金	YG3X	96.5	—	<0.5	3	91.5	1 100	加上脆性材料（如铸铁等）
	YG6	94	—	—	6	89.5	1 450	
	YG6X	93.5	—	<0.5	6	91	1 400	
	YG8	92	—	—	8	89	1 500	
	YG8C	92	—	—	8	88	1 750	
	YG11C	89	—	—	11	86.5	2 100	
	YG15	85	—	—	15	87	2 100	
	YG20C	80	—	—	20	82～84	2 200	
	YG6A	91	—	3	6	91.5	1 400	
	YG8A	91	—	<1.0	8	89.5	1 500	
钨钴钛合金	YT5	85	5	—	10	89	1 400	加工塑性材料（如钢等）
	YT15	79	15	—	6	91	1 150	
	YT30	66	30	—		92.5	900	
通用合金	YW1	84	6	4	4	91.5	1 200	切削各种钢材
	YW2	82	6	4	86	90.5	1 300	

（b）钨钴钛类硬质合金。此类硬质合金的化学成分为碳化钨、碳化钛和钴。其代号为"硬"、"钛"两字的汉语拼音字首"YT"加碳化钛含量的百分数表示。例如，YT15 表示 $w(TiC)=15\%$，余量为碳化钨和钴的钨钴钛类硬质合金。

（c）通用硬质合金。此类硬质合金以碳化钽（TaC）或碳化铌（NbC）取代 YT 类合金中的一部分碳化钛（TiC）。在硬度不变的情况下，取代的数量越多，合金的抗弯强度越高。它适宜于切削各种钢材，特别是对于不锈钢、耐热钢和高锰钢等难以加工的钢材，切削效果更好。它也可代替 YG 类合金切削脆性材料，但效果并不比 YG 类合金效果好。通用硬质合金又称"万能硬质合金"，其代号用"硬"、"万"两字的汉语拼音字首"YW"加顺序号表示。

此外，用粉末冶金法还生产出了另一种新型工模具材料——钢结硬质合金。其主要化学成分是碳化钛或碳化钨以及合金钢粉末（需用质量分数为 50%～60% 铬钼钢或高速钢作粘结剂）。它与钢一样可以进行锻造、热处理、焊接和切削加工。经淬火加低温回火后，硬度可达 70 HRC，具有高耐磨性、抗氧化性及耐蚀性等优点。用作刃具时，寿命大大超过合金工具钢，与 YG 类硬质合金近似；用作高负荷冷冲模时，由于具有比其他类硬质合金较高的韧性，寿命比 YG 类提高很多倍。

1.2.6 工程材料的选用

在机械制造中，为生产出质量高、成本低的机械或零件，必须从结构设计、材料选择、毛坯制造及切削加工等方面进行全面考虑，才能达到预期的效果。合理选材是其中的一个重要因素。

要做到合理选用材料，就必须全面分析零件的工作条件、受力性质和大小，以及失效形式，然后综合各种因素，提出能满足零件工作条件的性能要求，再选择合适的材料并进行相应的热处理以满足性能要求。因此,零件材料的选用是一个复杂而重要的工作,须全面综合考虑。

1.2.6.1 零件的失效

1. 失效及其形式

零件的失效是指零件严重烧伤,完全破坏,丧失使用价值,或继续工作不安全,或虽能安全的工作,但不能保证工作精度或达不到预期功效。例如,齿轮在工作过程中磨损而不能正常啮合及传递动力;主轴在工作过程中变形而失去精度;弹簧因疲劳或受力过大而失去弹性等,均属失效。

零件的失效,尤其是无明显预兆的失效,往往会带来巨大的危害,甚至造成严重事故。因此,对零件失效进行分析,查出失效原因,提出防止措施是十分重要的。通过失效分析,能对改进零件结构设计、修正加工工艺、更换材料等提出可靠依据。

一般零件或工模具的失效形式主要有以下 3 种基本形式。

(1) 断裂失效

这是指零件完全断裂而无法工作的失效。例如,钢丝绳在吊运中的断裂。断裂方式有塑性断裂、疲劳断裂、蠕变断裂、低应力脆性断裂等。

(2) 过量变形失效

这是指零件变形量超过允许范围而造成的失效。过量变形失效主要有过量弹性变形失效和过量塑性变形失效。例如,高温下工作的螺栓发生松弛,就是过量弹性变形转化为塑性变形而造成的失效。

(3) 表面损伤失效

这是指零件在工作中,因机械和化学作用,使其表面损伤而造成的失效。表面损伤失效主要有表面磨损失效、表面腐蚀失效、表面疲劳失效。例如,齿轮经长期工作轮齿表面被磨损,而使精度降低的现象,即属表面损伤失效。

同一零件可能有几种失效形式,但往往不可能几种形式同时起作用,其中必然有一种起决定性作用。例如,齿轮失效形式可能是轮齿折断、齿面磨损、齿面点蚀、硬化层剥落或齿面过量塑性变形等。在上述失效形式中,究竟以哪一种为主,应具体分析。

2. 失效原因

零件失效的原因很多,主要应从方案设计、材料选择、加工工艺、安装使用等方面来考虑。

(1) 设计不合理

零件结构形状、尺寸等设计不合理,对零件工作条件(如受力性质和大小、温度及环境等)估计不足或判断有误,安全系数过小等,均使零件的性能满足不了工作性能要求而失效。

(2) 选材不合理

选择的材料性不能满足零件工作条件要求,所选材料质量差,如含有过量的夹杂物、杂质元素及成分不合格等,这些都容易使零件造成失效。

(3) 加工工艺不当

零件或毛坯在加工和成形过程中,由于工艺方法、工艺参数不正确等,常会出现某些缺陷,导致失效。

(4) 安装使用不正确

机器在装配和安装过程中,不符合技术要求;使用中不按工艺规程操作和维修,保养不善或过载使用等,均会造成失效。

分析零件失效原因是一项复杂、细致的工作,其合理的工作程序是:仔细收集失效零件的残体;详细整理失效零件的设计资料、加工工艺文件及使用、维修记录;对失效零件进行断口分析或必要的金相剖面分析,找出失效起源部位和确定失效形式,测定失效件的必要性能判据、材料成分和组织,检查内部是否有缺陷,有时还要进行模拟试验。最后,对上述分析资料进行综合,确定失效原因,提出改进措施,写出分析报告。

1.2.6.2 选材的原则、方法和步骤

1. 选材的原则

选材的原则首先是要满足使用性能要求,然后再考虑工艺性和经济性原则。

(1) 使用性原则

使用性原则是指所选用的材料制成零件后,能否保证其使用性能要求。不同零件所要求的使用性能是不同的。因此,选材时首要任务是准确判断出零件所要求的主要使用性能。

① 分析零件工作条件,提出使用性能要求

在分析零件工作条件和失效的基础上,对所用材料的性能要求。工作条件是指零件功用;受力性质和大小(如拉、压、弯、扭或其组合,静载、动载和交变载荷等);运动形式和速度;温度、介质等环境状况;电、热、磁作用等特殊状况。若材料性能不能满足零件工作条件时,零件就不能正常工作或早期失效。一般,零件的使用性能主要是指材料的力学性能,其性能参数与零件尺寸参数、形状相配合,即构成零件的承载能力。零件工作条件不同、失效形式不同,其力学性能判据要求也不同。

对高分子材料,还应考虑在使用时,温度、光、氧、水、油等周围环境对其性能的影响。

② 常用力学性能判据在选材中的意义

(a) 强度判据 $\sigma_s(\sigma_{r0.2})$ 和疲劳强度 σ_{-1}。比较直观,可直接用于定量设计计算。σ_s 可直接用于承受拉、压或剪切零件的计算。对于承受弯、扭的零件,其心部的 σ_s 不应要求过高,但要求有一定的有效淬硬层深度。对表面强化件,其心部 σ_s 值应视失效形式而定。易发生脆断的零件,应当降低 σ_s 值,以利于提高塑性;易在过渡层或热影响区产生裂纹的零件,应适当提高 σ_s 值。

σ_b 可用于脆性材料或对承载简单的一般零件的计算,也可用来估算材料的 σ_{-1},例如,对 $\sigma_b \leqslant 1\,400$ MPa 的淬火钢,其 $\sigma_{-1} \approx 0.5\sigma_b$。

σ_s/σ_b 屈强比越高,材料强度的利用率越高,但变形强化量小,过载断裂危险性大。对碳素结构钢,$\sigma_s/\sigma_b = 0.5 \sim 0.6$,对合金结构钢 $\sigma_s/\sigma_b = 0.65 \sim 0.85$。

(b) 塑性和韧性判据一般不直接用于设计计算。较高的 δ 和 ψ 值能削减零件应力集中处的应力峰值,从而提高零件的承载能力和抗脆断能力,但由于是在单向拉伸状态下测得的判据,故其应用尚有局限性。A_K 值的实质是表征在冲击力和复杂应力状态下材料的塑性,它对材料的组织和缺陷,以及使用温度非常敏感,是判断材料脆断抗力的重要判据。

(c) 硬度与强度之间存在一定关系,而强度又与其他力学性能存在一定关系,因而可通过硬度来定性判断零件的 σ_b、δ、A_K、δ_{-1}。而且,测定硬度的方法简便,又不损坏零件,但要直接测定零件的其他力学性能数值就很困难,所以在零件图样上一般只标出所要求的硬度值,来综合体现零件所要求的全部力学性能。例如,钢的 σ_b 与 HBS 的比值约 0.35;耐磨性与硬度成正比;在一定范围内,提高硬度可提高接触疲劳强度;构成摩擦副的两零件间保持一定的硬度差,可提高耐磨性。

确定硬度值时,可根据零件工作条件、结构特点、失效形式,先确定材料应有的强度(考虑 δ 和 A_K),再将其折算成硬度值。对承载均匀、结构无应力集中处,可取较高硬度值;有应力集中的零件,塑性要高,硬度值应适当;对精密件,为提高耐磨性,保持高精度,硬度值要大些。

③ 选用材料性能判据数值时应注意的问题

各种材料的力学性能判据数值,一般可从手册中查到,但具体选用时应注意以下几点。

(a) 同种材料,若采用不同工艺,其性能判据数值不同。例如,同种材料采用锻压成形比用铸造成形强度高;采用调质比用正火的力学性能沿截面分布更均匀。

(b) 由手册查到的性能判据数值都是小尺寸的光滑试样或标准试样,在规定载荷下测定的。实践证明,这些数据不能直接代表材料制成零件后的性能。因为实际使用的零件尺寸往往较大,尺寸增大后零件上存在缺陷的可能性增加(如孔洞、夹杂物、表面损伤等)。此外,零件在使用中所承受的载荷一般是复杂的,零件形状、加工面粗糙度值也与标准试样有较大差异,故实际使用的数据一般随零件尺寸增大而减小。

(c) 因各种原因,实际零件材料的化学成分与试样的化学成分会有一定偏差,热处理工艺参数也会有偏差。这些均可能导致零件性能判据的波动。

(d) 因测试条件不同,测定的性能判据数值会产生一定的变化。

综合上述具体情况,应对手册数据进行修正。在可能的条件下,尤其是对大量生产的重要零件,可用零件实物进行强度和寿命的模拟试验,为选材提供可靠数据。

(2) 工艺性原则

工艺性原则是指所选用的材料能否保证顺利地加工制造成零件。例如,某些材料仅从零件的使用要求来考虑是合适的,但无法加工制造,或加工困难,制造成本高,这些均属于工艺性不好。因此,工艺性好坏,对零件加工难易程度、生产率、生产成本等影响很大。

材料的工艺性能按加工方法不同,分为以下几种。

① 铸造性能。常用流动性、收缩等来综合评定。不同材料铸造性能不同,铸造铝合金、铸造铜合金的铸造性能优于铸铁和铸钢,铸铁优于铸钢。铸铁中,灰铸铁的铸造性能最好。同种材料中成分靠近共晶点的合金铸造性能最好。

② 锻压性能。常用塑性和变形抗力来综合评定。塑性好,则易成形,加工面质量好,不易产生裂纹;变形抗力小,变形功小,金属易于充满模膛,不易产生缺陷。一般,碳钢比合金钢锻压性能好,低碳钢的锻压性能优于高碳钢。

③ 焊接性能。常用碳当量 $w(C)$ 来评定。$w(C)<0.4\%$ 的材料,不易产生裂纹、气孔等缺陷,且焊接工艺简单,焊缝质量好。低碳钢和低合金高强度结构钢焊接性能良好,碳与合金元素含量越高,焊接性能越差。

④ 切削加工性能。常用允许的最高切削速度、切削力大小、加工面 Ra 值大小、断屑难易程度和刀具磨损来综合评定。一般,材料硬度值在 170~230 HBS 范围内,切削加工性好。

⑤ 热处理工艺性能。常用淬透性、淬硬性、变形开裂倾向、耐回火性和氧化脱碳倾向评定。一般,碳钢的淬透性差,强度较低,加热时易过热,淬火时易变形开裂,而合金钢的淬透性优于碳钢。

高分子材料成形工艺简便,切削加工性能较好,但导热性差,不耐高温,易老化。

(3) 经济性原则

经济性原则是指所选用的材料加工成零件后能否做到价格便宜,成本低廉。在满足前面两条原则的前提下,应尽量降低零件的总成本,以提高经济效益。零件总成本包括材料本身价格、加工费、管理费等,有时还包括运输费和安装费。

碳钢、铸铁价格较低,加工方便,在满足使用性能前提下,应尽量选用。低合金高强度结构钢价格低于合金钢。有色金属、铬镍不锈钢、高速工具钢价格高,应尽量少用。应尽量使用简单设备、减少加工工序数量、采用少切削无切削加工等措施,以降低加工费用。

对于某些重要、精密、加工过程复杂的零件和使用周期长的工模具,选材时不能单纯考虑材料本身价格,而应注意制件质量和使用寿命。此时,采用价格较高的合金钢或硬质合金代替碳钢,从长远观点看,因其使用寿命长、维修保养费用少,总成本反而降低。

此外,所选材料应立足于国内和货源较近的地区,并应尽量减少所用材料的品种规格,以便简化采购、运输、保管与生产管理等工作;所选材料应满足环境保护方面的要求,尽量减少污染。还要考虑到产品报废后,所用材料能否重新回收利用等问题。

2. 选材的方法与步骤

(1) 选材的方法

大多数零件是在多种应力作用下工作的,而每个零件的受力情况,又因其工作条件的不同而不同。因此,应根据零件的工作条件,找出其最主要的性能要求,以此作为选材的主要依据。

① 以综合力学性能为主时的选材。承受冲击力和循环载荷的零件,如连杆、锤杆、锻模等,其主要失效形式是过量变形写疲劳断裂。对这类零件的性能要求主要是综合力学性能要好(σ_b、σ_{-1}、δ、A_K较高),根据零件的受力和尺寸大小,常选用中碳钢或中碳的合金钢,并进行调质或正火。

② 以疲劳强度为主时的选材。疲劳破坏是零件在交变应力作用下最常见的破坏形式,如发动机曲轴、齿轮、弹簧及滚动轴承等零件的失效,大多数是由疲劳破坏引起的。这类零件的选材,应主要考虑疲劳强度。

应力集中是导致疲劳破坏的重要原因。实践证明,材料强度越高,疲劳强度也越高;在强度相同时,调质后的组织比退火、正火后的组织具有更好的塑性和韧性,且对应力集中、敏感性小,具有较高的疲劳强度。因此,对受力较大的零件应选用淬透性较高的材料,以便进行调质处理;对材料表面进行强化处理,且强化层深度应足够大,也可有效地提高疲劳强度。

③ 以磨损为主时的选材。根据零件工作条件不同,可分两种情况。

(a) 磨损较大,受力较小的零件和各种量具,如钻套、顶尖等,可选用高碳钢或高碳的合金钢,并进行淬火和低温回火,获得高硬度回火马氏体和碳化物组织,能满足要求。

(b) 同时受磨损和交变应力作用的零件,为使其耐磨并具有较高的疲劳强度,应选用能进行表面淬火或渗碳或渗氮等的钢材,经热处理后使零件"外硬内韧",既耐磨又能承受冲击。例如,机床中重要的齿轮和主轴,应选用中碳钢或中碳的合金钢,经正火或调质后再进行表面淬火,获得较好的综合力学性能;对于承受大冲击力和要求耐磨性高的汽车、拖拉机变速齿轮,应选用低碳钢经渗碳后淬火、低温回火,使表面获得高硬度的高碳马氏体和碳化物组织,耐磨性高。心部是低碳马氏体,强度高,塑性和韧性好,能承受冲击。

要求硬度、耐磨性更高以及热处理变形小的精密零件,如高精度磨床主轴及镗床主轴等,常选用氮化用钢进行渗氮处理。

(2) 选材的步骤

① 分析零件的工作条件及失效形式,确定零件的性能要求(使用性能和工艺性能)。一般,主要考虑力学性能,特殊情况还应考虑物理、化学性能。

② 对同类零件的用材情况进行调查研究,可从其使用性能、原材料供应和加工等方面分析选材是否合理,以此作为选材的参考。

③ 从确定的零件性能要求中,找出最关键的性能要求。然后通过力学计算或试验等方法,确定零件应具有的力学性能判据或理化性能指标。

④ 合理选择材料。所选材料除应满足零件的使用性能和工艺性能要求外,还要能适应高效加工和组织现代化生产。

⑤ 确定热处理方法或其他强化方法。

⑥ 审核所选材料的经济性(包括材料费、加工费、使用寿命等)。

⑦ 关键零件投产前应对所选材料进行试验,以验证所选材料与热处理方法能否达到各项性能判据要求,冷热加工有无困难。当试验结果基本满意后,可小批投产。

对于不重要零件或某些单件、小批生产的非标准设备,以及维修中所用的材料,若对材料选用和热处理都有成熟资料和经验时,可不进行试验和试制。

1.2.6.3 典型零件与工具材料的选用

1. 齿轮类零件的选材

(1) 齿轮的工作条件及失效形式

齿轮主要用于传递转矩、换挡或改变运动方向,有的齿轮仅用来传递运动或起分度定位作用。齿轮种类多、用途广、工作条件复杂,但大多数重要齿轮仍有共同的特点。

① 工作条件。通过齿面接触传递动力,在齿面啮合处既有滚动,又有滑动。接触处要承受较大的接触压应力与强烈的摩擦和磨损;齿根承受较大的交变弯曲应力;由于换挡、启动或啮合不良,齿轮会受到冲击力;因加工、安装不当或齿、轴变形等引起的齿面接触不良,以及外来灰尘、金属屑末等硬质微粒的侵入,都会产生附加载荷和使工作条件恶化。因此,齿轮的工作条件和受力情况是较复杂的。

② 失效形式。齿轮的失效形式是多种多样的,主要有:轮齿折断(疲劳断裂、冲击过载断裂)、齿面损伤(齿面磨损、齿面疲劳剥落)和过量塑性变形等。

(2) 常用齿轮材料

① 对齿轮材料性能的要求。根据齿轮工作条件和失效形式,齿轮材料应具备下列性能。

良好的切削加工性能,以保证所要求的精度和表面粗糙度值;热处理后具有高的接触疲劳强度、弯曲疲劳强度、表面硬度和耐磨性,适当的心部强度和足够的韧性,以及最小的淬火变形;材质纯净,断面经侵蚀后不得有肉眼可见的孔隙、气泡、裂纹、非金属夹杂物和白点等缺陷,其缩松和夹杂物等级应符合有关材料规定的要求;价格适宜,材料来源广。

② 常用材料及热处理少常用齿轮材料主要有以下几种。

(a) 锻钢。锻钢应用最广泛,通常重要用途的齿轮大多采用锻钢制作。对于低、中速和受力不大的中、小型传动齿轮,常采用 Q275 钢、40 钢、40Cr 钢、45 钢、40MnB 钢等。这些钢制成的齿轮,经调质或正火后再进行精加工,然后表面淬火、低温回火。因其表面硬度不很高,心部韧性又不高,故不能承受大的冲击力;对于高速、耐强烈冲击的重载齿轮,常采用 20 钢、20Cr 钢、20CrMnTi 钢、20MnVB 钢、18Cr2Ni4WA 钢等。这些钢制成的齿轮,经渗碳并淬火、低温回火后,使齿面具有很高的硬度和耐磨性,心部有足够的韧性和强度。保证齿面接触疲劳强度高,齿根抗弯强度和心部抗冲击能力均比表面淬火的齿轮高。

(b) 铸钢。对于一些直径较大($\phi > 400 \sim 600$ mm),形状复杂的齿轮毛坯,当用锻造方法难以成形时,可采用铸钢制作。常用的铸钢有 ZG270-500、ZG310-570 等。铸钢齿轮在机械加工前应进行正火,以消除铸造应力和硬度不均,改善切削加工性能;机械加工后,一般进行表面淬火。而对于性能要求不高、转速较低的铸钢齿轮通常不需淬火。

(c) 铸铁。对于一些轻载、低速、不受冲击、精度和结构紧凑要求不高的不重要齿轮,常采用灰铸铁 HT200、HT250、HT300 等。铸铁齿轮一般在铸造后进行去应力退火、正火或机械加工后表面淬火。灰铸铁齿轮多用于开式传动。近年来在闭式传动中,采用球墨铸铁 QT600-3、QT500-7 代替铸钢制造齿轮的趋势越来越大。

(d) 有色金属。在仪器、仪表中,以及在某些接触腐蚀介质中工作的轻载齿轮,常采用耐蚀、耐磨的有色金属,如黄铜、铝青铜、锡青铜和硅青铜等制造。

(e) 非金属材料。受力不大,以及在无润滑条件下工作的小型齿轮(如仪器、仪表齿轮),可用尼龙、ABS、聚甲醛等非金属材料制造。

此外,选材时还应注意:对某些高速、重载或齿面相对滑动速度较大的齿轮,为防止齿面咬合,并且使相啮合的两齿轮磨损均匀,使用寿命相近,大、小齿轮应选用不同的材料。小齿轮材料应比大齿轮好些,硬度比大齿轮高些。

表 1-2-33 是推荐使用的一般齿轮材料和热处理方法,供选用时参考。

表 1-2-33 常用的一般齿轮材料和热处理方法

传动方式	工作条件		小齿轮			大齿轮		
	速度	载荷	材料	热处理	硬度	材料	热处理	硬度
开式传动	低速	轻载、无冲击、不重要的传动	Q255	正火	150～180 HBS	HT200		170～230 HBS
						HT250		170～240 HBS
		轻载、冲击小				QT500-5		170～207 HBS
						QT600-3		197～269 HBS
闭式传动	低速	中载	45	正火	170～200 HBS	35	正火	150～180 HBS
			ZG310-570	调质	200～250 HBS	ZG270-500	调质	190～230 HBS
		重载	45	整体淬火	38～48 HRC	35,ZG270-500	整体淬火	35～40 HRC
	中速	中载	45	调质	220～250 HBS	35,ZG270-500	调质	190～230 HBS
			45	整体淬火	38～48 HRC	35	整体淬火	35～40 HRC
			40Cr 40MnB 40MnVB	调质	220～280 HBS	45,50	调质	220～250 HBS
						ZG70-500	正火	180～230 HBS
						35,40	调质	190～230 HBS
		重载	45	整体淬火	38～48 HRC	35	整体淬火	35～40 HRC
			45	表面淬火	45～50 HRC	45	调质	220～250 HBS
			40Cr 40MnB 40MnVB	整体淬火	35～42 HRC	35,40	整体淬火	35～40 HRC
				表面淬火	52～56 HRC	45,50	表面淬火	45～50 HRC
	高速	中载、无猛烈冲击	40Cr 40MnB 40MnVB	整体淬火	35～42 HRC	35,40	整体淬火	35～40 HRC
				表面淬火	52～56 HRC	45,50	表面淬火	45～50 HRC
		中载、有冲击	20Cr 20Mn2B 20MnVB 20CrMnTi	渗碳、淬火	56～62 HRC	ZG310-570	正火	160～210 HBS
						35	调质	190～230 HBS
						20Cr 20MnVB	渗碳、淬火	56～62 HRC

注:开式传动时齿轮完全裸露;闭式传动时齿轮封闭在刚性的箱壳中,安装准确。

(3) 齿轮选材示例

① 机床齿轮。机床中的齿轮主要用来传递动力和改变速度。一般,受力不大、运动平稳,工作条件较好,对轮齿的耐磨性及抗冲击性要求不高。常选用中碳钢制造,为提高淬透性,也可选用中碳的合金钢,经高频淬火,虽然耐磨性和抗冲击性比渗碳钢齿轮差,但能满足要求,且

高频感应淬火变形小,生产率高。

(a) 金属齿轮。图 1-2-52 是卧式车床主轴箱中三联滑动齿轮,该齿轮主要是用来传递动力并改变转速。通过拨动主轴箱外手柄使齿轮在轴上滑移,利用与不同齿数的齿轮啮合,可得到不同转速。该齿轮受力不大,在变速滑移过程中,同与其相啮合的齿轮有碰撞,但冲击力不大,转动过程平稳,故可选用中碳钢制造。但考虑到齿轮较厚,为提高淬透性,选用合金调质钢 40Cr 更好,其加工工艺过程如下:

下料→锻造→正火→粗加工→调质→精加工→轮齿高频感应淬火及回火→精磨

正火是锻造齿轮毛坯必要的热处理,它可消除锻造应力,均匀组织,使同批坯料硬度相同,利于切削加工,改善轮齿表面加工质量。一般,齿轮正火可作为高频感应淬火前的预备热处理。

调质可使齿轮具有较高的综合力学性能,改善齿轮心部强度和韧性,使齿轮能承受较大的弯曲应力和冲击力,并可减小淬火变形。

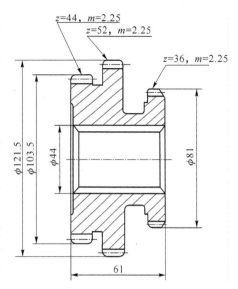

图 1-2-52 卧式车床主轴箱中
滑动齿轮简图(其他参数从略)
m:模数,z:齿数

高频感应淬火及低温回火是决定齿轮表面性能的关键工序。高频感应淬火可提高轮齿表面的硬度和耐磨性,并使轮齿表面具有残留压应力,从而提高抗疲劳的能力。低温回火是为了消除淬火应力,防止产生磨削裂纹和提高抗冲击能力。

(b) 塑料齿轮。某卧式车床进给机构的传动齿轮(模数 2、齿数 55、压力角 20°、齿宽 15 mm),原采用 45 钢制造,现改为聚甲醛或单体浇铸尼龙,工作时传动平稳,噪声小,长期使用无损坏,且磨损很小。

某万能磨床油泵中圆柱齿轮(模数 3、齿数 14、压力角 20°、齿宽 24 mm),受力较大,转速高(1 440 r/min)。原采用 40 Cr 钢制造,在油中运转,连续工作时油压约 1.5 MPa(15 kgf/cm^2)。现改用单体浇铸尼龙或氯化聚醚,注射成全塑料结构的圆柱齿轮,经长期使用无损坏现象,且噪声小,油泵压力稳定。

② 汽车、拖拉机齿轮。汽车、拖拉机齿轮主要安装在变速箱和差速器中。在变速箱中齿轮用于传递转矩和改变传动速比。在差速器中齿轮用来增加转矩并调节左右两车轮的转速,将动力传到驱动轮,推动汽车、拖拉机运行,这类齿轮受力较大,受冲击频繁,工作条件比机床齿轮复杂。因此,对耐磨性、疲劳强度、心部强度和韧性等要求比机床齿轮高。实践证明,选用低碳钢或低碳的合金钢经渗碳、淬火和低温回火后使用最为适宜。

图 1-2-53 是载重汽车(承载质量 8 t)变速箱中齿轮。该齿轮工作中承受重载和大的冲击力,故要求齿面硬度和耐磨性高,为防止在冲击力作用下轮齿折断,故要求齿的心部强度和韧性高。为满足上述性能要求,可选用低碳钢经渗碳、淬火和低温回火处理。但从工艺性能考虑,为提高淬透性,并在渗碳过程中不使晶粒粗大,以便于渗碳后直接淬火,应选用合金渗碳钢(20CrMnTi 钢)。该齿轮加工工艺过程如下:

下料→锻造→正火→粗、半精加工→渗碳→淬火及低温回火→喷丸→校正花键孔→精磨齿

正火是为了均匀和细化组织,消除锻造应力,改善切削加工性。渗碳后淬火及低温回火是

使齿面具有高硬度(58~62 HRC)及耐磨性,心部硬度可达 30~45 HRC,并有足够强度和韧性。喷丸可增大渗碳表层的压应力,提高疲劳强度,并可清除氧化皮。

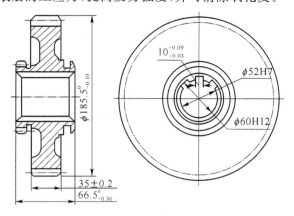

图 1-2-53　载重汽车变速齿轮简图(其他参数从略)

2. 轴类零件的选材

(1) 轴类零件工作条件及失效形式

轴是机械中重要的零件之一,主要用于支承传动零件(如齿轮、凸轮等)、传递运动和动力。轴类零件工作时主要承受弯曲应力、扭转应力或拉压应力,有相对运动的表面其摩擦和磨损较大,多数轴类零件还承受一定的冲击力,若刚度不够会产生弯曲变形和扭曲变形。由此可见,轴类零件受力情况相当复杂。

轴类零件的失效形式有:疲劳断裂、过量变形和过度磨损等。

(2) 常用轴类零件材料

① 对轴类零件材料性能的要求。根据工作条件和失效形式,轴类零件材料应具备以下性能。

足够的强度、刚度、塑性和一定的韧性;高的硬度和耐磨性;高的疲劳强度,对应力集中敏感性小;足够的淬透性,淬火变形小;良好的切削加工性;价格低廉。对特殊环境下工作的轴,还应具有特殊性能,如高温下工作的轴,抗蠕变性能要好;在腐蚀性介质中工作的轴,要求耐蚀性好等。

② 常用轴类材料及热处理。常用轴类材料主要是经锻造或轧制的低、中碳钢或中碳的合金钢。

常用牌号是 35 钢、40 钢、45 钢、50 钢等,其中 45 钢应用最广。为改善力学性能,这类钢一般均应进行正火、调质或表面淬火。对于受力小或不重要的轴,可采用 Q235 钢、Q275 钢等。

当受力较大并要求限制轴的外形、尺寸和重量,或要求提高轴颈的耐磨性时,可采用 20Cr 钢、40Cr 钢、40CrNi 钢、20CrMnTi 钢、40MnB 钢等,并辅以相应的热处理才能充分发挥其作用。

近年来越来越多的采用球墨铸铁和高强度灰铸铁作为轴的材料,尤其是作曲轴材料。

轴类零件选材原则主要是根据承载性质及大小、转速高低、精度和粗糙度要求,以及有无冲击、轴承种类等综合考虑。例如,主要承受弯曲、扭转的轴(如机床主轴、曲轴、变速箱传动轴等),因整个截面受力不均,表面应力大,心部应力小,故不需要选用淬透性很高的材料,常选用 45 钢、40Cr 钢、40MnB 钢等;同时承受弯曲、扭转及拉、压应力的轴(如锤杆、船用推进器轴等),因轴整个截面应力分布均匀,心部受力也大,应选用淬透性较高的材料;主要要求刚性好的轴,可选用碳钢或球墨铸铁等材料;要求轴颈处耐磨的轴,常选用中碳钢经表面淬火,将硬度提高到 52 HRC 以上。

(3) 轴类零件选材示例

① 机床主轴,图 1-2-54 为 C6132 卧式车床主轴,该轴工作时受弯曲和扭转应力作用,但承受的应力和冲击力不大,运转较平稳,工作条件较好。锥孔、外圆锥面,工作时与顶尖、卡盘有相对摩擦;花键部位与齿轮有相对滑动,故要求这些部位有较高的硬度与耐磨性。该主轴在滚动轴承中运转,轴颈处硬度要求 220~250 HBS。

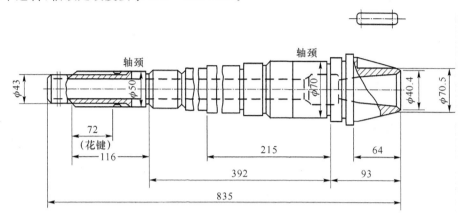

图 1-2-54　C 6132 车床主轴简图(其他参数从略)

根据上述工作条件分析,本主轴选用 45 钢制造,整体调质,硬度为 220~250 HBS;锥孔和外圆锥面局部淬火,硬度为 45~50 HRC;花键部位高频感应淬火,硬度为 48~53 HRC。该主轴加工工艺过程如下:

下料→锻造→正火→粗加工→调质→半精加工(花键除外)→局部淬火、回火(锥孔、外锥面)→粗磨(外圆、外锥面、锥孔)→铣花键→花键处高频感应淬火、回火→精磨(外圆、外锥面、锥孔)

45 钢虽然淬透性不如合金调质钢,但具有锻造性能和切削加工性能好、价廉等特点。而且本主轴工作时最大应力处于表层,结构形状较简单,调质、淬火时一般不会出现开裂。

因轴较长,且锥孔与外圆锥面对两轴颈的同轴度要求较高,为减少淬火变形,故锥部淬火与花键淬火分开进行。

常用机床主轴材料、热处理工艺及应用如表 1-2-34 所示。

表 1-2-34　机床主轴的工作条件、选材及热处理

序号	工作条件	选用钢号	热处理工艺	硬度要求	应用举例
1	(1) 在滚动轴承中运转 (2) 低速,轻或中等载荷 (3) 精度要求不高 (4) 稍有冲击载荷	45	调质	220~250 HBS	一般简易机床主轴
2	(1) 在滚动轴承中运转 (2) 转速稍高,轻或中等载荷 (3) 精度要求不太高 (4) 冲击、交变载荷不大	45	整体淬硬 正火或调质+ 局部淬火	40~45 HRC ≤229 HBS(正火) 220~250 HBS (调质) 46~51 HRC (局部)	龙门铣床、立式铣床、小型立式车床的主轴

续表

序号	工作条件	选用钢号	热处理工艺	硬度要求	应用举例
3	(1) 在滚动或滑动轴承内运转 (2) 低速,轻或中等载荷 (3) 精度要求不太高 (4) 有一定的冲击,交变载荷	45	正火或调质后轴颈局部表面淬火	≤229 HBS(正火) 220～250 HBS (调质) 46～57 HRC (表面)	CB3463、CA6140、C61200 等车床主轴
4	(1) 在滚动轴承内运转 (2) 中等载荷,转速略高 (3) 精度要求较高 (4) 交变、冲击载荷较小	40Cr 40MnB 40MnVB	整体淬火 调质后局部淬火	40～45 HRC 220～250 HBS (调质) 46～51 HRC (局部)	滚齿机、组合机床的主轴
5	(1) 在滑动轴承内运转 (2) 中或重载荷,转速略高 (3) 精度要求较高 (4) 有较高的交变、冲击载荷	40Cr 40MnB 40MnVB	调质后轴颈表面淬火	220～280 HBS (调质) 46～55 HRC (表面)	铣床、M7475B 磨床砂轮主轴
6	(1) 在滚动或滑动轴承内运转 (2) 轻、中载荷、转速较低	50Mn2	正火	≤241 HBS	重型机床主轴
7	(1) 在滑动轴承内运转 (2) 中等或重载荷 (3) 要求轴颈部分有更高的耐磨性 (4) 精度很高 (5) 交变应力较大,冲击载荷较小	65Mn	调质后轴颈和头部局部淬火	250～280 HBS (调质) 56～61 HRC (轴颈表面) 50～55 HRC (头部)	M1450 磨床主轴
8	工作条件同上,但表面硬度要求更高	GCr15 9Mn2V	调质后轴颈和头部局部淬火	250～280 HBS (调质) ≥59 HRC(局部)	MQ1420、MB1432A 磨床砂轮主轴
9	(1) 在滑动轴承内运转 (2) 重载荷,转速很高 (3) 精度要求极高 (4) 有很高的交变、冲击载荷	38CrMoAl	调质后渗氮	≤260 HBS(调质) ≥850 HV (渗氮表面)	高精度磨床砂轮主轴,T68 镗杆。T4240A 坐标镗床主轴。C2150×6 多轴自动车床中心轴
10	(1) 在滑动轴承内运转 (2) 重载荷,转速很高 (3) 高的冲击载荷 (4) 很高的交变应力	20CrMnTi	渗碳、淬火	≥59 HRC (表面)	Y7163 齿轮磨床、CG1107 车床、SG8630 精密车床主轴

② 内燃机曲轴。曲轴是内燃机中形状复杂而又重要的零件之一,其作用是在工作中将活塞连杆的往复运动变为旋转运动。气缸中气体爆发压力作用在活塞上,使曲轴承受冲击、扭

转、剪切、拉压、弯曲等复杂交变应力。因曲轴形状很不规则,故应力分布不均匀;曲轴颈与轴承发生滑动摩擦。曲轴主要失效形式是疲劳断裂和轴颈磨损。

根据曲轴的失效形式,制造曲轴的材料必须具有高的强度、一定的韧性,足够的弯曲、扭转疲劳强度和刚度,轴颈表面应有高的硬度和耐磨性。

曲轴分锻钢曲轴和铸造曲轴两种。锻钢曲轴材料主要有中碳钢和中碳的合金钢,如 35 钢、40 钢、45 钢、35Mn2 钢、40Cr 钢、35CrMo 钢等。铸造曲轴材料主要有铸钢(如 ZG230-450)、球墨铸铁(如 QT600-3、QT700-2)、珠光体可锻铸铁(如 KTZ450-06、KTZ550-04)以及合金铸铁等。目前,高速、大功率内燃机曲轴,常用合金调质钢制造,中、小型内燃机曲轴,常用球墨铸铁或 45 钢制造。

图 1-2-55 为 175A 型农用柴油机曲轴。该柴油机为单缸四冲程,气缸直径为 75 mm,转速为 2 200～2 600 r/min,功率为 4.4 kW(6 马力)。因功率不大,故曲轴承受的弯曲、扭转应力和冲击力等不大。由于在滑动轴承中工作,故要求轴颈处硬度和耐磨性较高。其性能要求是 $\sigma_b \geqslant 750$ MPa,整体硬度为 240～260 HBS,轴颈表面硬度 $\geqslant 625$ HV,$\delta \geqslant 2\%$,$A_K \geqslant 12$ J。

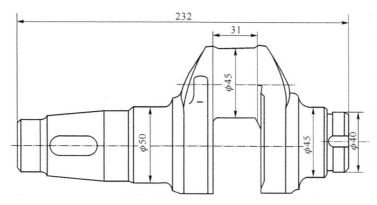

图 1-2-55　175A 型农用柴油机曲轴简图(其他参数从略)

根据上述要求,选用 QT600-3 球墨铸铁作为曲轴材料,其加工工艺过程如下:

浇注→高温正火→高温回火→切削加工→轴颈气体渗氮

高温正火(950 ℃)是为了增加基体组织中珠光体的数量并细化珠光体,提高强度、硬度和耐磨性。高温回火(560 ℃)是为了消除正火造成的应力。轴颈气体渗氮(570 ℃)是为保证不改变组织及加工精度前提下,提高轴颈表面硬度和耐磨性。也可采用对轴颈进行表面淬火来提高其耐磨性。为了提高曲轴的疲劳强度,可对其进行喷丸处理和滚压加工。

3. 丝锥和板牙的选材

丝锥(图 1-2-56)加工内螺纹,板牙(图 1-2-57)加工外螺纹。丝锥和板牙的刃部要求有高的硬度(59～64 HRC)和耐磨性,为防止使用中扭断(指丝锥)或崩齿,心部和柄部应有足够的强度、韧性及较高硬度(40～45 HRC)。丝锥和板牙的失效形式主要是磨损和扭断。

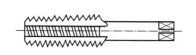

图 1-2-56　手用丝锥

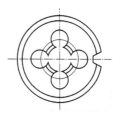

图 1-2-57　板牙

丝锥和板牙分为手用和机用两种。对手用丝锥和板牙,因切削速度较低,热硬性要求不高,可选用 T10A 钢、T12A 钢制造,并经淬火、低温回火;对机用丝锥和板牙,因切削速度较高(8～10 m/min),故热硬性要求较高,常选用 9SiGr 钢、9Mn2V 钢、CrWMn 钢制造,经淬火、低温回火处理;高速(25～55 m/min)切削用丝锥和板牙,要求热硬性高,常选用 W18Cr4V 钢、W6Mo5Cr4V2 钢制造,并经适当热处理。

M12 手用丝锥,材料为 T12 钢,其加工工艺过程为:

下料→球化退火(当轧材原始组织不良时采用)→机械加工(大量生产时用滚压法加工螺纹)→淬火、低温回火→高温(600 ℃)盐浴中快速回火(柄部)→防锈处理(发蓝)

柄部高温快速回火是为降低硬度,提高韧性。大型丝锥柄部有时可采用 45 钢制造,经调质后与刃部焊接。

4. 箱座类零件的选材

箱座类零件是机械中的重要零件之一,其结构一般都较复杂,工作条件相差很大。主轴箱、变速箱、进给箱、阀体等,通常受力不大,要求有较高的刚度和密封性;工作台和导轨等,要求有较高的耐磨性;以承压为主的机身、底座等,要求有较好的刚性和减振性。有些机身、支架往往同时承受拉、压和弯曲应力,甚至还承受冲击力,故要求有较好的综合力学性能。

受力较大,要求强度、韧性高,甚至在高压、高温下工作的箱座件,例如汽轮机机壳等,应采用铸钢。铸钢件应进行完全退火或正火,以消除粗晶组织和铸造应力。

受力较大,但形状简单,生产数量少的箱座件,可采用钢板焊接而成。

受力不大,且主要承受静载荷,不受冲击的箱座件,可选用灰铸铁,如在工作中与其他零件有相对运动,且有摩擦、磨损产生,则应选用珠光体基体灰铸铁。铸铁件一般应进行去应力退火。

受力不大,要求自重轻或要求导热好的箱座件,可选用铸造铝合金。铝合金件应根据成分不同,进行退火或固溶热处理、时效处理。

受力小,要求自重轻,工作条件好的箱座件,可选用工程塑料。

1.3 课题三:构件的静力学分析

静力学:研究刚体在力系作用下平衡规律的科学,包括确定研究对象,进行受力分析,简化力系,建立平衡条件求解未知量等内容。

刚体:在力的作用下不变形的物体。

本章将介绍静力学公理,工程中常见的典型约束,以及物体的受力分析。静力学公理是静力学理论的基础。物体的受力分析是力学中重要的基本技能。

1.3.1 静力学的基本概念

1.3.1.1 力的概念及性质

1. 力的概念

(1) 力的定义

力是物体与物体之间相互的机械作用。这种作用对物体产生两种效应,即引起物体机械运动状态的变化和使物体产生变形,前者称为力的外效应和运动效应,后者称为力的内效应或变形效应。

(2) 力的三要素

力的大小、方向和作用点。

(3) 力的单位

牛(N)或千牛(kN)。

(4) 力的表示方法

力是矢量,常用一个带箭头的线段来表示。如图 1-3-1 所示,线段 AB 按一定的比例尺表示力的大小;线段的方位和箭头的指向表示力的方向;线段的起点(或终点)表示力的作用点;与线段重合的直线称为力的作用线。本书中,矢量用黑体字母表示,如 $\boldsymbol{F}$,力的大小是标量,用一般字母表示,如 F。

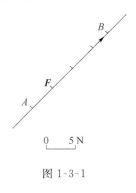

图 1-3-1

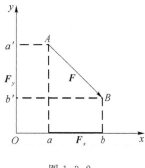

图 1-3-2

若力矢 $\boldsymbol{F}$ 在平面 Oxy 中,则其矢量表达式为

$$\boldsymbol{F} = \boldsymbol{F}_x + \boldsymbol{F}_y = F_x \boldsymbol{i} + F_y \boldsymbol{j} \tag{1-3-1}$$

式中,$\boldsymbol{F}_x, \boldsymbol{F}_y$ 分别表示力 $\boldsymbol{F}$ 沿平面直角坐标轴 x, y 方向上的两个分量;F_x, F_y 分别表示力 $\boldsymbol{F}$ 在坐标轴 x, y 上的投影;$\boldsymbol{i}, \boldsymbol{j}$ 分别为坐标轴 x, y 上的单位矢量。

力 $\boldsymbol{F}$ 在坐标轴上的投影定义为:过矢 $\boldsymbol{F}$ 两端向坐标轴引垂线得垂足 a, b 和 a', b',线段 $ab, a'b'$ 分别为力 $\boldsymbol{F}$ 在 x 轴和 y 轴上投影的大小。投影的正负号规定为:由起点 a 到终点 b(或由 a' 到 b')的指向与坐标轴正向相同时为正,反之为负。图 1-3-2 中力 $\boldsymbol{F}$ 在 x 轴和 y 轴的投影分别为

$$F_x = F\cos \alpha \tag{1-3-2}$$

$$F_y = -F\sin \alpha \tag{1-3-3}$$

可见,力的投影是代数量。

若已知力的矢量表达式,则力 $\boldsymbol{F}$ 的大小及方向为

$$F = \sqrt{F_x^2 + F_y^2} \tag{1-3-4}$$

$$\tan \alpha = \left| \frac{F_y}{F_x} \right| \tag{1-3-5}$$

2. 力的性质

性质 1:二力平衡条件

刚体仅受两个力作用而平衡的充分必要条件是:两个力大小相等,方向相反,并作用在同一直线上,如图 1-3-3 所示。即:$\boldsymbol{F}_1 = -\boldsymbol{F}_2$

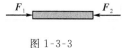

图 1-3-3

上述条件对刚体而言是必要与充分的,但对于变形体而言却只是必要而不充分。如图1-3-4 所示,当绳受两个等值、反向、共线的拉力时可以平衡,但当受两个等值、反向、共线的压力时就不能平衡了。

二力构件:仅受两个力作用而处于平衡的构件。二力构件受力的特点是:两个力的作用线必沿其作用点的连线。

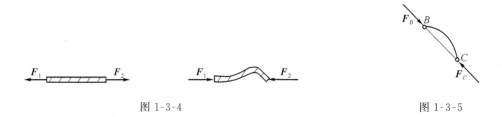

图 1-3-4　　　　　　　　　　　　　　　　图 1-3-5

性质 2:加减平衡力系公理

在作用于刚体上的已知力系上,加上或减去任意平衡力系,并不改变原力系对刚体的作用效果,如图 1-3-6(a)所示。加减平衡力系公理主要用来简化力系。但必须注意,此公理只适应于刚体而不适应于变形体。

推论 1:力的可传性原理

作用于刚体上的力,可以沿其作用线移至刚体内任意一点,而不改变该力对物体的作用效果,如图 1-3-6(b)所示。力对刚体的效应与力的作用点在其作用线上的位置无关。

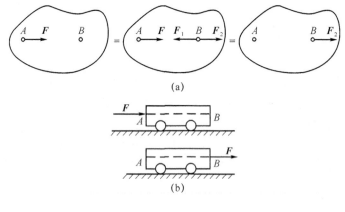

图 1-3-6

性质 3:力的平行四边形法则

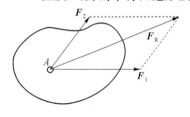

图 1-3-7

作用在物体上同一点的两个力,可以合成一个合力。合力的作用点仍在该点,合力的大小和方向由这两个力为邻边所构成的平行四边形的对角线确定如图 1-3-7 所示。其矢量表达式为

$$F_R = F_1 + F_2 \tag{1-3-6}$$

平面汇交力系(力系中各力作用线共面且汇交与同一点)的合力矢量等于力系各分力的矢量和,即

$$F_R = F_1 + F_2 + \cdots + F_n = \sum F \tag{1-3-7}$$

合力投影定理：力系的合力在某轴上的投影等于力系中各分力在同轴上投影的代数和。

$$F_{Rx} = F_{1x} + F_{2x} + \cdots + F_{nx} = \sum F_x \qquad (1\text{-}3\text{-}8)$$

$$F_{Ry} = F_{1y} + F_{2y} + \cdots + F_{ny} = \sum F_y \qquad (1\text{-}3\text{-}9)$$

推论2：三力平衡汇交定理

若刚体受到同平面内三个互不平行的力的作用而平衡时，则该三个力的作用线必汇交于一点。如图1-3-8所示。

性质4：作用和反作用定律（牛顿第三定律）

两物体间相互作用的力总是同时存在，并且两力等值、反向、共线，分别作用于两个物体。

这个公理表明，力总是成对出现的，只要有作用力就必有反作用力，而且同时存在，又同时消失。

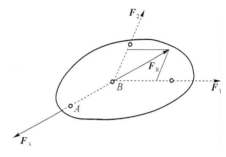

图 1-3-8

1.3.1.2 力对点之矩

1. 力矩的概念

如图1-3-9所示，当用扳手拧紧螺母时，力 F 对螺母拧紧的转动效应不仅与力 F 的大小有关，而且还与转动中心 O 至力 F 的垂直距离 d 有关。

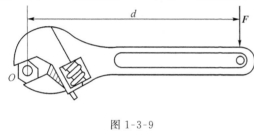

图 1-3-9

因此，可用两者的乘积 Fd 来度量力使物体绕点 O 的转动效应，称为力 F 对点 O 之矩，简称力矩，以符号 $M_O(F)$ 表示，即 $M_O(F) = \pm Fd$，式中，点 O 称为矩心，d 称为力臂。力矩的单位是牛·米（N·m）。力矩是一个代数量，其正负号规定如下：力使物体绕矩心逆时针转动时，力矩取正号，反之为负。

由力矩的定义及计算式可知：力的作用线通过矩心时，力臂值为零，故力矩等于零。当力沿作用线滑动时，力臂不变，因而力对点的矩也不变。

2. 合力矩定理

平面力系的合力对平面上任意点之矩，等于各分力对同一点之矩的代数和。

$$M_O(F_R) = M_O(F_1) + M_O(F_2) + \cdots + M_O(F_n) = \sum M_O(F) \qquad (1\text{-}3\text{-}10)$$

【例1-3-1】 如图1-3-10所示，数值相同的3个力按照不同的方式施加在同一扳手的 A 端。若 $F=200$ N，试求图示3种情况下力 F 对 O 点的力矩。

解：图示3种情况下，虽然力的大小、作用点和矩心均相同，但是力的作用线各异，致使力臂均不相同，因而在3种情况下，力对 O 点之矩不同。直接根据力矩的公式可求出力对点 O 之矩分别为：

在图(a)中 $M_O(F) = F \times d = 200$ N $\times$ 0.2 m $\times$ cos 30° = 34.64 N·m

在图(b)中 $M_O(F) = F \times d = 200$ N $\times$ 0.2 m $\times$ sin 30° = 20 N·m

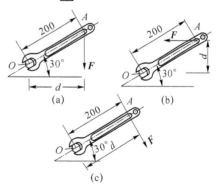

图 1-3-10 例 1-3-1 图

在图(c)中 $M_O(\boldsymbol{F})=F\times d=200\text{ N}\times 0.2\text{ m}=40\text{ N}\cdot\text{m}$

【例 1-3-2】 如图 1-3-11(a)所示,构件 OBC 的 O 端为铰链支座约束,力 $\boldsymbol{F}$ 作用于 C 点,其方向角为 α,又知 $OB=l$,$BC=h$,求力 $\boldsymbol{F}$ 对 O 点的力矩。

解: (1)利用力矩的定义进行求解

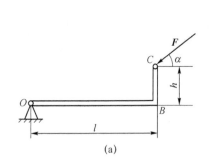
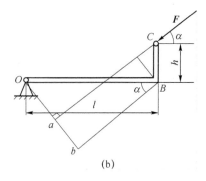

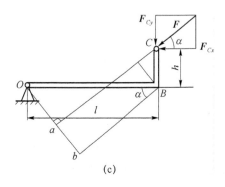

图 1-3-11

如图 1-3-11(b)所示,过点 O 作出力 $\boldsymbol{F}$ 作用线的垂线,与其交于 a 点,则力臂 d 即为线段 Oa。再过 B 点作力作用线的平行线,与力臂的延长线交于 b 点,则有

$$M_O(\boldsymbol{F})=-Fd=-F(Ob-ab)$$
$$=-F(l\sin\alpha-h\cos\alpha)$$

(2)利用合力矩定理求

将力 $\boldsymbol{F}$ 分解成一对正交的分力,如图 1-3-11(c)所示。

力 $\boldsymbol{F}$ 的力矩就是这两个分力对点 O 的力矩的代数。即

$$M_O(\boldsymbol{F})=M_O(\boldsymbol{F}_{Cx})+M_O(\boldsymbol{F}_{Cy})=Fh\cos\alpha-Fl\sin\alpha=-F(l\sin\alpha-h\cos\alpha)$$

1.3.1.3 力偶

1. 力偶的概念

由大小相等,方向相反,作用线互相平行的力组成的力系称为力偶,记作 $(\boldsymbol{F},\boldsymbol{F}')$,如图 1-3-12所示。力偶中两力所在的平面称为力偶作用面,两力作用线间的垂直距离 d 称为力偶臂。力偶中的力与力偶臂的乘积再冠以正负号,作为力偶在其作用面内使物体产生转动效应的度量,称为力偶矩。

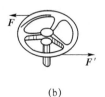
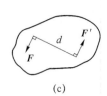

图 1-3-12

$$M(\boldsymbol{F},\boldsymbol{F}')=\pm Fd \tag{1-3-11}$$

力偶矩是代数量,一般规定使物体逆时针转动为正,顺时针转动为负。力偶矩的单位是牛·米(N·m)。

2. 力偶的基本性质

性质1:力偶在任意轴上投影的代数和为零,即力偶既无合力,也不能和一个力等效,也不能简化为一个力,如图1-3-13(a)所示。

性质2:力偶对其作用面内任意点之矩恒为常数,且等于力偶矩,与矩心的位置无关。

如图1-3-13(b)所示,力偶$(\boldsymbol{F},\boldsymbol{F}')$对点$O$之矩为

$$M_O(\boldsymbol{F})+M_O(\boldsymbol{F}')=F(x+d)-F'x=Fd \tag{1-3-12}$$

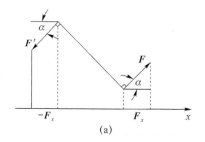
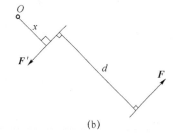

图 1-3-13

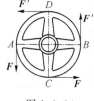

图 1-3-14

性质3:保持力偶的大小和转向不变,力偶可在其作用面内任意移动。

转方向盘时,将力作用在A、B位置或C、D位置,其效果相同,如图1-3-14所示。

性质4:只要保持力偶矩的大小和转向不变,可以同时改变力偶中力的大小和力偶臂的长短,而不改变其对刚体的作用效果,如图1-3-15所示。

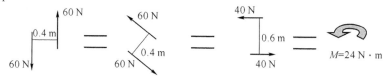

图 1-3-15

平面力偶系的合成:

在同一平面内由若干个力偶所组成的力偶系称为平面力偶系。平面力偶系的简化结果为一合力偶,合力偶矩等于各分力偶矩的代数和。即

$$M=M_1+M_2+\cdots+M_n=\sum M_i \tag{1-3-13}$$

平面力偶系的简化结果为一合力偶,因此平面力偶系平衡的充要条件是合力偶矩等于零,即$\sum M=0$,如图1-3-16。

1.3.1.4 力的平移定理

力的平移定理:作用于刚体上的力,可以平行移动到该刚体上任意一点,但必须附加一个力偶,其力偶矩等于原来

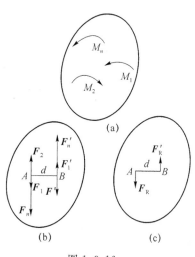

图 1-3-16

的力对平移点之矩。

证明：如图 1-3-17 所示，在刚体上任取一点 O，在 O 点附加两个等值、反向共线且与 F 平行的力 F' 和 F''，使 $F'=F''$。显然，该力系和 F 等效。其中 F 和 F' 构成一力偶，于是原来作用在 A 点的力 F，现在被一个作用在 O 点的力 F'' 和一个力偶 (F,F') 等效代替，这个力偶的力偶矩为 $M=Fd$。其中，d 是附加力偶的力偶臂，也是 O 点到力 F 作用线的垂直距离，因此力 F 对 O 点矩也为 $M_O(F)=Fd$。由此证得 $M=M_O(F)$。

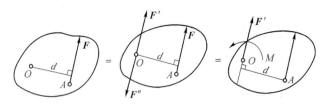

图 1-3-17

此定理不仅是力系简化的主要依据，而且可以解决一些实际问题。例如，削乒乓球时，当球拍击球的作用力没有通过球心，按照力的平移定理，将力 F 平移至球心，平移力 F 使球产生移动，附加力偶 M 使球产生绕球心的转动，于是形成旋转球；又如图 1-3-19 所示，转轴上的齿轮所受的圆周力 F 的作用，将力 F 平移至轴心 O 点，则力 F' 使轴弯曲，而力偶矩 M 使轴扭转。

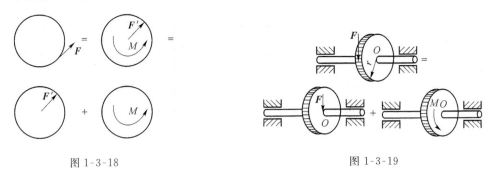

图 1-3-18   图 1-3-19

1.3.1.5 约束与约束力

约束：一个物体的运动受到周围其他物体的限制。

约束力：约束一定有力作用于被约束物体上，约束作用于该物体上的限制其运动的力，称为约束力。

约束力的三要素：

① 大小：未知，与主动力（作用于被约束物体上的约束力以外的力）的值有关，通过刚体的平衡条件求得。

② 方向：与约束所能限制的运动方向相反。

③ 作用点：在约束与被约束物体的接触处。

1. 柔性约束

由绳索、胶带或链条等柔性物体构成，只能受拉，不能受压。如图 1-3-20 所示。

特点：限制物体沿柔索伸长方向的运动，只能给物体提供拉力，用 F 表示。

方向：约束力作用在接触点，方向沿着柔体的中心线背离物体。

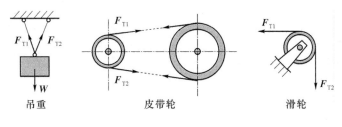

图 1-3-20

2. 光滑接触面约束

特点:两物体接触面上的摩擦力可忽略不计,被约束物体可沿接触面滑动或沿接触面公法线方向脱离,但不能沿公法线方向压入接触面。

方向:约束力通过接触点,方向沿着接触面公法线方向,并指向被约束物体。这类约束反力也称法向反力,通常用 F_N 表示。如图 1-3-21。

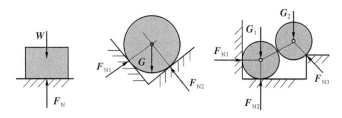

图 1-3-21

3. 光滑圆柱形铰链约束

两个带有圆孔的物体,用光滑圆柱形销钉相连接,销钉对被连接的物体沿垂直于销钉轴线方向的移动形成约束。如图 1-3-22 所示。

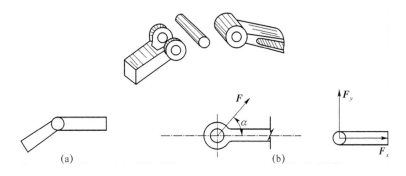

图 1-3-22

(1) 中间铰约束:两构件用圆柱形销钉连接且均不固定,即构成连接铰链。

特点:销钉与物体圆孔表面光滑,两者间总有间隙,产生局部接触本质上属于光滑面约束,但接触点不确定。

方向:约束力作用线通过销钉中心,垂直于销钉轴线,方向不定。可用 F_R(F_{Rx} 和 F_{Ry})表示。

(2) 固定铰链支座约束

如果连接铰链中有一个构件与地基或机架相连,便构成固定铰链支座,其约束反力特点与中间铰相同,仍用两个正交的分力 F_{Rx} 和 F_{Ry} 表示。如图 1-3-23 所示。

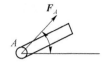

图 1-3-23

(3) 活动铰链支座约束

在桥梁、屋架等工程结构中经常采用这种约束,在固定铰链支座的底部安装一排滚轮。如图 1-3-24 所示。

特点:限制构件沿支撑面垂直方向的移动,不能阻止物体沿支撑面的运动或绕销钉轴线的转动。

方向:约束力通过销钉中心,垂直于支撑面,指向不定。

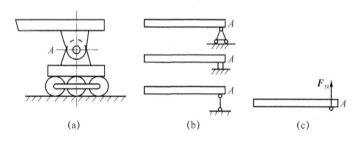

图 1-3-24

(4) 二力杆约束

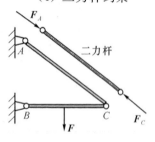

图 1-3-25

不计自重,两端均用铰链的方式与周围物体相连接,且不受其他外力作用的杆件。如图 1-3-25 所示。

方向:约束力沿杆件两端铰链中心的连线,指向不定。

4. 固定端约束

如建筑物阳台,车床上的刀具,立于路旁的电线杆等。如图 1-3-26所示。

特点:能限制物体沿任何方向的移动,也能限制物体在约束处的转动。

方向:固定端 A 处的约束反力可用两个正交的分力 F_{Ax}、F_{Ay}(限制移动)和力矩为 M_A(限制转动)的力偶表示。

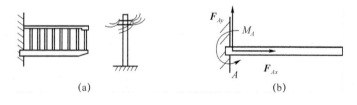

图 1-3-26

1.3.1.6 受力图

在工程实际中,常常需要对结构系统中的某一物体或部分物体进行力学计算,这时就要根据已知条件及待求量选择一个或几个物体作为研究对象,然后对它进行受力分析,即分析物体受哪些力的作用,并确定每个力的大小、方向和作用点。为了清楚地表示物体的受力情况,需要把所研究的物体(称为研究对象)从与它相联系的周围物体中分离出来,单独画出该物体的轮廓简图,使之成为分离体,在分离体上画上它所受的全部主动力和约束反力,就称为该物体的受力图。

画受力图是解平衡问题的关键,画受力图的一般步骤为:
（1）确定研究对象,取分离体。
（2）在分离体上画出全部已知的主动力。
（3）在分离体上解除约束的地方画出相应的约束反力。

画受力图时要分清内力与外力,如果所取的分离体是由某几个物体组成的物体系统时,通常将系统外物体对物体系统的作用力称为外力,而系统内物体间相互作用的力称为内力。内力总是以等值、共线、反向的形式存在,故物体系统内力的总和为零。因此,取物体系统为研究对象画受力图时,只画外力,而不画内力。

【例 1-3-3】 如图 1-3-27(a)所示,重量为 G 的均质杆 AB,其 B 端靠在光滑铅垂墙的顶角处,A 端放在光滑的水平面上,在点 D 处用一水平绳索拉住,试画出杆 AB 的受力图。

解:

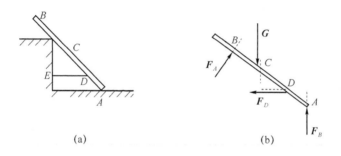

图 1-3-27 例 1-3-3 图

【例 1-3-4】 如图 1-3-28(a)所示,试画出图中 AB 的受力图。

解:

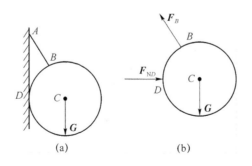

图 1-3-28 例 1-3-4 图

【例 1-3-5】 如图 1-3-29(a)所示,试画出图中 AB 杆、轮 C 及整体的受力图。

解:

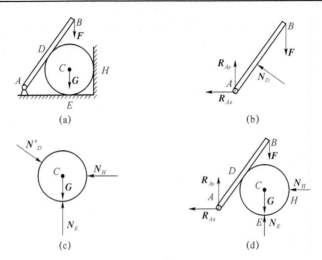

图 1-3-29　例 1-3-5 图

【例 1-3-6】　如图 1-3-30(a)所示,试画出图示多跨静定梁中 AB、BC 及整体的受力图。

解：

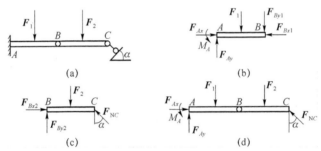

图 1-3-30　例 1-3-6 图

【例 1-3-7】　连杆滑块机构如图 1-3-31(a)所示,所示,受力偶 M 和力 F 作用,试画出各构件和整体的受力图。

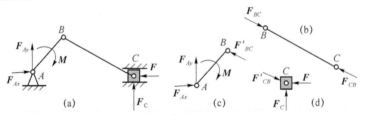

图 1-3-31　例 1-3-7 图

解：整体受力如图（a）所示。作用于研究对象上的外力有力偶 M 和力 F。A 处为固定铰,约束力用 F_{Ax}、F_{Ay} 表示,滑道约束力 F_C 的作用线垂直于滑道。

杆 BC 的受力如图（b）所示。注意自重不计时,杆 BC 是二力杆。约束力 F_{CB} 与 F_{CB} 沿 B、C 二点的连线,图中假设指向是压力。

图（c）是杆 AB 的受力图。外载荷有力偶 M（因此不是二力杆）。A 处固定铰约束力 F_{Ax}、F_{Ay} 也是铰链 A 作用于杆 AB 的力,故应注意与整体图指向假设的一致性。B 处中间铰作用在 AB 杆上的约束力 F'_{CB} 与作用在 BC 杆上 F_{BC} 互为作用力与反作用力,故 F'_{BC} 应依据图（b）上的 F_{BC} 按作用力与反作用力关系画出。

图（d）为滑块的受力图。铰链 C 处的约束力 F'_{CB} 与作用于 BC 杆上的 F_{CB} 互为作用力与反作用力,其指向同样应依据二力杆 BC 的受力图确定,滑道的约束力仍为 F_C。

最后要注意,若将各个分离体受力图(b)、(c)、(d)组装到一起,则成为系统整体;此时 F_{CB} 与 F'_{CB},F_{BC} 与 F'_{BC} 成为成对的内力,相互抵消,应当得到与整体受力图相同的结果。正确画出的受力图,必须满足这一点。

【例 1-3-8】 试画出图 1-3-32 所示梁 AB 及 BC 的受力图。

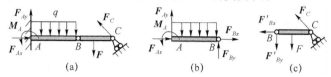

图 1-3-32 例 1-3-8 图

解:对于由 AB 和 BC 梁组成的结构系统整体图(a),承受的外载荷是 AB 梁上的均匀分布载荷 q 和 BC 段上的集中力 F。A 端的约束是固定端约束,其二个反力和一个反力偶分别用 F_{Ax}、F_{Ay} 和 M_A 表示,方向假设如图。C 端为滚动支座,约束反力 F_C 的作用线垂直于支承面且通过铰链 C 的中心。

梁 AB 的受力如图(b)所示。梁上作用着分布载荷 q。固定端 A 处约束力的表示应与图(a)一致,即有 F_{Ax}、F_{Ay} 和 M_A。B 处中间铰约束反力用 F_{Bx} 和 F_{By} 表示。

图(c)中梁 BC 受外力 F 作用,依据图(b),由作用力与反作用力关系可将 B 处中间铰对梁 BC 的约束力表示为 F'_{Bx} 和 F'_{By}。C 处约束力即图(a)中的 F_C。

1.3.2 平面力系

1.3.2.1 平面任意力系的简化

平面力系:力系中各力的作用线在同一平面内。

平面汇交力系:平面内各力的作用线汇交于一点,如图 1-3-33 所示。

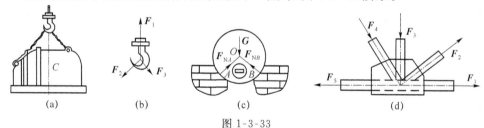

图 1-3-33

平面平行力系:平面内各力作用线相互平行,如图 1-3-34 所示。

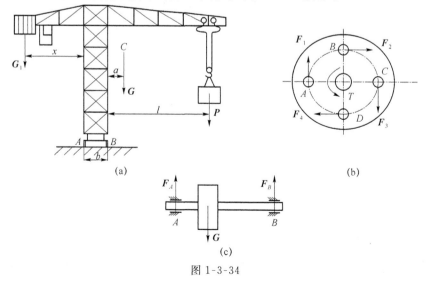

图 1-3-34

平面力偶系：仅由力偶组成。
平面任意力系：平面内各力的作用线在平面内任意分布，如图1-3-35所示。

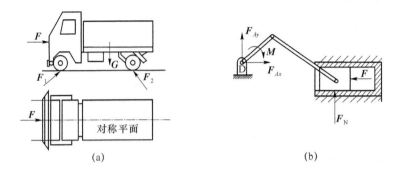

图 1-3-35

1. 平面任意力系向作用面任意点简化

设在刚体上作用有平面任意力系 F_1、F_2、…、F_n，分别作用于 A_1、A_2、…、A_n 各点。在该平面内任取一点 O，称为简化中心。应用力的平移定理，将各力平移到 O 点，得到一个作用于 O 点的力系（F_1'、F_2'、…、F_n'）和一个附加的平面力偶系（M_1、M_2、…、M_n）。这样，就将原力系等效变换为两个基本力系：平面汇交力系和平面力偶系。

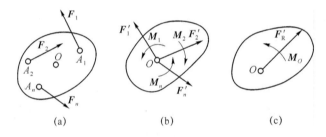

图 1-3-36

其中：各力矢分别为 $F_1' = F_1$，$F_2' = F_2$，…，$F_n' = F_n$
各力偶矩分别为
$$M_1 = M_O(F_1)，M_2 = M_O(F_2)，…，M_n = M_O(F_n)$$
平面汇交力系 F_1'、F_2'、…、F_n' 可合成为一个通过 O 点的一个力 F_R'，称为主矢。

$$F_R' = F_1' + F_2' + … + F_n' = F_1 + F_2 + … + F_n = \sum F \qquad (1\text{-}3\text{-}14)$$

当取不同的简化中心时，主矢量的大小和方向保持不变。其大小和方向可以用下式计算

$$F_{Rx}' = \sum F_x \qquad (1\text{-}3\text{-}15)$$

$$F_{Ry}' = \sum F_y \qquad (1\text{-}3\text{-}16)$$

$$F_R' = \sqrt{(F_{Rx}')^2 + (F_{Ry}')^2} = \sqrt{(\sum F_x)^2 + (\sum F_y)^2} \qquad (1\text{-}3\text{-}17)$$

$$\tan \alpha = \left| \frac{\sum F_y}{\sum F_x} \right| \qquad (1\text{-}3\text{-}18)$$

式中，α 为主矢量 F_R' 的作用线与 x 轴正向的夹角。

附加的平面力偶系 M_1、M_2、…、M_n 可合成一个力偶，称为主矩：$M_O = M_1 + M_2 + … +$

$M_n = \sum M$,表明主矩等于原力系中各力对 O 点之矩的代数和。

原力系与主矢量 F_R' 和主矩 M_O 的共同作用等效。主矢量 F_R' 的大小和方向与简化中心的选择无关,主矩 M_O 的大小和转向与简化中心的选择有关。

综上所述,平面一般力系向作用面任意点 O 简化,可得到一个作用在简化中心的主矢量和一个作用于原平面内的主矩,主矢量等于原力系中各力的矢量和,而主矩等于原力系中各力对点之矩的代数和。

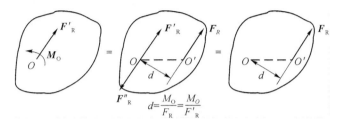

图 1-3-37

2. 平面一般力系的简化结果分析

平面一般力系向一点简化,一般可得到一个主矢 F_R' 和一个主矩 M_O,但这不是最终简化结果,最终简化结果通常有以下四种情况。

(1) $F_R' \neq 0, M_O \neq 0$ 根据力的平移定理的逆过程,可以将 F_R' 和 M_O 合成为一个合力。其作用线到简化中心 O 的距离为

$$d = \left| \frac{M_O}{F_R'} \right| \tag{1-3-19}$$

(2) $F_R' \neq 0, M_O = 0$ 表明原力系与一个主矢量 F_R' 等效,即 F_R' 为原力系的合力,其作用线通过简化中心。

(3) $F_R' = 0, M_O \neq 0$ 表明原力系与一个力偶等效,原力系简化为一个合力偶,其力偶矩为 $M_O = \sum M_O(F)$,此时主矩 M_O 与简化中心的选择无关。

(4) $F_R' = 0, M_O = 0$ 表明原力系为平衡力系,则刚体在此力系作用下处于平衡状态。

表 1-3-1 平面一般力系简化的最终结果

情况分类	向 O 点简化的结果		力系简化的最终结果(与简化中心无关)
	主矢 F_R'	主矩 M_O	
1	$F_R' = 0$	$M_O = 0$	平衡状态(力系对物体的移动和转动作用效果均为零)
2	$F_R' = 0$	$M_O \neq 0$	一个力偶(合力偶 M_R),力偶矩 $M_R = M_O$
3	$F_R' \neq 0$	$M_O = 0$	一个力(合力 F_R),合力 $F_R = F_R'$,作用线过 O 点
4	$F_R' \neq 0$	$M_O \neq 0$	一个力(合力 F_R),其大小为 $F_R = F_R'$,F_R 的作用线到 O 点的距离为 $h = \lvert M_O \rvert / F_R'$。$F_R$ 作用在 O 点的哪一边,由 M_O 的符号决定

由表 1-3-1 可见,平面一般力系简化的最终结果,只有 3 种可能:①合成为一个力;②合成为一个力偶;③为平衡力系。

利用力系简化的方法,可以求得平面任意力系的合力。

【例 1-3-9】 图 1-3-38(a)所示平面力系中,$F_1 = 1$ kN,$F_2 = F_3 = F_4 = 5$ kN,$M = 3$ kN·m,试求力系的合力。

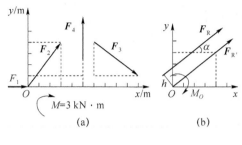

图 1-3-38

解:将各力向 O 点简化,主矢为

$$F_{R'x} = \sum F_x = F_1 + 3F_2/5 + 4F_3/5$$
$$= 1\text{ kN} + 3\text{ kN} + 4\text{ kN} = 8\text{ kN}$$
$$F_{R'y} = \sum F_y = 4F_2/5 - 3F_3/5 + F_4$$
$$= 4\text{ kN} - 3\text{ kN} + 5\text{ kN} = 6\text{ kN}$$

得到力系的主矢为

$$F_{R'} = \sqrt{F_{R'x}^2 + F_{R'y}^2} = 10\text{ kN}$$

主矢 $\boldsymbol{F}_{R'}$ 与 x 轴的夹角 α 为

$$\tan\alpha = F_{R'y}/F_{R'x} = 3/4$$

因为 $F_{R'x} > 0$,$F_{R'y} > 0$,故 α 在第一象限。

主矩为

$$M_O = \sum M_O(\boldsymbol{F}_i) = -4F_{3x} - 6F_{3y} + 5F_4 - M$$
$$= -4\text{ m} \times 4\text{ kN} - 6\text{ m} \times 3\text{ kN} + 5\text{ m} \times 5\text{ kN} - 3\text{ kN}\cdot\text{m} = -12\text{ kN}\cdot\text{m}$$

因为 $F_{R'} \neq 0$,$M_O \neq 0$,故力系可合成为一个合力,且有

$$F_R = F_{R'} = 10\text{ kN}$$

作用线距简化中心 O 点为:$h = |M_O|/F_{R'} = 12\text{ kN}\cdot\text{m}/10\text{ kN} = 1.2\text{ m}$。
注意到 M_O 为负,故合力 $\boldsymbol{F}_R$ 的作用位置应如图(b)所示。

1.3.2.2 平面力系的平衡方程及其应用

1. 平面任意力系的平衡方程

(1) 基本形式

平面任意力系向作用面任意点 O 简化,可得到一个主矢量 $\boldsymbol{F}_{R'}$ 和一个主矩 $\boldsymbol{M}_O$,如果 $F_{R'} = 0$,$M_O = 0$,则平面任意力系必平衡;反之,如果平面任意力系平衡,必有 $F_{R'} = 0$,$M_O = 0$。因此,平面任意力系平衡的充要条件是

$$F_{R'} = 0 \tag{1-3-20}$$
$$M_O = \sum M_O(\boldsymbol{F}) = 0 \tag{1-3-21}$$

故得平面任意力系的平衡方程为

$$\sum F_x = 0 \tag{1-3-22}$$
$$\sum F_y = 0 \quad (\text{二投影一矩式}) \tag{1-3-23}$$
$$\sum M_O(\boldsymbol{F}) = 0 \tag{1-3-24}$$

平面任意力系平衡方程的基本形式,它含有 3 个独立的方程,因而最多能解出 3 个未知量。

(2) 一投影二矩式

$$\sum F_x = 0 \tag{1-3-25}$$
$$\sum M_A(\boldsymbol{F}) = 0 \tag{1-3-26}$$
$$\sum M_B(\boldsymbol{F}) = 0 \tag{1-3-27}$$

其中 A、B 两点的连线不能与投影轴 x 或 y 垂直。

（3）三矩式

$$\sum M_A(\boldsymbol{F}) = 0 \qquad (1\text{-}3\text{-}28)$$

$$\sum M_B(\boldsymbol{F}) = 0 \qquad (1\text{-}3\text{-}29)$$

$$\sum M_C(\boldsymbol{F}) = 0 \qquad (1\text{-}3\text{-}30)$$

其中 A、B、C 3 点不能在一条直线上。

2．应用平面任意力系平衡方程的解题步骤

（1）确定研究对象，画出受力图。

（2）选取投影坐标和矩心，列平衡方程。

（3）求解未知量，讨论结果。

应当注意：若由平衡方程解出的未知量为负，说明受力图上原假定的该未知量的方向与其实际方向相反，而不要去改动受力图中原假设的方向。

【例 1-3-10】 如图 1-3-39(a)所示，已知 $F=15$ kN，$M=3$ kN·m，求 A、B 处支座反力。

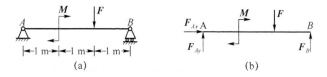

图 1-3-39　例 1-3-10 图

解：(1) 画受力图 1-3-39(b)，并建坐标系。

(2) 列方程求解。

$$\sum F_x = 0 \Rightarrow F_{Ax} = 0$$

$$\sum M_A(\boldsymbol{F}) = 0$$

$$F_B \times 3 - F \times 2 - M = 0$$

$$F_B = \frac{(3 + 2 \times 15)}{3} = 11 \text{ kN}$$

$$\sum F_y = 0$$

$$F_{Ay} + F_B - F = 0$$

$$F_{Ay} = F - F_B = 4 \text{ kN}$$

【例 1-3-11】 如图 1-3-40(a)所示试求图示梁的支座反力。已知 $F=6$ kN，$q=2$ kN/m。

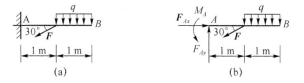

图 1-3-40　例 1-3-11 图

解：

(1) 取梁 AB 画受力图如图 1-3-40(b) 所示。

(2) 建直角坐标系，列平衡方程。

$$\sum F_x = 0, \quad F_{Ax} - F\cos 30° = 0$$

$$\sum F_y = 0, \quad F_{Ay} - q \times 1\text{m} - F\sin 30° = 0$$

$$\sum M_A(\boldsymbol{F}) = 0, \quad -q \times 1\text{ m} \times 1.5\text{ m} - F\sin 30° \times 1\text{ m} + M_A = 0$$

(3) 求解未知量。

将已知条件 $F = 6$ kN，$q = 2$ kN/m 代入平衡方程，解得

$$F_{Ax} = 5.2\text{ kN}$$
$$F_{Ay} = 5\text{ kN}$$
$$M_A = 6\text{ kN} \cdot \text{m}$$

3. 平面特殊力系的平衡方程

(1) 平面汇交力系的平衡方程

由于各力作用线汇交于一点，则 $M_O = \sum M_O(\boldsymbol{F}) = 0$，故其平衡方程为

$$\sum F_x = 0 \qquad (1\text{-}3\text{-}31)$$

$$\sum F_y = 0 \qquad (1\text{-}3\text{-}32)$$

注：可求解包括力的大小和方向在内的 2 个未知量。

(2) 平面力偶系的平衡方程

$$M = \sum M_i = 0 \qquad (1\text{-}3\text{-}33)$$

注：只能求解 1 个未知量。

(3) 平面平行力系的平衡方程

$$\sum F_x = 0 \ (或 \sum F_y = 0) \qquad (1\text{-}3\text{-}34)$$

$$\sum M_O(\boldsymbol{F}) = 0 \qquad (1\text{-}3\text{-}35)$$

二矩式

$$\sum M_A(\boldsymbol{F}) = 0 \ (A、B\text{ 连线不与各力 }\boldsymbol{F}\text{ 平行}) \qquad (1\text{-}3\text{-}36)$$

$$\sum M_B(\boldsymbol{F}) = 0 \qquad (1\text{-}3\text{-}37)$$

【例 1-3-12】 如图 1-3-41(a) 所示，为一简易起重机装置，重量 $G = 2$ kN 的重物吊在钢丝绳的一端，钢丝绳的另一端跨过定滑轮 A，绕在绞车 D 的鼓轮上，定滑轮用直杆 AB 和 AC 支承，定滑轮半径较小，大小可忽略不计，定滑轮、直杆以及钢丝绳的重量不计，各处接触都为光滑。试求当重物被匀速提升时，杆 AB、AC 所受的力。

解： 因为杆 AB、AC 都与滑轮接触，所以杆 AB、AC 上所受的力就可以通过其对滑轮的受力分析求出。因此，取滑轮为研究对象，作出它的受力图并以其中心为原

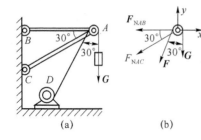

图 1-3-41 例 1-3-12 图

点建立直角坐标系。由平面汇交力系平衡条件列平衡方程有

$$\sum F_x = 0 \quad -F_{NAB} - F_{NAC}\cos 30° - F\sin 30° = 0$$

$$\sum F_y = 0 \quad -F_{NAC}\sin 30° - F\cos 30° - G = 0$$

求出

$$F_{NAC} = \frac{-G - F\cos 30°}{\sin 30°} = \frac{-2 - 2\times 0.866}{0.5} \text{ kN} = -7.46 \text{ kN}$$

$$F_{NAB} = -F_{NAC}\cos 30° - F\sin 30° = (7.46\times 0.866 - 2\times 0.5)\text{ kN} = 5.46 \text{ kN}$$

F_{NAC} 为负值，表明 F_{NAC} 的实际指向与假设方向相反，即 AC 杆为受压杆。

【例 1-3-13】 如图 1-3-42(a)所示，构件的支承及荷载如图所示，求支座 A,B 处的约束力。

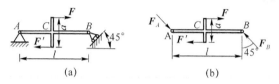

图 1-3-42　例 1-3-13 图

解:

(1) 取 AB 杆画受力图如图所示，支座 A,B 约束反力构成一力偶。

(2) 列平衡方程

$$\sum M_B = 0$$

$$F_A \times l\sin 45° - F\times a = 0$$

(3) 求解未知量

$$F_A = \sqrt{2}\frac{a}{l}F$$

$$F_B = \sqrt{2}\frac{a}{l}F$$

【例 1-3-14】 如图 1-3-43(a)所示，汽车起重机车体重力 $G_1 = 26$ kN，吊臂重力 $G_2 = 4.5$ kN，起重机旋转和固定部分重力 $G_3 = 31$ kN。设吊臂在起重机对称面内，试求汽车的最大起重量 G。

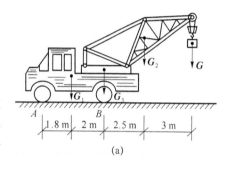

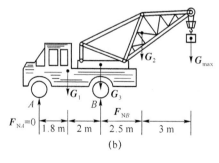

图 1-3-43　例 1-3-14 图

解:

(1) 取汽车起重机画受力图如图 1-3-43(b)所示。当汽车起吊最大重量 G 时，处于临界平衡，$F_{NA} = 0$。

(2) 建直角坐标系，列平衡方程

$$\sum M_B(F) = 0, \quad -G_2\times 2.5 \text{ m} + G_{max}\times 5.5 \text{ m} + G_1\times 2 \text{ m} = 0$$

(3) 求解未知量

将已知条件 $G_1 = 26$ kN，$G_2 = 4.5$ kN 代入平衡方程，解得

$$G_{max} = 7.41 \text{ kN}$$

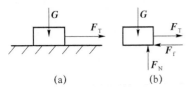

图 1-3-44

1.3.2.3 考虑摩擦时的平衡问题

摩擦是一种普遍现象。在一些问题中,摩擦对物体的受力情况影响很小,为了计算方便忽略不计,但在工程上有些摩擦问题不能忽略。摩擦可分为滑动摩擦和滚动摩擦。

1. 滑动摩擦

(1) 静滑动摩擦力

① 定义:当两接触物体间有滑动趋势时,物体接触表面产生的摩擦力称为静摩擦力。

② 方向:作用于接触面,沿接触处的公切线,与物体滑动或滑动趋势方向相反。

③ 表达公式

(a) 最大静滑动摩擦力:
$$F_{fm} = f_s \times F_N \quad (库仑定律) \tag{1-3-38}$$

其中:F_{fm}——最大静摩擦力;

f_s——静摩擦因数;

F_N——接触面间的正压力。

(b) 一般静止状态下静摩擦力:
$$0 \leq F_f \leq F_{fm} \tag{1-3-39}$$

其中:F_f——一般静止状态下静摩擦力。

(2) 动滑动摩擦力:

① 定义:当两接触物体间发生相对滑动时,物体接触表面产生的摩擦力称为动摩擦力。

② 方向:作用于接触面,沿接触处的公切线,与物体滑动或滑动趋势方向相反。

③ 表达公式:
$$F'_f = f \times F_N \tag{1-3-40}$$

其中:F'_f——动摩擦力;

f——动摩擦因数;

F_N——接触面间的正压力。

注:一般 $f_s > f$,说明推动物体从静止开始滑动比较费力,一旦物体滑动起来后,要维持物体继续滑动就省力了。精度要求不高时,可视为 $f_s \approx f$。

2. 摩擦角与自锁

(1) 摩擦角

图 1-3-45 中将支撑面对物块的法向反力 F_N 和切向反力 F_f 合成,即 $F_R = F_N + F_f$,此矢量 F_R 称为支撑面的全约束力。设 F_R 与接触面公法线的夹角为 φ,相应的将重力 G 与水平推力 F 也合成一力 F_Q,设 F_Q 与接触面法线的夹角为 α,于是物块在主动力 F_Q 和全约束力 F_R 的作用下平衡,此时,$\alpha = \varphi$。因为静摩擦力是有界值,即 $0 \leq F_f \leq F_{fm}$,所以 φ_f 也是有界值,即 $0 \leq \varphi \leq \varphi_f$,$\varphi_f$ 为物块处于临界平衡状态时,全约束力与接触面法线的最大夹角,称为摩擦角,即

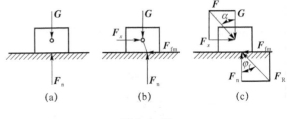

图 1-3-45

$$\tan \varphi_f = \frac{F_{fm}}{F_N} = \frac{f_s F_N}{F_N} = f_s \tag{1-3-41}$$

即摩擦角的正切等于静摩擦因数,可见摩擦角与静摩擦因数一样,也是表示摩擦性质的物理量。

(2) 自锁

物块平衡时,因 $0 \leq F_f \leq F_{fm}$,则 $0 \leq \varphi \leq \varphi_f$,即全约束力与法线间的夹角 φ 在零与摩擦角 φ_f

之间变化。由于静摩擦力不可能超过最大值,因此,全约束力的作用线也不能超出摩擦角以外,即全约束力必在摩擦角之内。图 1-3-45 中,因主动力的合力 F 与全约束力 F_R 共线、反向、等值,故 $\alpha=\varphi$,所以

$$0\leqslant\alpha\leqslant\varphi_f \tag{1-3-42}$$

上式表明,作用于物体上的全部主动力的合力 F,不论其大小如何,只要与作用线与接触面法线的的夹角 α 小于或等于摩擦角(即 F 作用在摩擦角之内),物体保持静止,这种现象称为自锁。

自锁被广泛应用在工程上,如图 1-3-46 的千金顶和自卸货车的车斗。

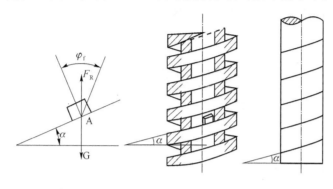

图 1-3-46

3. 考虑摩擦时的平衡问题

求解有摩擦时物体的平衡问题,其方法与步逐与前面所述相同,所不同的是:

(1) 画受力图时,要考虑物体接触面上的静摩擦力,摩擦力的方向与相对滑动趋势的方向相反。

(2) 摩擦力是一个未知量。解题时,除列出平衡方程外,还需要列出补充方程 $F_f \leqslant f_s F_N$,补充方程的数目与摩擦力的数目相同。不过,由于 F_f 是一个范围值,故问题的解答也是一个范围值,称为平衡范围。在临界状态时,补充方程取等号,所得之解也一定是平衡范围的一个临界值。

【例 1-3-15】 梯子 AB 重力为 $G=200$ N,靠在光滑墙上,梯子的长 $l=3$ m,已知梯子与地面间的静摩擦因素为 0.25,今有一重力为 650 N 的人沿梯子向上爬,若 $\alpha=60°$,求人能够达到的最大高度。

解:

设能够达到的最大高度为 h,此时梯子与地面间的摩擦力为最大静摩擦力。

(1) 取梯子画受力图如图 1-3-47(b)所示。

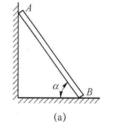
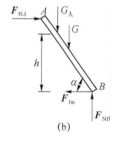

图 1-3-47 例 1-3-15 图

(2) 建直角坐标系,列平衡方程

$$\sum F_y = 0, \quad F_{NB} - G - G_{人} = 0$$

$$\sum M_A(F) = 0$$

$$-G \times 0.51 \times \cos\alpha - G_{人} \times (l-h/\sin\alpha) \times \cos\alpha - F_{fm} \times l \times \sin\alpha + F_{NB} \times l \times \cos\alpha = 0$$

$$F_{fm} = f_s F_{NB}$$

(3) 求解未知量。

将已知条件 $G=200$ N,$l=3$ m,$f_s=0.25$,$G_人=650$ N,$\alpha=60°$ 代入平衡方程。解得:$h=1.07$ mm

利用滚动代替滑动省力,这是人们早已知道的事实。搬运重物时,若在重物底下垫滚轴,则要比将重物直接放在地面上推动省力。在工程实际中,车辆采用车轮,机器采用滚动轴承,也是为了减轻劳动强度,提高劳动效率。

在水平面上有一轮子重为 G,半径为 r,当轮子中心受一水平拉力 F 作用,若 F 力不大时,轮子仍保持静止,此时轮与地面接触处都发生变形,轮与地面接触处受力分布作用。将这些力向轮子的最低点 A 简化,得一力(将此力分解为沿接触面的切向分力 F_f 和法向分力 F_N)和一力偶 M_f,这一阻碍轮子滚动的约束力偶称为滚动摩擦力偶,滚动摩擦力偶的转向与轮子的滚动趋势相反。

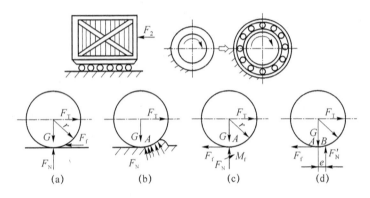

图 1-3-48

与静滑动摩擦力的性质相似,滚动摩擦力偶矩随主动力的变化而变化,当主动力偶(F、F_f)的力偶矩增大到一定值时,轮子处于将要滚动的临界平衡状态,滚动摩擦力偶矩 M_f 达到最大值 M_{fmax}。由此可见,滚动摩擦力偶矩的大小在零到最大值之间。

实验证明,最大滚动摩擦力偶矩 M_{fmax} 与支撑面的正压力成正比,即

$$0 \leqslant M_f \leqslant M_{fmax} \tag{1-3-43}$$

$$M_{fmax} = \delta F_N \tag{1-3-44}$$

这就是滚动摩擦定律。式中 δ 称为滚动摩擦系数,δ 是一个具有长度单位的系数,单位一般用 mm。滚动摩擦系数由实验测定,它与滚子和支撑面的材料硬度、湿度等因数有关。

表 1-3-2 常用材料的滚动摩擦系数

材料名称	δ	材料名称	δ
铸铁与铸铁	0.05	淬火钢与淬火钢	0.01
木材与钢	0.3~0.4	轮胎与路面	2~10
木材与木材	0.5~0.8	软钢与软钢	0.05

1.3.3 空间力系的平衡问题

空间力系是最一般的力系。如图 1-3-49 所示之传动轴,其上作用着齿轮传递的径向、切向载荷及 5 个约束反力,各力并非作用在同一平面内,是空间力系问题。

1.3.3.1 力在空间坐标轴上的投影

设在空间坐标系 xyz 中 $A(x,y,z)$ 处作用着力 $\boldsymbol{F}$,如图 1-3-50 所示。

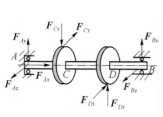

图 1-3-49 二端轴承支承的传动轴

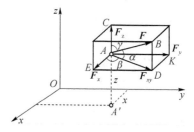

图 1-3-50 力在空间坐标轴上的投影

力 $\boldsymbol{F}$ 在平面 $ACBD$ 内,可沿平行于 z 轴的铅垂和水平方向分解成 $\boldsymbol{F}_z$ 和 $\boldsymbol{F}_{xy}$,力 $\boldsymbol{F}_{xy}$ 又可在垂直于 z 轴的平面 $AEDK$ 内进一步分解成 $\boldsymbol{F}_x$ 和 $\boldsymbol{F}_y$。故有

$$\boldsymbol{F} = \boldsymbol{F}_{xy} + \boldsymbol{F}_z = \boldsymbol{F}_x + \boldsymbol{F}_y + \boldsymbol{F}_z \tag{1-3-45}$$

且

$$\begin{aligned} F_x &= F\cos\angle BAE \\ F_y &= F\cos\angle BAD \\ F_z &= F\cos\angle BAC \end{aligned} \tag{1-3-46}$$

由前面力在轴上投影的定义显然可知,在空间正交坐标系中,力在坐标轴上的投影与力沿坐标轴方向分解的分量同样是大小相等的。但仍应注意,分力是矢量;力在轴上的投影是代数量,其正负由从力起点到终点的投影指向与轴的指向是否一致确定。

当已知力与坐标轴的夹角如图 1-3-50 所示时,也可以由下式求其投影

$$\begin{aligned} F_x &= F\cos\alpha\cos\beta = F\sin\gamma\cos\beta \\ F_y &= F\cos\alpha\sin\beta = F\sin\gamma\sin\beta \\ F_z &= F\sin\alpha = F\cos\gamma \end{aligned} \tag{1-3-47}$$

由(1-3-47)式求空间坐标中力在坐标轴上的投影的方法称为二次投影法。

1.3.3.2 力对轴之矩

在平面力系作用下,物体只能在平面内绕某点转动;力使物体发生转动状态改变的效果是用力对点之矩度量的。在空间问题中,物体发生的绕某轴转动状态改变的效果,则用力对轴之矩度量。现在,以门绕 z 轴的转动为例,如图 1-3-51 所示,讨论力对轴之矩。图 1-3-51 中,$\boldsymbol{F}_1$、$\boldsymbol{F}_2$ 与轴 z 同在该门平面内,显然,都不能使物体(门)产生绕轴 z 转动状态改变的效果。故力与轴在同平面内(包括力与轴平行或相交)时,力对轴之矩为零。$\boldsymbol{F}_3$ 与轴 z 不在同一平面内,有使门绕轴 z 转动状态改变的效果。

如前所述,对于空间中的任意力 $\boldsymbol{F}$,可将其分解成 $\boldsymbol{F}_z$(平行于 z 轴)和 $\boldsymbol{F}_{xy}$(在垂直于 z 轴的 xy 平面内)。显然可知,$\boldsymbol{F}_z$ 对轴 z 的转动效果为零;$\boldsymbol{F}_{xy}$ 对轴 z 的转动作用,即力 $\boldsymbol{F}_{xy}$ 对轴 z 之矩,等于在 xy 平面内力 $\boldsymbol{F}_{xy}$ 对轴 z 与该平面交点 O 之矩。

故力 $\boldsymbol{F}$ 对轴 z 之矩可写为

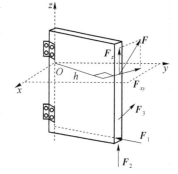

图 1-3-51 力对轴之矩

$$M_z(\boldsymbol{F}) = M_O(\boldsymbol{F}_{xy}) = \pm F_{xy} \cdot h \tag{1-3-48}$$

即力 $\boldsymbol{F}$ 对轴 z 之矩 $M_z(\boldsymbol{F})$，等于力在垂直于 z 轴的 xy 平面内的分量 $\boldsymbol{F}_{xy}$ 对轴 z 与 xy 平面交点 O 之矩。正负依据转动方向用右手法确定，即右手四指与转动方向一致时，拇指指向轴的正向则为正（图中力 $\boldsymbol{F}$ 对 z 轴之矩为正）。

若在空间直角（正交）坐标系中，将力分解为沿3个坐标方向的分力之和，则引用合力矩定理，同样可将力对轴之矩表达为各分力对该轴之矩的代数和，即

$$M_z(\boldsymbol{F}) = M_z(\boldsymbol{F}_x) + M_z(\boldsymbol{F}_y) + M_z(\boldsymbol{F}_z) = M_z(\boldsymbol{F}_x) + M_z(\boldsymbol{F}_y) \tag{1-3-49}$$

注意到 F_z 平行于 z 轴，其对 z 轴之矩为零。

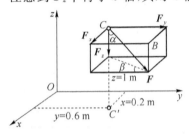

图 1-3-52 例 1-3-16 图

【例 1-3-16】 力 $F=100$ N，$\alpha=60°$，$\beta=30°$，求力 $\boldsymbol{F}$ 在各正交坐标轴上的投影及力对轴之矩。

解：$\boldsymbol{F}$ 在各坐标轴上的投影为

$$F_z = -F\cos\alpha = -100 \text{ N} \times 0.5 = -50 \text{ N}$$
$$F_x = F\sin\alpha\sin\beta$$
$$= 100 \text{ N} \times 0.866 \times 0.5 = 43.3 \text{ N}$$
$$F_y = F\sin\alpha\cos\beta = 100 \text{ N} \times 3/4 = 75 \text{ N}$$

力 $\boldsymbol{F}$ 对各坐标轴之矩为

$$M_z(\boldsymbol{F}) = M_z(\boldsymbol{F}_x) + M_z(\boldsymbol{F}_y) = -F_x \cdot y + F_y \cdot x = -10.98 \text{ N} \cdot \text{m}$$
$$M_x(\boldsymbol{F}) = M_x(\boldsymbol{F}_y) + M_x(\boldsymbol{F}_z) = -F_y \cdot z - F_z \cdot y = -105 \text{ N} \cdot \text{m}$$
$$M_y(\boldsymbol{F}) = M_y(\boldsymbol{F}_x) + M_y(\boldsymbol{F}_z) = F_x \cdot z + F_z \cdot x = 53.3 \text{ N} \cdot \text{m}$$

讨论：空间中力对点之矩与力对轴之矩间的关系。

空间中的力偶也可用一个矢量 $\boldsymbol{M}$ 来表示（如图 1-3-53 所示）。力偶矩矢的长度（按一定的比例）表示力偶矩的大小；矢的指向沿力偶作用平面的法向；转动的方向则由右手螺旋规则确定。对于刚体而言，力偶矩矢是自由矢，可以在空间中沿作用线或平行于作用线移动。

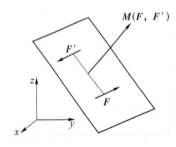

图 1-3-53 力偶矩矢

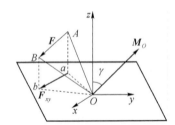

图 1-3-54 $\boldsymbol{M}_O$ 与 $\boldsymbol{M}_z(\boldsymbol{F})$ 之关系

图 1-3-54 所示之力 $\boldsymbol{F}$ 对 O 点之矩用矢量 $\boldsymbol{M}_O$ 表示，则 $\boldsymbol{M}_O$ 垂直于 OAB 平面且大小为

$$M_O = M_O(\boldsymbol{F}) = 2\triangle OAB \tag{1-3-50}$$

力 $\boldsymbol{F}$ 对过 O 点的轴 z 之矩，等于力 $\boldsymbol{F}$ 在过 O 点且垂直于轴的平面上的分量 $\boldsymbol{F}_{xy}$ 对 O 点之矩，即

$$M_z(\boldsymbol{F}) = 2\triangle Oab = 2\triangle OAB \cdot \cos\gamma \tag{1-3-51}$$

注意到 OAB 平面与 Oab 平面之夹角等于其法线的夹角 γ，而力偶矩矢 $\boldsymbol{M}_O$ 在轴 z 上的投影亦为 $2\triangle OAB \cdot \cos\gamma$，故可知力对某点之矩矢在过点任意轴上的投影等于力对该轴之矩。

1.3.3.3 空间力系的平衡方程及其求解

现在先来讨论空间一般力系的简化。

用讨论平面问题时力的平移相同的方法,空间中的力 F,也可以平移到任意点 O;同时附加一力偶,该力偶之矩等于力 F 对点 O 之矩,如图 1-3-55 所示。即力 F 平移到 A 点后,得到作用于 O 点的平行力 F' 和以力偶矩矢表示的力偶 $M=M_O(F)$,M 垂直于力偶作用平面 Obc。

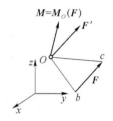

图 1-3-55 力向空间一点平移

对于任意空间一般力系,将力系中各力向坐标原点 O 平移,将得到一个空间汇交力系和一个同样汇交于 O 点的由力偶矩矢量表示的空间力偶系。按照矢量加法,汇交于 O 点的空间力系可合成为一个力 $F_{R'}$,是空间力系的主矢;空间力偶系也可按力偶矩矢量求和,合成为一个力偶 M_O,是空间力系的主矩。

因此,空间一般力系向一点简化的结果将得到一个主矢和一个主矩。当主矢和主矩都等于零(它们在坐标轴上的投影为零)时,空间力系为平衡力系。主矢等于零,则其在各轴上的投影必为零;主矩等于零,则其在各轴上的投影(即对各轴之矩)必为零。故空间一般力系的平衡条件为

$$\sum F_x = 0 \qquad \sum M_x(F) = 0$$
$$\sum F_y = 0 \qquad \sum M_y(F) = 0 \qquad (1-3-52)$$
$$\sum F_z = 0 \qquad \sum M_z(F) = 0$$

另一方面,在空间中的物体,有沿 x、y、z 3 个方向的移动状态和绕 3 个坐标轴的转动状态的可能改变,若这 6 种运动状态均不发生改变,则物体必处于平衡状态。上述 6 个独立平衡方程限制了物体在空间中的所有移动和转动状态的改变,同样表达了满足刚体平衡的充分必要条件。

【例 1-3-17】 传动轴如图 1-3-56 所示,齿轮 C、D 半径分别为 r_1、r_2,试写出其平衡方程组。

解:画受力图。约束为一对轴承,反力如图 1-3-49 所示。为避免在列平衡方程时发生遗漏或错误,可如下表所示,逐一列出各力在坐标轴上的投影及其对轴之矩。

例 1-3-17 表 各力在坐标轴上的投影及其对轴之矩

	F_{Ax}	F_{Ay}	F_{Az}	F_{By}	F_{Bz}	F_{Ct}	F_{Cr}	F_{Dt}	F_{Dr}
F_x	F_{Ax}	0	0	0	0	0	0	0	0
F_y	0	F_{Ay}	0	F_{By}	0	0	$-F_{Cr}$	0	F_{Dr}
F_z	0	0	F_{Az}	0	F_{Bz}	$-F_{Ct}$	0	$-F_{Dt}$	0
$M_x(F)$	0	0	0	0	0	$-F_{Ct} \cdot r_1$	0	$F_{Dt} \cdot r_2$	0
$M_y(F)$	0	0	0	0	$-F_{Bz} \cdot AB$	$F_{Ct} \cdot AC$	0	$F_{Dt} \cdot AD$	0
$M_z(F)$	0	0	0	$F_{By} \cdot AB$	0	0	$-F_{Cr} \cdot AC$	0	$F_{Dr} \cdot AD$

由表中各行可以清楚明白地列出平衡方程如下:

$$\sum F_x = F_{Ax} = 0 \qquad (1)$$
$$\sum F_y = F_{Ay} + F_{By} - F_{Cr} + F_{Dr} = 0 \qquad (2)$$

$$\sum F_z = F_{Az} + F_{Bz} - F_{Ct} - F_{Dt} = 0 \tag{3}$$

$$\sum M_x(\boldsymbol{F}) = -F_{Ct} \cdot r_1 + F_{Dt} \cdot r_2 = 0 \tag{4}$$

$$\sum M_y(\boldsymbol{F}) = F_{Ct} \cdot AC + F_{Dt} \cdot AD - F_{Bz} \cdot AB = 0 \tag{5}$$

$$\sum M_z(\boldsymbol{F}) = F_{By} \cdot AB - F_{Cr} \cdot AC + F_{Dr} \cdot AD = 0 \tag{6}$$

利用上述 6 个方程,除可求 5 个约束反力外,还可确定平衡时轴所传递的载荷。

上述求解空间力系平衡问题的方法,称为直接求解法。

空间力系若为平衡力系,则空间平衡力系中各力在正交坐标系中任一平面上的分量(其大小等于力在该平面上的投影)所形成的平面力系,也必为平衡力系。因为处于平衡的物体,不能在任何平面内发生移动或转动状态的改变。

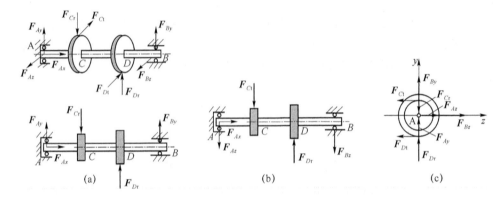

图 1-3-56　例 1-3-17 中空间力系在坐标平面上的投影

如将图 1-3-49 之空间力系向坐标平面 Axy 投影,得到图 1-3-56(a)所示之平面力系,平衡方程为

$$\sum F_x = F_{Ax} = 0 \tag{1}$$

$$\sum F_y = F_{Ay} + F_{By} - F_{Cr} + F_{Dr} = 0 \tag{2}$$

$$\sum M_A(\boldsymbol{F}) = \sum M_z(\boldsymbol{F}) = F_{By} \cdot AB - F_{Cr} \cdot AC + F_{Dr} \cdot AD = 0 \tag{6}$$

由图 1-3-56(b) 所示之 Axz 平面力系,可写出平衡方程

$$\sum F_x = F_{Ax} = 0 \tag{1}$$

$$\sum F_z = F_{Az} + F_{Bz} - F_{Ct} - F_{Dt} = 0 \tag{3}$$

$$\sum M_A(\boldsymbol{F}) = \sum M_y(\boldsymbol{F}) = F_{Ct} \cdot AC + F_{Dt} \cdot AD - F_{Bz} \cdot AB = 0 \tag{5}$$

由图 1-3-56(c) 所示之 Ayz 平面力系,可写出平衡方程

$$\sum F_y = F_{Ay} + F_{By} - F_{Cr} + F_{Dr} = 0 \tag{2}$$

$$\sum F_z = F_{Az} + F_{Bz} - F_{Ct} - F_{Dt} = 0 \tag{3}$$

$$\sum M_A(\boldsymbol{F}) = \sum M_x(\boldsymbol{F}) = -F_{Ct} \cdot r_1 + F_{Dt} \cdot r_2 = 0 \tag{4}$$

这样写出的平衡方程,与直接求解法是完全相同的。但应注意,由 3 个投影平面力系写出的 9 个平衡方程中,只有 6 个是独立的。3 个力的投影方程各写了 2 次,2 次是否一致可检查

投影或投影方程的正确性。以坐标原点为矩心,在平面内写出的力矩方程,则分别是空间力系中对垂直于该平面的坐标轴的力矩方程。如在 Axy 平面内,力系对 A 点之矩 $\sum M_A(\boldsymbol{F})$,就是空间力系对于 z 轴之矩 $\sum M_z(\boldsymbol{F})$,等等。

只要能正确地将空间力系投影到 3 个坐标平面上,则空间力系的平衡问题即可转化成平面力系的平衡问题,用我们前面所学的方法求解。这种方法称为投影法,其优点是图形简明,几何关系清楚,在工程中常常采用。

对于图 1-3-57 中的空间汇交力系,若将坐标原点选取在汇交点上,因为汇交力系中各力均与过汇交点之轴相交,对轴之矩为零,显然有 $\sum M_x(\boldsymbol{F}) \equiv 0$,$\sum M_y(\boldsymbol{F}) \equiv 0$,$\sum M_z(\boldsymbol{F}) \equiv 0$。故剩下的三个独立平衡方程是

$$\sum F_x = 0 \qquad \sum F_y = 0 \qquad \sum F_z = 0 \qquad (1\text{-}3\text{-}53)$$

式(1-3-53)是空间汇交力系的平衡方程。

对于图 1-3-58 中的空间平行力系,若选取坐标轴 y 与各力平行,则因为力系中各力平行于 y 轴,故 $\sum M_y(\boldsymbol{F}) \equiv 0$;且各力均垂直于 x、z 轴,故有 $\sum F_x \equiv 0$、$\sum F_z \equiv 0$。剩下的 3 个独立平衡方程是

$$\sum F_y = 0 \qquad \sum M_x(\boldsymbol{F}) = 0 \qquad \sum M_z(\boldsymbol{F}) = 0 \qquad (1\text{-}3\text{-}54)$$

式(1-3-54)是空间平行力系的平衡方程。

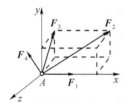

图 1-3-57 空间汇交力系

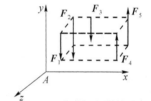

图 1-3-58 空间平行力系

【例 1-3-18】 图 1-3-59 中刚架由 3 个固定销支承在 A、B、C 支座处,受力 $\boldsymbol{F}_1$、$\boldsymbol{F}_2$ 作用,在 z 方向无外力。求 A、B、C 各处的约束力。

解:z 方向无外力作用,各处约束无 z 方向的反力。故 A、B、C 3 支座处均只有沿 x、y 方向的 2 个未知约束力,如图1-3-59 所示。

列平衡方程有

$$\sum M_{z'}(\boldsymbol{F}) = 2F_1 a - 2F_{Ay} a = 0 \Rightarrow F_{Ay} = F_1$$

$$\sum F_y = F_{Ay} - F_1 + F_{By} + F_{Cy} = 0 \Rightarrow F_{By} = -F_{Cy}$$

$$\sum M_x(\boldsymbol{F}) = F_{Cy} a - F_{By} a - 2F_1 a = 0 \Rightarrow F_{Cy} = F_1$$

$$\sum F_x = F_2 + F_{Ax} + F_{Bx} + F_{Cx} = 0$$

$$\sum M_y(\boldsymbol{F}) = F_{Bx} a - F_{Cx} a - 2F_2 a = 0$$

还有:$\sum F_z \equiv 0$

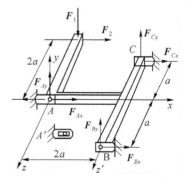

图 1-3-59 例 1-3-18 图

除 $\sum F_z \equiv 0$ 外,剩下的独立平衡方程只有 5 个,不足以求解 6 个约束力未知量。进一步分析知,由上述前 3 个方程可以得到各处在 y 方向的约束力;但剩下的 2 个方程中还有 3 个关于 x 的未知量 F_{Ax}、F_{Bx} 和 F_{Cx}。

x 方向多余的未知约束力表明问题在 x 方向有多余的约束,去除 x 方向的多余约束后,问题成为静定的,刚架仍能保持平衡,且可给出 x 方向未知约束力的解答。如将 A 处的固定销孔改成槽,使销可在槽中沿 x 方向滑动,则 $F_{Ax}=0$,F_{Bx} 和 F_{Cx} 可由剩下的 2 个平衡方程求解。

讨论:本例中 A、B、C 3 处固定销支承若均限制刚架沿 x、y、z 3 个方向的移动,则各有 3 个约束力。刚架所受到的约束力共 9 个,独立平衡方程只有 6 个,问题是 3 次静不定的。适当地去除 3 个多余的约束力,在任意的外力作用情况下,仍然可以保持刚架的平衡。有兴趣的读者可自行思考如何适当地去除多余约束。

1.4 课题四:机械设计概述

机械设计可追溯到人类制造和使用工具的初期,早在数千年前人们就开始使用简单的纺织机械,西汉时的指南车,东汉时的候风地动仪,晋朝时的水碾等。18 世纪初以蒸汽机为代表产生了第一次工业革命,人们开始设计制造各种各样的机械,例如纺织机、火车、汽轮船。19 世纪到 20 世纪初的第二次产业革命,随着内燃机的出现,促进了汽车、飞机等交通运输工具的出现和发展。20 世纪中后期,以机电一体化技术为代表,在机器人、航空航天、海洋舰船等领域开发出了众多高新机械产品,如火箭、卫星、宇宙飞船、空间站、航空母舰、深海探测器等。机械设计在经历了常规设计、基础设计、经验设计的漫长演变历程后,随着计算机与微电子技术的迅猛发展,利用计算机来完成设计(CAD)、分析(CAE)、工艺规划(CAPP)、制造(CAM)、数据管理(PDM)及集成制造系统(CIMS)应用已获得成效。近年来机械创新设计已经成为机械设计的主导方向。展望未来,智能机械、微型机构、仿生机械的蓬勃发展,将促进材料、信息、计算机技术、自动化等领域的交叉与融合,必将促使机械设计向纵深方向推进。

1.4.1 机械设计的基本要求

机械设计的最终目的是为市场提供优质高效、价廉物美的机械产品,在市场竞争中取得优势,赢得用户,取得良好的经济效益。机械设计的常用方法有现代设计方法、常规设计方法、优化设计、可靠性设计、有限元设计、模块设计、计算机辅助设计、理论设计、经验设计和模型实验设计等。

以下简述机械设计应满足的基本要求。

1. 满足社会需求

机械产品的设计总是以社会需求为前提,一项产品的性能应尽量满足用户的需求。没有需求就没有市场,也就失去了产品存在的价值和依据。社会的需求是变化的,不同时期、不同地点、不同的社会环境就会有不同的市场行情和需求。产品应不断的更新改进,适应市场的变化。

2. 可靠性的要求

可靠性是指产品在规定的条件下和规定的时间内完成规定功能的能力,产品规定功能的丧失称为失效,对可修复产品的失效也称为故障。

可靠性是衡量产品质量的一个重要指标,提高产品可靠性的最有效的方法是进行可靠性设计。

3. 经济性要求

提高产品的经济性,既是增加产品市场竞争力、赢得用户的需要,也是节约社会劳动、提高社会效益的需要。

4. 安全性要求

机器的安全性包括两方面。

(1) 机器执行预期功能的安全性,即机器运行时系统本身的安全性,如满足必要的强度、刚度、稳定性、耐磨性等要求。因此,在设计时必须按有关规范和标准进行设计计算。另外,为了避免机器由于意外原因造成故障或失效,常需要配置过载保护、安全互锁等装置。如为了保证传动系统在过载时不致损坏,常在传动链中设置安全离合器或安全销。又如,为保证机器安全运行,离合器与制动器必须设计成互锁结构,即离合器与制动器不能同时工作。

(2) 人-机-环境系统的安全性

机器是为人类服务的,同时它又在一定的环境中工作,人、机、环境三者构成一个特定的系统。机器工作时不仅机器本身应具有良好的安全性,而且对使用机器的人员及周围的环境也应有良好的安全性。

在满足安全性要求的基础上,在设计上应以人为主体协调处理好人、机、环境三者的关系,力求产品功能完善,造型色彩大方宜人,人-机接口亲切、方便,要对人类的生存环境进行保护和改善。

因此,机械设计在实现机械运动和动力功能的前提下,做到性能好、效率高、低成本,并具有可靠性高和操作维护方便等要求。设计者应努力实现在各种限定的条件下设计出较好的产品,即做出优化设计,使设计的产品具有最优的综合技术经济效果。机械设计是根据使用要求确定机械的工作原理,对机械结构进行运动和动力分析计算并将其转化为具体的技术资料,作为生产制造依据的工作过程。

1.4.2 机械设计的类型

机械设计是一项创造性劳动,同时也是对已有成功经验的继承过程。根据实际情况的不同可以分成3种类型。

1. 开发性设计

机械产品的工作原理和具体结构等完全未知的情况下,应用成熟的科学技术或经过实验证明是可行的新技术、新方法、新工艺,开发设计新产品,这是一种完全创新的设计。

2. 适应性设计

在现有机械产品的工作原理、设计方案不变的前提下,仅作局部变更或增加附加功能,在结构上作相应调整,使产品更能满足使用要求。

3. 变形设计

机械产品的工作原理和功能结构不变,为了适应工艺条件或使用要求,改变产品的具体参数和结构。

1.4.3 机械设计的一般过程

机械产品设计的过程是一个复杂的过程,不同类型的产品、不同类型的设计,其产品的设计过程不尽相同。产品的开发性设计过程大致包括规划设计、方案设计、技术设计、施工设计及改造设计等阶段。

1. 规划设计

(1) 市场调查

在明确任务的基础上,广泛开展市场调查。其内容主要包括用户对产品的功能、技术性能、价位、可维修性及外观等具体要求;国内外同类产品的技术经济情况;现有产品的销售情况及该产品的预测;原材料及配件供应情况;有关产品可持续发展的有关政策、法规等。

(2) 可行性分析

针对上述技术、经济、社会等各方面的情报进行详细分析并对开发的可能性进行综合研究,提出产品开发的可行性报告。

(3) 技术任务书

技术任务书下达对开发产品的具体设计要求,它是产品设计、制造、试制等评价决策的依据,也是用户评价产品优劣的尺度之一。

可见,规划设计的主要工作是提出设计任务和明确设计要求。

2. 方案设计

市场需求的满足是以产品功能来体现的。实现产品功能是产品设计的核心,体现同一功能的原理方案可以是多种多样的。因此,这一阶段就是在功能分析的基础上,通过创新构思、优化筛选,取得较理想的功能原理方案。产品功能原理方案的好坏,决定了产品的性能和成本,关系到产品的水平和竞争力,它是这一设计阶段的关键。

方案设计包括产品功能分析、功能原理求解、方案的综合及评价决策,最后得到最佳功能原理方案。对于现代机械产品来说,其机械系统的方案设计往往表现为机械运动示意图和机械运动简图的设计。

可见,方案设计应由设计人员构思出多种可行方案进行分析比较,从中优选出一种方案。

3. 技术设计

技术设计的任务是将功能原理方案得以具体化,成为机器及其零部件的合理结构。在此阶段要完成产品的参数设计、总体设计、结构设计、人机工程设计、环境系统设计及造型设计等,最后得到总装配草图。可见,技术设计结果以工程图及计算说明书的形式表达出来。

4. 制造及试验

工作内容包括由总装草图分拆零件图,绘制零件工作图,部件装配图,绘制总装图,编制技术文件,如设计说明书、标准件及外购件明细表、备件和专用工具明细表等。根据这些技术文件进行样机试制、测试、综合评价及改进,以及工艺设计、小批生产、市场销售及定型生产等环节。

可见,制造及试验是经过加工、安装及调试制造出样机,对样机进行试运行或在生产现场试用。

1.4.4 零件的失效形式和计算准则

机械零件由于各种原因不能正常工作而失效,其失效形式很多,主要有断裂、表面压碎、表面点蚀、塑性变形、过度弹性变形、共振、过热及过度磨损等。

为了保证零件能正常工作,在设计零件时应首先进行零件的失效分析,预估失效的可能性,采取相应措施,其中包括理论计算,计算所依据的条件称为计算准则,常用的计算准则有:

1. 强度准则

强度是衡量机械零件工作能力最基本的计算准则,它是指零件受载后抵抗断裂、塑性变形及表面失效的应力。强度可分为整体强度和表面强度(接触与挤压强度)。设计时应满足的强度条件为 $\sigma \leqslant [\sigma]$。

2. 刚度准则

刚度是指机械零件在载荷作用下,抵抗弹性变形的能力。某些零件如机床主轴、蜗杆轴等零件,刚度不足将产生过大的弹性变形,影响机器的正常工作。设计时应满足的刚度条件为 $y \leqslant [y]$。

3. 振动稳定性准则

为避免共振,在设计高速机械中,应进行振动分析和计算,使零件和系统的自振频率与周期性载荷的作用频率错开一定的范围,以确保零件及机械系统的振动稳定性。

4. 耐热性准则

零件工作时如果温度过高,将导致润滑剂失去作用,材料强度极限下降,引起热变形及附加热应力等,从而使零件不能正常工作。散热性准则为:根据热平衡条件,工作温度 t 不应超过许用工作温度 $[t]$,即 $t \leqslant [t]$。

5. 耐磨性准则

磨损是由于表面的相对运动使零件工作表面的物质不断损失的现象,它是机械设备失效的重要原因。耐磨性是指零件抵抗磨损的能力。由于磨损的损伤机理和表现形式非常复杂,其中主要的影响因素包括零件表面接触应力或压强的大小、相对滑动速度、摩擦副材料和表面的润滑情况等。在机械设计中,耐磨性准则的实质是控制摩擦表面的压强(或接触应力)、相对速度等不超过许用值。

6. 可靠性准则

零件的可靠度是零件在规定的使用条件下,在规定的时间内能正常工作的概率来表示,即在规定的寿命时间内连续工作的件数占总件数的百分比表示。如有 M_T 个零件在预期寿命内只有 M_S 个零件能连续正常工作,则其系统的可靠度为:$R = M_S / M_T$。

1.4.5 机械零件设计的一般步骤

(1) 建立零件的受力模型,根据简化计算方法,确定作用在零件上的载荷。
(2) 根据零件功能的要求选定零件的类型与结构。
(3) 根据零件的工作条件及零件的特殊要求,选择零件材料及热处理方法。
(4) 根据工作情况的分析,判定零件的失效形式,从而确定其设计准则。
(5) 选择零件的主要参数,并根据设计准则计算零件的主要尺寸。
(6) 进行零件的结构设计。这是零件设计中极为重要的设计内容,往往设计工作量较大。
(7) 结构设计完成后,必要时要进行强度校核计算。如果不满足强度的要求,则应修改结构设计。
(8) 绘制零件工作图,编写计算说明书及有关技术文件。

1.4.6 机械零部件的标准化

在机械设计中应尽可能地遵循标准化的原则。机械产品标准化的内容包括标准化、系列化和通用化等方面,简称机械产品的"三化"。

标准化是对机械零件的种类、尺寸、结构要素、材料性能、检验方法、设计方法、公差配合及制图规范等制定出相应的标准,供设计、制造及修配中共同遵照使用。如螺栓、螺母、垫圈等的标准化。

系列化是指产品按主要参数分档,形成一定系列的产品,这样可用较少规格的产品满足不同的需要,如圆柱齿轮减速器系列,系列化是标准化的重要组成部分。

通用化是对不同规格的同类产品或不同类产品,在设计中尽量采用相同的零件或部件,如几种类型不同的汽车可以采用相同的轮胎。通用化是广义的标准化。

标准化的意义表现为:

(1) 能以最先进的方法对用途广泛的零件进行专业化的大规模生产,以提高质量,降低成本。

(2) 可以减轻设计工作量、缩短设计周期,提高设计质量及降低设计费用。

(3) 具有互换性,便于维修更换。

我国现行标准分为国家标准(GB)、行业标准(如 JB、YB 等)及企业标准等 3 个等级。标准又分为必须执行(如制图标准、螺纹标准等)和推荐使用(如直径标准等)2 种。为了便于国际间的交流与合作,我国的国家标准现已尽可能地靠拢、符合和采用国际标准(ISO)。

1.4.7 零件的失效

机械零件由于某种原因不能正常工作时,称为失效。在不发生失效的条件下,零件所能安全工作的限度,称为工作能力。通常此限度是对载荷而言,所以习惯上又称为承载能力。

零件的失效主要原因为断裂或塑性变形;过大的弹性变形;工作表面的过度磨损或损伤;发生强烈的振动;联接的松弛;摩擦传动的打滑等。例如,轴的失效可能由于疲劳断裂;也可能由于过大的弹性变形,致使轴颈在轴承中倾斜,若轴上装有齿轮则轮齿受载便不均匀,以致影响正常工作。在前一情况下,轴的承载能力决定于轴的疲劳强度;而在后一情况下则取决于轴的刚度。显然,两者中的较小值决定了轴的承载能力。又如,轴承的润滑、密封不良时,轴瓦或轴颈就可能由于过度磨损而失效。此外,当周期性干扰力的频率与轴的自振频率相等或接近时,就会发生共振,这种现象称为失去振动稳定性,共振可能在短期内使零件损坏。

机械零件虽然有多种可能的失效形式,但归纳起来最主要的为强度、刚度、耐磨性、稳定性和温度的影响等几个方面的问题。对于各种不同的失效形式,相应地有各种工作能力判定条件。例如,当强度为主要问题时,按强度条件判定,即应力小于等于许用应力;当刚度为主要问题时,按刚度条件判定,即变形量小于等于许用变形量;等等。判定条件可概括为计算量小于等于许用量。这种为防止失效而制定的判定条件,通常称为工作能力计算准则。

设计机械零件时,常根据一个或几个可能发生的主要失效形式,运用相应的判定条件,确定零件的形状和主要尺寸。

机构设计

项目二

2.0 工程项目实例二

由项目一可知,机构是能够实现一定功能的构件组合体。常用机构主要包括平面连杆机构(如图 2-0-1 所示缝纫机脚踏机构、如图 1-1-1 所示内燃机中的曲柄活塞机构、如图 1-1-3 所示牛头刨床中的摆动导杆机构);凸轮机构(如图 1-1-1 所示内燃机中的配汽机构、如图 2-0-1 所示缝纫机中的挑线机构);间歇运动机构(如图 1-1-3 所示牛头刨床中的横向进给机构)等等。

图 2-0-1 缝纫机脚踏机构

2.1 课题一:平面连杆机构

机构是由两个或两个以上构件用运动副联接起来,并具有确定相对运动的系统,是机器的主要组成部分,常用的机构主要包括平面连杆机构、凸轮机构、间歇运动机构等。平面连杆机构是指机构的所有运动部分均在同一平面或相互平行的平面内运动,是由若干个构件通过低副联接而成的机构,又称平面低副机构。由 4 个构件通过低副联接而成的平面连杆机构,则称为平面四杆机构。它是平面机构中最常见的形式也是组成多杆机构的基础。

如果所有低副均为转动副,这种四杆机构就称为铰链四杆机构。它是平面四杆机构最基本的形式,其他形式的四杆机构都可看作是在它的基础上演化而成的。

平面连杆机构特点：

（1）平面连杆机构中的运动副都是低副,组成运动副的两构件之间为面接触,因而承受的压强小、便于润滑、磨损较轻可以承受较大的载荷。

（2）构件形状简单,加工方便,构件之间的接触是由构件本身的几何形状来保持的,所以构件工作可靠。

（3）在主动件等速连续运动的条件下,当各构件的相对长度不同时,可使从动件实现多种形式的运动,满足多种运动规律的要求。

（4）利用平面连杆机构中的连杆可满足多种运动轨迹的要求。

（5）根据从动件所需要的运动规律或轨迹来设计连杆机构比较复杂,而且精度不高。

（6）连杆机构运动时产生的惯性大、难以平衡,所以不适用于高速的场合。同时,为了设计机械,都需要将具体的机械抽象成简单的运动学模型,绘制出机构运动简图。

2.1.1 平面连杆机构的运动幅及自由度

2.1.1.1 运动副

使两构件直接接触并能产生一定相对运动的联接,称为运动副。轴承中的滚动体与内、外圈的滚道、啮合中的一对齿廓、滑块与导槽,均保持直接接触,并能产生一定的相对运动,因而它们都构成了运动副。

2.1.1.2 自由度和运动副约束

一个作平面运动的自由构件有 3 个独立运动的可能性,构件所具有的这种独立运动的数目称为构件的自由度,所以一个作平面运动的自由构件有 3 个自由度,但当这些构件之间以一定的方式联接起来成为构件系统时,各个构件不再是自由构件,两相互接触的构件间只能作一定的相对运动,自由度减少。这种对构件独立运动所施加的限制称为约束。

2.1.1.3 运动副的类型

1. 低副

两构件通过面接触而构成的运动副称为低副。根据两构件间的相对运动形式,低副又可分为转动副和移动副。

（1）转动副

两构件只能组成在一个平面内作相对转动的运动副称为转动副(或铰链),如图 2-1-1 所示。

（2）移动副

两构件只能沿某一方向线作相对移动的运动副称为移动副,如图 2-1-2 所示。

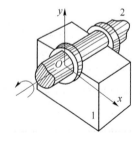

图 2-1-1 转动副

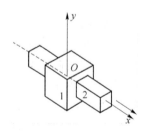

图 2-1-2 移动副

2. 高副

两构件通过点或线接触组成的运动副称为高副。如图 2-1-3 所示,凸轮与滚子及两齿轮分别在其接触处组成高副。

2.1.1.4 运动链和机构

两个以上的构件以运动副联接而构成的系统称为运动链。未构成首末相连的封闭环的运动链称为开链,否则称为闭链。在运动链中选取一个构件固定(称为机架),当另一构件(或少数几个构件)按给定的规律独立运动时,其余构件也随之作一定的运动,这种运动链就成为机构。机构中输入运动的构件称为主动件,其余的可动构件称为从动件。由此可见,机构是由主动件、从动件和机架 3 部分组成的。

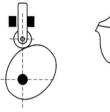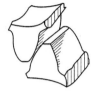

图 2-1-3　高副

2.1.1.5 平面机构的运动简图

机构是由若干构件通过若干运动副组合在一起的。在研究机构运动时,为了便于分析,常常撇开它们因强度等原因形成的复杂外形及具体构造,仅用简单的符号和线条表示,并按一定的比例定出各运动副及构件的位置,这种简明表示机构各构件之间相对运动关系的图形称为机构运动简图。

1. 构件及运动副的表示方法

(1) 构件用直线或小方块等来表示。如图 2-1-4 所示。

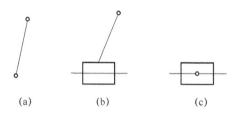

图 2-1-4　构件的表示方法

(2) 圆圈表示转动副,其圆心必与回转轴线重合,带斜线的表示固定构件,如图 2-1-5 所示。

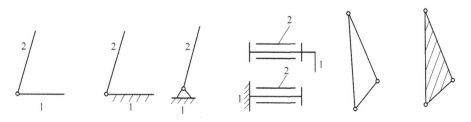

图 2-1-5　转动副的表示方法

(3) 两构件组成移动副,其导路必须与相对移动方向一致,如图 2-1-6 所示。

(4) 两构件组成平面高副时,其运动简图中应画出两构件接触处的曲线轮廓,对于凸轮、滚子,习惯画出其全部轮廓;对于齿轮,常用点划线划出其节圆,如图 2-1-7 所示。

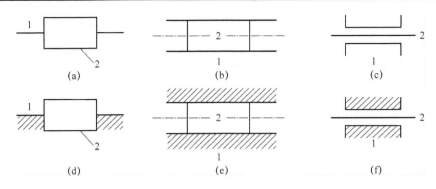

图 2-1-6　移动副的表示方法

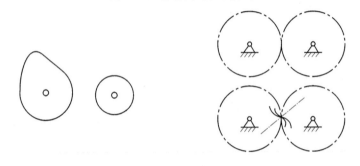

图 2-1-7　高副的表示方法

2. 其他常用的构件和运动副符号(如表 2-1-1 所示)

表 2-1-1　常用的构件和运动副符号

名称		简图符号	名称		简图符号
构件	轴、轩		机架	基本符号	
	三副元素构件			机架是转动副的一部分	
	构件的永久联接			机架是移动副的一部分	
平面低副	转动副		平面高副	齿轮副 外啮合 内啮合	
	移动副			凸轮副	

3. 绘制机构运动简图的步骤

(1) 分析机构工作原理及组成,将各个构件用数字编号表示。

(2) 从主动件开始,沿运动传递路线,分析各构件间运动副的类型,并确定各构件的运动性质。

(3) 选择视图平面及机构运动简图的位置。

(4) 选择适当的比例,用规定的符号将各运动副画出。然后用线条将同一构件上的运动副联起来。

【例 2-1-1】 试绘制如图 2-1-8(a)所示偏心油泵机构的运动简图。

解：(1) 分析机构的运动，判别构件的类型和数目。图示偏心油泵机构是由偏心轮 1、外环 2、圆柱 3 和机架 4 组成的，共 4 个构件。其中，偏心轮 1 为主动件，它绕着固定轴心 A 转动。圆柱 3 绕轴心 C 转动，而外环 2 上的叶片 a 可在圆柱 3 中移动。当偏心轮 1 按图示方向连续转动时，偏心油泵可将右侧进油口输入的油液从其左侧的出油口输出，从而起到泵油的作用。

(2) 确定运动副的类型和数量。

从作为主动件的构件偏心轮 1 开始，沿着运动传递的顺序，根据构件之间相对运动的性质，确定机构运动副的类型和数目。

(3) 选择投影平面。

图 2-1-9(b)已能清楚地表达出各个构件的运动关系，所以就选择此平面作为投影平面。

(4) 选择适当的比例。

按照测量出的机构尺寸和选定的图幅，选择一个适当的长度比例尺。

(5) 绘制机构的运动简图。

首先确定转动副 A 的位置，然后根据尺寸，按照选定的比例尺确定各个运动副的位置，标明构件 1、2、3 和 4 以及转动副 A、B 和 C，主动件上画出箭头表示其运动的方向。作出运动简图如图 2-1-8(b)所示。

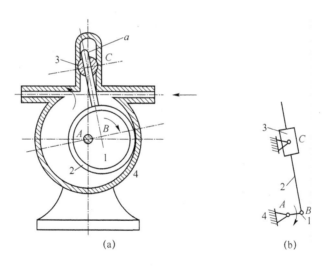

图 2-1-8 偏心油泵机构及其运动简图

【例 2-1-2】 绘制如图图 2-1-9 所示的小型压力机的机构运动简图。

解：该小型压力机的工作原理是电机带动偏心轮 $1'$ 作顺时针转动，通过构件 2、3 将主运动传给构件 4；同时另一路运动自与偏心轮 $1'$ 固联的齿轮 1 输出，经齿轮 8 及与其固联的槽型凸轮 $8'$，传递给构件 4；两路运动经构件 4 合成，由滑块 6 带动压头 7 作上下移动，实现冲压工艺动作。显然该压力机的机架是构件 0，原动件为组件 1-$1'$，其他为从动件。

仔细观察各连接构件之间的相对运动特点后可知，构件 0 和 1($1'$)、$1'$ 和 2、2 和 3、3 和 4、4 和 5、6 和 7 及 0 和 8($8'$)之间构成转动副；而构件 0 和 3、4 和 6 及 0 和 7 之间构成移动副；高副为 1 和 8、$8'$ 和 5 之间形成。

选定视图投影面及比例尺,顺序确定转动副 A、H 和移动副导路 D、M 的位置,根据原动件 $1'$ 的位置及各杆长等绘出转动副 B、C、E、F、J 的位置按规定符号绘出各运动副(包括高副 G、N)及各构件等,最后得到该压力机的机构运动简图,如图 2-1-10 所示。

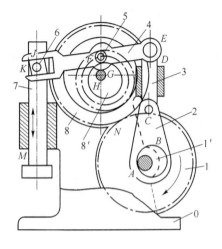
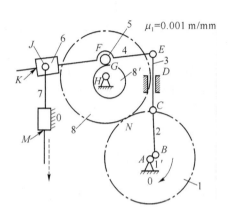

图 2-1-9 小型压力机　　　　　图 2-1-10 运动简图

【例 2-1-3】 图 2-1-11(a)所示为牛头刨床执行机构的结构图,试绘制机构运动简图。

解:(1) 机构分析。牛头刨床执行机构由大齿轮 2、机架 7、滑块 3、导杆 4、摇块 5 和滑枕 6 共 6 个构件组成,转动的大齿轮为原动件,移动的滑枕 6 为工作构件。

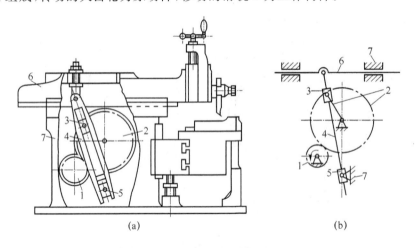

图 2-1-11 牛头刨床主体运动机构

(2) 确定运动副类型。原动件大齿轮 2 用轴通过轴承与机架 7 铰接成转动副;滑块 3 通过销子与大齿轮铰接成转动副;滑块 3 与导杆 4 用导轨联接为面接触成移动副;摇块 5 与机架铰接成转动副;摇块 5 与导杆 4 用导轨联接成移动副;导杆 4 与滑枕 6 铰接成转动副;滑枕 6 与机架 7 用导轨联接以面接触成移动副。这里有 4 个转动副和 3 个移动副共 7 个运动副。

(3) 成绘制机构运动简图。①按各运动副间的图示距离和相对位置,选择适当的瞬时位置和比例,用规定的符号表示各运动副;②用直线将同一构件上的运动副连接起来,并标上件号、铰点名和原动件的运动方向,即得所求的机构运动简图。如图 2-1-11(b)所示。

2.1.1.6 平面机构的自由度

由前述已知,一个作平面运动的自由构件具有3个自由度。若一个平面机构共有 n 个活动构件。在未用运动副联接前,则活动构件自由度总数为 $3n$。当用运动副将这些活动构件与机架联接组成机构后,则各活动构件具有的自由度受到约束。该机构中有 P_L 个低副,P_H 个高副,则受到的约束,即减少的自由度总数应为 $2P_L+P_H$。因此,该机构相对于固定构件的自由度数应为活动构件的自由度数与引入运动副减少的自由度数之差,该差值称为机构的自由度,并以 F 表示

$$F=3n-2P_L-P_H$$

由上式可知,机构要能运动,它的自由度必须大于零,机构的自由度表明机构具有的独立运动数目。由于每一个原动件只可从外界接受一个独立运动规律,因此,当机构的自由度为1时,只需有一个原动件;当机构的自由度为2时,则需有两个原动件。故机构具有确定运动的条件是:原动件数目应等于机构的自由度数目。

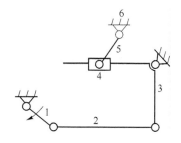

图 2-1-12　航空照相机快门机构

【例 2-1-4】 试计算如图 2-1-12 所示航空照相机快门机构的自由度。

解:该机构的构件总数 $N=6$,活动构件数 $n=5$,6 个转动副、一个移动副,没有高副。由此可得机构的自由度数为:

$$F=3n-2P_L-P_H=3\times5-2\times7-0=1$$

2.1.1.7 计算机构自由度时应注意的几种情况

1. 复合铰链

两个以上构件在同一处以转动副相联所构成的运动副,称为复合铰链,如图 2-1-13 所示。

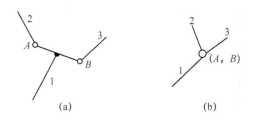

图 2-1-13　复合铰链

2. 局部自由度

在有些机构中,为了减少摩擦等原因,增加了活动构件,并由此产了局部自由度,但输出构件的运动并未受影响,这类局部自由度在计算时应予以排除。如图 2-1-14(a)所示的凸轮机构,当主动构件凸轮 1 绕 A 点转动时,通过滚子 2 带动从动件 3 沿机架 4 移动,如果按活动构件 $n=3$,低副数 $P_L=3$,高副数 $P_H=1$ 来计算,得 $F=3n-2P_L-P_H=3\times3-2\times3-1\times1=2$,说明机构应有两个主动构件才能具有确定的运动,而这显然与事实不符。事实上当凸轮 1 作为原动件转动时,从动件 3 就具有确定的运动,即表明该机构的自由度为 1。多余的自由度是滚子 2 绕其中心转动带来的局部自由度,它并不影响整个机构的运动,在计算机构的自由度时,应该除掉。若把滚子 2 与杆件 3 焊为一体,则杆件的运动与滚子不与它焊成整体的运动完全一致。滚子的转动主要是把高副处的滑动摩擦变成滚动摩擦,以减少磨损。如图 2-1-14(b)所示,该机构的实际自由度为 $F=3n-2P_L-P_H=3\times2-2\times2-1\times1=1$,此时原动

件的个数与自由度数目相等,机构的各个构件具有确定的相对运动。

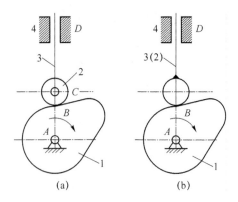

图 2-1-14　局部自由度

3. 虚约束

在运动副所加的约束中,有些约束所起的限制是重复的,这种重复而不起独立限制作用的约束称为虚约束。应用公式计算这类机构的自由度时,虚约束应除去不计。

平面机构的虚约束常见下面 4 种情况。

(1) 两构件构成多个移动副,其导路互相平行,只有其中一个移动副起独立的约束作用,其他为虚约束。在计算运动副的数目时,这两个移动副只能计算其中一个。(如图 2-1-15 所示)

(2) 两构件组成多个转动副,其轴线互相重合时,其中只有一个起约束作用,其他都是虚约束。如图 2-1-16 所示的轮轴机构,轴与机架组成两个转动副 A、B,只有一个起独立约束作用,另一个在计算机构的自由度时,应除去不计。

(3) 机构中对传递运动不起独立作用的对称部分的约束是虚约束。如行星轮机构,为了受力均衡,采用了 3 个对称布置的行星轮,在计算该机构的自由度时,只能算其中一个引起的约束。(如图 2-1-17 所示)

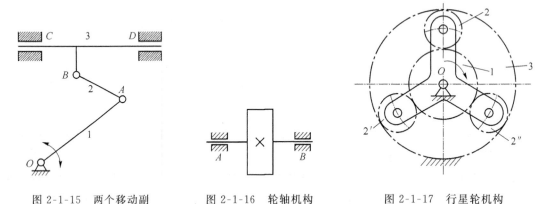

图 2-1-15　两个移动副　　　图 2-1-16　轮轴机构　　　图 2-1-17　行星轮机构

(4) 在机构中,若被联接到机构上的构件,在联接点处的运动轨迹与机构上的该点的运动轨迹重合时,该联接引入的约束是虚约束。(如图 2-1-18 所示)

【例 2-1-5】　计算如图 2-1-10(b)所示的小型压力机的机构的自由度。

解:该机构活动杆件数为 8,转动副数为 7,移动副数为 3,高副为 2。但构件 4 与凸轮 8′ 之间以滚子 5 实现滚动接触,故此处引进了一个局部自由度,应排除(即设想将滚子与构件 4 焊成一体)。这样 $n=7$,$P_L=9$,$P_H=2$,计算自由度得

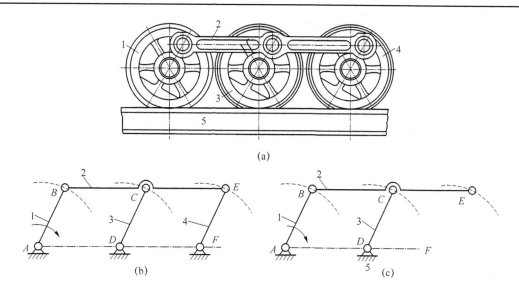

图 2-1-18 机车车轮联动机构中的虚约束

$$F=3n-2P_L-P_H=3\times7-2\times9-2=1$$

【例 2-1-6】 计算图 2-1-19 所示筛料机构的自由度。

解：(1) 工作原理分析。机构中标有箭头的凸轮 6 和曲轴 1 作为原动件分别绕 F 点和 A 点转动，迫使工作构件 5 带动筛子抖动筛料。

(2) 处理特殊情况。①2、3、4 三构件在 C 点组成复合铰链，此处有两个转动副；②滚子 7 绕 E 点的转动为局部自由度，可看成滚子 7 与活塞杆 8 焊接一起；③8 和 9 两构件形成两处移动副，其中有一处是虚约束。

(3) 计算机构自由度。机构有 7 个活动构件，7 个转动副、2 个移动副、1 个高副，即 $n=7$、$P_L=9$、$P_H=1$，代入自由度计算公式得

$$F=3n-2P_L-P_H=3\times7-2\times9-1=2$$

【例 2-1-7】 图 2-1-20 所示组合机构中齿轮及凸轮固定在同一轴线上，试计算其机构的自由度。

解：
$$F=3n-2P_L-P_H-m=3\times9-2\times12-1\times2=1$$

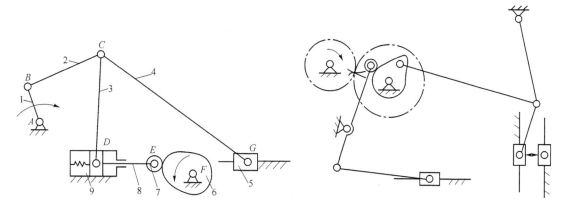

图 2-1-19 筛料机构　　　　图 2-1-20 组合机构

思考:本题是否有复合铰链、局部自由度、虚约束。

【例 2-1-8】 在图 2-1-21 所示的压缩机机构中,试判断铰链 C 和铰链 E 是否是复合铰链。并计算机构的自由度。

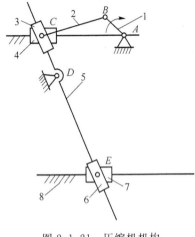

图 2-1-21 压缩机机构

解:(1) 运动副类型分析。机构中 C 处为复合铰链。C 处的 5 个构件共组成了 2 个转动副,因此,在计算机构的自由度时,铰链 C 处表示转动副的一个小圆圈实际上代表了 2 个转动副。

(2) 确定活动构件数和各类运动副数。由图 2-1-21 可知,机构中构件 1、2、3、4、5、6 和 7 为活动构件,因此活动构件数 $n=7$。

机构中运动副的情况是:铰链 A、B、D 和 E 处各有一个转动副,铰链 C 为复合铰链,此处有两个转动副,构件 3 与 5、构件 4 与 8、构件 5 与 6 以及构件 7 与 8 之间各有一个移动副。所以机构中的低副 $P_L=10$;机构中没有高副,$P_H=0$。

(3) 计算机构的自由度。由自由度计算公式得

$$F=3n-2P_L-P_H=3\times7-2\times10-0=1$$

综上所述,机构是构件和运动副组合而成的,组成机构的构件之间具有确定的相对运动;运动副是指构件与构件直接接触,并能产生一定的相对运动的联接;平面机构运动简图是用简单线条和规定的符号,表达出机构各构件相对运动关系的简明图形;平面机构的自由度计算公式是 $F=3n-2P_L-P_H$。当 $F=0$ 时,则构件形成刚性结构,没有相对运动;如果 $F>$原动件数目,则机构的运动无法确定;如果 $F<$原动件数目,则机构中最薄弱的构件或运动副可能被破坏。

2.1.2 杆件的轴向拉压及强度计算

为保证构件正常工作,构件应具有足够的能力负担所承受的载荷。因此,构件应当满足以下要求:

(1) 强度要求:构件在外力作用下应具有足够的抵抗破坏的能力。

(2) 刚度要求:构件在外力作用下应具有足够的抵抗变形的能力。

(3) 稳定性要求:构件在外力作用下能保持原有直线平衡状态的能力。

材料力学是研究各类构件(主要是杆件)的强度、刚度和稳定性的学科,它提供了有关的基本理论、计算方法和实验技术,能合理地确定构件的材料和形状尺寸,以达到安全与经济的设计要求。

在保证足够的强度、刚度和稳定性的前提下,构件所能承受的最大载荷称为构件的承载能力。研究构件的承载能力时必须了解材料在外力作用下表现出的变形和破坏等方面的性能,及材料的力学性能。材料的力学性能由实验来测定。

材料力学所研究的构件统称为变形固体,材料力学对变形固体常采用几个基本假设。

(1) 连续性假设:假设在固体所占有的空间内毫无空隙地充满了物质,认为固体在其整个

体积内是连续的。

（2）均匀性假设：所谓的均匀性假设指材料的力学性能在各处都是相同的，与其在固体内的位置无关。由此假设可以认为，变形固体是均匀连续的。

（3）各向同性假设：即认为材料沿各个方向的力学性质是相同的。具有这种属性的材料称为各向同性材料。

（4）小变形假设：外力去掉后能消失的变形称为弹性变形，不能消失而残留下来的变形称为塑性变形。工程实际中多数构件在正常工作条件下只产生弹性变形，而且这些变形与构件原有尺寸相比通常是很小的，所以，在材料力学中，大部分问题只限于对弹性变形的研究，并且在研究构件的平衡与运动时，变形的影响可以忽略不计。

综上所述，材料力学是将物体看作均匀、连续、各向同性的变形固体，并且只限于研究微小的弹性变形的情况。

在机器或结构物中，构件的形状是多种多样的。如果构件的纵向（长度方向）尺寸较横向（垂直于长度方向）尺寸大得多，这样的构件称为杆件。杆是工程中最基本的构件。

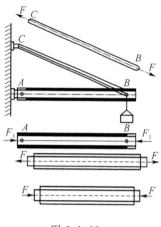

图 2-1-22

垂直于杆长的截面称为横截面，各横截面形心的连线称为轴线。轴线为直线，且各横截面相等的杆件称为等截面直杆，简称为等直杆。材料力学主要研究等直杆。

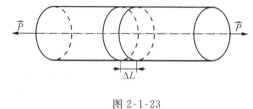

图 2-1-23

在工程中，经常会遇到承受轴向拉伸或压缩的杆件（如图 2-1-22 所示），例如钢木组合桁架中的钢拉杆和做材料试验用的万能试验机的立柱。受力特点：作用在直杆两端的两个合外力大小相等，方向相反，且作用线与杆轴线相重合。变形特征：杆件的变形是沿轴线方向伸长或缩短（如图 2-1-23 所示）。这种变形形式称为轴向拉伸或轴向压缩，这类杆件称为拉杆或压杆。

2.1.2.1 内力的概念

1. 内力

因外力引起的物体内部的作用力，也称为附加内力，简称内力。根据连续性假设，内力为连续分布力系，通常用其合力表示杆件的内力（如图 2-1-24 所示）。

2. 特点

① 完全由外力引起，并随着外力改变而改变。

② 这个力若超过了材料所能承受的极限值，杆件就要断裂。

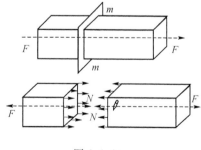

图 2-1-24

③ 内力反映了材料对外力有抗力，并传递外力。

2.1.2.2 截面法、轴力与轴力图

1. 截面法

如图 2-1-25 所示,用截面假想地把构件分成两部分,以显示并确定内力的方法。以轴向拉伸杆为例,用截面法求得任意横截面 $m-m$ 上的内力。

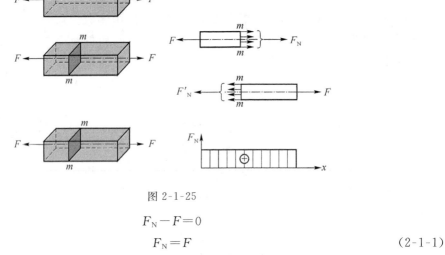

图 2-1-25

$$F_N - F = 0$$
$$F_N = F \tag{2-1-1}$$

F'_N 与 F_N 是一对作用力与反作用力。因此,无论研究截面左段求出的内力 F_N,还是研究截面右段求出的内力 F'_N,都是 m-m 截面的内力(如图 2-1-26 所示)。

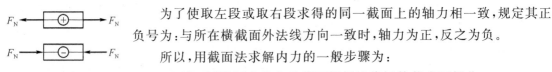

图 2-1-26

为了使取左段或取右段求得的同一截面上的轴力相一致,规定其正负号为:与所在横截面外法线方向一致时,轴力为正,反之为负。

所以,用截面法求解内力的一般步骤为:

(1) 截开:沿所求内力的截面假想地将杆件截成两部分。

(2) 代替:取出任意部分为研究对象,在截开的截面上用内力代替另一部分对该部分的作用。

(3) 平衡:列出研究对象的平衡方程,并求解内力。

2. 轴力

(1) 定义:作用线与杆件轴线相重合的内力称为轴力,一般用符号 F_N 表示。

(2) 正负号规定:与所在横截面外法线方向一致时,轴力为正,反之为负。即拉力为正,压力为负。

(3) 单位:牛顿(N)或千牛(kN)。

3. 轴力图

表示轴力沿轴线变化的图形。用平行于轴线的坐标表示横截面的位置,用垂直于杆轴线的坐标表示各截面轴力的大小,绘出表示轴力与截面位置关系的图线,这种图线称为轴力图。画图时,习惯上将正值的轴力画在上侧,负值的轴力画在下侧。

注意:当轴上同时有几个外作用时,一般而言,各段截面上的轴力是不同的,必须分段求出,其一般步骤为:"假截留半,内力代换,内外平衡"。也可用简捷方法计算而无须画出分离体受力图。其方法为:拉压杆件某截面上的轴力等于截面任意侧外力的代数和。外力的正负号

规定为:外力指向与截面外发线方向相反时取正值,相同时取负值。此简便方法是根据列平衡方程总结出来的,如图 2-1-27 所示。

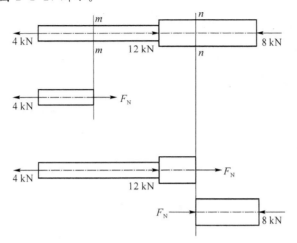

图 2-1-27

【例 2-1-9】 求图 2-1-28(a)所示杆中各截面的内力。

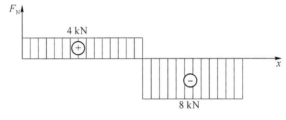

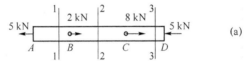

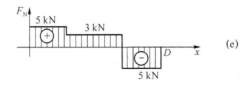

图 2-1-28 例 2-1-9 图

解:在 AB 段任意截面 1-1 截开,取左段研究,受力如图 2-1-28(b)所示,由平衡方程 $\sum F_x=0$ 有

$$F_{N1}=5 \text{ kN}$$

对于 BC 段任意截面 2-2,受力如图 2-1-28(c)所示,有
$$F_{N2}=5 \text{ kN}-2 \text{ kN}=3 \text{ kN}$$
同理,对于 CD 段任意截面 3-3,受力如图 2-1-28(d)所示,有
$$F_{N3}=5 \text{ kN}-2 \text{ kN}-8 \text{ kN}=-5 \text{ kN}$$
依据上述结果,可画出轴力图,如图 2-1-28(e)所示。

2.1.2.3 横截面上的应力

1. 应力的概念

内力在截面上的分布集度称为应力,以分布在单位面积上的内力来衡量。

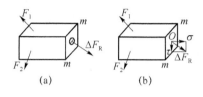

图 2-1-29

如图 2-1-29 所示,在杆件横截面 m-m 上围绕一点 K 取微小面积 ΔA,并设上分布内力的合力为 ΔF_R,则 ΔF_R 与 ΔA 的比值称为平均应力,用 p_m 表示。即

$$p_m=\frac{\Delta F_R}{\Delta A}$$

p_m 代表了 ΔA 上应力分布的平均集中程度。为了更精确地描述应力的分布情况,应使 $\Delta A \to 0$,由此得到平均应力的极限值 p,即

$$p=\lim_{\Delta A \to \infty}\frac{\Delta F_R}{\Delta A} \tag{2-1-2}$$

称为截面 m-m 上一点 K 处的应力。应力的方向与内力 N 的极限方向相同,通常,它既不与截面垂直也不与截面相切。将应力分解为垂直于截面的分量 σ 和相切于截面的分量 τ,其中 σ 称为正应力,τ 称为切应力。在国际单位制中,应力单位是帕斯卡,简称帕(Pa)。工程上常用兆帕(MPa),有时也用吉帕(GPa),1 MPa$=10^6$ Pa,1 GPa$=10^9$ Pa。

2. 横截面上的正应力

取一等截面直杆,在杆上画上 4 条与杆轴线垂直的横向线,并在这 4 条线之间画 3 条与杆轴线平行的纵向线,然后沿杆的轴线作用力 F,使杆件产生拉伸变形(如图 2-1-30 所示)。在此期间可以观察到:横向线和纵向线在杆件变形过程中始终为直线,且横向线平行向外移动并与轴线保持垂直;各纵向线伸长量相同,横向线收缩量也相同。

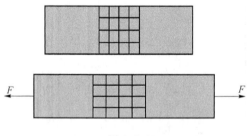

图 2-1-30

根据对上述现象的分析,可作如下假设:变形前为平面的横截面,变形后仍为平面,仅仅沿轴线方向平移一个段距离,也就是杆件在变形过程中横截面始终为平面,这个假设称为平面假设。设想杆件是由无数条纵向纤维所组成,根据平面假设,在任意两个横截面之间的各条纤维的伸长相同,即变形相同。由材料均匀性及连续性假设假设,可以推断内力在横截面上是均匀分布的,即横截面上各点处应力大小相等,其方向与横截面上轴力 F_N 一致,垂直于横截面,故为正应力,其计算公式为

$$\sigma=\frac{F_N}{A} \tag{2-1-3}$$

式中,若 F_N 的单位是牛顿,A 的单位是 m^2,则 σ 的单位是 Pa。

若 F_N 的单位是牛顿,A 的单位是 mm^2,则 σ 的单位是 MPa。

式(2-1-3)表明：

（1）拉压杆横截面上的应力只有正应力；

（2）σ与F_N符号相同，F_N为拉力时，σ为拉应力，反之为压应力。

（3）σ垂直于横截面并沿截面均匀分布。

【例 2-1-10】 一直杆由横截面（正方形）分别为h^2和$4h^2$的左右两半段组成的，拉力为F，求左右两半段的正应力。

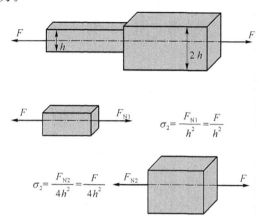

图 2-1-31　例 2-1-10 图

解：

（1）求轴力F_N

$$F_{N1} = F$$
$$F_{N2} = F$$

（2）求横截面面积

$$A_1 = h \times h = h^2$$
$$A_2 = 2h \times 2h = 4h^2$$

（3）求应力

由$\sigma = \dfrac{F_N}{A}$得

$$\sigma_1 = \frac{F_{N1}}{A_1} = \frac{F}{h^2}$$

$$\sigma_2 = \frac{F_{N2}}{A_2} = \frac{F}{4h^2}$$

【例 2-1-11】 一中段开槽的直杆如图 2-1-32 所示，受轴向力F作用。已知：$F = 20$ kN，$h = 25$ mm，$h_0 = 10$ mm，$b = 20$ mm。试求杆内的最大正应力。

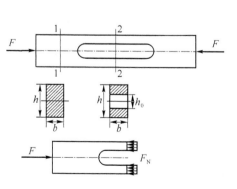

图 2-1-32　例 2-1-11 图

解：

（1）求轴力F_N

$$F_N = -F = -20 \text{ kN} = -20 \times 10^3 \text{ N}$$

（2）求横截面面积

$$A_1 = b \times h = 20 \times 25 = 500 \text{ mm}^2$$

$$A_2 = b \times (h - h_0) = 20 \times (25 - 10) = 300 \text{ mm}^2$$

（3）求应力

由于1-1,2-2截面轴力相同,所以最大应力应该在面积小的2-2截面上。

$$\sigma = \frac{F_N}{A} = \frac{-20 \times 10^3}{300} = -66.7 \text{ MPa}$$

2.1.2.4 轴向拉压杆的变形——胡克定律

1. 纵向线应变和横向线应变

设等截面直杆原长为 l_0，横向尺寸为 b_0，在外力作用下,变形后的长度为 l_1，横向尺寸为 b_1（如图2-1-33所示）。

（1）纵向变形

① 绝对变形：$\Delta l = l_1 - l_0$，拉伸时 Δl 为正,压缩时为负。

② 相对变形（纵向线应变）：$\varepsilon = \frac{\Delta l}{l}$，拉伸时为正,压缩时为负。

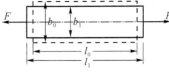

图 2-1-33

（2）横向变形

① 绝对变形：$\Delta b = b_1 - b_0$，拉伸时 Δb 为负,压缩时为正。

② 相对变形（横向线应变）：$\varepsilon' = \frac{\Delta b}{b}$，拉伸时为负,压缩时为正。

2. 泊松比

实验表明,当应力不超过某一限度时,横向线应变和纵向线应变之间存在正比关切,且符号相反,即

$$\nu = \left| \frac{\varepsilon'}{\varepsilon} \right| \tag{2-1-4}$$

式中,比例常数 ν 称为材料的横向变形系数,或称泊松比。

3. 胡克定律

实验证明,当正应力小于某一极限值时,正应力与正应变存在线性关系,即

$$\sigma = E\varepsilon \tag{2-1-5}$$

称为胡克定律,式中:E 表示弹性模量,表示材料抵抗拉伸或压缩变形的能力,对于同一材料,E 为常数。常用单位:GPa(吉帕)。

若将 $\sigma = \frac{F_N}{A}$ 与 $\varepsilon = \frac{\Delta l}{l}$ 带入上式,得另一表达式

$$\Delta l = \frac{F_N l}{EA} \tag{2-1-6}$$

其中,EA 称为杆的抗拉（压）刚度,表示杆件抵抗拉伸或压缩的变形能力。

弹性模具 E 和泊松比 ν 都是表征材料弹性的常数,可由实验测定。几种常用材料的 E 和 ν 值见表2-1-2。

表 2-1-2 常用材料的 E 和 ν

材料名称	E/GPa	ν
碳钢	196～216	0.24～0.28
合金钢	186～206	0.25～0.30
灰铸铁	78.5～157	0.23～0.27
铜及铜合金	72.6～128	0.31～0.42
铝合金	70	0.33

【例 2-1-12】 一板状试样如图 2-1-34 所示,已知:$b=4$ mm,$h=30$ mm。当施加 $F=3$ kN 的拉力时,测得试样的轴向线应变 $\varepsilon=120\times10^{-6}$,横向线应变 $\varepsilon'=-38\times10^{-6}$;试求试样材料的弹性模量 E 和泊松比 ν。

解:

(1) 求试件的轴力
$$F_N = F = 3 \text{ kN}$$

(2) 求横截面面积
$$A = b \times h = 120 \text{ mm}^2$$

(3) 求横截面的应力
$$\sigma = \frac{F_N}{A} = \frac{3\times10^3}{120} = 25 \text{ MPa}$$

(3) 根据胡克定律,求 E 和 ν
$$E = \frac{\sigma}{\varepsilon} = \frac{25}{120\times10^{-6}} = \frac{2500\times10^3}{12} = 208.33 \text{ GPa}$$

$$\nu = -\frac{\varepsilon'}{\varepsilon} = -\frac{-38\times10^{-6}}{120\times10^{-6}} = \frac{38}{120} = 0.3167$$

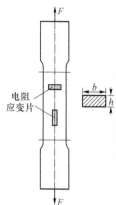

图 2-1-34 例 2-1-12 图

【例 2-1-13】 钢制阶梯杆如图 2-1-35 所示已知:轴向力 $F_1=50$ kN,$F_2=20$ kN,杆各段长度 $l_1=120$ mm,$l_2=l_3=100$ mm,杆 AD、DB 段的面积 A_1、A_2 分别是 500 mm² 和 250 mm²,钢的弹性模量 $E=200$ GPa,试求阶梯杆的轴向总变形量。

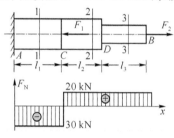

图 2-1-35 例 2-1-13 图

解:

(1) 画出轴力图,如图 2-1-35 所示。

(2) 根据胡克定律,求各段的轴向变形量。

AC 段:
$$\Delta l_1 = \frac{F_{N1} l_1}{EA} = \frac{-30\times10^3\times120}{200\times10^3\times500} = -36\times10^{-3} \text{ mm}$$

CD 段:
$$\Delta l_2 = \frac{F_{N2} l_2}{EA} = \frac{20\times10^3\times100}{200\times10^3\times500} = 20\times10^{-3} \text{ mm}$$

DB 段:
$$\Delta l_3 = \frac{F_{N3} l_3}{EA} = \frac{20\times10^3\times100}{200\times10^3\times250} = 40\times10^{-3} \text{ mm}$$

(3) 求总变形量
$$\Delta l = \Delta l_1 + \Delta l_2 + \Delta l_3 = (-36+20+40)\times10^{-3} = 0.024 \text{ mm}$$

2.1.2.5 材料在轴向拉压时的力学性能

材料的力学性能是指材料在外力作用下其强度和变形方面所表现的性能。它是强度计算和选用材料的重要依据。材料的力学性能一般是通过各种试验方法来确定。

本节只研究在常温(室温)和静载荷(平稳缓慢加载荷至定值后不再变化的载荷)下材料在轴向拉压时的力学性能。

1. **拉伸试验和应力-应变曲线**

轴向拉伸试验是研究材料力学性能最常用的试验。按照国家标准(GB 6397—86)加工的标准试样如图 2-1-36 所示,试样中间等直径部分为试验段,其长度 l_0 称为标距;试样较粗的两端是装夹部分，标距 l_0 与直径 d_0 之比常取 $l_0/d_0=10$。其他形状截面的标准试样可参阅有关国家标准。

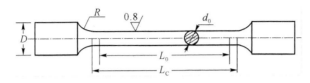

图 2-1-36

拉伸试验在万能试验机上进行。试验时将试样装在夹头中，然后开动机器加载。试样受到由零逐渐增加的拉力 F 的作用，同时发生伸长变形，直至试样断裂为止。试验机上一般附有自动绘图装置，在试验过程中能自动绘出载荷 F 和相应的伸长变形 Δl 的关系曲线，此曲线称为拉伸图或 F-Δl 曲线。

拉伸图的形状与试样的尺寸有关。为了消除试样横截面尺寸和长度的影响，将载荷 F 除以试样原来的横截面面积 A，得到应力 σ；将变形 Δl 除以试样原长 l，得到应变 ε，这样得到的曲线称为应力-应变曲线（$\sigma\varepsilon$ 曲线，如图 2-1-37 所示）。$\sigma\varepsilon$ 曲线的形状与 F-Δl 曲线相似。

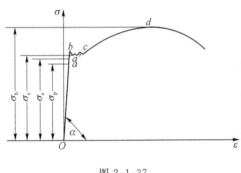

图 2-1-37

2. 低碳钢拉伸时的力学性能

(1) 弹性阶段：Oa 段

特点：应力和应变成正比，满足胡克定律。

特征值：σ_p 比例极限。

注意：aa' 段不是直线，不满足胡克定律，但试验变形仍属于弹性变形，a' 点所对应的应力为 σ_e，称为弹性极限。但由于 a 与 a' 点相距很近，工程上对两者不作严格区分。

(2) 屈服阶段：bc 段

特点：应力变动不大而变形显著增加。

特征值：σ_s 屈服点应力（屈服段的最低应力值）。

(3) 强化阶段：cd 段

特点：材料又恢复抵挡变形的能力。

特征值：σ_b 抗拉强度（材料所能承受的最大应力）。

注意：将材料预拉到强化阶段，如图 2-1-38 上的 d 点，使之出现塑性变形后缓慢卸载，试样的应力和应变保持直线关系，沿着与 Oa 几乎平行的直线 dO_1 回到 O_1 点，OO_1 是试样残留下来的塑性应变，O_1O_2 表示消失的弹性应变。如果卸载后接着重新加载，则 $\sigma\varepsilon$ 曲线将沿着 O_1d 上升至 d 点，d 点以后的曲线仍与原来的 $\sigma\varepsilon$ 曲线相同。可见，将试样拉到超过屈服点应力后卸载，然后重新加载时，材料的出现 σ_p 和 σ_s 提高而塑性变形减小，这种现象称为冷作硬化。工程中常用这种方法来提高某些构件的承载能力，录入预

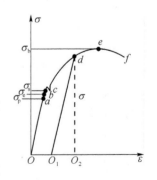

图 2-1-38

应力钢筋、钢丝绳。若要消除冷作硬化,需经过退火处理。

(4)缩颈阶段:de 段

特点:在试验较薄弱的横截面处发生急剧的局部收缩,最终被拉断,如图 2-1-39 所示。

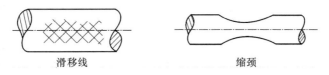

图 2-1-39

特征值:① 伸长率(如图 2-1-40 所示)

$$\delta=\frac{l_1-l}{l}\times 100\% \qquad (2\text{-}1\text{-}7)$$

塑性材料:$\delta \geqslant 5\%$。

脆性材料:$\delta < 5\%$。

② 断面收缩率(如图 2-1-40 所示)

$$\psi=\frac{A-A_1}{A}\times 100\% \qquad (2\text{-}1\text{-}8)$$

3. 其他材料在拉伸时的力学性能

(1)其他塑性材料

有些塑性材料在拉伸时没有明显的屈服阶段,即没有明显的屈服点应力。工程上规定,取对应于试样产生 0.2%塑性应变时的应力值为材料的规定非比例伸长应力,用 $\sigma_{0.2}$ 表示,见图 2-1-41。

(2)铸铁等脆性材料

无屈服阶段,无缩颈现象,断裂是突然的,断口垂直于试样轴线,衡量铸铁强度的唯一指标是 σ_b(见图 2-1-42)。因铸铁大都在较小的应力范围内工作,实际计算时常近似地以虚直线代替,认为应力和应变近似满足胡克定律。

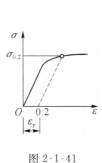

图 2-1-41

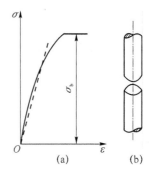

图 2-1-42

4. 材料压缩时的力学性能

(1)低碳钢的压缩试验(见图 2-1-43a)

σ_p、σ_s、E 均与拉伸时相同,但没有 σ_b。

(2)铸铁的压缩试验(见图 2-1-43b)

σ_b 比拉伸时高,即 $\sigma_{b拉} < \sigma_{b压}$。破坏沿着 45°左右的斜面剪断。

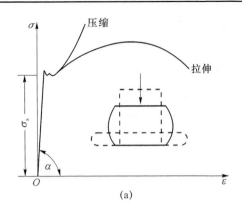 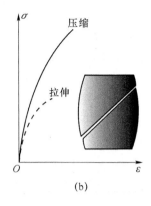

图 2-1-43

注:几种材料的力学性能如表 2-1-3 所示。

表 2-1-3　几种材料的力学性能

材料名称或牌号	屈服点应力 σ_s/MPa	抗拉强度 σ_b/MPa	伸长率 δ/(%)	端面收缩率 ψ/(%)
Q235A 钢	216～235	373～461	25～27	—
35 钢	216～314	432～530	15～20	28～45
45 钢	265～353	530～598	13～16	30～40
40G	343～785	588～981	8～9	30～45
QT600-2	412	538	2	—
HT150	—	拉 98～275 压 637 弯 206～461	—	—

2.1.2.6　轴向拉压杆的强度计算

1. 极限应力、许用应力、安全因数

(1) 失效:材料丧失正常工作的能力。

(2) 极限应力:材料失效时的应力,用 σ_u 表示。

(3) 许用应力:构件在工作时所允许产生的最大应力,用 $[\sigma]$ 表示。

(4) 安全因数: n, $[\sigma]=\sigma_u/n$。

塑性材料: $\sigma_u=\sigma_s$, $n=1.3\sim2.0$。

脆性材料: $\sigma_u=\sigma_b$, $n=2.0\sim3.5$。

2. 拉(压)杆的强度条件

$$\sigma_{\max}=\frac{F_{N,\max}}{A}\leqslant[\sigma] \qquad (2\text{-}1\text{-}9)$$

利用强度条件可解决 3 种强度计算。

(1) 校核强度

已知杆件的尺寸、所受载荷和材料的作用应力,根据式(2-1-9)校核杆件是否满足强度条件。

(2) 设计截面

已知杆件所承受的载荷及材料的许用应力,确定杆件所需的最小横截面积 A

$$A\geqslant F_{N,\max}/[\sigma] \qquad (2\text{-}1\text{-}10)$$

(3) 确定承载能力

已知杆件横截面尺寸及材料许用应力,求许用载荷。

$$F_{N,max} \leqslant [\sigma]A \qquad (2\text{-}1\text{-}11)$$

【例 2-1-14】 起重吊钩如图所示,吊钩螺栓螺纹内径 $d=55$ mm,外径 $D=63.5$ mm。材料的许用应力 $[\sigma]=80$ MPa,载荷 $F=170$ kN,试校核吊钩螺纹部分的强度。

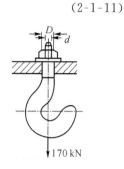

图 2-1-44　例 2-1-14 图

解:

(1) 吊钩螺纹部分所受内力为 $F_N=170$ kN。

(2) 由于螺纹部分的轴力相同,因此横截面积最小的截面为危险截面。螺纹内径截面积最小,即

$$A_{min} = \frac{\pi}{4}d^2 = \frac{\pi}{4} \times 55^2 = 2\,376 \text{ mm}^2$$

(3) 校核吊钩螺纹部分的强度。

$$\sigma = \frac{F_N}{A_{min}} = \frac{170 \times 10^3}{2\,376} = 71.6 \text{ MPa} < [\sigma]$$

所以强度足够。

【例 2-1-15】 如图 2-1-45 所示,AB 与 BC 杆材料的许用应力分别为 $[\sigma_1]=100$ MPa,$[\sigma_2]=160$ MPa,两杆截面面积均为 $A=2$ cm^2。求许可载荷 $[P]$。

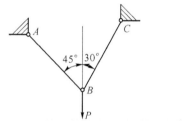 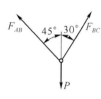

图 2-1-45　例 2-1-15 图

解:

(1) 取 B 为研究对象,画出受力图,由平衡条件确定各杆内力。

$$\sum F_x = 0 \qquad F_{AB}\cos 45° + F_{BC}\cos 30° - P = 0$$
$$\sum F_y = 0 \qquad -F_{AB}\sin 45° + F_{BC}\sin 30° = 0$$

联立方程,得:

$$F_{AB} = 0.518\,P$$
$$F_{BC} = 0.732\,P$$

所以

AB 杆的内力 $F_{N1} = F_{AB} = 0.518\,P$

BC 杆的内力 $F_{N2} = F_{BC} = 0.732\,P$

(2) 求各杆的许可内力 $[F_{N1}]$ 和 $[F_{N2}]$。

由强度条件:

$$\sigma_{max} = \frac{F_{N,max}}{A} \leqslant [\sigma]$$

得:

$$[F_{N1}] \leq A[\sigma_1] = 2 \times 10^2 \times 100 = 20 \text{ kN}$$
$$[F_{N2}] \leq A[\sigma_2] = 2 \times 10^2 \times 160 = 32 \text{ kN}$$

(3) 根据各杆内力与载荷之间的关系,确定许可载荷。

AB 杆:$0.518[P] \leq 20$ kN,$[P] \leq 38.6$ kN。

BC 杆:$0.732[P] \leq 32$ kN,$[P] \leq 43.7$ kN。

故结构许可载荷为
$$[P] = 38.6 \text{ kN}$$

【例 2-1-16】 气动夹具如图 2-1-46(a)所示。已知气缸内径 $D = 140$ mm,缸内气压 $P = 0.6$ MPa,活塞杆材料为 20 钢,$[\sigma] = 80$ MPa,试设计活塞杆直径 d。

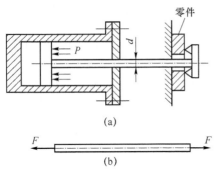

图 2-1-46 例 2-1-16 图

解:活塞杆左端承受活塞上气体的压力,右端承受工件的阻力,所以活塞杆受到轴向拉伸,如图 2-1-46(b)所示。拉力 F 的值可由气体压强乘活塞的受压面积求得。在尚未确定活塞杆的横截面面积之前,当计算活塞的受压面积时,可暂将活塞杆横截面面积略去不计。故有

$$F = P \cdot \frac{\pi}{4} D^2 = 0.6 \times 10^6 \times \frac{\pi}{4} \times 140^2 \times 10^{-6}$$
$$= 9\ 240 \text{ N} = 9.24 \text{ kN}$$

活塞杆的轴力为:$F_N = F = 9.24$ kN

由
$$A = \frac{\pi d^2}{4} \geq \frac{F_N}{[\sigma]} = \frac{9.24 \times 10^3}{80} = 116 \text{ mm}^2$$

求得 $d \geq 12.2$ mm,可取活塞杆的直径为 13 mm。

2.1.3 四杆机构的基本类型及其演化

平面连杆机构是将若干个构件用低副(转动副和移动副)联接起来并作平面运动的机构,又叫低副机构。其中以 4 个构件组成的四杆机构应用最广泛,而且是组成多杆机构的基础。因此下面着重讨论四杆机构的基本类型、性质及常用设计方法。

2.1.3.1 铰链四杆机构

1. 铰链四杆机构的类型

由转动副联接 4 个构件而形成的机构,称为铰链四杆机构,如图 2-1-47 所示。图中固定不动的构件 AD 是机架;与机架相连的构件 AB、CD 称为连架杆;不与机架直接相连的构件 BC 称为连杆。连架杆中,能作整周回转的称为曲柄,只能作往复摆动的称为摇杆。根据两连架杆中曲柄(或摇杆)的数目,铰链四杆机构可分为曲柄摇杆机构、双曲柄机构和双摇杆机构。

图 2-1-47 铰链四杆机构

(1) 曲柄摇杆机构

两连架杆中有一根为曲柄、另一根为摇杆的铰链四杆机构称为曲柄摇杆机构。曲柄摇杆机构的作用是将曲柄的回转运动转换成摇杆的往复摆动。图 2-1-48 搅拌机、图 2-1-49 雷达、图 2-1-50 缝纫机均为曲柄摇杆机构的应用。

(2) 双曲柄机构

两连架杆均为曲柄的四杆机构称为双曲柄机构,如图 2-1-51 所示的惯性筛中的 ABCD

四杆机构即为双曲柄机构的应用。

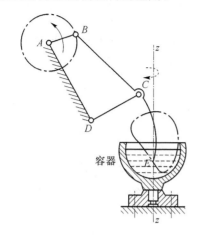

图 2-1-48 搅拌机

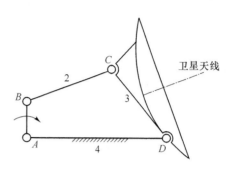

图 2-1-49 雷达

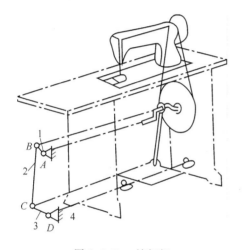

图 2-1-50 缝纫机

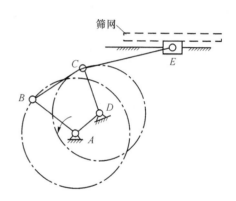

图 2-1-51 惯性筛

双曲柄机构中,当两曲柄长度相等,连杆与机架的长度也相等时,称为平行双曲柄机构(平行四边形机构)。如图 2-1-18 所示的机车车轮联动机构,就是平行双曲柄机构的具体应用。它能保证被联动的各轮与主动轮作相同转向的运动。

此外,还有反平行四边形机构。如图 2-1-52 所示的公共汽车车门启闭机构。当主动曲柄 AB 转动时,通过连杆 BC 使从动曲柄 CD 朝相反方向转动,从而保证两扇车门同时开启和关闭。

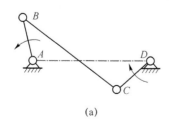
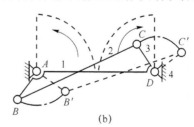

图 2-1-52 车门启闭机构

平行双曲柄机构:运动机构的不确定性(如图 2-1-53)为什么? 请大家思考。

(3) 双摇杆机构

两连架杆均为摇杆的四杆机构称为双摇杆机构。如图 2-1-54 所示的起重机、图 2-1-55 所示的飞机起落架、图 2-1-56 所示的汽车前轮转向都为双摇杆机构的应用。

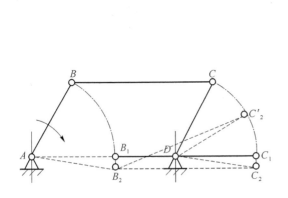

图 2-1-53 平行双曲柄机构

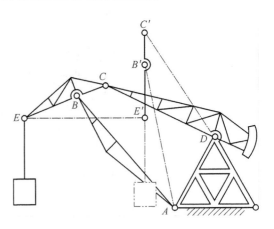

图 2-1-54 起重机

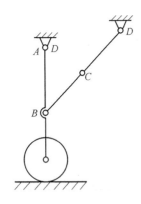

图 2-1-55 飞机起落架

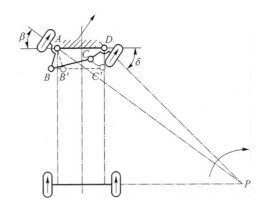

图 2-1-56 汽车前轮转向机构

2. 铰链四杆机构的曲柄存在条件

铰链四杆机构按连架杆是否为曲柄可分为 3 种基本类型,下面以铰链四杆机构的运动过程来讨论连架杆成为曲柄的条件。

如图 2-1-57(a)所示,若设 $a<d$,连架杆若能整周回转,必有两次与机架共线,如图 2-1-57(b)、(c)所示,可得 3 个不等式;若运动过程中出现如图 2-1-58 所示的共线情况,此时不等式变成等式。在图 2-1-57(b)△BCD 中:

$$a+d \leqslant b+c$$

在图 2-1-57(c)△BCD 中:

$$b \leqslant (d-a)+c \text{ 即}: a+b \leqslant d+c$$
$$c \leqslant (d-a)+b \text{ 即}: a+c \leqslant d+b$$

将上三式两两相加,化简可得:AB 为最短杆。

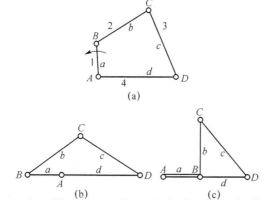
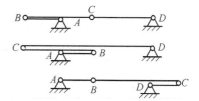

图 2-1-57 铰链四杆机构的运动过程

图 2-1-58 运动中可能出现的四构件共线的情况

若设 $a>d$,同理有 $d\leqslant a$,$d\leqslant b$,$d\leqslant c$ 可得 AD 为最短杆曲柄存在的条件:

① 最长杆与最短杆的长度之和应≤其他两杆长度之和。

② 连架杆或机架之一为最短杆。

此时,铰链 A 为周转副。若取 BC 为机架,则结论相同,可知铰链 B 也是周转副。

由此可知:当最长杆与最短杆的长度之和应小于或等于其他两杆长度之和时,其最短杆参与构成的转动副都是周转副。

根据有曲柄的条件可以推论:

(A) 当最长杆与最短杆的长度之和大于其余两杆长度之和时,只能得到双摇杆机构。

(B) 当最长杆与最短杆的长度之和小于或等于其他两杆长度之和时,说明有曲柄存在,当选择不同的构件作为机架时,可得不同的机构。①最短杆为机架时得到双曲柄机构;②最短杆的相邻杆为机架时得到曲柄摇杆机构;③最短杆的对面杆为机架时得到双摇杆机构。

3. 铰链四杆机构的演化

(1) 曲柄滑块机构

在图 2-1-59(a)所示的曲柄摇杆机构中,当摇杆 CD 做成滑块,并将导路变为直线,则演化为如图 2-1-60 所示的偏置曲柄滑块机构,当滑块的移动导路中线通过曲柄的转动中心时,就演变为对心曲柄滑块机构,如图 2-1-61 所示。

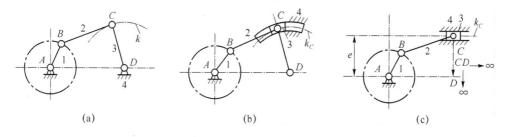

图 2-1-59 曲柄机构的演化过程

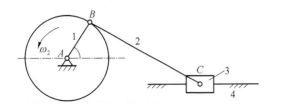
图 2-1-60 偏置曲柄滑块机构

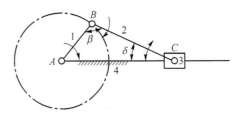
图 2-1-61 对心曲柄滑块机构

(2) 偏心轮机构

在曲柄图 2-1-61 滑块机构中，若曲柄很短，可将转动副 B 的尺寸扩大到超过曲柄长度，则曲柄 AB 就演化成几何中心 B 不与转动中心 A 重合的圆盘，该圆盘称为偏心轮，含有偏心轮的机构称为偏心轮机构，如图 2-1-62 所示。

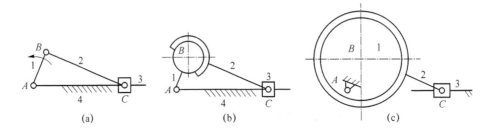

图 2-1-62 曲柄滑块机构演化成偏心轮机构的过程

偏心轮机构结构简单，偏心轮轴颈的强度和刚度大，广泛用于曲柄长度要求较短、冲击载荷较大的机械中，如图 2-1-63 所示为用于破碎机中的偏心轮机构。

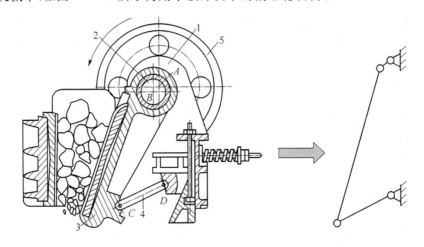

图 2-1-63 鄂式破碎机

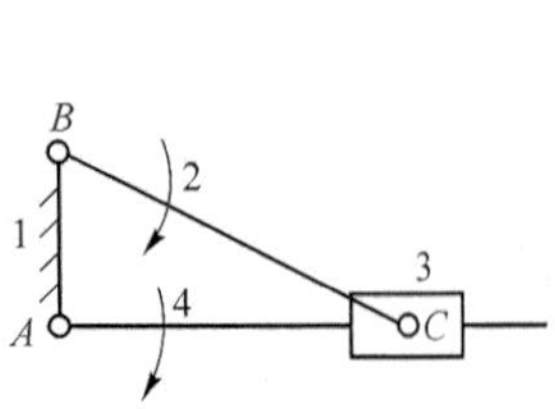

(3) 导杆机构

在图 2-1-59(a) 曲柄摇杆机构中，如果将构件 AB 改为机架时，将 CD 变成滑块，就演化成如图 2-1-64 所示的转动导杆机构。当 AB 杆长度大于 BC 杆时就演化成摆动导杆机构，如图 2-1-65 所示。摆动导杆机构在牛头机构中的具体应用如图 2-1-66 所示。

图 2-1-64 转动导杆机构

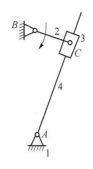

图 2-1-65 摆动导杆机构

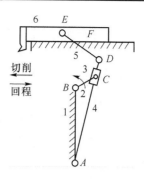

图 2-1-66 牛头机构

(4) 摇块机构

在图 2-1-61 曲柄滑块机构中,如果将 BC 改为机架,就转化为摇块机构如图 2-1-67(a)所示,图 2-1-67(b)是摇块机构在自卸卡车的翻斗中的应用。

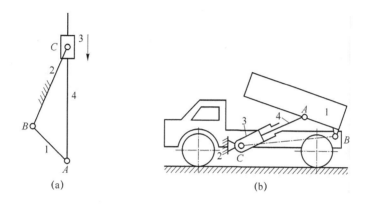

图 2-1-67 摇块机构与自卸卡车的翻斗机构

(5) 定块机构

如果将图 2-1-59(a)曲柄摇杆机构中的构件 CD 变成滑块,并将其作为机架,由于构件 CD 为滑块,且固定不动,故称为定块机构,如图 2-1-68(a)所示,定块机构的实例手动抽水机如图 2-1-68(b)所示。

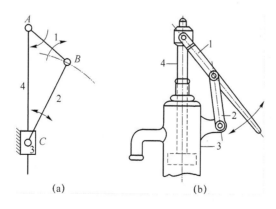

图 2-1-68 定块机构与手动抽水机机构

2.1.4 四杆机构的特性

2.1.4.1 急回特性

1. 摇杆的极限位置

在如图 2-1-69 所示曲柄摇杆机构中,设曲柄 AB 为主动件,以角速度 ω 作顺时针转动,摇杆 CD 为从动件并作往复摆动。曲柄 AB 转动一周的过程中,有两次与连杆 BC 共线。当曲柄与连杆拉直共线时,铰链中心 A 与 C 之间的距离达到最长 AC_2,摇杆 CD 的位置处于右端的极限位置;而当曲柄与连杆重叠共线时,铰链中心 A 与 C 之间的距离达到最短 AC_1,摇杆 CD 位于左端的极限位置。摇杆 CD 的这两个极限位置分别称为左极限位置 C_1D 和右极限位置 C_2D。

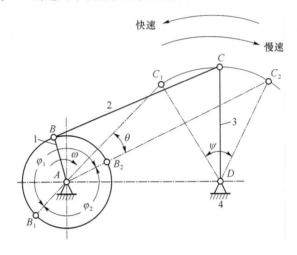

图 2-1-69 曲柄摇杆机构

2. 摇杆的摆角

摇杆在两个极限位置 C_1D 和 C_2D 之间所夹的角称为摇杆的摆角,用 ψ 表示。

3. 曲柄的极位夹角

摇杆的两个极限位置之间所夹的锐角,称为极位夹角,用 θ 表示。

4. 机构的急回特性

急回特性:当曲柄等速转动时,摇杆来回摆动的速度不同,返回时速度较大。机构的这种性质,称为机构的急回特性。

四杆机构的急回特性可以节省空回时间,提高生产率,如牛头刨床中退刀速度明显高于工作速度,就是利用了摆动导杆机构的急回特性。

在图 2-1-69 中,当曲柄 AB 以等角速度 ω 由位置 AB_1 顺时针转到位置 AB_2 时,曲柄所转过的角度为 $\Psi_1=180°+\theta$。当曲柄 AB 以等角速度 ω 由位置 AB_2 顺时针转到位置 AB_1 时,曲柄所转过的角度为 $\Psi_2=180°-\theta$。

通常用行程速度变化系数 K 来表示急回特性,即

$$K=\frac{\text{从动件回程平均速度}}{\text{从动件工作平均速度}}=\frac{\overset{\frown}{C_2C_1}/t_2}{\overset{\frown}{C_1C_2}/t_1}=\frac{t_1}{t_2}=\frac{\varphi_1}{\varphi_2}=\frac{180°+\theta}{180°-\theta}$$

$$\theta=180°\cdot\frac{K-1}{K+1}$$

5．机构具有急回特性的条件

从对曲柄摇杆机构的分析可知，当曲柄作等速转动时，由于机构的极位夹角 $\theta>0°$，因此摇杆作往复变速摆动，即摇杆的运动具有急回特性。

对于曲柄滑块机构和导杆机构也可以采用类似的分析方法。如图 2-1-70(a)所示的偏置曲柄滑块机构，机构的极位夹角 $\theta>0°$。因此，当曲柄等速转动时，偏置曲柄滑块机构可实现急回运动。而对于图 2-1-70(b)所示的对心曲柄滑块机构，其极位夹角 $\theta=0°$，因此，对心曲柄滑块机构没有急回特性。

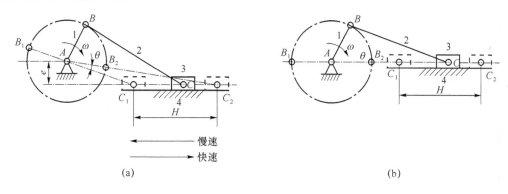

图 2-1-70 偏置曲柄滑块机构与对心曲柄滑块机构

如图 2-1-71 所示的导杆机构，其极位夹角 $\theta>0°$，因此导杆机构也具有急回特性。

综上所述，平面四杆机构具有急回特性的条件有：主动件以等角速度作整周转动；输出从动件具有正行程和反行程的往复运动；机构的极位夹角 $\theta>0°$。

2.1.4.2 传力分析

1．压力角和传动角

（1）压力角

在图 2-1-72 所示的曲柄摇杆机构中，如果不考虑各个构件的质量和运动副中的摩擦力，则连杆 BC 为二力构件，主动曲柄通过连杆作用在摇杆上铰链 C 处的驱动力 F 沿 BC 方向。力 F 的作用线与力作用点 C 处的绝对速度 v_C 之间所夹的锐角称为压力角，用 α 表示。

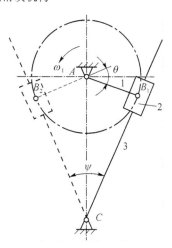

图 2-1-71 导杆机构的极位夹角

由图 2-1-72 可见，力 F 可分解为两个相互垂直的分力，即沿 C 点速度 v_C 方向的分力 F_t 和沿摇杆 CD 方向的分力 F_n，其计算公式如下：

$$F_t = F\cos\alpha$$
$$F_n = F\sin\alpha$$

（2）传动角

压力角 α 的余角称为传动角，用 γ 表示。传动角 γ 与压力角 α 的关系如下：

$$\gamma = 90° - \alpha$$

在图 2-1-72 中，传动角 γ 就是连杆与摇杆之间所夹的锐角，观察和测量都比较方便。

在机构的运动过程中,传动角同样也是随着机构的位置不同而变化的。为了保证机构的正常工作,具有良好的传力性能,一般要求机构的最小传动角 γ_{min} 大于或等于其许用传动角 $[\gamma]$,即

$$\gamma_{min} \geq [\gamma]$$

图 2-1-73 所示的 γ_{min} 为曲柄滑块机构的最小传动角研究表明,对于图 2-1-72 所示的曲柄摇杆机构来说,在机构的运动过程中,最小传动角 γ_{min} 出现在曲柄与机架分别重叠共线和拉直共线的位置 AB_1C_1D 和 AB_2C_2D 之一,这两个位置的传动角分别为 γ' 和 γ''。比较这两个位置的传动角 γ' 和 γ'',其中较小的一个为该机构的最小传动角 γ_{min},即

$$\gamma_{min} = \min[\gamma', \gamma'']$$

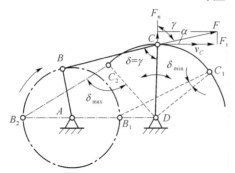

图 2-1-72 曲柄摇杆机构的压力角

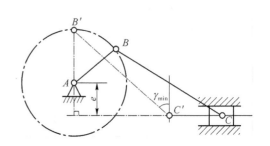

图 2-1-73 曲柄滑块机构的最小传动角

2. 死点

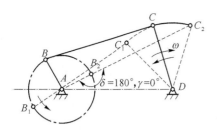

图 2-1-74 死点位置

在图 2-1-74 所示的曲柄摇杆机构中,当以摇杆 CD 为主动件时,在摇杆摆到两个极限位置 C_1D 和 C_2D 时,连杆 BC 与曲柄 AB 两次共线。在这个位置上,机构的压力角 $\alpha=90°$,相应地有传动角 $\gamma=0°$。由式可知,$F_t = F\cos\alpha = F\cos 90° = 0$。此时,无论连杆 BC 对曲柄 AB 的作用力有多大,都不能使曲柄 AB 转动,机构处于静止的状态。机构的这种位置称为机构的死点。图中双点画线所示的位置即为死点位置。

四杆机构中是否存在死点取决于从动件与连杆是否存在共线的位置。对于曲柄摇杆机构来说,从前面的分析可知,在机构的运动过程中,当以曲柄为主动件时,摇杆与连杆不可能出现共线的位置,故不会出现死点;当以摇杆为主动件时,曲柄与连杆存在共线的位置,所以会出现死点。

在工程实际中,可以采取具体的措施避开机构的死点位置。

(1) 利用机构错位排列的方法渡过死点,如图 2-1-75 所示的火车车轮机构。

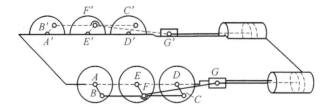

图 2-1-75 火车车轮机构

(2) 靠飞轮的惯性,如图 2-1-50 所示的缝纫机。

工程上有时也利用死点来实现一定的工作要求,如图 2-1-55 所示的飞机起落架。

当飞机准备着陆时,机轮被放下,此时 BC 杆与 CD 杆共线,机构处于死点位置。

如图 2-1-76 所示的夹具夹紧机构,在加工工件时,将工件放在工作台上,然后用力向下扳动手柄 2,工件随即被夹紧。此时 BC 与 CD 共线,机构处于死点位置。在加工工件的过程中,当去掉施加在手柄上的外力 F 之后,无论工件上的反作用力 F_N 有多大,都不能使构件 CD 转动,因此,夹紧机构仍能可靠地夹紧工件。当需要取出工件时,向上扳动手柄 2,即能松开夹具。

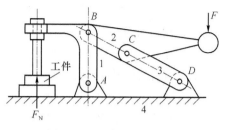

图 2-1-76 夹具夹紧机构

2.1.4.3 四杆机构设计简介

平面四杆机构的设计可归纳为两类基本问题。

(1) 实现给定的运动规律。例如要求满足给定的行程速度变化系数以实现预期的急回特性、实现连杆的几组给定位置等。

(2) 实现给定的运动轨迹。例如要求连杆上某点能沿着给定轨迹运动等。

在进行四杆机构设计时往往还需要满足一些附加的几何条件或动力条件。通常先按运动条件来设计四杆机构,然后再检验其他条件。

平面四杆机构的设计方法有图解法、解析法和实验法等,其中图解法直观、清晰,简单易行,但精确程度差;实验法和图解法有类似之处,且工作烦琐;解析法精确度较好,但计算求解复杂。

(1) 图解法设计平面四杆机构

① 按给定连杆位置设计四杆机构

如图 2-1-77 所示,已知连杆的长度以及它所处的 3 个位置 B_1C_1、B_2C_2、B_3C_3,设计该铰链四杆机构。

分析:由于连杆上铰链点 $B(C)$ 是在以 $A(D)$ 为圆心的圆弧上运动,由 $B(C)$ 的 3 个已给定位置就可以求出圆心 $A(D)$。即分别作 $B_1、B_2$ 和 $B_2、B_3$ 连线的垂直平分线,其交点就是固定铰链中心 A;同理,求出铰链中心 D。连接 AB_1C_1D 就是所求的铰链四杆机构。

② 按给定两连架杆的对应位置设计四杆机构

如图 2-1-78 所示,已知机架 AD 的长度以及连架杆 AB、CD 的两组对应位置 α_1、φ_1 和 α_2、φ_2,设计该铰链四杆机构。

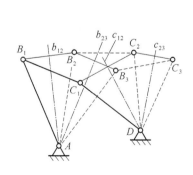

图 2-1-77 由连杆位置设计四杆机构

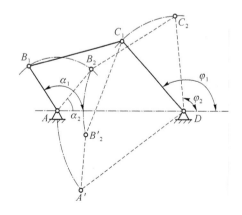

图 2-1-78 由两连架杆的对应位置设计四杆机构

采用刚化反转法将 AB_2C_2D 刚化后绕 D 点反转 $(\varphi_1-\varphi_2)$ 角,C_2D 和 C_1D 重合,AB_2 转到 $A'B_2'$ 的位置。此时可以将此机构看成是以 CD 为机架,以 AB 为连杆的四杆机构,问题转化为按给定连杆位置设计平面四杆机构。

③ 按给定行程速度变化系数 K 设计四杆机构

(a) 曲柄摇杆机构

设已知摇杆 CD 的长度、摆角 ψ 和行程速度变化系数 K,试设计该曲柄摇杆机构。

解:设计的关键是确定固定铰链 A 的位置,步骤如下。

1) 按摇杆 CD 的长度和摆角 ψ 作出摇杆的两个极限位置 C_1D 和 C_2D,如图 2-1-54 所示;

2) 按公式计算极位夹角 θ;

$$\theta=180°\cdot\frac{K-1}{K+1}$$

3) 连接 C_1C_2,作 $\angle C_1C_2O=\angle C_2C_1O=90°-\theta$,以 O 为圆心,OC_1 为半径作圆弧 C_2C_1A,则弧 C_1C_2 所对应的圆心角 $\angle C_1OC_2=2\theta$;

4) 在圆弧 C_2C_1A 上,弧 C_1C_2 所对应的圆周角为 θ,因此在圆周上适当地选取 A 点,使 $\angle C_1AC_2=\theta$,则 AC_1 和 AC_2 即为曲柄与连杆共线的两个位置。则

曲柄长度 $=(AC_2-AC_1)/2$

连杆长度 $=(AC_2+AC_1)/2$

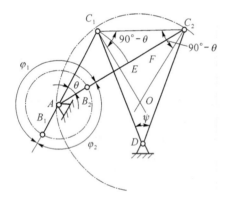

图 2-1-79 由给定行程速比系数设计曲柄摇杆机构　　图 2-1-80 由给定行程速比系数设计导杆机构

(b) 导杆机构

设已知摆动导杆机构的机架长度 d 和行程速度变化系数 K,试设计该导杆机构。

设计步骤如下:

1) 作 $AD=d_L$;

2) 由 K 算出 θ;

3) 如图 2-1-80 所示可知,极位夹角 θ 等于导杆摆角 ψ,作 $\angle ADB_1=\angle ADB_2=\theta/2$,作 AB_1(或 AB_2)垂直于 B_1D 或 (B_2D),则 AB 就是曲柄。

(2) 解析法设计平面四杆机构

用解析法设计平面四杆机构时首先要建立方程式,然后根据已知参数对方程式求解。

(3) 实验法设计四杆机构

介绍的实验法为用复杂多样的"连杆曲线"来吻合已知轨迹的一种直观设计方法。

小 结

平面四杆机构:由 4 个构件通过低副连接而成的平面连杆机构,称为平面四杆机构,又称平面低副机构。它是平面连杆机构中最常见的形式,也是组成多杆机构的基础。

如果所有低副均为转动副,这种四杆机构就称为铰链四杆机构。它是平面四杆机构最基本的形式,其他形式的四杆机构都可看作是在它的基础上演化而成的。

平面连杆机构优点:

(1) 平面连杆机构中的运动副都是低副,组成运动副的两构件之间为面接触,因而承受的压强小、便于润滑、磨损较轻,可以承受较大的载荷。

(2) 构件形状简单,加工方便,构件之间的接触是由构件本身的几何形状来保持的,所以构件工作可靠。

(3) 在主动件等速连续运动的条件下,当各构件的相对长度不同时,可使从动件实现多种形式的运动,满足多种运动规律的要求。

(4) 利用平面连杆机构中的连杆可满足多种运动轨迹的要求。

平面连杆机构的主要缺点:

(1) 根据从动件所需要的运动规律或轨迹来设计连杆机构比较复杂,而且精度不高。

(2) 连杆机构运动时产生的惯性大难以平衡,所以不适用于高速的场合。

2.2 课题二:凸轮机构

当机器的执行构件需要按一定的位移、速度、加速度规律运动时,尤其是当执行构件需要做间歇运动时,采用低副机构往往难以满足要求,这种情况下最简单的解决方法就是采用凸轮机构,它是一种具有曲线轮廓或凹槽的构件,它通过与从动件的高副接触,在运动时可以使从动件获得连续或不连续的任意预期运动。

2.2.1 概述

凸轮机构由凸轮、从动件和机架 3 个部分组成,结构简单,只要设计出适当的凸轮轮廓曲线,就可以使从动件实现任何预期的运动规律。但另一方面,由于凸轮机构是高副机构,易于磨损,因此只适用于传递动力不大的场合。

2.2.1.1 凸轮机构的组成和类型

1. 按凸轮的形状分

(1) 盘形凸轮。如图 2-2-1 所示,这种凸轮是绕固定轴转动并且具有变化向径的盘形构件。它是凸轮的基本形式。

(2) 圆柱凸轮。如图 2-2-2 所示,凸轮是一个具有曲线凹槽的圆柱形构件。它可以看成是将移动凸轮卷成圆柱演化而成的。

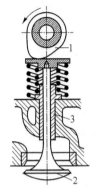

图 2-2-1 内燃机的配气机构

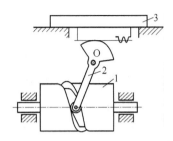

图 2-2-2 自动车床的自动进刀机构

(3) 移动凸轮。这种凸轮外形通常呈平板状,如图 2-2-3 所示的凸轮,可看做回转中心位于无穷远时的盘形凸轮。它相对于机架作直线移动。

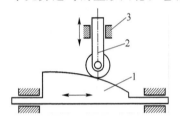

图 2-2-3 移动凸轮

盘形凸轮和移动凸轮与其从动件之间的相对运动是平面运动,所以它们属于平面凸轮机构;圆柱凸轮与从动件的相对运动为空间运动,故它属于空间凸轮机构。

2. 按从动件的结构形式分

从动件仅指与凸轮相接触的从动的构件。图 2-2-4 所示为常用的几种形式:(a)为尖顶移动从动件;(b)为滚子从动件;(c)为平底从动件;(d)为球面底从动件。滚子从动件的优点要比滑动接触的摩擦系数小,但造价要高些。对同样的凸轮设计,采用平底从动件其凸轮的外廓尺寸要比采用滚子从动件小,故在汽车发动机的凸轮轴上通常都采用这种形式。在生产机械上更多的是采用滚子从动件,因为它既易于更换,又具有可从轴承制造商中购买大量备件的优点。沟槽凸轮要求用滚子从动件。滚子从动件基本上都采用特制结构的球轴承或滚子轴承。球面底从动件的端部具有凸出的球形表面,可避免因安装位置偏斜或不对中而造成的表面应力和磨损都增大的缺点,并具有尖顶与平底从动件的优点,因此这种结构形式的从动件在生产中应用也较多。

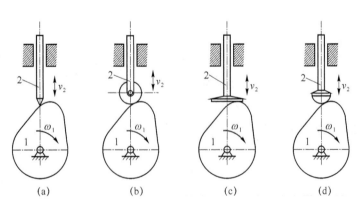

图 2-2-4 凸轮从动件常用形式

3. 按凸轮与从动件保持接触的方式分

凸轮机构是一种高副机构,它与低副机构不同,需要采取一定的措施来保持凸轮与从动件

的接触,这种保持接触的方式称为锁合或封闭。常见的锁合方式有:

(1) 力锁合。利用从动件的重量、弹簧力或其他外力使从动件与凸轮保持接触。如图2-2-1所示的内燃机配汽机构、图2-2-5所示的靠模车削机构。

(2) 形锁合。依靠凸轮和从动件所构成高副的特殊几何形状,使其彼此始终保持接触。常用的形封闭凸轮机构有以下几种。

① 凹槽凸轮:依靠凸轮凹槽使从动件与凸轮保持接触,如图2-2-6(a)所示。这种封闭方式简单,但增大了凸轮的尺寸和重量。

② 等宽凸轮:如图2-2-6(b)所示,从动件做成框架形状,凸轮轮廓线上任意两条平行切线间的距离等于从动件框架内边的宽度,因此使凸轮轮廓与平底始终保持接触。这种凸轮

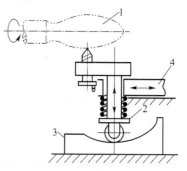

图2-2-5 靠模车削机构

只能在转角180°内根据给定运动规律按平底从动件来设计轮廓线,其余180°必须按照等宽原则确定轮廓线,因此从动件运动规律的选择受到一定限制。

③ 等径凸轮:如图2-2-6(c)所示,从动件上装有两个滚子,其中心线通过凸轮轴心,凸轮与这两个滚子同时保持接触。这种凸轮理论轮廓线上两异向半径之和恒等于两滚子的中心距离,因此等径凸轮只能在180°范围内设计轮廓线,其余部分的凸轮廓线需要按等径原则确定。

④ 主回凸轮:如图2-2-6(d)所示,用两个固结在一起的盘形凸轮分别与同一个从动件上的两个滚子接触,形成结构封闭。其中一个凸轮驱使从动件向某一方向运动,而另一个凸轮驱使从动件反向运动。主凸轮廓线可在360°范围内按给定运动规律设计,而回凸轮廓线必须根据主凸轮廓线和从动件的位置确定。主回凸轮可用于高精度传动。

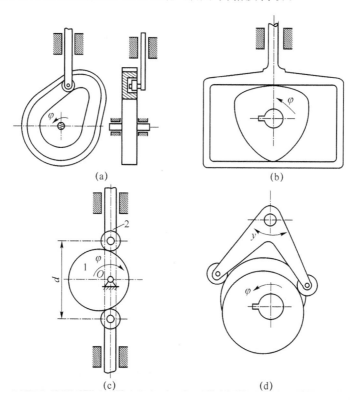

图2-2-6 凸轮机构的锁合方式

2.2.1.2 凸轮机构的特点与应用

由上述可知,凸轮机构构件少,占据空间不大,是一种结构简单和紧凑的机构。从动件的运动规律是由凸轮轮廓曲线决定的,只要凸轮轮廓曲线设计得当,就可以使从动件实现任意预期的运动规律,并且运动准确可靠,便于设计。因此在自动机床进刀机构、上料机构、内燃机配气机构、制动机构以及印刷机、纺织机、闹钟和各种电气开关中得到广泛应用。但因凸轮机构是点或线接触的高副机构,易磨损,所以通常多用于传力不大的控制和调节机构中。另外,凸轮形状复杂、不易加工,这也在一定程度上限制了凸轮机构的应用。

2.2.2 从动件常用运动规律

图 2-2-7(b)是对心尖顶移动从动件盘形凸轮机构,其中以凸轮轮廓最小向径 r_b 为半径所作的圆称为基圆,r_b 称为基圆半径。在图示位置时,从动件处于上升的最低位置,也是从动件离凸轮轴心最近的位置,其尖顶与凸轮在 B_0 点接触。当凸轮以等角速度 ω 逆时针方向转动时,从动件将依次与凸轮轮廓各点接触,从动件的位移 s 也将按照图 2-2-7(a)所示的曲线变化。当凸轮转过一个 Φ'_s 角度时,凸轮轮廓上的基圆弧 B_0B 与从动件依次接触,此时,由于该段基圆弧上各点的向径大小不变,从动件在最低位置不动,这一过程称为近停程,对应的转角 Φ'_s 称为近休止角。当凸轮转过一个角度 Φ 时,从动件被凸轮推动,随着凸轮轮廓 BD 段上各点向径的逐渐增大,从动件从最低位置 B 点开始,逐渐被推到离凸轮轴心最远的位置,即从动件上升到最高位置 D 点,从动件的这一运动过程称为推程。

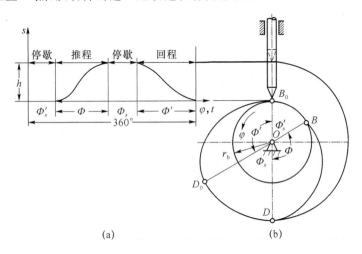

图 2-2-7 尖顶移动从动件凸轮机构

从动件在该过程中上升的最大距离 h 称为升程,对应的凸轮转角 Φ 称为推程角。当凸轮继续转过角度时,以 O 为圆心,OD 为半径的圆弧 D_0D 与从动件尖顶接触,从动件在离凸轮轴心最远位置处静止不动,从动件的这一过程称为远停程,与此对应的凸轮转角 Φ_s 称为远休止角。凸轮再继续转过 Φ' 角度时,从动件在封闭力的作用下,沿向径渐减的凸轮轮廓 D_0B_0 段,按给定的运动规律下降到最低位置,这段行程称为回程。对应的凸轮转角 Φ' 称为回程角。当凸轮继续回转时,从动件将重复以上停—升—停—降的运动循环。以凸轮转角 φ 为横坐标、从动件的位移 s 为纵坐标,可用曲线将从动件在一个运动循环中的位移变化规律表示出来,如图 2-2-7(a)所示,该曲线称为从动件的位移线图(s-φ 线图)。由于凸轮一般都作等速转动,其转角与时间成正比,因此该线图的横坐标也代表时间 t。根据 s-φ 线图,用图解微分法可以作出从动件的速度线图(v-φ线图)和从动件的加速度线图(a-φ线图),它们统称为从动件的运动线图。

2.2.2.1 从动件基本运动规律

1. 等速运动规律

从动件在推程作等速运动时,其位移、速度和加速度的运动线图如图2-2-8所示。在此阶段,经过时间t_0(相应的凸轮转角为Φ),从动件完成升程h,所以从动件的速度$v_0=h/t_0$为常数,速度线图为水平直线,从动件的位移$s=v_0t$,其位移线图为一斜直线,故又称直线运动规律。

由于凸轮常以等角速度ω转动,所以凸轮转角$\varphi=\omega t$,则$\Phi=\omega t_0$。代入位移和速度公式整理得运动线图表达式(2-2-1)。

$$\begin{cases} s=\dfrac{h}{\Phi}\varphi \\ v=\dfrac{h}{\Phi}\omega \end{cases} \quad (2\text{-}2\text{-}1)$$

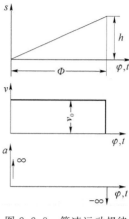

图2-2-8 等速运动规律

因从动件的位移曲线为一斜直线,当给出从动件的升程h和对应的凸轮转角Φ之后,s-φ线图可以很容易地作出来。

2. 等加速等减速运动规律

这种运动规律通常在整个行程中令前半行程作等加速运动,后半行程作等减速运动,其加速度和减速度的绝对值相等。

图2-2-10所示为从动件在推程运动中作等加速等减速运动时的运动线图。以前半个推程为例,从动件作等加速运动时,其加速度线图为平行于横坐标轴的直线。从动件速度$v=at$,则速度线图为斜直线。从动件的位移,其位移线图为一抛物线,故该运动规律又称抛物线运动规律。以凸轮转角φ代替凸轮回转时间t,并考虑到初始条件,则推程时前半程AB等加速运动的运动方程为

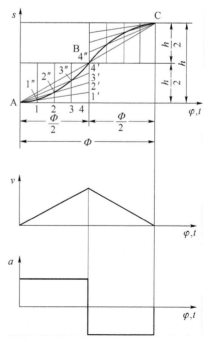

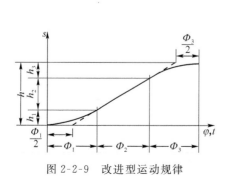

图2-2-9 改进型运动规律

图2-2-10 等加速等减速运动规律

$$\begin{cases} s = \dfrac{2h}{\Phi^2}\varphi^2 \\ v = \dfrac{4h\omega}{\Phi^2}\varphi \\ a = \dfrac{4h\omega^2}{\Phi^2} \end{cases} \qquad (2\text{-}2\text{-}2)$$

后半程 BC 等减速运动的运动方程为

$$\begin{cases} s = h - \dfrac{2h}{\Phi^2}(\Phi - \varphi^2) \\ v = \dfrac{4h\omega}{\Phi^2}(\Phi - \varphi) \\ a = \dfrac{4h\omega^2}{\Phi^2} \end{cases} \qquad (2\text{-}2\text{-}3)$$

在纵坐标上将升程 h 分成相等的两部分。在横坐标轴上,将与升程对应的凸轮转角 Φ 也分成相等的两部分,再将每一部分分为若干等份(图中为四等份),得到 1,2,3,4 各点,过这些分点分别作横坐标轴的垂线,同时将纵坐标轴上各部分也分为与横坐标轴相同的等份(四等份),得 $1',2',3',4'$ 各点。连接 $A1''$,$A2''$,$A3''$,$A10''$ 与相应的垂线分别交于 $1''$,$2''$,$3''$,$4''$ 各点,将这些交点连接成光滑曲线,即可得到推程 AB 段的等加速运动的位移线图(抛物线)。后半行程的等减速运动规律位移线图也可用同样的方法画出,只是弯曲的方向反过来。

由图可见,从动件的加速度分别在 A,B 和 C 位置有突变,但其变化为有限值,由此而产生的惯性力变化也为有限值。这种由加速度和惯性力的有限变化对机构所造成的冲击、振动和噪声要较刚性冲击小,称之为柔性冲击。因此,等加速等减速运动规律也只适用于中速、轻载的场合。

3. 简谐运动规律

当质点在圆周上作匀速运动时,该质点在这个圆的直径上的投影所构成的运动,称为简谐运动。从动件作简谐运动时的运动线图如图 2-2-11 所示。由位移线图可以看出,从动件位移曲线方程为

$$s = R - R\cos\theta$$

在此图中 $R = h/2$,当凸轮转角 $\varphi = \Phi$ 时,$\theta = \pi$,则 $\theta/\pi = \varphi/\Phi$。将 R,θ 代入上式并对 φ 求一阶和二阶导数,可得从动件在推程中作简谐运动时的运动方程为

$$\begin{cases} s = \dfrac{h}{2}\left[1 - \cos\left(\dfrac{\pi}{\Phi}\varphi\right)\right] \\ v = \dfrac{\pi h\omega}{2\Phi}\sin\left(\dfrac{\pi}{\Phi}\varphi\right) \\ a = \dfrac{\pi^2 h\omega^2}{2\Phi^2}\cos\left(\dfrac{\pi}{\Phi}\varphi\right) \end{cases} \qquad (2\text{-}2\text{-}4)$$

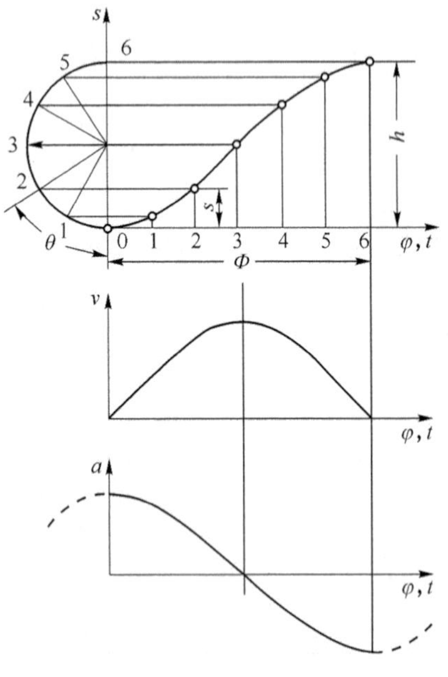

当从动件按简谐运动规律运动时,如图 2-2-11 所示,其加速度曲线为余弦曲线,故又称为余弦加速度运动规律。由加速度线图可知,这种运动规律在开始和终止两点处加速度有突变,也会产生柔性冲击,只适用于中速场合。只有当加速度曲线保持连续(如图 2-2-11 中的虚线所示)时,才能避免柔性冲击。

图 2-2-11 简谐运动规律

简谐运动的位移线图作法如下:将横坐标轴上代表 Φ 的线段分为若干等份(图中分为六

等份),得分点 1,2,3,…,过这些分点作横坐标轴的垂线。再以升程 h 为直径在纵坐标轴上作一半圆,将该半圆圆周也等分为与上同样的份数(六等份),得分点 1,2,3,…,过这些分点作平行于横坐标轴的直线分别与上述各对应的垂直线相交,将这些交点连接成光滑的曲线,即得简谐运动规律的位移曲线。

2.2.2.2 从动件运动规律的选择

(1) 当只要求从动件实现一定的工作行程,而对其运动规律无特殊要求时,应考虑所选的运动规律使凸轮机构具有较好的动力特性和是否便于加工。对于低速轻载的凸轮机构,可主要从凸轮廓线便于加工考虑来选择运动规律,因为这时其动力特性不是主要的;而对于高速轻载的凸轮机构,则应首先从使凸轮机构具有良好的动力特性考虑来选择运动规律,以避免产生过大的冲击。例如,等加速等减速运动规律同正弦运动规律相比,前者所对应的凸轮廓线的加工并不比后者更容易,而其动力特性却比后者差,所以在高速场合一般选用正弦运动规律。

(2) 对从动件的运动规律有特殊要求,而凸轮转速又不高时,应首先从满足工作需要出发来选择从动件的运动规律,其次考虑其动力特性和是否便于加工。例如,对于图 2-2-3 所示的自动机床上控制刀架进给的凸轮机构,为了使被加工的零件具有较好的表面质量,同时使机床载荷稳定,一般要求刀具进刀时作等速运动。在设计这一凸轮机构时,对应于进刀过程的从动件的运动规律应选取等速运动规律。但考虑到全推程等速运动规律在运动起始和终止位置时有刚性冲击,动力学特性较差,可在这两处作适当改进,以保证在满足刀具等速进刀的前提下,又具有较好的动力学特性。

(3) 当机器的工作过程对从动件的运动规律有特殊要求,而凸轮的运转速度又较高时,应兼顾两者来选择从动件的运动规律。一般可考虑将不同形式的常用运动规律恰当地组合起来,形成从动件完整的运动线图。

(4) 在选择从动件运动规律时,除了考虑刚性冲击与柔性冲击外,还应考虑各种运动规律的最大速度和最大加速度对机构动力性能的影响。通常,对质量较大的从动件系统,为了减少积蓄的动能应选择较小的运动规律。对高速凸轮,为减少从动件系统的惯性力,应选择较小的运动规律,因为它直接影响到从动件系统的受力、振动和工作平稳性。表 2-2-1 列出了几种常用的基本运动规律的特性比较,并给出它们的推荐应用范围,可供选择时参考。

表 2-2-1 从动件常用运动规律特性比较

运动规律	最大速度($h\omega/\Phi$)	最大加速度($h\omega^2/\Phi^2$)	冲击特性	使用场合
等速运动	1.00	∞	刚性	低速轻载
等加速等减速	2	4.00	柔性	中速轻载
简谐运动	1.57	4.93	柔性	中速轻载
摆线运动	2.00	6.28	无	高速轻载

2.2.3 图解法设计凸轮轮廓

2.2.3.1 用图解法设计凸轮轮廓

1. 对心尖顶直动从动件盘形凸轮轮廓

设凸轮的基圆半径为 r_b,凸轮以等角速度 ω 逆时针方向回转,从动件的运动规律已知。试设计凸轮的轮廓曲线。

根据反转法,具体设计步骤如下:

(1) 选取适当的比例作出位移线图(s-φ),如图 2-2-12(a)所示,然后将 Φ 及 Φ' 分成若干等份(图中为四等份),并自各点作垂线与位移曲线交于 $1', 2', \cdots, 8'$。

(2) 选取适当的比例以任意点 O 为圆心,r_b 为半径作基圆(图中虚线所示)。再以从动件最低(起始)位置 B_0 起沿 $-\omega$ 方向量取角度 Φ, Φ_s, Φ' 及 Φ'_s,并将 Φ 和 Φ' 按位移线图中的等份数分成相应的等份。再自 O 点引一系列径向线 $O_1, O_2, O_3, \cdots$。各径向线即代表凸轮在各转角时从动件导路所依次占有的位置。

(3) 自各径向线与基圆的交点 $B_1', B_2', B_3', \cdots$,向外量取各个位移量 $B_1'B_1 = 11', B_2'B_2 = 22', B_3'B_3 = 33', \cdots$,得 $B_1, B_2, B_3, \cdots$,等点。这些点就是反转后从动件尖顶的一系列位置。

(4) 将 $B_0, B_1, B_2, B_3, B_4, \cdots, B_9$ 各点连成光滑曲线(图中 B_4, B_5 间和 B_9, B_0 间均为以 O 为圆心的圆弧),即得所求的凸轮轮廓曲线,如图 2-2-12(b)所示。

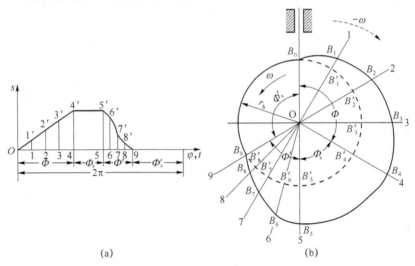

图 2-2-12 凸轮轮廓曲线

2. 对心直动滚子从动件盘形凸轮轮廓

由于滚子中心是从动件上的一个固定点,该点的运动就是从动件的运动,因此可取滚子中心作为参考点(相当于尖顶从动件的尖顶),按上述方法先作出尖顶从动件的凸轮轮廓曲线(也是滚子中心轨迹),如图 2-2-13 中的点划线,该曲线称为凸轮的理论廓线。再以理论廓线上各点为圆心,以滚子半径 r_T 为半径作一系列圆。然后,作这些圆的包络线 β,如图中实线,它便是使用滚子从动件时凸轮的实际廓线。由作图过程可知,滚子从动件凸轮的基圆半径 r_b 应在理论廓线上度量。

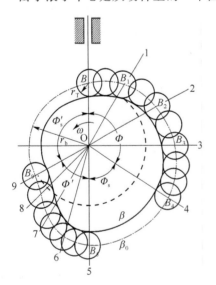

图 2-2-13 对心直动滚子从动件盘形凸轮机构

2.2.3.2 凸轮和从动件的常用材料

凸轮的材料要求工作表面有较高的硬度,芯部有较好的韧性。一般尺寸不大的凸轮用 45 钢或 40Cr 钢,并进行调质或表面淬火,硬度为 52~58 HRC。要求更高时,可采用 15 钢或 20Cr 钢渗碳淬火,表面硬度为 56~62 HRC,渗碳深度为 0.8~1.5 mm。更加重要的凸轮可采用 35CrMo 钢等进行渗碳,硬度为 60~67 HRC,以增强表面的耐磨性。尺寸大或轻载的凸轮可采用优质灰铸铁,载荷较大时可采用耐磨铸铁。

在家用电器、办公设备、仪表等产品中常用塑料作凸轮材料。主要利用其成型简单、耐水、耐磨等优点。

从动件接触端面常用的材料有 45 钢,也可用 T8、T10,淬火硬度为 55~59 HRC;要求较高时可以使用 20Cr 进行渗碳淬火等处理。

滚子材料的选择主要考虑机构所受的冲击载荷和磨损等问题。一般情况下,凸轮选用 45 号钢或 40Cr 制造,淬硬到 52~58 HRC;要求较高时,也可以用 15 号钢或 20Cr 制造,采用渗碳淬火。

滚子也可采用与凸轮同样的材料。

2.2.4 凸轮机构设计中的几个问题

2.2.4.1 凸轮机构的压力角及许用值

由图 2-2-14 中可以看出,凸轮对从动件的作用力 F 可以分解成两个分力,即沿着从动件运动方向的分力 F_1 和垂直于运动方向的分力 F_2。前者是推动从动件克服载荷的有效分力,而后者将增大从动件与导路间的侧向压力,它是一种有害分力。压力角 α 越大,有害分力越大,由此而引起的摩擦阻力也越大;当压力角 α 增加到某一数值时,有害分力所引起的摩擦阻力将大于有效分力 F_1,这时无论凸轮给从动件的作用力有多大,都不能推动从动件运动,即机构将发生自锁,因此,从减小推力、避免自锁使机构具有良好的受力状况的观点来看,压力角 α 应越小越好。

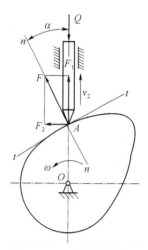

图 2-2-14 凸轮机构的压力角

压力角的大小反映了机构传力性能的好坏,是机构设计的重要参数。为使凸轮机构工作可靠,受力情况良好,必须对压力角加以限制。在设计凸轮机构时,应使最大压力角 α_{max} 不超过许用值 $[\alpha]$。根据工程实践的经验,许用压力角 $[\alpha]$ 的数值推荐如下:

推程时,对移动从动件,$[\alpha]=30°\sim38°$;对摆动从动件,$[\alpha]=15°\sim50°$。回程时,由于通常受力较小且一般无自锁问题,故许用压力角可取得大一些,通常取 $[\alpha]=70°\sim80°$。当采用滚子从动件、润滑良好及支撑刚度较大或受力不大而要求结构紧凑时,可取上述数据较大值,否则取较小值。

2.2.4.2 凸轮基圆半径的确定

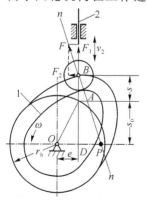

图 2-2-15 凸轮机构压力角的几何关系

由于凸轮机构在工作过程中,从动件与凸轮轮廓的接触点是变化的,各接触点处的公法线方向不同,使得凸轮对从动件的作用力的方向也不同。因此,凸轮轮廓上各点处的压力角是不同的。设计凸轮机构时,基圆半径 r_b 选择越小,所设计的机构越紧凑。但基圆半径的减小会使压力角增大,对机构运动不利。

图 2-2-15 所示的偏置移动滚子从动件盘形凸轮机构,凸轮作逆时针方向转动,从动件偏置于凸轮轴心的右侧。过滚子中心 B 作凸轮理论轮廓的法线,与过 O 的从动件导路垂线交于 P,根据平面运动速度分析理论,该点就是凸轮与导杆在此刻的速度瞬心或同速点,即凸轮在 P 点速度的大小和方向等于移动从动件在此刻速度的大小和方向。

$$v_2 = \omega \times OP$$
$$OP = \frac{v_2}{\omega} = \frac{ds/dt}{d\varphi/dt} = \frac{ds}{d\varphi}$$

由图 2-2-15 中 $\triangle DPB$

$$\tan \alpha = \frac{PD}{BD} = \frac{OP-OD}{BD}$$

考虑到

$$s_0 = \sqrt{r_b^2 - e^2}$$

凸轮机构的压力角计算公式为

$$\tan \alpha = \frac{|ds/d\varphi + e|}{s + \sqrt{r_b^2 - e^2}}$$

式中：α——任意位置时的压力角；

r_b——理论轮廓线的基圆半径；

s——从动件位移；

e——偏距；

$ds/d\varphi$——位移曲线的斜率，推程时为正，回程时为负。

以上公式同样适用于凸轮沿顺时针方向转动且从动件偏置于凸轮轴心的左侧的压力角计算。以上公式反映了 r_b 及 $ds/d\varphi$ 对机构压力角的影响。

【例 2-2-1】 设计一对心移动滚子从动件盘形凸轮机构，要求当凸轮转过推程运动角 $\Phi=45°$ 时，从动件以简谐运动规律上升 $h=110$ mm，并限定凸轮机构的最大压力角为 $\alpha_{max}=30°$。试确定凸轮最小基圆半径 r_b。

解：从图 2-2-16(b)所示的诺模图中找出 $\Phi=45°$ 和 $\alpha_{max}=30°$ 的两点，然后用直线将其相连交简谐运动标尺于 0.33 处，即

$$\frac{h}{r_b} = 0.33$$

将 $h=110$ mm 带入上式，可得

$$r_b = \frac{14}{0.33} \approx 42 \text{ mm}$$

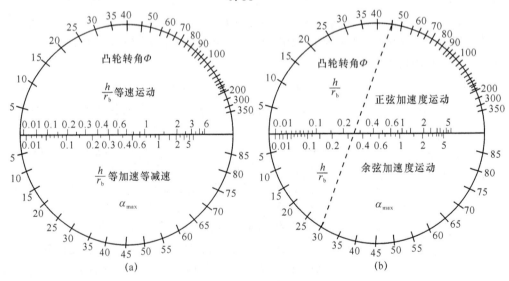

图 2-2-16 对心移动滚子从动件盘形凸轮机构的诺模图

需要指出的是，上述根据许用压力角确定的基圆半径是为了保证机构能顺利工作的凸轮最小基圆半径。在实际设计工作中，凸轮基圆半径的最后确定，还必须考虑到机构的具体结构

条件。例如,当凸轮与凸轮轴作成一体时,凸轮的基圆半径应略大于轴的半径;当凸轮是单独加工,然后装在凸轮轴上时,凸轮上要作出轴毂,凸轮的基圆直径应大于轴毂的外径。通常可取凸轮的基圆直径等于或大于轴径的(1.6~2)倍。若上述根据许用压力角所确定的基圆半径不满足该条件,则应加大凸轮基圆半径。

2.2.4.3 滚子半径的确定

图2-2-17(a)所示为内凹的凸轮轮廓线,ρ_{min}为理论廓线上最小曲率半径,ρ_a为对应的实际廓线曲率半径,且有$\rho_a = \rho_{min} + \gamma_T$实际廓线始终为平滑曲线。

对于外凸的凸轮廓线当$\rho_{min} > r_T$时,实际廓线为一条平滑曲线(如图2-2-17(b)所示)。

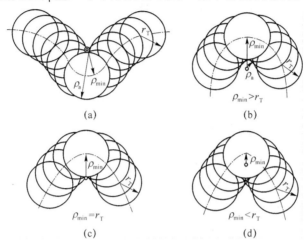

图2-2-17 滚子半径与凸轮廓线的关系

当$\rho_{min} = r_T$时,实际廓线上的曲率半径为$\rho_a = \rho_{min} - r_T = 0$(如图2-2-17(c)所示),此时,实际廓线上产生尖点,尖点极易磨损,磨损后会破坏原有的运动规律,这是工程设计中所不允许的。

$\rho_{min} < r_T$时,在$\rho_a < 0$,此时凸轮实际廓线已相交(如图2-2-17(d)所示),交点以外的廓线在凸轮加工过程中被刀具切除,导致实际廓线变形,从动件不能实现预期的运动规律。这种从动件失掉真实运动规律的现象称为"运动失真"。

滚子半径过大会导致凸轮实际廓线变形,产生"运动失真"现象。设计时,对于外凸的凸轮廓线,应使滚子半径r_T小于理论廓线上的最小曲率半径ρ_{min},通常可取滚子半径$r_T < 0.8\rho_{min}$。另一方面,滚子半径又不能取得过小,其大小还受到结构和强度方面的限制。根据经验,可取滚子半径为$r_T = (0.1 \sim 0.5)r_b$。

凸轮实际轮廓线的最小曲率半径ρ_{amin}一般不应小于1~5 mm。过小会给滚子结构设计带来困难。如果不能满足此要求,可适当放大凸轮的基圆半径。必要时,还需对从动件的运动规律进行修改。凸轮廓线上的最小曲率半径可用作图法近似估算。如图2-2-18所示,在凸轮廓线上选择曲率最大的点E,以E为圆心作任意半径的小圆,交凸轮廓线于点F和G,再以此两交点为圆心,以相同的半径作2个小圆,3个小圆相交于H,I,J,K4点,连接HI,JK,并延长得交点C。点C和CE可分别近似地作为凸轮廓线在点E处的曲率中心和曲率半径。

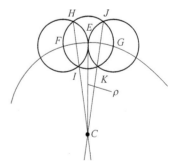

图2-2-18 曲率半径的近似估算

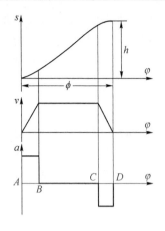

图 2-2-19 从动件推程运动线图

【例 2-2-2】 如图 2-2-19 所示凸轮机构从动件推程运动线图是由哪两种常用的基本运动规律组合而成？并指出有无冲击。如果有冲击，哪些位置上有何种冲击？从动件运动形式为停—升—停。

解：
(1) 由等速运动规律和等加速等减速运动规律组合而成。
(2) 有冲击。
(3) A、B、C、D 处有柔性冲击。

【例 2-2-3】 画出图 2-2-20 所示凸轮机构中 A 点和 B 点位置处从动件的压力角，若此偏心凸轮推程压力角过大，则应使凸轮中心向何方偏置才可使压力角减小？

解：
(1) A 点压力角如图 2-2-21 所示。
(2) B 点压力角如图 2-2-21 所示。
(3) 当压力角过大时，应使凸轮几何中心向回转中心靠近。

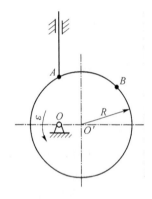

图 2-2-20 凸轮机构

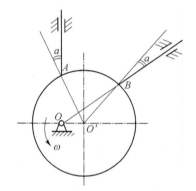

图 2-2-21 凸轮机构的压力角

2.3 课题三：间歇运动机构

在机器工作时，当主动件作连续运动时，常需要从动件产生周期性的运动和停歇，实现这种运动的机构，称为间歇运动机构。最常见的间歇运动机构有棘轮机构、槽轮机构、不完全齿轮机构和凸轮式间歇机构等，它们广泛用于自动机床的进给机构、送料机构、刀架的转位机构等。本章将扼要介绍这几类间歇运动机构的组成和运动特点。

2.3.1 棘轮机构

2.3.1.1 棘轮机构的工作原理和基本类型

棘轮机构的典型结构如图 2-3-1 所示，它主要由摇杆 1、主动棘爪 2、棘轮 3、止回棘爪 4 和机架 5 组成。当摇杆 1 逆时针摆动时，铰接在摇杆上的主动棘爪 2 插入棘轮 3 的齿槽内，推动棘轮同步转动一定的角度。当摇杆 1 顺时针摆动时，止回棘爪 4 阻止棘轮 3 反向转动，此时主动棘爪 2 在棘轮 3 的齿背上滑回原位,棘轮 3 静止不动。这样,当摇杆 1(主动件)连续往复摆动时,棘轮 3(从动件)便得到单向的间歇转动。弹簧 6 用来使主动棘爪 2 和止回棘爪 4 与棘轮 3 保持接触。

棘轮机构是一种间歇运动机构。主要由棘轮、棘爪和机架组成。常用的棘轮机构按其工作原理的不同可分为齿式棘轮机构和摩擦式棘轮机构两大类。

1. 齿式棘轮机构

齿式棘轮机构的工作原理为啮合原理。按啮合方式,它有外啮合(如图 2-3-1 所示)和内啮合(如图 2-3-2 所示)两种型式。按从动件不同的间歇运动方式,它又有以下的形式。

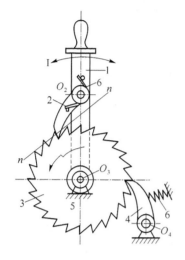

图 2-3-1 外啮合齿式棘轮机构

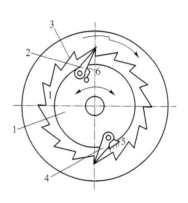

图 2-3-2 外啮合齿式棘轮机构

(1) 单向间歇转动,如图 2-3-1、图 2-3-2 所示,从动件均作单向间歇转动。

(2) 单向间歇移动,如图 2-3-3 所示,当主动件 1 往复摆动时,棘爪 2 推动棘齿条 3 作单向间歇移动。

(3) 双动式棘轮机构,如图 2-3-4 所示,主动摇杆 1 上装有两个主动棘爪 2 和 2′,摇杆 1 绕 O_1 轴来回摆动都能使棘轮 3 沿同一方向间歇转动,摇杆往复摆动一次,棘轮间歇转动两次。

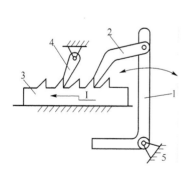

图 2-3-3 移动棘轮机构

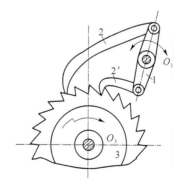

图 2-3-4 双动式棘轮机构

(4) 双向式棘轮机构,如图 2-3-5 所示,在图(a)所示机构中,当棘爪 2 在实线位置 AB 时,摇杆 1 往复摆动,棘轮 3 逆时针单向间歇转动;当棘爪 2 绕 A 轴翻转到虚线位置 AB' 时,摇杆 1 往复摆动,棘轮 3 顺时针单向间歇转动。在图(b)所示机构中,当摇杆 1 往复摆动时,棘爪 2 与棘轮 3 右侧齿面接触,棘轮 3 逆时针单向间歇转动。用手柄提起棘爪 2,直至定位销脱出,再将手柄转动 180°后放下,使定位销插入另一定位孔,当摇杆 1 往复摆动时,棘爪 2 与棘轮 3 左侧齿面接触,棘轮 3 将顺时针单向间歇转动。在双向式棘轮机构中,棘轮一般采用对称齿形。

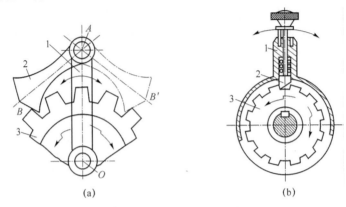

图 2-3-5 双向式棘轮机构

2. 摩擦式棘轮机构

摩擦式棘轮机构的工作原理为摩擦原理。在图 2-3-6(a) 所示机构中,当摇杆往复摆动时,主动棘爪 2 靠摩擦力驱动棘轮 3 逆时针单向间歇转动,止回棘爪 4 靠摩擦力阻止棘轮反转。由于棘轮的廓面是光滑的,又称为无棘齿棘轮机构。该类机构棘轮的转角可以无级调节,噪声小,但棘爪与棘轮的接触面间容易发生相对滑动,故运动的可靠性和准确性较差。

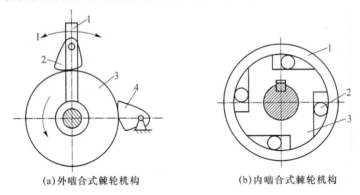

(a)外啮合式棘轮机构　　　　　　　(b)内啮合式棘轮机构

图 2-3-6 摩擦式棘轮机构

2.3.1.2 棘轮转角的调节

齿式棘轮机构中,棘轮的转角可以进行有级调节。常用的调节方法有如下两种:

1. 改变摇杆摆角

如图 2-3-7 所示,通过调节丝杆来改变曲柄摇杆机构 $ABCD$ 中曲柄 AB 的长度,从而改变摇杆和棘爪的摆角,最终导致棘轮转角的变化。摇杆摆角随曲柄长度增加而增大,因此棘轮转角也相应增大。反之,则棘轮转角减小。

2. 利用遮盖罩

如图 2-3-8 所示,利用遮盖罩遮住棘爪行程内的部分棘齿,使棘爪只能在遮盖罩上滑过,而不能与这部分棘轮齿接触,从而减小棘轮的转角。调整遮盖罩的位置,即可实现棘轮转角的调节。

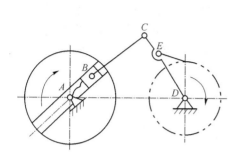

图 2-3-7 改变摇杆摆角调节棘轮转角

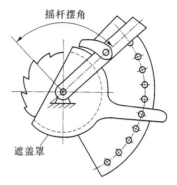

图 2-3-8 用遮盖罩调节棘轮机构

2.3.1.3 棘轮机构的特点和应用

齿式棘轮机构具有结构简单、制造方便、运动可靠,棘轮的转角可调等优点。其缺点是传力小,工作时有较大的冲击和噪声,而且运动精度低。因此,它适用于低速和轻载场合,通常用来实现间歇式送进、制动、超越和转位分度等要求。

1. 间歇式送进

图 2-3-9 所示为牛头刨床工作台的横向进给机构。通过可变向棘轮机构使丝杠产生间歇转动,从而带动工作台(相当于螺母)实现横向间歇进给。

图 2-3-10 所示为浇注流水线的送进装置,棘轮与带轮固联在同一轴上,当活塞 1 在汽缸内往复移动时,输送带 2 间歇移动,输送带静止时进行自动浇注。

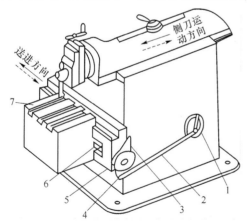

图 2-3-9 牛头刨床工作台横向进给棘轮机构
1—曲柄;2—连杆;3—棘爪;4—摆杆
5—棘轮;6—丝杠;7—工作台(螺母)

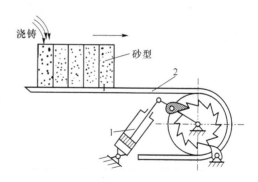

图 2-3-10 外啮合齿式棘轮机构

2. 制动

图 2-3-11 所示为起重设备安全装置中的棘轮机构。在吊起重物后,止回棘爪 3 可以防止棘轮(卷筒)反转,从而避免重物因其他机械故障而出现自由下落的危险,即起到制动作用。

3. 超越运动

图 2-3-12 所示为自行车后轴上的内啮合棘轮机构,飞轮 1 即是内齿棘轮,它用滚动轴承支承在后轮轮毂 2 上,两者可相对转动。轮毂 2 上铰接着两个棘爪 4,棘爪用弹簧丝压在棘轮的内齿上。当链轮比后轮转得快时(顺时针),棘轮通过棘爪带动后轮同步转动,即脚蹬得快,后轮就转得快。当链轮比后轮转得慢时,如自行车下坡或脚不蹬时,后轮由于惯性仍按原转向转动,此时,棘爪 4 将沿棘轮齿背滑过,后轮与飞轮脱开,从而实现了从动件转速超越主动件转速的作用。

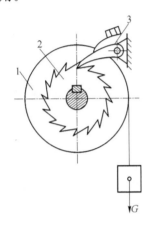
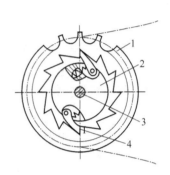

图 2-3-11　卷筒止回机构　　　　　图 2-3-12　自行车后轴上的超越离合器

2.3.2　槽轮机构

2.3.2.1　槽轮机构的工作原理和类型

1. 槽轮机构的工作原理

槽轮机构的典型结构如图 2-3-13 所示,它由主动拨盘 1、从动槽轮 2 和机架组成。拨盘 1 匀速转动,当拨盘上的圆销 A 未进入槽轮的径向槽时,由于槽轮的内凹锁止弧 e、f、g 被拨盘的外凸锁止弧 a、b、c 卡住,故槽轮不动。图(a)所示为圆销 A 刚进入槽轮径向槽时的位置,此时锁止弧 e、f、g 也刚被松开。此后,槽轮受圆销 A 的驱动而转动。当圆销 A 在另一边离开径向槽时(如图(b)所示),锁止弧 e、f、g 又被卡住,槽轮又静止不动。直至圆销 A 再次进入槽轮的另一个径向槽时,又重复上述运动。所以槽轮作时动时停的间歇运动。

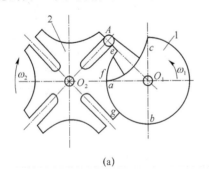
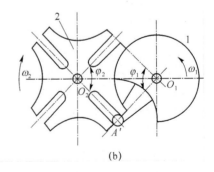

(a)　　　　　　　　　　　　　(b)

图 2-3-13　外槽轮机构

2. 槽轮机构的类型

按结构特点槽轮机构可分为外槽轮机构(如图 2-3-13 所示)和内槽轮机构(如图 2-3-14 所示),前者槽轮与拨盘的转向相反,后者则转向相同。按拨盘上圆销的数目多少,槽轮机构可分为单销槽轮机构(如图 2-3-14 所示)和多销槽轮机构(如图 2-3-15 所示),前者拨盘每转一转槽轮运动一次,后者则运动多次。拨盘的圆销数和槽轮的槽数合理搭配,可使槽轮实现不同的间歇运动规律。

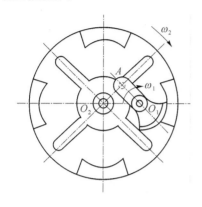
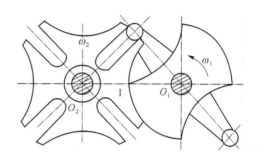

图 2-3-14　内槽轮机构　　　　　　　　图 2-3-15　双销槽轮机构

如图 2-3-13(b)所示单圆销外槽轮机构,在拨盘转动一周的过程中,只有在其转过 φ_1 角时,才拨动槽轮同时转过 φ_2 角,其余时刻则槽轮静止。设槽轮的槽数为 z,则槽轮每次的转角为 $\varphi_2 = 2\pi/z$。

根据运动分析可知,槽轮机构运动过程中所产生的冲击随槽数 z 的减少而增大,故槽数 z 不宜取得太少,为保证槽轮强度,常取 $z=4\sim 8$。

采用多圆销槽轮机构,可增加槽轮在每个工作循环内转动的次数。设拨盘上均布 k 个圆销,则拨盘每转动一周,槽轮转动 k 次。

由于 z 和 k 都为整数. 可以证明:当 $z=3$ 刚, k 可取 $1\sim 5$;当 $z=4$ 或 5 时, k 可取 $1\sim 3$;当 $z\geqslant 6$ 时,则 k 可取 1 或 2。对内槽轮机构进行相似的运动分析后可知,内槽轮机构只可有一个圆销。

2.3.2.2　槽轮机构的特点和应用

槽轮机构具有结构简单、工作可靠和运动较平稳等优点;其缺点是槽轮的转角大小不能调节,且存在柔性冲击。因此,槽轮机构适用于速度不高的场合,常用于机床的间歇转位和分度机构中。图 2-3-16 所示为槽轮机构在转塔车床刀架转位机构中的应用,拨盘 1 转一转,通过槽轮 2 使刀架 3 转动一次,从而将下道工序所需要的刀具转到工作位置上。图 2-3-17 所示为槽轮机构在电影放映机卷片机构中的应用,拨盘 1 连续转动,通过槽轮 2 使电影胶片间歇地移动,因人具有视觉暂留机能,故看到的画面正好连续。

2.3.3　不完全齿轮机构和凸轮式间歇运动机构

2.3.3.1　不完全齿轮机构

不完全齿轮机构同普通渐开线齿轮机构演化而来的,不完全齿轮机构有 3 种传动形式,即不完全内、外啮合齿轮传动及不完全齿轮齿条传动，如图 2-3-18 所示。

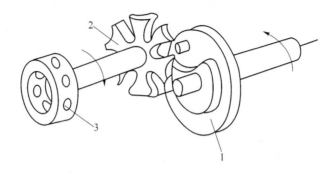

图 2-3-16　卷筒止回机构

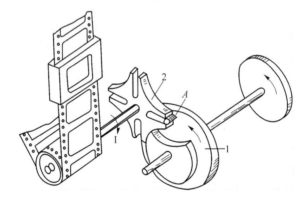

图 2-3-17　卷筒止回机构

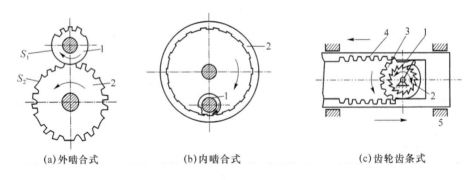

(a)外啮合式　　　　(b)内啮合式　　　　(c)齿轮齿条式

图 2-3-18　不完全齿轮机构

不完全齿轮机构主动轮 1 上的轮齿不是布满在整个圆周上，而只有一个轮齿(如图 2-3-19(a)所示)或者几个轮齿(如图 2-3-19(b)所示)，其余部分为外凸锁止弧；从动轮 2 上加工出与主动轮轮齿相啮合的齿和内凹锁止弧，彼此相间地布置。

不完全齿轮机构的优点是设计灵活，从动轮的运动角范围大，很容易实现在一个周期内的多次动、停时间不等的间歇运动。如图 2-3-19(a)所示，在主动轮连续转动一周的过程中，从动轮间歇地转过 1/8 周。也就是说，从动轮要停歇 8 次，才能完成一周的转动。在图 2-3-19(b)所示的机构中，也存在着类似的运动特点。

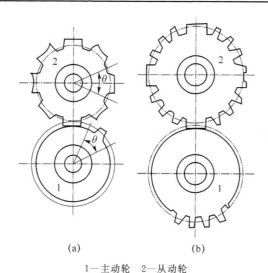

1—主动轮　2—从动轮

图 2-3-19　不完全齿轮机构(外啮合式)

2.3.3.2　不完全齿轮机构的特点和应用

(1) 不完全齿轮机构的从动轮在一周转动中可作多次停歇。因此,它能在较广的范围内得到应用。

(2) 主、从动轮进入和脱离啮合时速度有突变,冲击较大。因此,一般只适用于低速轻载的工作条件。

不完全齿轮机构的结构简单,制造方便。当主动轮匀速转动时,从动轮在运动期间也能保持匀速转动。但是,在进入和脱离啮合时速度有突变,会引起刚性冲击。因此,不完全齿轮机构一般用于低速、轻载的场合。

2.3.3.3　凸轮式间歇运动机构的结构

凸轮式间歇运动机构,靠凸轮上沟槽或凸脊的特定形状来驱使从动件实现所需的间歇运动。其优点是传动平稳无噪声,适用于高速、中载和高精度分度的场合。缺点是加工和装配困难,但随着制造技术水平的提高,应用必将日趋广泛。

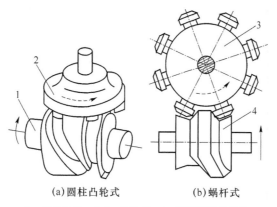

(a) 圆柱凸轮式　　(b) 蜗杆式

1—圆柱凸轮　2、3—从动盘　4—凹形圆弧旋转体

图 2-3-20　凸轮式间歇运动机构

零部件的设计

项目三

3.0 工程项目实例三

如图 3-0-1 所示的减速器,其上盖和底座是通过螺栓联接而成的,工作过程是电动机通过联轴器带动主动轴转动,主动轴通过键带动小齿轮转动。小齿轮与大齿轮啮合带动从动轴减速转动。减速器中的主要零部件有齿轮、轴、轴承等。

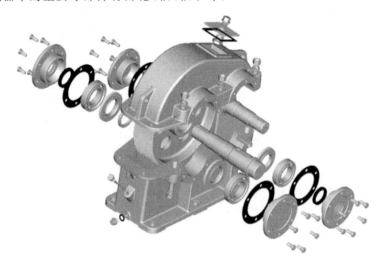

图 3-0-1 减速器

3.1 课题一:联接

联接就是指被联接件与联接件的组合结构。联接分为可拆联接和不可拆联接两大类。不损坏联接中的任意零件就可将被联接件拆开的联接称为可拆联接,这类联接经多次装拆无损于使用性能,如螺纹联接、键联接和销联接等。不可拆联接是指至少必须毁坏联接中的某一部分才能拆开的联接,如焊接、铆接和粘接等。

螺纹联接和螺旋传动都是利用具有螺纹的零件进行工作的,前者把需要相对固定在一起的零件用螺纹零件联接起来,作为紧固联接件用,这种联接称为螺纹联接。

螺纹联接是可拆联接,结构简单、拆卸方便、联接可靠,且多数螺纹联接件已标准化、生产效率高、成本低廉,因而得到广泛采用。

【例 3-1-1】 图 3-1-1 为一减速器上的部分联接件。在减速器上螺纹联接用于联接轴承端盖与箱体,减速器上、下箱体,减速器与地基等。螺纹还将吊环、放油塞与箱体联接在一起。而键则将轴与齿轮联接在了一起。一般说来,零件与零件之间、部件与部件之间都需要可靠的联接以保证机器的正常工作。联接有多种形式:螺纹联接、键联接、花键联接、销钉联接、焊接、粘接、联轴器联接、离合器联接等。

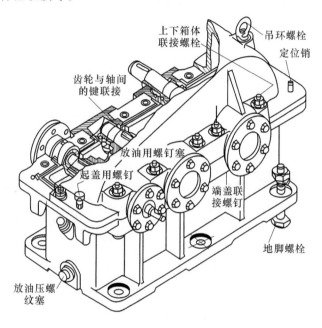

图 3-1-1 减速器上的联接件

经实践证明,机械中的许多失效都是在联接处发生的,因此,联接是机械组成中的一个重要环节。设计何种联接,主要取决于使用要求和经济要求。

3.1.1 螺纹联接的基本知识

3.1.1.1 螺纹的形成

1. 螺旋线

如图 3-1-2 所示,直角三角形斜边与底边的夹角为 λ。以直角三角形的底边长度 πd_2 作一个直径为 d_2 的圆,并形成一个圆柱体。将该直角三角形按图示卷绕在圆柱体的表面上,则其斜边形成一条螺旋线。

2. 螺纹的形成

如图 3-1-2 所示,取一个平面图形,使它沿着螺旋线运动,便形成一个螺旋体。在工程上,常将螺旋体称为螺纹。在螺纹的形成过程中,该平面图形始终保持通过圆柱体或圆锥体的轴线。

在圆柱体或圆锥体上形成的螺纹称为圆柱螺纹或圆锥螺纹。在圆柱体或圆锥体外表面上形成的螺纹,称为外螺纹;而在圆柱或圆锥孔内表面上形成的螺纹,称为内螺纹。

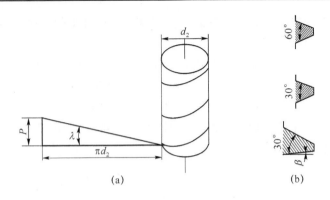

图 3-1-2 螺旋线的形成

3.1.1.2 螺纹的加工

螺纹的加工方法很多,最常见的加工方法是在车床上用车刀车削螺纹。如图 3-1-3 所示。

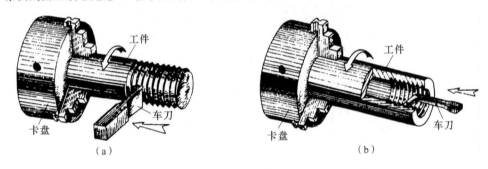

图 3-1-3 车削螺纹

此外,螺纹的加工方法还有用丝锥攻螺纹、用板牙套螺纹、用搓丝板搓螺纹等。如图 3-1-4 所示。

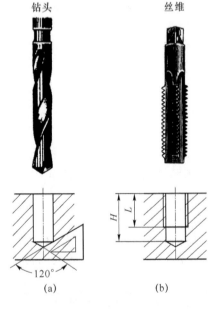

图 3-1-4 丝锥攻螺纹

加工螺纹时,为了防止螺纹端部的损坏,便于加工和装配,通常在螺纹的起始处做出一定形状的端部,如加工出圆锥形的倒角或球面形的圆顶。

3.1.1.3 螺纹的基本要素

如图 3-1-5 所示为圆柱内螺纹和外螺纹,螺纹的基本要素包括螺纹的牙型、螺纹的直径、螺纹的线数、螺纹的螺距和导程、螺纹的旋向以及螺纹升角。

1. 螺纹的牙型

(1) 螺纹牙

在加工螺纹的过程中,由于刀具的切入形成了连续的凸起和沟槽两部分。

(2) 牙型

在通过螺纹轴线的剖面上,螺纹的轮廓形状称为牙型。由螺纹的形成原理可知,牙型即是沿螺旋线运动的平面图形,如图 3-1-5 所示。

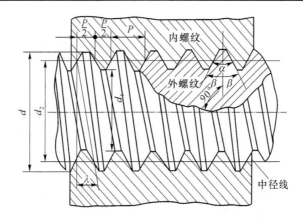

图 3-1-5　螺纹的基本要素

(3) 牙型角

在通过螺纹轴线的剖面上，螺纹牙型的两个侧边之间的夹角称为牙型角，用 α 表示。

(4) 牙侧角

螺纹牙型的侧边与螺纹轴线的垂线之间的夹角称为牙侧角，用 β 表示。

(5) 牙型高度

牙顶到牙底的垂直距离称为牙型高度，用 h 表示。

2．螺纹的直径

(1) 大径

螺纹的最大直径称为大径，即与外螺纹牙顶或内螺纹牙底相重合的假想圆柱的直径。内螺纹、外螺纹的大径分别用 D 和 d 表示。在有关螺纹的标准中，即螺纹的公称直径。

(2) 小径

螺纹的最小直径称为小径，即与外螺纹牙底或内螺纹牙顶相重合的假想圆柱的直径。内螺纹、外螺纹的小径分别用 D_1 和 d_1 表示。

(3) 中径

中径位于螺纹的大径和小径之间。中径也是一个假想圆柱的直径，其母线称为中径线，其轴线称为螺纹轴线。在中径线上，牙型上的凸起和沟槽宽度相等，则该圆柱称为螺纹的中径。内、外螺纹的中径分别用 D_2 和 d_2 表示。

3．螺纹的线数

在形成螺纹时，螺旋线的条数称为线数，用 n 表示。螺纹的线数有单线和多线之分。沿一条螺旋线所形成的螺纹称为单线螺纹，如图 3-1-6(a)所示。单线螺纹的自锁性好，常用于连接。工程上常用的是单线螺纹。沿两条或两条以上，且在轴向等距离分布的螺旋线所形成的螺纹称为双线螺纹或多线螺纹。多线螺纹的传动效率高，常用于传动。图 3-1-6(b)所示为双线螺纹。为了制造方便，螺纹的线数一般不超过 4 条。

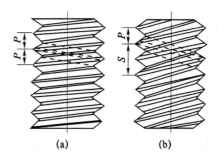

图 3-1-6　单线与多线螺纹

4．螺纹的螺距和导程

如图 3-1-6 所示，在中径线上，相邻两个螺纹牙对应两个点之间的轴向距离称为螺距,用 P 表示。在同一条螺旋线上,相邻两个螺纹牙在中径线上对应两个点之间的轴向距离称为导程,用 S 表示。显然,对于多线螺纹,导程 S、螺距 P 和螺纹线数 n 之间的关系为 $S=n\times P$。

5. 螺纹的旋向

按照螺旋线的旋向,螺纹有左旋和右旋之分。

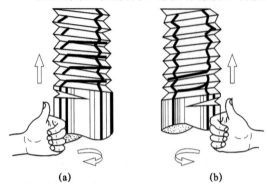

图 3-1-7 螺纹的旋向

沿着螺纹的轴线方向观察,如果螺旋线以左上、右下的方向倾斜,则称为左旋,如图 3-1-7(a)所示;如果螺旋线以左下、右上的方向倾斜,则称为右旋,如图 3-1-7(b)所示。螺纹的旋向多为右旋。

6. 升角

将螺纹的中径圆柱展开,螺旋线与垂直于螺纹轴线的平面所夹的锐角称为螺纹升角,用 λ 表示。

$$\tan \lambda = \frac{S}{d_2} = \frac{n \times P}{d_2} \quad (3\text{-}1\text{-}1)$$

7. 螺纹副

在实际应用中,通常内螺纹、外螺纹总是旋合在一起成对使用的,用于连接和传动。这种内螺纹、外螺纹相互旋合所形成的连接称为螺纹副,或称为螺旋副。构成螺纹副的条件是它们的牙型、直径、螺距、线数和旋向必须完全相同。

3.1.1.4 螺纹的类型

螺纹的分类方法较多。一般有以下几种:按照螺纹所在表面可分为内螺纹和外螺纹;按照螺纹头数可分为单线螺纹、双线螺纹和多线螺纹;按照旋向可分为左旋螺纹和右旋螺纹;按照螺纹直径是否变化分为圆柱螺纹和圆锥螺纹。还可以按照用途和牙型特点等分为联接螺纹和传动螺纹两大类。

1. 联接螺纹

用于联接的螺纹称为联接螺纹,其特点是牙型均为三角形。常用的有普通螺纹与管螺纹两种。

在国家标准中,将牙型角 $\alpha=60°$ 的三角形米制螺纹称为普通螺纹,以大径 d 为公称直径。普通螺纹又可分为粗牙普通螺纹和细牙普通螺纹。

同一公称直径的普通螺纹,可以有几种不同的螺距。其中,螺距最大的一种螺纹称为粗牙普通螺纹,如图 3-1-8(a)所示;其余几种均称为细牙普通螺纹,如图 3-1-8(b)所示。两者的区别是在公称直径相同的条件下,细牙普通螺纹的螺距比粗牙普通螺纹的螺距小。在一般用途的联接中,粗牙普通螺纹应用最广。细牙普通螺纹的自锁性好,强度高,但不耐磨,容易滑扣,多用于细小的精密零件或薄壁零件的联接,或用于受冲击、振动或变载荷的联接,有时也作为微调机构中的调整螺纹等。

管螺纹为英制螺纹,除了普通细牙螺纹外,常用的还有非螺纹密封的管螺纹,又称圆柱管螺纹,$\alpha=55°$,如图 3-1-9(a)所示;用螺纹密封的管螺纹,又称圆锥管螺纹,$\alpha=55°$ 或 $\alpha=60°$,如图 3-1-9(b)所示。

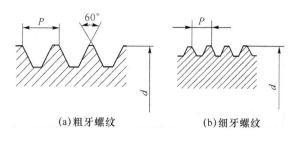

(a)粗牙螺纹　　　　　　(b)细牙螺纹

图 3-1-8　普通螺纹

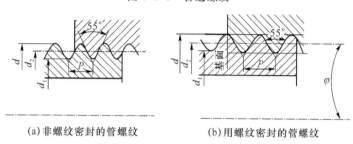

(a)非螺纹密封的管螺纹　　　　(b)用螺纹密封的管螺纹

图 3-1-9　管螺纹

管螺纹的公称直径是管子的公称通径。圆柱管螺纹广泛用于水、煤气和润滑管路系统中管件的联接。而圆锥管螺纹不用填料即能保证紧密性而且旋合迅速,适用于紧密性要求较高的管路联接中。

2. 传动螺纹

传动螺纹是用来传递运动和动力的,常用的有矩形螺纹、梯形螺纹和锯齿形螺纹。矩形螺纹已逐渐被梯形螺纹所代替。梯形螺纹的牙根强度高,工艺性和对中性好,是最常用的一种传动螺纹。锯齿形螺纹是一种承受单向载荷的传动螺纹。在各种机床的丝杠上常采用梯形螺纹,螺旋压力机和千斤顶的丝杠上常采用锯齿形螺纹。

螺纹的标注方法见 GB/T 197—2003。

螺纹的用途可以分为传动和联接。由螺纹实现的传动又称为螺旋传动,一般用来将旋转运动转变为直线运动,要求传动的效率要高。用螺纹实现的联接称为螺纹联接,要求传动效率要低。螺纹联接是应用最广的一种可拆联接,螺纹联接具有构造简单、装拆方便、成本低廉等优点。本章主要讨论联接用螺纹。

3.1.1.5　螺纹联接

1. 常用螺纹联接件

螺纹联接件指的是通过螺纹旋合起到紧固、联接作用的零件,又称为螺纹紧固件。螺纹联接的类型很多,在工程实际中,常用的螺纹紧固件有螺栓、双头螺柱、螺钉、紧钉螺钉、螺母和垫圈等。这些零件大都已经标准化,设计时应根据螺纹的公称直径,从相关的标准中选用。

(1) 螺栓

螺栓的类型有很多。常用的螺栓有六角头螺栓、T形槽用螺栓和地脚螺栓等。

六角头螺栓如图 3-1-10(a)所示,应用最广;六角头铰制孔用螺栓如图 3-1-10(b)所示,应用较少;T形槽用螺栓如图 3-1-10(c)所示,地脚螺栓如图 3-1-10(d)所示,可用于将机器固定在地基上。

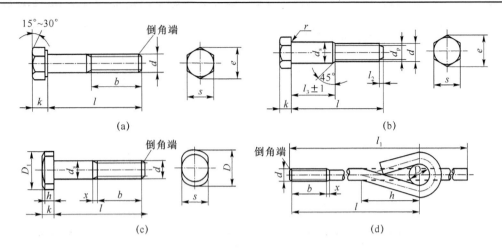

图 3-1-10 常用螺栓

(2) 双头螺柱

双头螺柱没有头部，其两端均加工有螺纹。为了保证联接的可靠性，双头螺柱的旋入端必须全部旋入螺纹孔内，如图 3-1-11 所示。

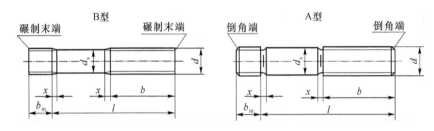

图 3-1-11 双头螺柱

(3) 螺钉

螺钉的头部有多种不同的形状，以适应不同的拧紧程度，如图 3-1-12 所示。

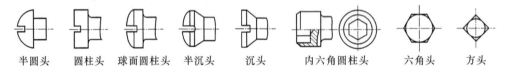

图 3-1-12 螺钉头部的形状

(4) 紧定螺钉

紧定螺钉的头部也有开槽、内六角孔等形式。紧定螺钉的端部也有各种形状，以满足各种场合的需要，如图 3-1-13 所示。

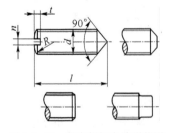

图 3-1-13 紧定螺钉末端形状图

(5) 螺母

常用的螺母有六角形的，也有圆形的，如图 3-1-14 示。

根据六角螺母厚度的不同又有标准、厚、薄等 3 种。薄螺母用于尺寸受到限制的场合，厚螺母用于经常拆卸、易于磨损之处。

圆螺母用于轴上零件的轴向固定。圆螺母常与止动垫圈配合使用，作为滚动轴承的轴向定位。

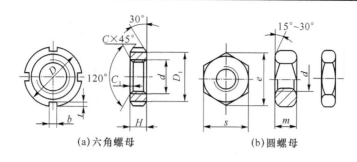

图 3-1-14 螺母

(6) 垫圈

垫圈是螺纹联接中不可缺少的零件,位于螺母和被联接件之间。它的作用是增加被联接件的支承面积,以减少接触处的压强,避免拧紧螺母时划伤被联接件的表面,如图 3-1-15 所示。

常用的垫圈有平垫圈与斜垫圈,如图 3-1-15(a)所示;用于圆螺母的止动垫圈,如图 3-1-15(b)所示;弹簧垫圈,如图 3-1-15(c)所示。

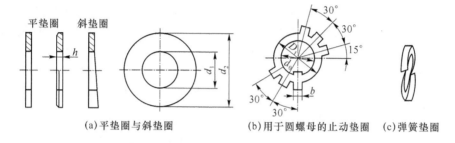

图 3-1-15

2. 螺纹联接的基本形式

螺纹联接是利用螺纹联接件将被联接件联接起来而构成的一种可拆联接,在机械中应用较广。螺纹联接的类型很多,常用的有以下 4 种基本类型。

(1) 螺栓联接

螺栓联接有普通螺栓联接和铰制孔用螺栓联接两种。

普通螺栓联接如图 3-1-16(a)所示,在工作的时候,主要承受轴向载荷。这种联接的特点是在螺栓与被联接件上的通孔之间留有间隙,因此在被联接上只需钻出通孔,而不必加工出螺纹。由于通孔加工方便且精度低,结构简单,装拆方便。因此,普通螺栓联接是工程上应用较为广泛的一种联接方式。一般用于被联接的两个零件厚度不大,且容易钻出通孔,并能从两边进行装配的场合。

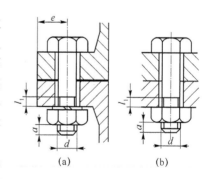

铰制孔用螺栓联接由螺栓和螺母组成。如图 3-1-16(b)所示,螺栓杆与螺栓孔之间没有间隙,对孔的加工精度要求较高。这类螺栓适用于承受垂直于螺栓轴线方向的横向载荷,或者需要精确固定被联接件的相互位置。

图 3-1-16 螺栓联接

(2) 螺钉联接

螺钉联接大多用于被联接的两个零件之一较厚、受力不大且不经常拆卸的场合,如图 3-1-17(a)所示。

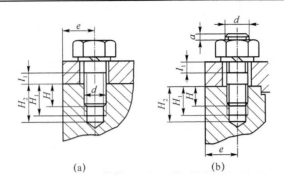

图 3-1-17 螺钉联接和双头螺柱联接

但是,螺钉联接不宜经常拆卸,否则会使被联接件的螺纹孔磨损,修复起来比较困难,从而可能导致被联接件的报废。

(3) 双头螺柱联接

双头螺柱联接由双头螺柱、螺母和垫圈组成,如图 3-1-17(b)所示。

双头螺柱联接多用于被联接的两个零件之一较薄,且另一零件较厚不能钻成通孔,或者为了结构紧凑不允许钻成通孔的盲孔联接。采用这种联接允许多次拆卸而不会损坏被联接件上的螺纹孔。

(4) 紧定螺钉联接

在工程应用中,紧定螺钉联接大多用于轮毂与轴之间的固定,并可传递不大的力或转矩。通常在轴上加工出小锥坑,如图 3-1-18 所示。

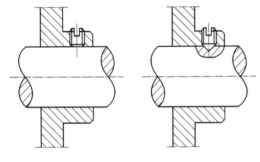

图 3-1-18 紧定螺钉联接

3.1.1.6 螺纹的预紧

在实际应用中,绝大多数的联接在装配时都必须拧紧,使联接件在承受工作载荷之前,预先受到力的作用。这种在装配时需要预紧的螺纹联接称为紧联接。不预紧的螺栓联接称为松联接。预紧的目的是增强螺栓联接的可靠性,提高紧密性和防止松脱。对于受拉力作用的螺栓联接,还可提高螺栓的疲劳强度;对于受横向载荷的紧螺栓联接,有利于增大联接中的摩擦力。

在紧联接中,螺栓在预紧时所受到的预加作用力称为预紧力。当螺纹联接拧紧之后,就会受到预紧力的作用。预紧力的大小对螺纹联接的可靠性、强度和紧密性都有很大的影响。对于重要的螺栓联接,当预紧力不足时,在承受工作载荷之后,被联接件之间可能会出现缝隙,或者发生相对位移。但预紧力过大时,则可能使联接过载,甚至断裂破坏。因此,在装配的时候,应控制其预紧力的大小。

预紧力的大小可以根据螺栓的受力情况和联接的工作要求来决定,通过拧紧螺母时产生的拧紧力矩来控制。对于 M10~M68 的粗牙普通螺栓,作用在螺母上的拧紧力矩的近似计算公式为

$$T = 0.2 F_0 D \tag{3-1-2}$$

式中:T——拧紧力矩(N·mm);

F_0——预紧力(N);

D——螺栓的公称直径(mm)。

对于重要的螺纹联接,为了能够保证装配质量,在装配的时候,需要严格控制其预紧力,可通过控制拧紧力矩来实现。生产中常用测力矩扳手(如图 3-1-19(a)所示)和定力矩扳手(如图 3-1-19(b)所示)来控制拧紧力矩。

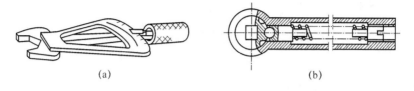

图 3-1-19 测力矩扳手和定力矩扳手

要求较精确控制预紧力时,可采用测螺栓伸长变形的方法,如图 3-1-20 所示。

3.1.1.7 螺纹的防松

常用的螺纹联接件为单线普通螺纹,具有自锁性。因此,在静载荷的作用下,螺纹联接拧紧之后一般不会自动松脱。但是,在冲击、振动和变载荷的作用下,或是在工作温度急剧变化时,都可能使预紧力在某一瞬间减小或消失,使得螺纹副相对转动,导致螺纹联接出现自动松脱的现象。这样,很容易引起机器或零部件不能正常工作,甚至发生严重的事故。因此,在使用螺纹紧固件进行联接时,特别是对于重要的联接,为使联接安全可靠,还需要采用必要的防松措施。

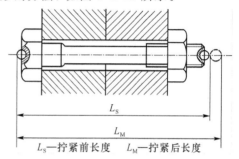

图 3-1-20 测量螺栓伸长变形

L_S—拧紧前长度　L_M—拧紧后长度

螺纹联接防松的基本原理是防止螺纹副的相对转动。

具体的防松方法和防松装置很多,工作原理可分为摩擦防松、机械防松和永远止动三类,如表 3-1-1 所示。

1. 摩擦防松

利用摩擦力防松的原理是:在螺纹副中产生正压力,以形成阻止螺纹副相对转动的摩擦力。这种防松方法适用于机械外部静止构件的联接,以及防松要求不严格的场合。一般可采用弹簧垫圈或双螺母等来实现螺纹副的摩擦力防松。

在装配的时候,当螺母拧紧之后,弹簧垫圈受压变平,这种变形会产生反弹力。依靠这种变形力,使得螺纹之间的摩擦力增大。因此,可以防止螺母自动松脱,如图 3-1-21 所示。

2. 机械防松

机械方法防松是采用各种专用的止动元件来限制螺纹副的相对转动。这种防松方法可靠,但装拆麻烦,适用于机械内部运动构件的联接,以及防松要求较高的场合。

常用的止动元件有以下几种:槽形螺母和开口销,如图 3-1-21(c)所示,这种方法适用于承受冲击载荷或载荷变化加大的联接;止动垫片防松,如图 3-1-21(d)所示,这种方法只能用于被联接件边缘部位的联接;止动垫圈和圆螺母防松,如图 3-1-21(e)所示。

3. 永久止动

破坏螺纹副防松是在螺纹副拧紧之后,采用某种措施使得螺纹副变为非螺纹副而成为不可拆联接的一种防松方法,适用于装配之后不再拆卸的场合。

常用的破坏螺纹副的方法有冲点防松法和粘合剂防松法等。

采用冲点防松法时,用冲头在螺栓尾部与螺母的接触处冲 2～3 点,使得接触处的螺纹被破坏,以阻止螺纹副的相对转动,如图 3-1-21(f)所示。采用粘合剂防松法时,将粘合剂涂在螺纹旋合表面。拧紧螺母之后,粘合剂自行固化,达到防松的目的,如图 3-1-21(g)所示。这种方法简单可靠,防松效果较好。

表 3-1-1 螺纹的防松措施

防松原理	防松方法			
摩擦防松 使螺纹副中产生附加压力,从而始终有磨擦力矩存在,防止螺母相对螺栓转动	转向压紧	双螺母 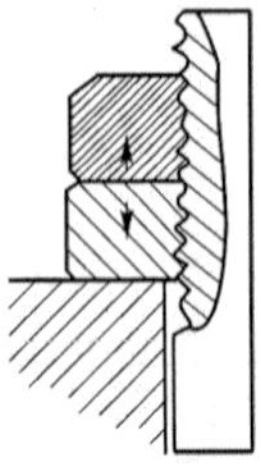 两螺母对顶拧紧使螺纹压紧	弹簧垫圈 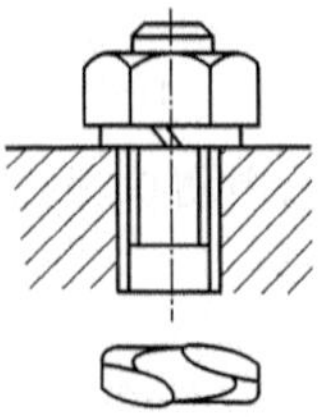 利用垫圈弹性变形使螺纹压紧	开缝螺母 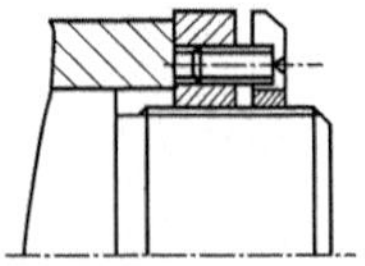 用小螺钉拧紧螺母上的开缝压紧螺纹
	径向压紧	锁紧螺母 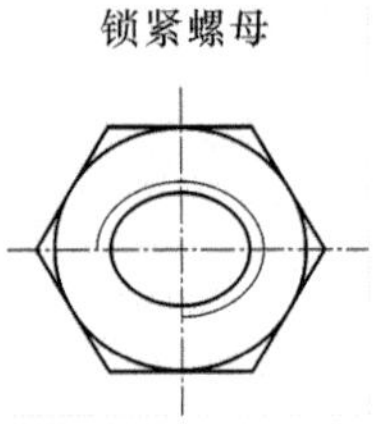 	尼龙圈锁紧螺母 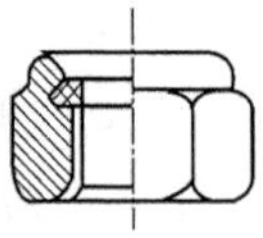 利用螺母末端的尼龙圈箍紧螺栓,横向压紧螺纹	紧定螺钉固定 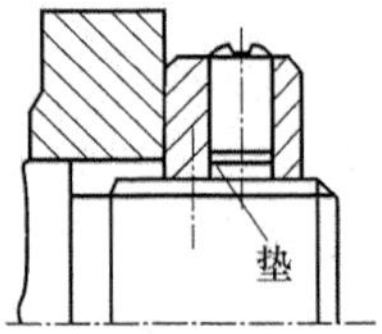 用紧定螺钉径向顶紧螺纹,为避免损坏螺纹可加软垫
机械防松 利用一些简易的金属止动件直接防止螺纹副的相对转动		开口销防松 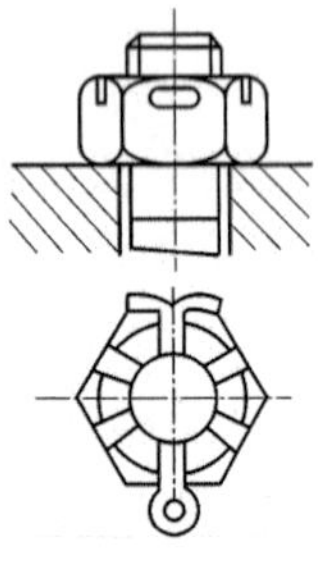	止动垫圈防松 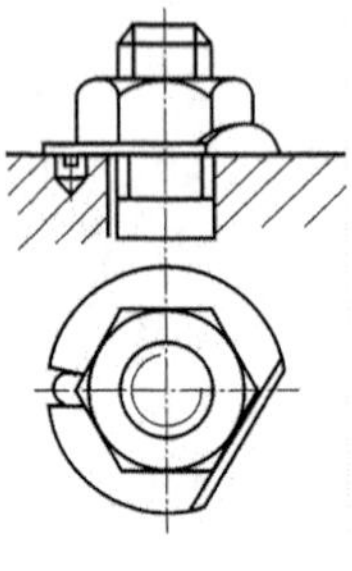	金属丝防松 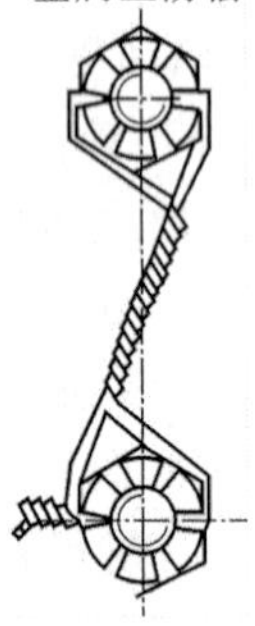
永久止动 螺母拧紧后破坏螺纹副使螺母不能转动,但除粘合法外拆卸困难		焊或铆住 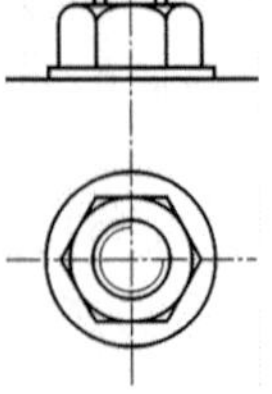	冲点 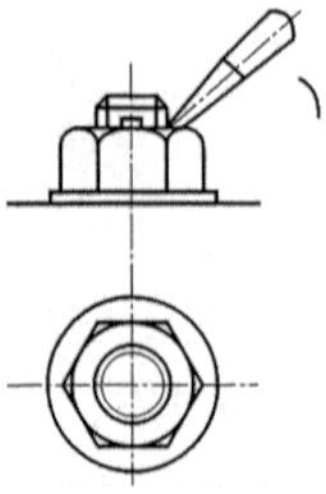	粘合 在螺纹副间或支承面涂胶 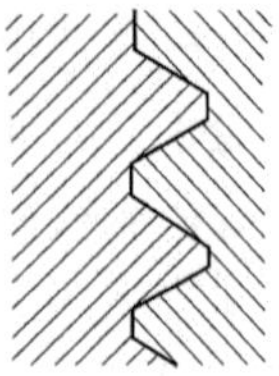

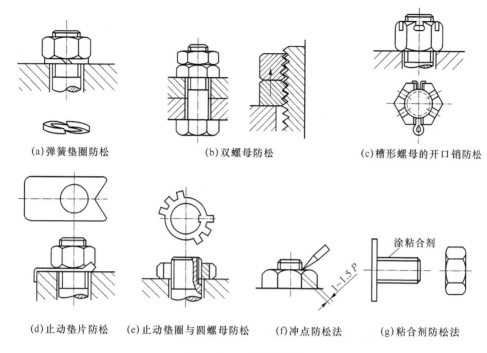

图 3-1-21 螺纹的防松

3.1.2 螺栓的强度计算

在设计螺纹联接时,首先应由强度计算来确定螺栓直径,然后按标准选用螺栓及其对应的螺母、垫圈等联接件。

在螺纹联接中,螺栓或螺钉多数是成组使用的,计算时应根据联接所受的载荷和结构的布置情况进行受力分析,找出螺栓组中受力最大的螺栓,把螺栓组的强度计算问题简化为受力最大的单个螺栓的强度计算。

3.1.2.1 单个螺栓联接的强度计算

螺栓的主要失效形式有:螺栓杆拉断;螺纹的压溃和剪断;因磨损而产生的滑扣。由于螺栓是标准件,所以螺栓与螺母的各参数不需要设计。强度计算的目的是校核所使用的螺栓强度是否合适或根据工作条件选择合适的螺栓。螺栓联接按承受工作载荷之前是否拧紧分为松螺栓联接和紧螺栓联接。

1. 松螺栓联接

松螺栓联接在装配时不对螺栓施加预紧力。图 3-1-22 所示吊钩尾部的联接就是松螺栓联接。当承受轴向工作载荷 F_a 时,强度条件为

$$\sigma = \frac{F_a}{\frac{\pi d_1^2}{4}} \leqslant [\sigma] \tag{3-1-3}$$

式中:d_1——螺纹小径(mm);

$[\sigma]$——许用拉应力(MPa)。

【例 3-1-2】 图 3-1-22 所示为吊钩,已知载荷 $F_a = 60$ kN,吊钩材料为 35 钢,许用拉应力 $[\sigma] = 120$ MPa,试设计吊钩尾部螺纹直径。

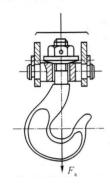

图 3-1-22 起重钓钩

解：由式(3-1-3)得螺纹小径

$$d_1 = \sqrt{\frac{4F_a}{\pi[\sigma]}} = \sqrt{\frac{4 \times 60 \times 1\,000}{3.14 \times 120}} = 25.24 \text{ mm}$$

查阅机械设计手册可得，$d = 30$ mm 的普通粗牙螺纹时，$d_1 = 26.211$ mm。所以可选用 M30 的螺栓。

2. 紧螺栓联接

紧螺栓联接(包括受横向载荷、轴向载荷及铰制孔螺栓)装配时需要拧紧，这种拧紧为预紧。设螺栓预紧时，螺杆所承受的轴向预紧力为 F_a。此时螺栓危险截面为螺纹小径 d_1，其除受拉应力外，还受到螺纹力矩 T_1 所引起的扭切应力。

拉应力为

$$\sigma = \frac{F_a}{\frac{\pi d_1^2}{4}}$$

扭切应力为

$$\tau = \frac{T_1}{\frac{\pi d_1^3}{16}} = \frac{F_a \tan(\psi + \rho')d_2/2}{\frac{\pi d_1^3}{16}} = \frac{2d_2}{d_1}\tan(\psi + \rho')\frac{F_a}{\pi d_1^2/4}$$

对 M10～M68 的普通螺纹，取 d_2、d_1 和 ψ 的平均值，并取 $\tan \rho' = f' = 0.15$，可得 $\tau \approx 0.5\sigma$。按第四强度理论可得当量应力 σ_e 为

$$\sigma_e = \sqrt{\sigma^2 + 3\tau^2} = \sqrt{\sigma^2 + 3(0.5\sigma)^2} \approx 1.3\sigma$$

故螺栓螺纹部分的强度条件为

$$\sigma_e = \frac{1.3F_a}{\pi d_1^2/4} \leqslant [\sigma]$$

(1) 受横向工作载荷的螺栓强度

图 3-1-23 所示的螺栓联接，承受垂直于螺栓轴线的横向工作载荷 F，图中螺栓与孔之间留有间隙。工作时，若接合面内的摩擦力足够大，则被联接件之间不会发生相对滑动。因此螺栓所需的预紧力应为

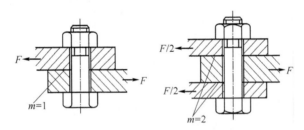

图 3-1-23 受横向载荷的螺栓联接

$$F_a = F_0 \geqslant \frac{CF}{mf} \tag{3-1-4}$$

式中：F_0——预紧力(N)；

C——可靠因数，一般取 $C = 1.1 \sim 1.3$；

m——接合面数量；

f——接合面摩擦因数,对于钢或铸铁材料 $f=0.1\sim0.15$。

若 $f=0.15, C=1.2, m=1$,由式(3-1-4)可得:$F_0 \geqslant 8F$。即预紧力应为横向工作载荷的8倍,所以螺栓联接靠摩擦力承担横向载荷时,尺寸较大。因此一般采用键、套筒或销承担横向载荷,如图 3-1-24 所示,而不依靠接合面间的摩擦力。也可采用如图 3-1-25 和图 3-1-26 所示的铰制孔用螺栓来承受横向载荷。这些减载装置中的键、套筒、销及铰制孔用螺栓按剪切和受挤压进行强度核算。许用切应力$[\tau]$和许用挤压应力$[\sigma_p]$如表 3-1-2 所示。

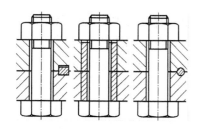

图 3-1-24　减载装置

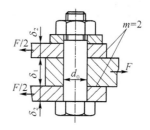

图 3-1-25　受横向载荷的铰制孔用螺栓(一)

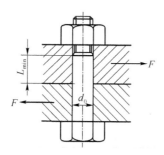

图 3-1-26　承受横向载荷的铰制孔螺栓联接(二)

表 3-1-2　螺栓的相对刚度因数

紧螺栓联接的受载情况		许用应力
受轴向载荷、横向载荷		$[\sigma]=\dfrac{\sigma_s}{S}$ 控制预紧时 $S=1.2\sim1.5$;不能严格控制预紧力时 S 查表3-1-3
铰制孔用螺栓受横向载荷	静载荷	$[\tau]=\dfrac{\sigma_s}{2.5}$ $[\sigma_p]=\dfrac{\sigma_s}{2.5}$(被联接件为钢) $[\sigma_p]=\dfrac{\sigma_b}{2\sim1.25}$(被联接件为铸铁)
	变载荷	$[\tau]=\dfrac{\sigma_s}{3.5\sim5}$ $[\sigma_p]$——按静载荷的$[\sigma_p]$值降低20%~30%

铰制孔用螺栓联接的螺栓杆与孔壁的挤压强度条件为

$$\sigma_p = \frac{F}{d_0 L_{\min}} \leqslant [\sigma_p] \tag{3-1-5}$$

螺栓杆的剪切强度条件为

$$\tau = \frac{F}{\frac{\pi}{4}d_0^2} \leq [\tau] \tag{3-1-6}$$

式中：F——螺栓所受的工作剪力(N)；

d_0——螺栓剪切面的直径(mm)；

L_{min}——螺栓杆与孔壁挤压面的最小高度(mm)，设计时应使 $L_{min} \geq 1.25 d_0$；

$[\sigma_p]$——螺栓或孔壁材料的许用挤压应力(MPa)；

$[\tau]$——螺栓材料的许用切应力(MPa)。

(2) 受轴向工作载荷的螺栓强度

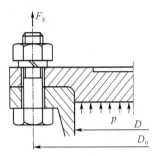

图 3-1-27 压力容器的螺栓联接

这种形式的螺栓联接应用最广。如图 3-1-27 所示的气缸盖与气缸体用螺栓联接，设缸内气压为 p，螺栓数为 z，则每个螺栓承受的平均轴向工作载荷为 $F = \pi D^2 p / (4z)$。在缸体内具有工作介质之前，每个螺栓都已按规定的预紧力 F_0 拧紧。

表 3-1-3 紧螺栓联接的安全因数 S（不能严格控制预紧力时）

材料	静载荷		变载荷	
	M6~M16	M16~M30	M6~M16	M16~M30
碳素钢	4~3	3~2	10~6.5	6.5
合金钢	5~4	4~2.5	7.6~5	5

螺栓和被联接件受载前后的情况如图 3-1-28 所示。图 3-1-28(a) 是联接还没拧紧的情况。螺栓联接拧紧后，螺栓受到拉力 F_0 而伸长了 δ_{b0}；被联接件受到压缩力 F_0 而缩短了 δ_{c0}，如图 3-1-28(b) 所示。在联接承受轴向工作载荷 F_E 时，螺栓的伸长量增加 $\Delta\delta$ 而成为 $\delta_{b0} + \Delta\delta$，相应的拉力就是螺栓的总拉伸载荷 F_a，如图 3-1-28(c) 所示。与此同时，被联接件则随着螺栓的伸长而弹回，其压缩量减少了 $\Delta\delta$，成为 $\delta_{c0} - \Delta\delta$，与此相应的压力就是残余预紧力 F_R（如图 3-1-28(c) 所示）。

工作载荷 F_E 和残余预紧力 F_R 一起作用在螺栓上，如图 3-1-28(c) 所示，所以螺栓的总拉伸载荷为

$$F_a = F_E + F_R \tag{3-1-7}$$

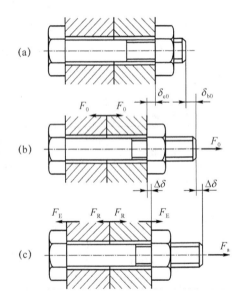

图 3-1-28 载荷与变形的示意图

如图 3-1-29 所示，图 3-1-29(a) 和图 3-1-29(b) 分别表示 F_0 与 δ_{b0} 和 δ_{c0} 的关系。按照此载荷变形图也可得到上式。若零件中的应力没有超过比例极限，从图中可知，螺栓刚度 $k_b = \frac{F_0}{\delta_{b0}}$，被联接件刚度 $k_c = \frac{F_0}{\delta_{c0}}$。在联接未受工作载荷时，螺栓中的拉力和被联接件的压缩力都等于 F_0，所以把图 3-1-29(a) 和图 3-1-29(b) 合并可得图 3-1-29(c)。

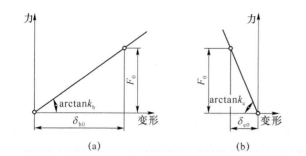
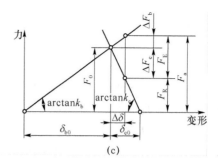

图 3-1-29 载荷与变形的关系

从图 3-1-29(c)可知,承受工作载荷 F_E 后,螺栓的伸长量为 $\delta_{b0}+\Delta\delta$,相应的总拉伸载荷为 F_a;被联接件的压缩量为 $\delta_{c0}-\Delta\delta$,相应的残余预紧力为 F_R;而 $F_a=F_E+F_R$。

紧螺栓联接应能保证被联接件的接合面不出现缝隙,因此残余预紧力 F_R 应大于零。当工作载荷 F_E 没有变化时,可取 $F_R=(0.2\sim0.6)F_E$;当 F_E 有变化时,对于有紧密性要求的联接,$F_R=(1.5\sim1.8)F_E$。

在一般计算中,可先根据联接的工作要求规定残余预紧力 F_R,其次求出总拉伸载荷 F_a,然后计算螺栓强度。

【例 3-1-3】 一钢制液压油缸(如图 3-1-27 所示),壁厚为 10 mm,油压 $p=1.82$ MPa,$D=150$ mm,要求残余预紧力 $F_R=1.8\,F_E$,螺栓间距 $l\leqslant 7d$。试计算其上盖的螺栓联接和螺栓分布圆直径 D_0。

解: ① 决定螺栓工作载荷 F_E

暂取 $z=8$,则每个螺栓承受的平均轴向工作载荷为

$$F_E=\frac{p\pi D^2/4}{z}=\frac{1.82\times 3.14\times 150^2}{4\times 8}=4.02\text{ kN}$$

② 决定螺栓总拉伸载荷 F_a

$$F_a=F_E+1.8F_E=2.8\times 4.02=11.3\text{ kN}$$

③ 求螺栓直径

选取螺栓材料为 45 号钢,查手册可得 $\sigma_s=355$ MPa,装配时不要求严格控制预紧力,根据表 3-1-3 暂取安全系数 $S=3$,螺栓许用应力为

$$[\sigma]=\frac{\sigma_s}{S}=\frac{355}{3}=118\text{ MPa}$$

螺纹的小径为

$$d_1\geqslant\sqrt{\frac{4\times 1.3F_a}{\pi[\sigma]}}=\sqrt{\frac{4\times 1.3\times 11.3\times 1\,000}{3.14\times 118}}=12.6\text{ mm}$$

查手册,取 M16 螺栓,它的小径 $d_1=13.835$ mm,根据表 3-1-3,取 $S=3$ 是正确的。

④ 决定螺栓分布直径

螺栓置于凸缘中部。从图 3-1-15 可知

$$D_0=D+2e+2\times 10=160+2\times[16+(3\sim 6)]+20=(218\sim 224)\text{ mm}$$

取 $D_0=220$ mm。螺栓间距 l 为

$$l=\frac{\pi D_0}{z}=\frac{3.14\times 220}{8}=86.4\text{ mm}$$

$$7d=7\times 16=112\text{ mm}$$

$$l<7d$$

符合要求。

3.1.2.2 螺栓组联接的结构设计

1. 结构设计

一般在机械中螺栓都是成组使用的,一组螺栓共同承担载荷。由于在螺栓组中每个螺栓所处的位置不同,其承受的载荷也各不相同。因此,失效的情况也较单个螺栓更为复杂。

大多数机器在联接中都是成组地使用螺纹联件,因此应根据螺纹组整体的受力状况来分析螺纹联接件的载荷状况,合理地布置螺纹联接件。螺栓组所受载荷主要为横向载荷、轴向载荷、转矩和倾覆力矩等。其失效形式为压溃、剪断、塑性变形和拉断等。

设计螺栓组联接时,关于螺栓的布置,应考虑以下几个方面:

(1) 一组螺栓的布置力求对称,以使接合面上所受的载荷比较均匀。当联接受转矩或倾覆力矩时,螺栓应布置在靠近接合面的边缘,以减小螺栓所受的载荷。

(2) 同一螺栓组的螺栓直径与长度应相同,以便于分度划线,螺栓间距可参照机械设计手册。

(3) 应为使用扳手或其他拧紧工具留有足够的活动空间,扳手空间尺寸可查阅机械设计手册。

2. 提高螺栓联接强度的措施

影响螺栓强度的因素有很多,主要涉及螺纹牙的载荷分配、应力变化幅度、应力集中、附加应力、材料的机械性能和制造工艺等方面。下面来分析这些因素,并以受拉螺栓为例提出相应的改善措施。

(1) 降低影响螺栓疲劳强度的幅度

受轴向变载荷的紧螺栓联接,应力幅越小,螺栓越不易发生疲劳破坏。减小应力幅要有两种基本方法,一是降低螺栓的刚度,另一个是提高被联接件的刚度。当然也可以考虑同时采用这两种方法。

降低螺栓刚度的方法有:适当增大螺栓长度、减小螺栓光杆部分的直径,也可以在螺母下安装弹性元件,如图 3-1-30 所示。

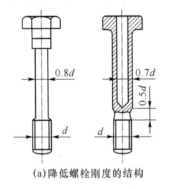 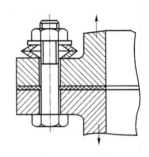

(a) 降低螺栓刚度的结构　　(b) 螺母下安装弹性元件

图 3-1-30　降低螺栓刚度的措施

增大被联接件刚度,可以不用垫片或采用刚度较大的垫片。对于需要保持密闭性的联接,应采用刚度较大的金属垫片或采用如图 3-1-31 所示的结构。

(2) 改善螺纹牙间的载荷分布

采用普通螺母时,轴向载荷在螺纹各圈间的分布是不均匀的,如图 3-1-32(a)所示,越靠近支撑面螺纹所受的载荷越大,实验表明,约 1/3 的载荷集中在第一圈上,而到了第 8～10 圈后,螺纹几乎不承受载荷。因此,采用圈数多的厚螺母,并不能提高联接强度。若采用图 3-1-32(b)和(c)的悬置螺母和环槽螺母,则有助于减少螺母与螺栓杆的距离变化差,从而使载荷分布比较均匀。

（3）减小应力集中

如图 3-1-33 所示,增大过渡处圆角(图 3-1-33(a))、切制卸荷槽(图 3-1-33(b)、(c))可使螺栓截面变化均匀,减小应力集中。

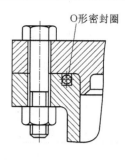

图 3-1-31 用 O 形密封圈时的结构

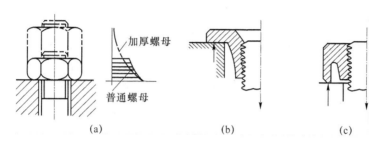

图 3-1-32 改善螺纹牙的载荷分布

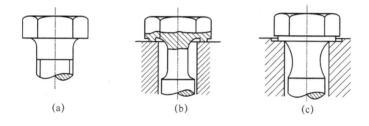

图 3-1-33 减小螺栓应力集中的方法

（4）避免或减小附加应力

由于设计、制造和安装的不当,有可能使螺栓受到附加弯曲应力的作用,如图 3-1-34 所示。

因此,在铸件或锻件等未加工表面上安装螺栓时,应设计有沉孔或凸台,如图 3-1-35 所示。

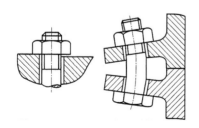

图 3-1-34 避免附加应力的方法

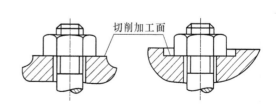

图 3-1-35 引起附加应力的原因

3.1.3 键联接及其他联接

常见的轴毂联接有键联接、花键联接等。轴毂联接主要是用来实现轴和轮毂(如齿轮、带轮、蜗轮、凸轮等)之间的周向固定并用来传递运动和转矩。键联接是一种应用很广泛的可拆联接,主要用于轴与轴上零件的周向相对固定,以传递运动或转矩。

3.1.3.1 键联接

键的主要用途是将轴类零件与孔类零件在圆周方向进行联接,用于传递圆周方向的运动及传递转矩。有些类型的键还可以实现轴上零件的轴向固定或轴向移动。

1. 键联接的类型及应用

键联接是将轴与轴上的传动零件联接在一起,实现轴和轴上零件之间的周向固定,如图 3-1-36 所示。有些类型的键还可以实现轴与轴上零件的轴向固定,或轴向动联接—滑键,如图 3-1-37 所示。由于键联接的结构简单,装拆方便,成本较低,因此在机器中得到了广泛的应用。键是联接件,根据具体的使用要求不同,键分为多种类型。常用的键有普通平键、半圆键和楔键,它们都是标准件。

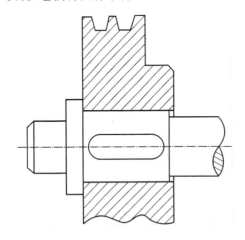

图 3-1-36 皮带轮与轴的平键联接

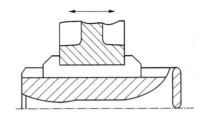

图 3-1-37 滑键

(1) 平键联接

平键联接如图 3-1-38 所示,平键的剖面为矩形。键的两个侧面是工作面。在工作的时候,靠键与键槽的挤压来传递运动和转矩。

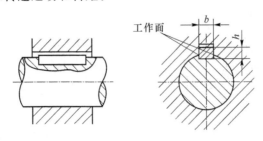

图 3-1-38 普通平键联接

平键联接的结构简单、制造容易、对中性较好、装拆方便,能够承受冲击或变载荷,因而得到广泛的应用。但是,这种联接不能承受轴向力,因而对轴上的零件不能起到轴向固定的作用。

常用的平键有普通平键、导向平键和滑键。普通平键用于静联接。按照普通平键端部的形状有圆头、方头或半圆头3种型式,分别称为A型、B型及C型平键,如图3-1-39所示。轴上键槽可用指状铣刀或盘状铣刀加工,轮毂上的键槽可用插削或拉削。

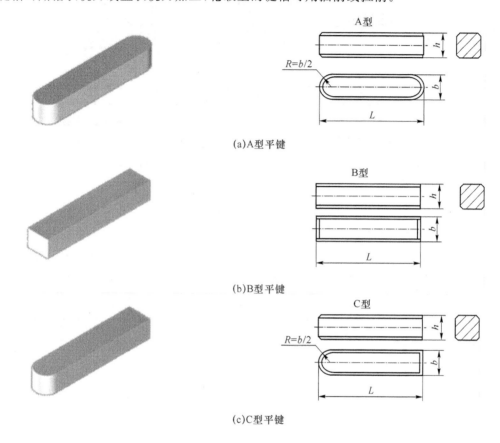

图 3-1-39 普通平键

如图3-1-40所示,在工作过程中,若轴上的传动零件沿轴线作相对滑动,则采用导向平键和滑键,它能够起到导向的作用,实现轴上零件的轴向移动,构成动联接。如汽车变速箱中的滑移齿轮采用的就是导向平键。当被联接零件滑移距离较大时,宜采用滑键。

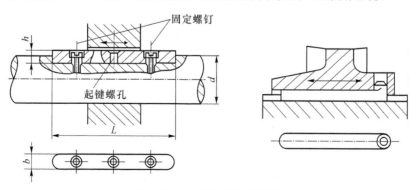

图 3-1-40 导向平键和滑键

导向平键是一种长度较大的平键,为了防止键在轴上的键槽中松动,需要采用螺钉将其固定轴上的键槽中。在键的中部,常加工出起键螺纹孔,以便于拆卸。

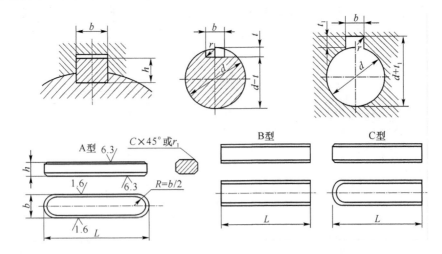

图 3-1-41 平键标记示例

圆头普通平键(A 型),$b=16$、$h=10$、$L=100$ 的标记为:键 16×100 GB1096—79。
方头普通平键(B 型),$b=16$、$h=10$、$L=100$ 的标记为:键 B16×100 GB1096—79。
半圆头普遍平键(C 型),$b=16$、$h=10$、$L=100$ 的标记为:键 C16×100 GB1096—79。

表 3-1-4 普通平键和键槽的尺寸(摘自 GB 1095—79、GB 1096—79)

轴的直径	键的尺寸				键槽的尺寸		
	b	h	C 或 r	L	t	t_1	半径 r
自 6~8	2	2	0.16~0.25	6~20	1.2	1	0.08~0.16
>8~10	3	3		6~36	1.8	1.4	
>10~12	4	4		8~45	2.5	1.8	
>12~17	5	5	0.25~0.4	10~56	3.0	2.3	0.16~0.25
>17~22	6	6		14~70	3.5	2.8	
>22~30	8	7		18~90	4.0	3.3	
>30~38	10	8	0.4~0.6	22~100	5.0	3.3	0.25~0.4
>38~44	12	8		28~140	5.0	3.3	
>44~50	14	9		36~160	5.5	3.8	
>50~58	16	10		45~180	6.0	4.3	
>58~65	18	10		50~200	7.0	4.4	
>65~75	20	12	0.6~0.8	56~220	7.5	4.9	0.4~0.6
>75~85	22	14		63~250	9.0	5.4	
>85~95	25	14		70~280	9.0	5.4	
>95~100	28	16		80~320	10.0	6.4	
>100~130	32	18		90~360	10	7.4	

注:表中长度单位为 mm。

（2）半圆键联接

内燃机中半圆键联接如图 3-1-42 所示。如图 3-1-43 所示，半圆键的侧面呈半圆形，轴上加工出的键槽也呈半圆形。与平键的工作原理一样，半圆键也是以键的两个侧面为工作面。在工作的时候，半圆键能在轴槽中绕其几何中心摆动，可以适应轮毂上键槽底面的斜度。半圆键用于静联接，具有适应性较好，装配较为方便的优点。尤其适于锥形轴端与轮毂的联接。但是，由于轴上的键槽窄而深，因此对轴的强度削弱较大，一般只适用于轻载联接。

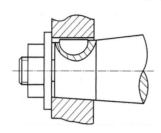

图 3-1-42 内燃机中锥轴与轮毂的半圆键联接

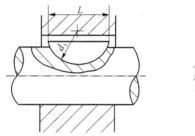 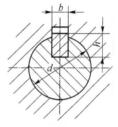

图 3-1-43 半圆键联接图

（3）楔键联接

楔键的上表面和轴毂的键槽底面均有 1∶100 的斜度。

楔键的上、下表面是工作面，与槽底没有间隙。而键的两个侧面是非工作面，与键槽的两个侧面应留有间隙，如图 3-1-44 所示。工作时，主要依靠楔键的上、下表面与轮毂和轴之间的摩擦力来传递转矩，并能承受单方向的轴向力。楔键多用于载荷平稳、转速较低的场合。

楔键分为普通楔键和钩头楔键两种，如图 3-1-45 所示。钩头楔键的钩头是为了拆键用的。

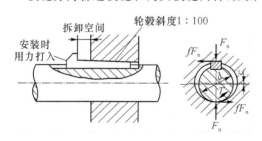 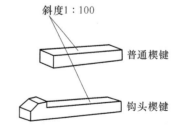

图 3-1-44 楔键联接图　　　　　图 3-1-45 楔键的类型

2. 平键联接的强度计算

在设计联接时，平键的选择和计算一般按如下步骤进行。

（1）选择平键的类型

根据传动的情况和工作要求，按照各类键的结构形式和应用特点选择平键的类型。

(2) 确定键的截面尺寸

根据轴的直径 d，从国家标准中查取键的相应的截面尺寸 $b \times h$，如表 3-1-4 所示。

(3) 确定键的长度

按照轴结构设计的结果，根据轮毂的长度 L_1，来确定键的长度 L，并按照标准系列值选取相近的标准值。

(4) 校核平键联接的强度

必要时，应进行平键的强度校核，在静联接中，普通平键联接的主要失效形式是联接工作面上的压溃。实践表明，压溃一般发生在较弱的轮毂键槽的工作表面。除非有严重过载，一般不会发生键被剪断的现象。

普通平键联接的受力情况如图 3-1-46 所示，假设载荷沿工作面均匀分布，则普通平键联接的挤压强度条件为

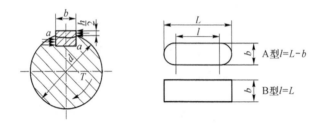

图 3-1-46　普通平键联接的受力情况

$$\sigma_P = \frac{4T}{dhl} \leqslant [\sigma_P] \tag{3-1-7}$$

式中：σ_P——键的挤压应力（MPa）；

T——轴传递的转矩（N·mm）；

d——轴的直径（mm）；

h——键的高度（mm）；

l——键的工作长度（mm）；A 型键 $l=L-b$，B 型键 $l=L$，C 型键 $l=L-b/2$，

b——键的宽度（mm）；

$[\sigma_P]$——键的许用挤压应力（MPa），如表 3-1-5 所示。

表 3-1-5　键联接的许用挤压应力和许用压强

联结的工作方式	联结中较弱零件的材料	$[\sigma_P]$或$[\sigma]$/MPa		
		静载荷	轻微冲击载荷	冲击载荷
静联结$[\sigma_P]$	钢	125～150	100～120	60～90
	铸铁	70～80	50～60	30～45
动联结$[p]$	钢	50	40	30

在动联接中，导向平键联接的主要失效形式是联接工作面上产生的过度磨损。应限制其工作面上的压强，则导向平键联接的强度条件为

$$p = \frac{4T}{dhl} \leqslant [p] \tag{3-1-8}$$

式中：$[p]$——键的许用压强（MPa），如表 3-1-5 所示。

其他符号同上。

3. 花键联接

如果使用一个平键,不能满足轴所传递的扭矩的要求时,可在同一轴毂联接处均匀布置 2 个或 3 个平键。而且由于载荷分布不均的影响,在同一轴毂联接处均匀布置 2 或 3 个平键时,只相当于 1.5 或 2 个平键所能传递的扭矩。显然,键槽愈多,对轴的削弱就愈大。如果把键和轴作成一体就可以避免上述缺点。多个键与轴作成一体就形成了花键。如图 3-1-47 所示。

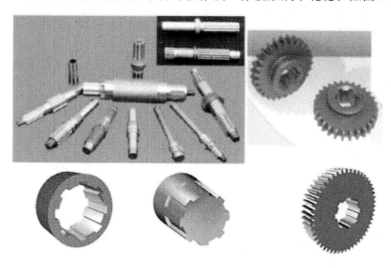

图 3-1-47 花键

轴与轮毂孔周向均布的多个键齿构成的联接称为花键联接。花键齿的侧面是工作面。

(1) 花键联接的类型、特点与应用

由于是多齿传递载荷,所以花键联接比平键联接具有承载能力高、对轴削弱程度小、定心好和导向性能好等优点。它适用于定心精度要求高、载荷大或经常滑移的联接。花键联接按其齿形不同,可分为矩形花键、渐开线花键和三角形花键(如表 3-1-6 所示)。矩形花键加工方便,应用最为广泛;渐开线花键可以用制造齿轮的方法加工,制造精度高,键齿的根部强度高。其定心方式为齿侧定心,承载均匀;三角形花键联接中的内花键齿形为三角形,外花键为压力角为 45°的渐开线齿形,适用于薄壁零件的联接。三角形花键以齿侧定心。

表 3-1-6 花键联接的类型、特点与应用

类型	简图	特点	应用
矩形花键		加工方便,可用磨削法获得较高的精度,但齿根部应力集中较大	广泛应用
渐开线花键		根部强度高,应力集中小,对中性好,加工工艺同齿轮,易获得较高精度,但需专用设备	用于重载,尺寸较大,定心精度要求较高的场合

续表

类型	简图	特点	应用
三角形花键	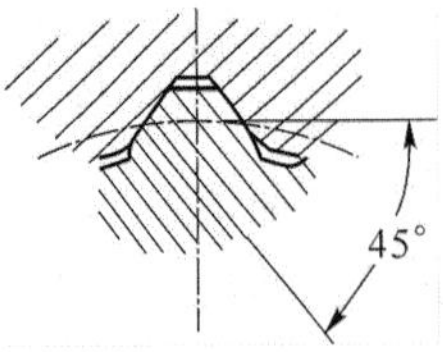	内花键齿形为三角形,外花键齿形为压力角等于45°的渐开线,加工方便,键齿细小,对轴削弱小	用于轻载,尺寸较小的静联结,尤其是轴与薄壁零件联接

(2) 花键联接的强度计算

花键联接可以做成静联接,也可以做成动联接。静联接一般只验算挤压强度,而动联接一般只验算耐磨性。

其强度条件分别为

静联接

$$\sigma_{jy} = \frac{2\,000T}{\psi z h l d_m} \leqslant [\sigma_{jy}] \tag{3-1-9}$$

动联接

$$p = \frac{2\,000T}{\psi z h l d_m} \leqslant [p] \tag{3-1-10}$$

式中：T——传递转矩(N·m)。

ψ——载荷分布不均匀因数,一般=0.7~0.8。

z——花键的齿数。

l——齿的工作长度(mm)。

h——花键的工作高度。矩形花键：$h=1/2(D+d)-2C$,其中,D 为外花键大径,d 为内花键小径,C 为倒角尺寸。渐开线花键：$h=m$。三角形花键：$h=0.8m$,m 为模数。

d_m——花键的平均直径(mm)。矩形花键：$d_m=1/2(D+d)$,其中,D 为外花键的大径,d 为内花键小径。渐开线和三角形花键：$d_m=d_f$,d_f 为分度圆直径。

$[\sigma_{jy}]$、$[p]$——许用挤压应力、许用压强(MPa),如表3-1-7所示。

表3-1-7 花键联接的许用挤压应力及许用压强　　　　　　　　　　　　　(MPa)

项目	联接工作方式	使用和制造情况	齿面未经热处理	齿面经热处理
许用挤压应力$[\sigma_{jy}]$	静联接	不良	35~50	40~70
		中等	60~100	100~140
		良好	80~120	120~200
许用压强$[p]$	空载下的动联接	不良	15~20	20~35
		中等	20~30	30~60
		良好	25~40	40~70
	动载荷作用下的动联接	不良	—	3~10
		中等	—	5~15
		良好	—	10~50

注：1. 使用和制造不良情况是指受变载荷,有双向冲击,振动频率高振幅大,润滑不良,材料硬度不高或精度不高等。

2. 长时间或重要的场合,取$[\sigma_{jy}]$或$[p]$较小值。

3.1.3.2 销联接

销联接也是工程中常用的一种重要联接形式,主要用来固定零件之间的相对位置,当载荷不大时也可以用作传递载荷的联接,同时可以作为安全装置中的过载剪断元件。

联接销在工作中通常受到挤压和剪切。销是标准件。设计时,可以根据联接结构的特点和工作要求来选择销的类型、材料和尺寸,必要时进行强度校核计算。

销的主要材料为 35、45 钢,许用剪切应力为 80 MPa,许用挤压应力可以查阅相关标准。

1. 根据功能分类

根据销联接的功能,销可分为定位销、联接销和安全销等。

定位销一般不承受载荷或只能承受很小的载荷,用于固定两个零件之间的相对位置。

定位销一般成对使用,并安装在两个零件接合面的对角处,以加大两销之间的距离,增加定位的精度。

联接销只能承受不大的载荷,用于轴与轴毂的联接或其他零件的联接,适用于轻载和不很重要的场合。

2. 按照形状分类

按照销的形状,销可分为圆柱销、圆锥销和开口销等。

圆柱销主要用于定位,也可用作联接。圆柱销与销孔之间是过盈配合的关系,为了保证其定位精度和联接的紧固性,不宜经常拆卸,如图 3-1-48(a)所示。

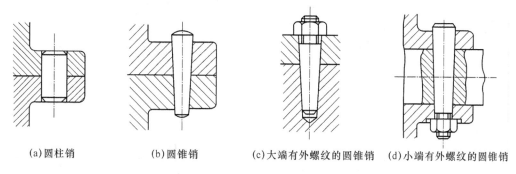

(a)圆柱销　　(b)圆锥销　　(c)大端有外螺纹的圆锥销　　(d)小端有外螺纹的圆锥销

图 3-1-48　定位销

圆锥销主要用于定位。圆锥销有 1∶50 的锥度,具有自锁性能,便于拆卸,定位精度比圆柱销高,大多用于经常装拆的场合,如图 3-1-48(b)所示,图 3-1-49 是圆锥销用于联接轴与套的实例。

销还有许多特殊的形式,图 3-1-48(c)是大端有外螺纹的圆锥销,可用于盲孔;图 3-1-48(d)是小端带有外螺纹的圆锥销,可用螺母锁紧,适用于有冲击的场合。

图 3-1-50(a)是带槽的圆柱销,在销上加工有 3 条纵向沟槽,将带槽的圆锥销打入销孔之后,它的沟槽产生收缩变形,使得销与孔壁压紧,不容易松脱。因此,能够承受振动和变载荷。在放大的俯视图中,细实线表示圆柱销在安装之前的形状,粗实线表示变形结果。在使用这种销联接时,销孔不需要铰制,且可以多次拆卸。图 3-1-50(b)为开尾圆柱销,适用于有冲击、振动的场合。图 3-1-50(c)为开口销,经常与槽形螺母配合使用,用于螺纹联接的防松装置中,以锁定螺纹联接件。

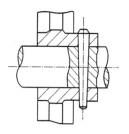

图 3-1-49　圆锥销联接

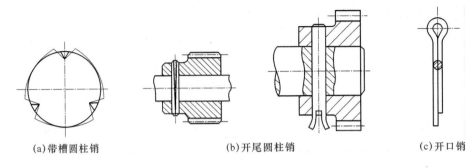

(a) 带槽圆柱销　　　　(b) 开尾圆柱销　　　　(c) 开口销

图 3-1-50　几种特殊形式的圆柱销

3.1.3.3　其他联接

在工程上，为了满足某些特殊的需要，还有许多其他类型的联接方式，例如：型面联接、胀套联接、过盈联接及其永久性联接（焊接和胶接）等。

1. 型面联接

这是由光滑非圆剖面的轴与相应的毂孔构成的联接，轴和毂孔可作成柱形或锥形的。主要用于静联接。其优点是：装拆方便、能保证良好的对中性；型接面上没有应力集中源造成的影响；能比平键联接传递更大的转矩。其缺点是：加工复杂。所以实际中应用较少。

2. 胀套联接

胀套也称胀紧联接套，有5种标准形式，适用于不同的轴毂联接。根据传递载荷的大小不同，可在轴毂之间加装一个或几个胀套。当采用几个胀套联接时，由于摩擦力的作用，轴向压紧力传到第二个胀套上会有所降低，致使第二个胀套传递的转矩比第一个胀套减小约50%。因此，联接胀套的数目不宜超过3~4个。

联接胀套能传递相当大的转矩和轴向力，没有应力集中，定心性能好，拆装方便。但有时使用受到结构上的限制。

3. 过盈联接

过盈联接是利用两个被联接件本身的过盈配合来实现的联接，配合面通常为圆柱面，有时也为圆锥面。装配后，包容件和被包容件的径向变形使配合面间产生很大的压力。工作时，靠压紧力产生的摩擦力来传递载荷。配合面间的摩擦力也称固持力。过盈联接是配合的一种，等学习完公差与配合之后将会对这一种联接形式有更深的理解。

过盈联接的装配方法通常有压入法和胀缩法两种。压入法是在常温下利用压力机将被包容件直接压入包容件中。这种方法比较简单，但由于过盈量的存在，配合表面会产生擦伤等，降低联接的紧固性。所以，压入法一般用于过盈量不大或对联接质量要求不高的场合。过盈量较大，或对联接质量要求较高时，应采用胀缩法装配，即加热包容件、冷却被包容件，形成装配间隙。

为了便于装配，从结构上需要采用合理的结构。例如在包容件的孔端和被包容件的轴端应该制有倒角，或有一段间隙配合段等。

过盈联接的过盈量不大时，允许拆卸，但是多次拆卸将影响联接的工作能力。当过盈量较大时，一般不能拆卸，否则将损坏被联接件。如果过盈量较大而又需要拆卸时，多采用液压拆卸，即向配合面间注入高压油（压力可达200 MPa以上），从而使包容件的内径胀大，被包容件的外径缩小，从而使联接便于拆开。为此目的，在设计的零件上就需要采取相应的结构保证。

过盈联接的承载能力取决于联接的固持力和联接中各零件的强度，即：选择配合时，既要保证联接具有足够的固持力，又要保证零件在装配时不致损坏。

3.1.4 联轴器、离合器和制动器

联轴器和离合器都是用来联接两根不同半轴,使两轴一起转动并传递运动、传递动力和传递扭矩的装置。在工作过程中,使两轴始终处于联接状态的称联轴器,可使两轴随时分离或接合的称离合器。

联轴器、离合器的类型很多,已基本上标准化,设计时主要任务是合理选用,一般步骤是:(1)根据机器的使用要求和工作条件选择合理的类型;(2)按轴的直径、工作转矩和转速选定具体的型号;(3)必要时以其中的主要零件进行强度校核。

联轴器所联接的两轴,由于制造及安装误差、承载后的变形以及温度变化的影响等等,往往不能保证严格的对中,而是存在着某种程度的相对位移,如图 3-1-51 所示。这就要求所设计的联轴器,要从结构上采取各种措施,使之具有适应一定范围的相对位移的性能。

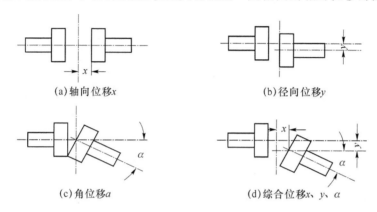

图 3-1-51 联轴器所联接的两轴相对位移

联轴器主要用于不同部件之间的轴与轴或轴与其他回转零件之间的联接,使它们共同转动以传递运动和转矩。用联轴器联接的两根轴在机器工作的时候,始终联接在一起,不能分开。只有在机器停止运转时,通过拆卸的方法才能把两根轴分离。

3.1.4.1 联轴器

1. 联轴器的类型

联轴器的类型很多。按照是否具有补偿轴线偏移的能力,可将联轴器分为刚性联轴器和弹性联轴器两大类。

(1)刚性联轴器

刚性固定式联轴器具有结构简单、成本低的优点。但对被联接的两轴间的相对位移缺乏补偿能力,故对两轴对中性要求很高。如果两轴线发生相对位移时,就会在轴、联轴器和轴承上引起附加的载荷,使工作情况恶化。所以常用于无冲击、轴的对中性好的场合。这类联轴器常见的有套筒式、凸缘式以及夹壳式等。下面主要介绍套筒式和凸缘式。

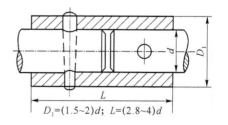

$D_1=(1.5\sim2)d$; $L=(2.8\sim4)d$

图 3-1-52 套筒式联轴器

① 套筒式联轴器

这是一类最简单的联轴器,如图 3-1-52 所示。这种联轴器是一个圆柱型套筒,用两个圆

锥销键或螺钉与轴相联接并传递扭矩。此种联轴器没有标准,需要自行设计,例如机床上就经常采用这种联轴器。

② 凸缘联轴器

在刚性联轴器中应用最广的是凸缘联轴器。如图 3-1-53 所示,凸缘联轴器是由两个带凸缘的半联轴器和一组螺栓所组成。两个半联轴器分别装在两根轴的轴端,并用键与轴联接起来,然后利用螺栓在其凸缘部分进行联接,从而实现两根轴之间的联接。

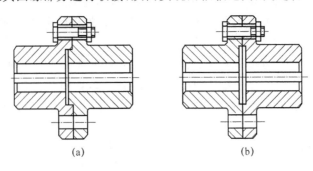

图 3-1-53 凸缘联轴器

这种联轴器有两种结构型式,其不同之处在于两个半联轴器之间的联接方式。一种是采用普通螺栓进行联接。在装配的时候,依靠对中榫实现两根轴的对中。当螺栓拧紧之后,由两个半联轴器接触面之间产生的摩擦力来传递转矩,如图 3-1-53(a)所示。另一种是采用铰制孔用螺栓进行联接,如图 3-1-53(b)所示。其利用铰制孔用螺栓与铰制孔之间的配合来实现对中,并依靠螺栓受剪切和联接受挤压来传递转矩。

凸缘联轴器的结构简单、装拆方便、传递的转矩大、成本低。但是,没有补偿轴线偏移的能力。因此,只适用于载荷平稳、两根轴对中良好的场合。

(2) 弹性联轴器

弹性联轴器具有一定的补偿两根轴的轴线偏移的能力。根据补偿偏移的方法不同又可分为无弹性元件联轴器和弹性联轴器。

无弹性元件联轴器是利用联轴器中的工作元件之间构成的动联接来实现偏移的补偿,常用的有齿式联轴器、滑块联轴器和万向联轴器等;而弹性联轴器是利用联轴器中弹性元件的变形进行偏移的补偿,常用的有弹性套柱销联轴器和弹性柱销联轴器等。

① 无弹性元件的弹性联轴器

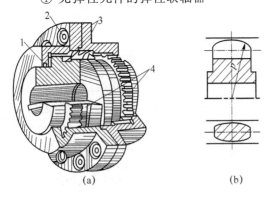

图 3-1-54 齿式联轴器

(a) 齿式联轴器。齿式联轴器是无弹性元件联轴器中应用较广泛的一种。它是由两个带有内齿及凸缘的外套筒 1 与 3 和两个带有外齿的内套筒 4 所组成的,如图 3-1-54(a)所示。两个外套筒用螺栓 2 联成一体,两个内套筒用键分别与两根轴进行联接;利用内、外齿的相互啮合实现两根轴之间的联接。由于轮齿间留有间隙且外齿轮的齿顶制成球形(如图 3-1-54(b)所示),所以能补偿两轴的不对中和偏斜。

这种联轴器的特点是结构紧凑、能传递较大

的转矩、补偿偏移的能力较强。但是，制造和安装精度要求较高，成本高。适用于高速、重载的场合。

(b) 滑块联轴器。滑块联轴器由两个在端面上开有径向凹槽的半联轴器1、3和一个在两端面上均带有凸榫的中间盘2组成，如图3-1-55(a)所示。两个半联轴器分别固定在主动轴和从动轴上，中间盘两端面上的凸榫位于相互垂直的两个直径方向上，并在空间呈现一个十字形。

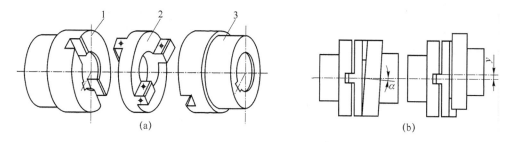

图 3-1-55　滑块联轴器

工作时，由于滑块的凸榫能在半联轴器的凹槽中移动，构成了移动副。因而，可以补偿两根轴之间的偏移，如图3-1-55(b)所示。

滑块联轴器结构简单，径向尺寸小。但是，转动时滑块有较大的离心惯性力，适用于两根轴的径向偏移较大、转矩较大的低速、无冲击的场合。

(c) 万向联轴器。万向联轴器由两个固定在轴端的叉形半联轴器1、2和一个十字形中间联接件3组成，如图3-1-56所示。十字形中间联接件的中心与两个叉形半联轴器的轴线交于一点，两轴线所夹的锐角为α。由于十字形中间联接件分别与叉形半联轴器之间用铰链进行联接，从而形成可动联接。

用单个万向联轴器联接轴线相交的两根轴时，它们的瞬时角速度并不是时时相等的。在传动的过程中，当主动轴以等角速度回转时，从动轴的角速度并不是常数，而是作周期性的变化。从而引起附加的动载荷，对传动产生不利的影响。因此，在实际应用中，为了改善这种状况，常将万向联轴器成对使用，并使其串接在一起组成双万向联轴器，如图3-1-57所示。

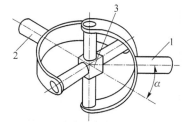

图 3-1-56　万向联轴器

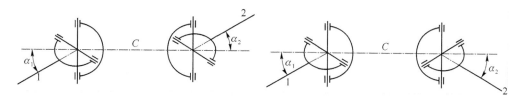

图 3-1-57　双万向联轴器

万向联轴器的特点是径向尺寸小，维修方便，能够补偿较大的角偏移。适用于夹角较大的两根轴之间的联接，在汽车、拖拉机等中获得广泛的应用。

② 弹性联轴器

(a) 弹性套柱销联轴器。弹性套柱销联轴器的结构与凸缘联轴器类似，不同之处在于用一端带有弹性套的柱销代替了刚性的螺栓，如图3-1-58所示。弹性套常用橡胶或皮革制造，作为吸收振动和缓和冲击的元件,安装在两个半联轴器的凸缘孔中,以实现两个半联轴器之间的联接。利用弹性套的弹性变形来补偿两根轴的轴线偏移,并具有吸收振动和缓和冲击的能力。

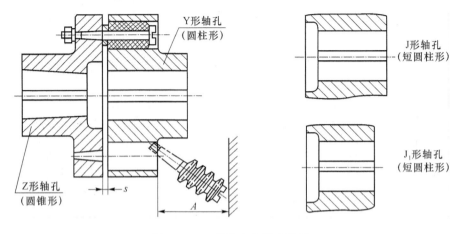

图 3-1-58 弹性套柱销联轴器

弹性套柱销联轴器的重量轻、结构简单、成本较低;但弹性套容易磨损,寿命较低。因此,常用于冲击载荷小、启动和换向频繁的高、中速的场合。

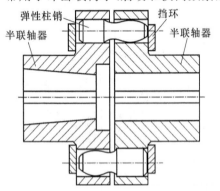

图 3-1-59 弹性柱销联轴器

(b) 弹性柱销联轴器。这种联轴器的结构与弹性套柱销联轴器十分相似,只是采用了非金属材料制成的柱销,取代了带有弹性套的柱销,如图 3-1-59 所示。柱销通常用具有一定弹性的尼龙制成。在载荷平稳、安装精度要求较高的情况下,可采用圆柱销。为了防止柱销的脱落,在柱销的两端设置了挡板。

弹性柱销联轴器的优点是能够传递较大的转矩、结构更简单、成本低廉,且具有一定的补偿两根轴的轴线偏移的能力、吸振和缓冲的能力;它的主要缺点是由于柱销材料的缘故,使得它的工作温度受到了限制。一般用于启动、换向频繁的高速轴之间的联接。

2. 联轴器的选择

联轴器大都已经标准化了,成为标准部件。一般只需选择联轴器的类型和型号,必要时应对其中易损的薄弱环节进行强度校核计算。

根据机器的各种使用要求,如被联接的两根轴之间的对中性、载荷的平稳性、是否经常启动或换向等;工作条件,如环境温度的变化等,结合各类联轴器的性能特点来选择合适的类型。

如果载荷平稳、两根轴能够精确对中、轴的刚度较大、速度较低时,一般可以选用凸缘联轴器;如果载荷不平稳、两根轴对中性差、轴的刚度较小时,可以选用弹性联轴器;对于转矩较大的轴,可选用齿式联轴器;而当径向偏移较大、转速较低时,可选用滑块联轴器;对于轴线相交的两根轴,可选用万向联轴器。

当工作温度超过 70 ℃时,一般不宜选用具有橡胶或尼龙弹性元件的弹性联轴器。

3.1.4.2 离合器

离合器能按需要随时分离和接合机器的两轴,如汽车临时停车而不熄火。对离合器的基本要求是：接合平稳、分离迅速彻底；操纵省力方便，质量和外廓尺寸小，维护和调节方便，耐磨性好等。

常用离合器分类如表 3-1-8 所示。

表 3-1-8 离合器的分类

操纵离合器 （机械、气动、液压、电磁）	啮合式	牙嵌离合器、齿轮离合器等
	摩擦式	圆盘离合器、圆锥离合器
自动离合器	定向离合器	啮合式、摩擦式
	离心离合器	摩擦式
	安全离合器	啮合式、摩擦式

离合器的类型很多，常用的可分为牙嵌式和摩擦式两大类。

1. 牙嵌式离合器

牙嵌式离合器由两个端面上有牙的半离合器组成（如图 3-1-60 所示）。其中套筒 1 紧配在轴上，而套筒 2 可以沿导向平键 3 在另一根轴上移动。利用操纵杆移动滑环 4 可使两个套筒接合或分离。为避免滑环的过量磨损，可动的套筒应装在从动轴上。为便于两轴对中，在套筒 1 中装有对中环 5，从动轴端则可在对中环中自由转动。牙嵌离合器的牙形有三角形、梯形和锯齿形等，如图 3-1-61 所示。牙嵌式离合器结构简单，外廓尺寸小，能传递较大的转矩，故应用较多。但

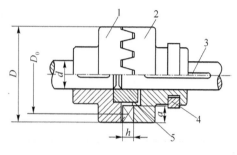

图 3-1-60 牙嵌式离合器结构

牙嵌式离合器只宜在两轴不回转或转速差很小时进行接合，否则牙齿可能会因受撞击而折断。

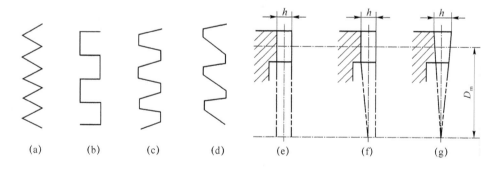

图 3-1-61 牙嵌式离合器

2. 圆盘摩擦离合器

圆盘摩擦离合器有单片式和多片式两种。

(1) 单片式摩擦离合器

图 3-1-62 所示为单片式摩擦离合器结构，其中圆盘 1 紧配在主动轴上，圆盘 2 可以沿导键在从动轴上移动，移动滑环 3 可使两圆盘接合或分离。工作时轴向压力 F_a 使两圆盘的工作表面产生摩擦力。其传递的最大转矩为

$$T_{max} = F_a f R_f \tag{3-1-11}$$

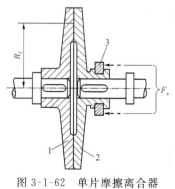

图 3-1-62 单片摩擦离合器

式中：f——摩擦因数。

摩擦离合器在任何不同的转速条件下两轴都可以进行接合，过载时摩擦片间发生打滑，可以防止其他零件的损坏，并且接合平稳，冲击和振动小。但摩擦片间的摩擦会消耗一部分能量，引起摩擦片的发热和磨损。

(2) 多片式摩擦离合器

图 3-1-63(a)为多片式摩擦离合器，其中主动轴 1 与外壳 2 相联接，从动轴 3 与套筒 4 相联接。外壳内装有一组摩擦片 5，如图 3-1-63(b)所示，它的外缘凸齿插入外壳 2 的纵向凹槽内，因而随外壳 2 一起回转，它的内孔不与任何零件接触。套筒 4 上装有另一组摩擦片 6，如图 3-63(c)所示，它的外缘不与任何零件接触，而内孔凸齿与套筒 4 上的纵向凹槽相联接，因而带动套筒 4 一起回转。这样，就有两组形状不同的摩擦片相间叠合，如图 3-1-63(a)所示。图中位置表示杠杆 8 经压板 9 将摩擦片压紧，离合器处于接合状态。若将滑环 7 向右移动，杠杆 8 逆时针方向摆动，压板 9 松开，离合器即分离。若把图 3-1-63(c)中的摩擦片改用图 3-1-63(d)的形状，则分离时摩擦片能自行弹开。图中的调节螺母 10 用来调整摩擦片间的压力。

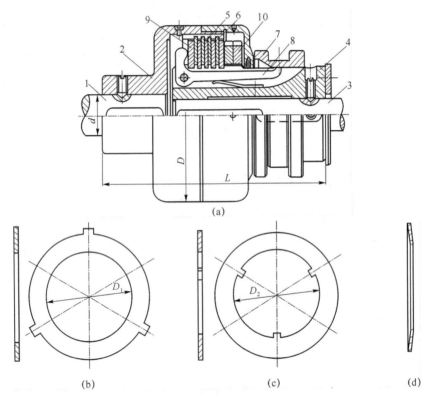

图 3-1-63 多片式摩擦离合器

摩擦片的材料常用淬火钢片或压制石棉片。摩擦片数目增多，可以增大所传递的力矩。但若片数过多，将使各层间压力分布不均匀，所以一般不超过 12～15 片。多片式摩擦离合器所传递的最大转矩为

$$T_{\max}=zfF_aR_f=\frac{zfF_a(D_1+D_2)}{4}\geqslant K_A T \tag{3-1-12}$$

作用在摩擦面上的压强 p 为

$$p = \frac{4F_a}{\pi(D_2^2 - D_1^2)} \leqslant [p] \quad (3\text{-}1\text{-}13)$$

式中：D_1、D_2——分别为外摩擦片的内径和内摩擦片的外径(mm)；

　　　z——摩擦面数目；

　　　F_a——轴向压力(N)；

　　　K_A——工作状况因数，如表 3-1-9 所示；

　　　$[p]$——许用压强(MPa)，如表 3-1-10 所示。

表 3-1-10 中分有润滑剂和无润滑剂两列，有润滑剂的摩擦离合器称为油式，无润滑剂润滑的称为干式。油式摩擦片磨损较小，寿命较长，且能在繁重条件下工作；而干式摩擦离合器反应较油式快，但摩擦片易磨损。

表 3-1-9　工作状况因数 K_A

工作机	原动机为电动机时
转矩变化很小的机械：如发电机、小型通风机、小型离心泵	1.3
转矩变化较小的机械：如透平压缩机、木工机械、输送机	1.5
转矩变化中等的机械：如搅拌机、增压机、有飞轮的压缩机	1.7
转矩变化和冲击载荷中等的机械：如纺织机、水泥搅拌机、拖拉机	1.9
转矩变化和冲击载荷大的机械：如挖掘机、起重机、碎石机、造纸机械	2.3

表 3-1-10　常用摩擦片材料的摩擦因数 f 和许用压强 $[p]$

摩擦片材料	f		圆盘摩擦离合器 $[p]$/MPa
	有润滑剂	无润滑剂	
铸铁-铸铁或钢	0.05～0.06	0.15～0.20	0.25～0.30
淬火钢-淬火钢	1.05～0.06	0.18	0.60～0.80
青铜-铜或铸铁	0.08	0.17～0.18	0.40～0.50
压制石棉-铸铁或钢	0.12	0.3～0.5	0.20～0.30

若摩擦离合器频繁操作，就会产生大量的热，引起温升。此时应将表 3-1-10 中的 $[p]$ 值降低 15%～20%。

3. 定向离合器

定向离合器是一种随速度的变化或回转方向的变换而能自动接合或分离的离合器，它只能单向传递转矩。如锯齿型牙嵌离合器，只能单向传递转矩，反向时自动分离。棘轮机构也可以作为定向离合器。

当外环与星轮作顺时针方向的同向回转时，根据相对运动原理，若外环的速度大于星轮转速离合器处于分离状态。反之，如外环的转速小于星轮的转速，则离合器处于接合状态，故又称为超越离合器。定向离合器常用于汽车、拖拉机和机床等的传动装置中，自行车后轴上也安装有超越离合器。

超越离合器根据两轴角速度的相对关系自动接合和分离。当主动轴转速大于从动轴时，离合器将两轴接合起来，把动力或运动传递给从动轴；当主动轴转速小于从动轴时，两轴脱开。因此，这种离合器只能传递单向转矩。

图 3-1-64 所示为滚柱式超越离合器。它由星轮 1、外壳 2、滚柱 3 和弹簧 4 组成。滚柱被

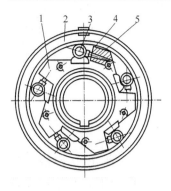

图 3-1-64　超越离合器

弹簧压向楔形槽的狭窄部分,与外壳和星轮接触。当星轮 1 为主动件并沿顺时针方向转动时,滚柱 3 在摩擦力的作用下被楔紧在槽内,星轮 1 借助摩擦力带动外壳 2 同步转动,离合器处于接合状态。当星轮 1 逆时针方向转动时,滚柱被带到楔形槽的较宽部分,星轮 1 无法带动外壳一起转动,离合器处于分离状态。即星轮 1 的角速度大于外壳 2 的角速度时,星轮 1 可以带动外壳 2 转动,当星轮 1 的角速度小于外壳 2 时,星轮将与外壳脱开,外壳自行向前转动。

4. 安全联轴器及安全离合器

安全联轴器及安全离合器的作用是:当工作转矩超过机器允许的极限转矩时,联接件发生折断、脱开或打滑,联轴器或离合器自动停止工作,从而有效保护机器中重要零件不致损坏。

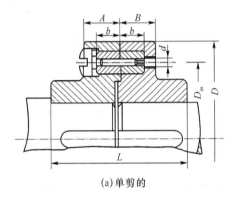
(a)单剪的

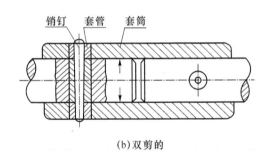
(b)双剪的

图 3-1-65　剪切销安全联轴器

(1) 剪切销安全联轴器

这种联轴器有单剪(如图 3-1-65(a)所示)的和双剪的(如图 3-1-65(b)所示)两种。现以单剪为例加以说明。

这种联轴器的结构类似于凸缘联轴器,但不用螺栓,而是用钢制销钉联接。销钉装入经过淬火的两段钢制套管中,过载时立即被剪断。销钉直径 d(单位 mm)可按剪切强度计算,即

$$d=\sqrt{\frac{8KT}{\pi D_\mathrm{m} z[\tau]}} \tag{3-1-14}$$

式(3-1-14)中,T 为公称转矩,单位是 N·mm;D_m 为销钉轴心所在圆的直径,单位是 mm;z 为销钉数目;K 为过载系数,可根据需要查阅相关手册选择,$[\tau]$ 为许用剪切强度。

销钉材料常用 45 钢淬火或高碳工具钢,准备剪断处应预先切槽,使剪断处的残余变形最小,以免毛刺过大,有碍于更换报废的销钉。

这类联轴器由于销钉材料力学性能的不稳定,以及制造尺寸的误差等原因,致使工作精度不高;而且销钉剪断后不能自动恢复工作能力,因而必须停车更换销钉;但由于结构简单,所以对很少过载的机器还经常使用。

(2) 滚珠安全联轴器

滚珠安全离合器的结构形式很多,如图 3-1-66 所示为其中之一。该离合器由主动齿轮 1、从动盘 2、外套筒 3、弹簧 4、调节螺母 5 组成。主动齿轮 1 活套在轴上,外套筒 3 用花键与从

动盘 2 联接,同时又用键和轴相联。在主动齿轮 1 和从动盘 2 的端面内,各沿直径为 D_m 的圆周上制有数量相等的滚珠承窝(一般为 4~8 个),承窝中装入滚珠大半后进行敛口,以免滚珠脱出。正常工作时,由于弹簧 4 的推力使两盘的滚珠互相交错压紧,如图 3-1-66(b)所示,主动齿轮传来的转矩通过滚珠、从动盘、外套筒而传给从动轴。当转矩超过许用值时,弹簧被过大的轴向分力压紧,使从动盘向右移动,原来交错压紧的滚珠因被防松而互相滑过,此时主动齿轮空转,从动轴停止转动;当载荷恢复正常时,又可重新传递转矩。弹簧压紧力的大小可用螺母 5 调节。

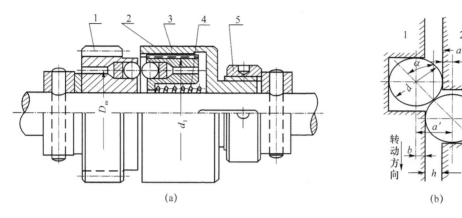

图 3-1-66 滚珠安全联轴器

3.1.4.3 制动器

1. 抱块式制动器

图 3-1-67 所示为抱块式制动器。常闭(通电时松闸,断电时制动)抱块式制动器的工作原理是:弹簧通过制动臂使闸瓦块压紧在制动轮上,制动器通常处于闭合状态。当松闸器通电时,电磁力顶起立柱,通过推杆和制动臂操纵闸瓦块与制动轮松开。闸瓦块磨损时可以调节椎杆的长度对其进行补偿。这种制动器结构简单,性能可靠,间隙调整方便且散热较好。但由于接触面有限,所以制动力矩较小,且外形尺寸较大。一般用于工作频繁且空间较大的场合。常闭式制动器比较安全,一般用于起重运输机械。常开(通电时制动,断电时松闸)制动器适用于车辆的制动。

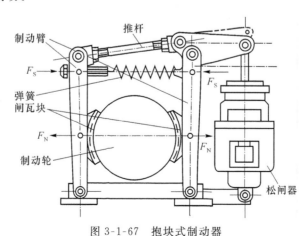

图 3-1-67 抱块式制动器

2. 内涨蹄式制动器

图 3-1-68 是内涨蹄式制动器的工作简图。两个制动蹄(外表面安装了摩擦片)分别通过销轴与机架铰接。压力油通过双向液压缸使两个制动蹄压紧制动轮。压力油卸载后,两个制动蹄在弹簧的作用下与制动轮分离。这种制动器结构紧凑,在各种车辆及结构尺寸受限制的机械中应用广泛。

3. 带式制动器

图 3-1-69 所示为带式制动器。在与轴联接的制动轮 1 的外缘绕一根制动带 2(一般为钢带),当制动力 F 施加于杠杆 4 的一端时,制动带便将制动轮抱紧,从而使轴制动。为了增大制动所需的摩擦力,制动带常衬有石棉、橡胶、帆布等。带式制动器结构简单,制动效果好,常用于起重设备中。

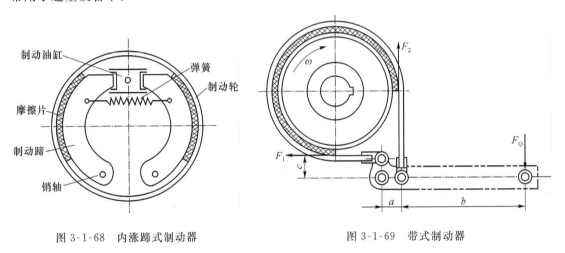

图 3-1-68　内涨蹄式制动器　　　　图 3-1-69　带式制动器

3.1.5　弹簧的功用和类型

弹簧是利用材料的弹性和结构特点,能够在受载后产生变形,卸载后通常立即恢复原有形状的尺寸的弹性零件。由于弹簧的这种特性,使其在机器中得到广泛的应用。

3.1.5.1　弹簧的功用

弹簧的功用:(1)控制机构的位置和运动;(2)缓冲及吸振;(3)储存能量;(4)测量力和力矩。

3.1.5.2　弹簧的类型

按照所承受载荷的不同,弹簧可以分为拉伸弹簧、压缩弹簧、扭转弹簧和弯曲弹簧等 4 种。按照弹簧的形状不同又可以分为螺旋弹簧、环形弹簧、碟形弹簧、板簧和平面涡卷弹簧等。

1. 等节距圆柱螺旋弹簧

此种圆截面簧丝的圆柱形弹簧结构简单,制造方便。特性曲线呈线性,刚度稳定,应用最为广泛。如图 3-1-70 所示。

2. 扭转圆柱螺旋弹簧

主要用于各种装置中的压紧和蓄能。如图 3-1-71 所示。

3. 圆锥螺旋弹簧

结构紧凑、稳定性好、多用于承受较大载荷和减振,其防共振能力比不等节距圆柱螺旋弹簧好。如图 3-1-72 所示。

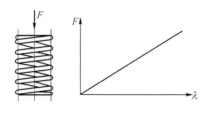
图 3-1-70 等节距圆柱螺旋弹簧

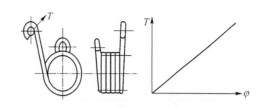
图 3-1-71 扭转圆柱螺旋弹簧

4. 碟形弹簧

缓冲及减振能力强。采用不同的组合可能得到不同的特性曲线。常用于重型机械的缓冲及减振装置。如图 3-1-73 所示。

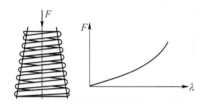
图 3-1-72 圆锥螺旋弹簧

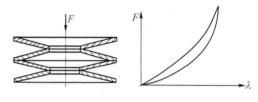
图 3-1-73 碟形弹簧

5. 环形弹簧

具有很高的消振能力,是最强力的缓冲弹簧。常用在铁路车辆、飞机着陆装置的缓冲装置中。如图 3-1-74 所示。

3.1.5.3 弹簧的工作原理

1. 弹簧特性线和刚度

表示弹簧载荷与变形量之间的关系曲线称为弹簧特性线。

弹簧的载荷变化量与变形变化量之比称为弹簧的刚度。

弹簧特性线呈直线的,其刚度为常数,称为定刚度弹簧;当特性线呈折线或曲线时,其刚度是变化的,称为变刚度弹簧。

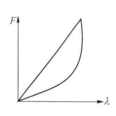
图 3-1-74 环形弹簧

2. 变形能

加载过程中弹簧所吸收的能量称为变形能。

加载与卸载特性线所包围的面积即代表消耗的能量 U_0,U_0 越大,说明弹簧的吸振能力越强。U_0 与 U 之比值称为阻尼系数。

3.1.5.4 弹簧的材料与制造

1. 圆柱螺旋弹簧的材料及许用应力

(1) 弹簧的材料

要求弹簧材料应具有高的弹性极限和疲劳极限,足够的韧性和塑性,良好的热处理性能。

常用的弹簧材料有:碳素弹簧钢(如 60、75、65Mn 等)、硅锰弹簧钢(如 60Si2MnA)、铬钒弹簧刚(如 50Cr-VA)、不锈钢(如 1Cr18Ni9)及青铜(如 QBe2)等。

(2) 弹簧的许用应用

弹簧材料的许用应力与弹簧的受载循环次数有关。

2. 圆柱螺旋弹簧的制造及端部结构

为了便于使用,弹簧的端部一般会根据需要做成各种各样的型式。圆柱螺旋弹簧的端部结构型式及代号可以查阅 GB1239.6—92。

螺旋弹簧的制造工艺包括:(1)卷制;(2)挂钩的制作或端面圈的精加工;(3)热处理;(4)工艺试验及强压或喷丸处理。

卷制分冷卷及热卷两种。冷卷用于经预先热处理后拉成的直径小于 8~10 mm 的弹簧丝,冷卷成弹簧后不再进行淬火处理,只进行回火处理以消除在卷制时产生的内应力;直径较大的弹簧丝制作的强力弹簧则用热卷法,热卷时的温度依据弹簧钢丝直径的大小在 800~1 000 ℃ 的范围内选择,卷制完成后需要在进行淬火和回火处理,热处理后的弹簧表面不应该出现显著的脱碳层。

对于重要的压缩弹簧,为了保证两端面的承压面与其轴线垂直,应将端面圈在磨床上磨平。

此外,弹簧还须进行工艺试验和根据弹簧的技术条件的规定进行精度、冲击、疲劳等试验,以检验弹簧是否符合技术要求。弹簧的持久强度和抗冲击强度取决于弹簧丝的表面状况(如光洁度、裂纹、伤痕等),表面脱碳会严重影响材料的性能。

为了提高承载能力,还可以在弹簧制成后进行强压处理或喷丸处理。强压处理是使弹簧在超过极限载荷的作用下持续 6~8 h,以便在弹簧丝表层产生高应力区,产生塑变和有益的与工作应力反向的残余应力,使弹簧在工作时的最大应力下降,从而提高弹簧的承载能力。强压处理后的弹簧不允许再进行热处理,也不宜在较高温度(150~450 ℃)、交变载荷及腐蚀介质中使用。

喷丸处理是在弹簧热处理后,用钢丸或砂子高速喷射弹簧表面,使其表面受到冷作硬化、产生有益的残余应力,改善弹簧表面质量、提高疲劳强度和冲击韧性的有效措施。实践证明:如果使用适当,弹簧经喷丸处理后,可提高疲劳强度达 50%。

3.1.5.5 圆柱螺旋压缩(拉伸)弹簧的设计计算

1. 几何参数计算

普通圆柱螺旋弹簧的主要几何参数有:外径 D、内径 D_1、中径 D_2、弹簧丝直径 d、节距 p、螺旋升角 α、自由高度(压缩弹簧)或长度(拉伸弹簧)H_0 等,如图 3-1-75 所示。

其中螺旋角

$$\alpha = \arctan \frac{p}{\pi D_2}$$

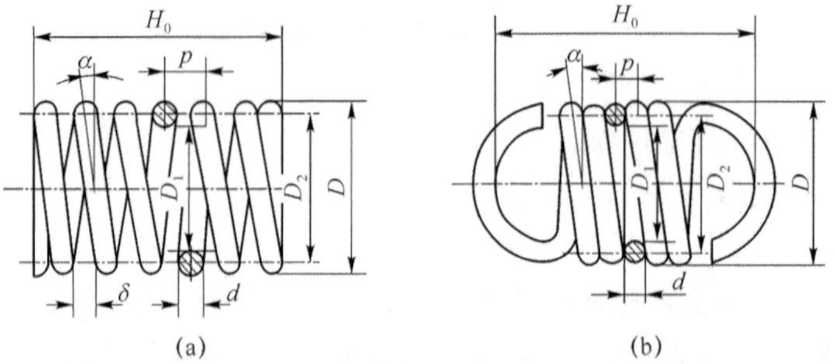

图 3-1-75 普通圆柱螺旋弹簧的主要几何参数

对圆柱螺旋压缩弹簧一般应取在 5°～9°范围之内。旋向可以是右旋,也可以是左旋,如果没有特殊要求一般都用右旋。

其结构尺寸的计算可以参照教材或有关设计手册和规范进行,必须遵循弹簧尺寸系列 GB/T1358—93。

2. 特性曲线

弹簧应具有经久不变的弹性,且不允许产生永久变形。因此在设计弹簧时,务必使其工作应力在弹性极限范围之内。这个范围内工作的弹簧,当承受轴向载荷 F 时,弹簧将产生相应的弹性变形。为了表示弹簧的载荷与变形的关系,取纵坐标表示弹簧承受的载荷,横坐标表示弹簧的变形,这种形成的表示载荷与变形关系的曲线称为特性曲线,它是设计和制造过程中检验或试验的重要依据。

等节距圆柱螺旋压缩(拉伸)弹簧,F 与 λ 呈线性变化,其特性曲线为一直线。压缩弹簧的特性曲线如图 3-1-76 所示。

图中 F_1 为最小工作载荷,它是弹簧安装时所预加的初始载荷。在 F_1 的作用下,弹簧产生最小变形 λ_1,其高度由自由高度 H_0 压缩到 H_1。F_2 为最大工作载荷,在 F_2 的作用下,弹簧变形增加到 λ_2,此时高度为 H_2。F_{lim} 是弹簧的极限工作载荷,在 F_{lim} 的作用下,弹簧变形增加到 λ_{lim},这时其高度为 H_{lim},弹簧丝的应力达到材料的屈服极限。令 $h=\lambda_2-\lambda_1$,h 称为弹簧的工作行程。

弹簧的最大工作载荷由工作条件所确定。

一般情况下,最小工作载荷可取 $F_1=(0.3\sim0.5)F_2$,而工作极限载荷 F_{lim} 可按极限工作应力 τ_{lim} 求出。τ_{lim} 不应超过材料的剪切屈服极限。为了使弹簧能在屈服极限内工作,通常取 $F_2 \leqslant F_{\text{lim}}$。

拉伸弹簧的特性曲线如图 3-1-77 所示。

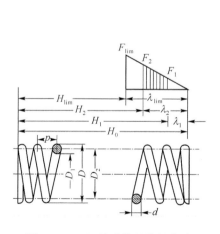

图 3-1-76 压缩弹簧的特性曲线

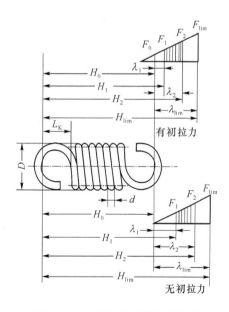

图 3-1-77 拉伸弹簧的特性曲线

由于卷绕方法不同,可以分为无初应力和有初应力两种情况。前者在卷绕时,弹簧仅并拢,弹簧没有初应力,其特性曲线与压缩弹簧的特性曲线类似。后者在卷绕时,边卷绕边使弹簧绕本身轴线产生扭转,各圈相互间即具有一定的压紧力,弹簧丝中也产生一定的初拉力。弹簧工作时,必须以载荷的一部分 F_0 克服弹簧圈之间的压紧力,弹簧才开始伸长。

3. 弹簧强度和刚度计算

在设计圆柱螺旋弹簧时,通常根据强度准则确定弹簧的直径 D 和弹簧丝的直径 d,根据刚度准则确定弹簧的工作圈数 n。由于圆柱螺旋压缩(拉伸)弹簧的工作载荷均沿弹簧的轴线作用,因此它们的应力和变形计算是相同的。下面就以螺旋圆柱压缩弹簧为例进行分析。

(1) 弹簧中的应力

如图 3-1-78 所示为圆柱螺旋压缩弹簧,其中径为 D_2。在通过其轴线的剖面上,直径为 d 的弹簧丝剖面是椭圆形的。由于螺旋升角很小($\alpha \leqslant 9°$),工程上可以近似地看作圆剖面。把弹簧的轴向载荷 F 移到这个剖面,剖面上作用有转矩 $T = FD_2/2$ 和剪切力 F。剪切力 F 所引起的剪切应力和转矩 T 所引起的最大剪切应力分别为

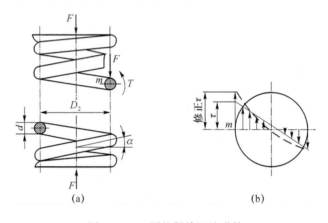

图 3-1-78 圆柱螺旋压缩弹簧

$$\tau_1 = \frac{4F}{\pi d^2} \qquad \tau_2 = \frac{T}{Z_p} = \frac{8FD_2}{\pi d^3}$$

所以,弹簧丝剖面上的最大剪切应力为

$$\tau = \frac{8FD_2}{\pi d^3}\left(1 + \frac{d}{2D_2}\right)$$

令

$$C = \frac{D_2}{2}$$

C 称为弹簧指数(又称为旋绕比),所以

$$\tau = \frac{8FD_2}{\pi d^2}\left(1 + \frac{0.5}{C}\right)$$

最大剪切应力发生在弹簧丝的内侧处,如图 3-1-78 所示。

如果考虑螺旋升角和弹簧丝曲率等的影响,可以对上式进行修正,可以得到比较精确的计算公式

$$\tau = K \frac{8FC}{\pi d^2}$$

式中:K 为应力修正系数(又称为曲度系数),其值为

$$K = \frac{4C-1}{4C-4} + \frac{0.615}{C}$$

(2) 强度条件

弹簧的强度条件为

$$\tau = K\frac{8FC}{\pi d^2} \leqslant [\tau]$$

式中:$[\tau]$为许用剪切应力,单位 MPa(GB/T1239.6—92);

F 为弹簧的最大工作载荷,单位 N;

d 为弹簧丝直径,单位 mm。

所以可以得到设计公式为

$$d \geqslant 1.6\sqrt{\frac{KFC}{[\tau]}}$$

在应用上式时,一般弹簧指数 $C \geqslant 4$,不同弹簧丝直径推荐使用的弹簧指数如表 3-1-11 所示。

表 3-1-11 圆柱螺旋弹簧指数推荐值

弹簧丝直径/mm	0.2～0.4	0.5～1	1.1～2.2	2.5～6	7～16	18～42
C	7～14	5～12	5～10	4～10	4～8	4～6

弹簧指数 C 是弹簧设计中重要参数。C 值太大,弹簧过软(刚度小),易颤动;C 值太小,弹簧过硬(刚度大),卷绕时簧丝弯曲剧烈。C 值范围为 4～16,常用值为 5～8,设计时可以根据簧丝直径从表中选取。

弹簧指数 C 和许用剪切应力 $[\tau]$ 均与簧丝直径 d 有关,所以必须通过试算才能选择合适的簧丝直径。

(3) 刚度条件

根据材料力学中的的有关公式求得圆柱螺旋压缩(拉伸)弹簧的轴向变形 λ 为

$$\lambda = \frac{8FC^3 n}{Gd}$$

式中:n 为弹簧的工作圈数;

G 为弹簧材料的剪切弹性模量,单位 MPa(钢 $G=8\times10^4$;铜 $G=4\times10^4$)。

弹簧刚度 k 是弹簧的主要参数之一,它表示弹簧单位变形所需要的力:

$$k = \frac{F}{\lambda} = \frac{Gd}{8C^3 n}$$

刚度越大,需要的力越大,弹簧的弹力也就越大。

从而可以得到弹簧圈数为

$$n = \frac{\lambda Gd}{8FC^3} = \frac{Gd}{8C^3 k}$$

对于拉伸弹簧总圈数大于 20 圈时,一般圆整为整圈数,小于 20 圈时可以圆整为 0.5 圈。对于压缩弹簧,总圈数的尾数宜取 0.25、0.5 或整数。有效圈数通常圆整为 0.5 的整倍数,并且大于 2 才能保证弹簧具有稳定的性能。若计算的 n 与 0.5 的倍数相差较大时,应在圆整后在计算弹簧的实际长度。

弹簧总圈数、有效圈数的关系可以根据 GB1239.6—92 确定。压缩弹簧可以根据已知条件首先选择标准弹簧(GB/T1358—1993 或有关手册),当无法选择时再自行设计。

(4) 弹簧的设计步骤

① 根据工作条件,选择弹簧材料,并查出其机械性能数据。

② 参照刚度要求,选择弹簧指数 C。根据结构尺寸的要求初定弹簧的中径,估取弹簧丝直径,查出许用应力。

③ 按强度条件确定所需弹簧丝直径。

④ 按刚度条件确定弹簧工作圈数。

⑤ 计算弹簧的其他尺寸。

⑥ 验算压缩弹簧的稳定性。

⑦ 绘制弹簧工作图。

3.2 课题二:轴

3.2.1 轴的分类及材料

3.2.1.1 轴的分类

1. 轴的功用

轴是组成机器的重要零件之一。轴的主要功用是支承旋转零件(例如齿轮、蜗轮等)、传递运动和动力。

2. 轴的分类

按轴承受的载荷不同,可将轴分为转轴,心轴和传动轴 3 种。

心轴工作时仅承受弯矩而不传递转矩,如自行车前轮轴、铁路机车的轮轴等,如图 3-2-1、图 3-2-2 所示。

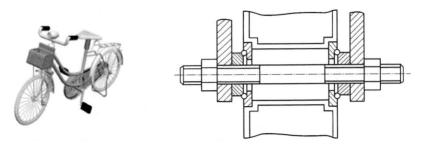

图 3-2-1 自行车前轮轴

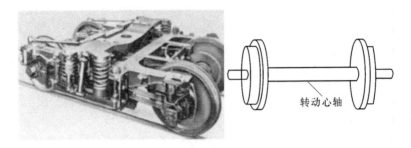

图 3-2-2 铁路机车的轮轴

转轴工作时既承受弯矩又承受转矩,如减速器中的轴,如图 3-2-3 所示。

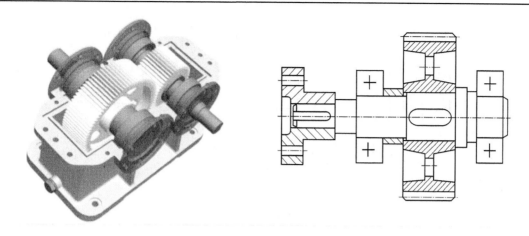

图 3-2-3 减速器轴

传动轴则只传递转矩而不承受弯矩,如汽车中联接变速箱与后桥之间的轴,如图 3-2-4 所示。

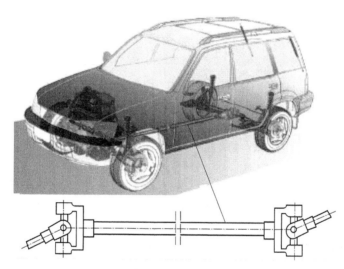

图 3-2-4 汽车中联接变速箱与后桥之间的轴

根据轴线的形状的不同,轴又可分为直轴、曲轴(见图 3-2-5)和挠性钢丝轴(见图 3-2-6)。曲轴和挠性钢丝轴属于专用零件。直轴按外形不同又可分为光轴和阶梯轴。光轴形状简单,应力集中少,易加工,但轴上零件不易装配和定位,常用于心轴和传动轴。阶梯轴各轴段截面的直径不同,这种设计使各轴段的强度相近,而且便于轴上零件的装拆和固定,因此阶梯轴在机器中的应用最为广泛。直轴一般都制成实心轴,但为了减少重量或为了满足有些机器结构上的需要,也可以采用空心轴。

3.2.1.2 轴的材料

轴的材料品种很多。设计时主要根据轴的强度、刚度、耐磨性等要求,同时考虑制造工艺等问题并力求经济合理,选择轴的材料及热处理方法。

轴的常用材料为碳素钢和合金钢。

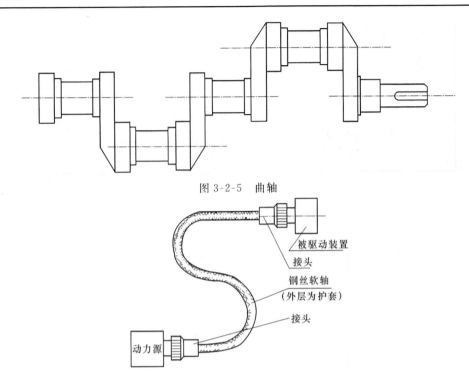

图 3-2-5 曲轴

图 3-2-6 挠性钢丝轴

碳素钢比合金钢成本低,对应力集中的敏感性较小,优质中碳钢经热处理后可得到较好的力学性能,所以得到广泛的应用。常用的有 35、45、50 钢,以 45 钢应用最普遍。为保证轴材料的力学性能,应对轴的材料进行调质或正火处理。对受力较小和不重要的轴也可采用 Q235A、Q275A 钢。

合金钢具有较高的力学性能和更好的淬透性,但价格较贵,可以在传递大功率、要求减轻轴的重量和提高轴颈耐磨性时采用,如 20Cr、40Cr 等。在一般工作温度下,合金钢和碳素钢具有相近的弹性模量,采用合金钢不能提高轴的刚度。

轴也可以采用合金铸铁或球墨铸铁制造,其毛坯是铸造成形的,所以易于得到更合理的形状。合金铸铁和球墨铸铁的吸振性高,可用热处理方法提高材料的耐磨性,材料对应力集中的敏感性也较低。但是铸造轴的质量不易控制,可靠性较差。

轴常用材料及其力学性能如表 3-2-1 所示。

表 3-2-1 轴常用材料及力学性能

材料	热处理	毛坯直径/mm	硬度/HBS	力学性能			应用说明
				抗拉强度极限 σ_b/MPa	屈服强度极限 σ_s/MPa	弯曲疲劳极限 σ_{-1}/MPa	
Q235A				440	240	200	用于不重要或载荷不大的轴
Q275A				580	280	230	
35	正火	≤100	143~187	520	270	250	
45	正火	≤100	170~217	600	300	275	用于较重要的轴,应用最广
	调质	≤200	217~255	650	360	300	

续表

材料	热处理	毛坯直径/mm	硬度/HBS	力学性能			应用说明
				抗拉强度极限 σ_b/MPa	屈服强度极限 σ_s/MPa	弯曲疲劳极限 σ_{-1}/MPa	
35SiMn	调质	≤100	229～286	750	550	350	用于比较重要的轴
40Cr	调质	≤100	241～286	750	550	350	用于载荷较大,无很大冲击的重要轴
40MnB	调质	25		1 000	800	485	性能接近40Cr
		≤200	241～286	750	500	335	
20Cr	渗碳、回火	15	表面 HRC	850	550	375	用于要求强度、韧性及耐磨性均较高的轴
		≤60		650	400	280	
QT600-3			197～269	600	370	215	用于铸造外形复杂的轴

3.2.2 传动轴的强度和刚度计算

3.2.2.1 传动轴的概念和实例

传动轴:用于传递转矩而不承受弯矩,或所承受弯矩很小的轴,如图3-2-7所示。

受力特点:传动轴承受作用面与杆件轴线垂直的力偶作用。

变形特点:传动轴各横截面绕轴线发生相对转动,且杆轴线始终保持直线。任意两横截面间相对转过的角度,称为相对扭转角,以 φ 表示。图3-2-8中,φ_{AB} 表示截面 B 相对于截面 A 的扭转角。

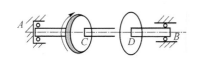

图 3-2-7 传动轴

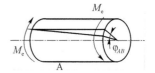

图 3-2-8 受力及变形

3.2.2.2 扭矩与扭矩图

1. 外力偶矩的计算

在工程实例中,作用在轴上的外力偶的大小常常不直接给出,而是给定轴所传递的功率和轴的转速。可利用功率、转速和外力偶矩之间的关系,求出作用在轴上的外力偶矩。其关系为

$$M_e = 9\ 550 \frac{P}{n} \tag{3-2-1}$$

式中,M_e 为外力偶矩,单位是 N·m;

P 为轴传递的功率,单位是 kW;

n 为轴的转速,单位是 r/min。

注意:主动轮的输入功率所产生的力偶矩转向与轴的转向相同;从动轮的输出功率所产生的力偶矩转向与轴的转向相反。

2. 扭矩和扭矩图

（1）内力的大小计算：采用截面法

假想用截面将传动轴截开，并取左段研究，为保持平衡，该截面上必定有内力偶作用。其力偶矩称为扭矩，用 M_T 或 T 表示，如图3-2-9所示。

由平衡方程式得：$M_T = M$ 或 $T = M$

（2）内力的方向：采用右手螺旋法则

如果用右手四指表示扭转的转向，则拇指的指向离开截面时规定扭矩为正；若拇指指向截面时，则扭矩为负。如图3-2-10所示。

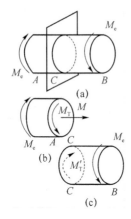

图 3-2-9 截面上的扭矩

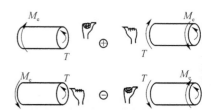

图 3-2-10 右手螺旋法则

注意：当轴上同时有几个外力偶矩作用时，一般而言，各段截面上的扭矩是不同的，必须分段求出，其一般步骤为："假截留半，内力代换，内外平衡"。也可用简捷方法计算而无须画出分离体受力图。其方法为：受扭转杆件某截面上的扭矩等于截面任意侧外力矩的代数和。外力偶矩的正负号仍可用右手螺旋法则：以右手四指表示外力偶矩转向，拇指指向与截面外发线方向相反时取正值，相同时取负值。

（3）扭矩图

为直观地表示沿轴线各截面上扭矩的变化规律，取平行于轴线的横坐标表示横截面的位置，用纵坐标表示扭矩的代数值，画出各截面扭矩的变化图，称为扭矩图。

【例3-2-1】 传动轴如图3-2-11所示，已知转速 $n = 300$ r/min，主动轮 A 输入功率 $P_A = 400$ kW，3个从动轮输出的功率分别为：$P_B = P_C = 120$ kW，$P_D = 160$ kW，试作轴的扭矩图。

解：（1）计算外力偶矩

由 $M = 9.55 P_A / n$

故有：

$M_A = 9.55 \times 400/300$
$= 12.73$ kN·m

$M_B = M_C = 9.55 \times 120/300$
$= 3.82$ kN·m

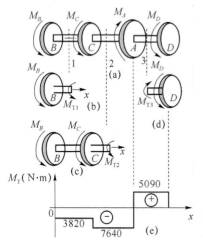

图 3-2-11 例 3-2-1 图

$$M_D = 9.55 \times 160/300$$
$$= 5.09 \text{ kN} \cdot \text{m}$$

(2) 用截面法求截面扭矩

BC 段：沿截面 1-1 将轴截开，取左段为研究对象，沿正向假设截面扭矩为 M_{T1}。由平衡方程可知有

$$M_x = M_{T1} + M_B = 0$$

得到
$$M_{T1} = M_B = 3.82 \text{ kN} \cdot \text{m}$$

CA 段：截取研究对象如图 3-2-11(c)所示，由平衡方程可知截面扭矩 M_{T2} 为

$$M_x = M_{T2} + M_B + M_C = 0$$

得到
$$M_{T2} = -(M_B + M_C) = 7.64 \text{ kN} \cdot \text{m}$$

AD 段：沿 3-3 截面截开后取右段为研究对象，如图 3-2-11(d)所示。有平衡方程

$$M_x = M_{T3} - M_D = 0$$

得到
$$M_{T3} = M_D = 5.09 \text{ kN} \cdot \text{m}$$

应当指出，在求以上各截面的扭矩时，采用了"设正法"，即截面扭矩按正向假设；若所得结果为负，则表示该扭矩的实际方向与假设的方向相反。本题计算结果表明 BC 段及 CA 段扭矩为负，AD 段扭矩为正。

(3) 作扭矩图

注意到轴各段内的扭矩均相同，则由上述结果不难作出扭矩图。

可见，该轴的最大扭矩 $|M_T|_{max} = 7.64 \text{ kN} \cdot \text{m}$，作用在 CA 段上。

3.2.2.3 圆轴扭转时的应力与强度计算

如图 3-2-12 所示，圆轴未受扭转时，在表面上用圆周线和纵向线画成方格。扭转后，在小变形条件下，两圆周截面发生相对转动，造成方格相对错动，但方格沿轴线的长度及圆筒的半径长度均不变。这表明，圆筒横截面和包含轴线的纵向截面上都没有正应力，横截面上只有切应力，这种情况称为纯剪切。

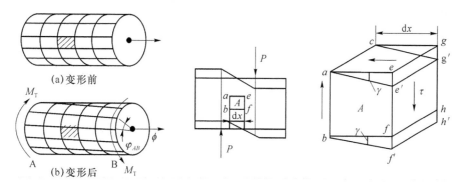

图 3-2-12 扭转变形现象

为分析剪切变形，在构件的受剪部位，绕 A 点取一直角六面体，并把该六面体放大，其左右侧面上有切应力 τ 组成的力偶。因单元体是平衡的，故上、下侧面上必定存在方向相反的切应力 τ' 组成的力偶与上述力偶相平衡。

构件发生剪切变形时，直角六面体的两个侧面 abcd 和 efgh 将发生相对错动，使直角六面体变为平行六面体，图中线段 ee' 或 ff' 为相对滑移量，称为绝对剪切变形。而矩形直角的微

小改变量 γ 称为切应变,即相对剪切变形,$\gamma \approx \tan \gamma = ee'/ae = ff'/bf'$。

(1) 切应力互等定理

单元体互相垂直的两个平面上的切应力必然成对存在,且大小相等,方向都垂直指向或背离两平面的交线。

(2) 剪切虎克定律

当切应力不超过材料的剪切比例极限 τ_p 时,切应力 τ 与切应变 γ 成正比,这就是材料的剪切虎克定律,即

$$\tau = G\gamma \tag{3-2-2}$$

式中:G——材料的切变模量,单位是 GPa,其数值可由实验测定。

材料的切变模量 G、弹性模量 E 和泊松比 ν 三个弹性常数之间存在下列关系

$$G = \frac{F}{2(1+\nu)} \tag{3-2-3}$$

1. 圆轴扭转时横截面上的应力

(1) 变形的几何关系

取一左端固定的易变形的圆形截面直杆,在此圆轴的表面各画两条相平行的圆周线和纵向线,如图 3-2-13 所示。

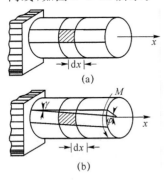

图 3-2-13

在轴的右端施加一个力偶矩 M 使其产生扭转变形,可观察到如下现象:

① 圆周线的形状和大小不变,相邻两圆周线的间距保持不变,仅绕轴线作相对转动。

② 纵向线均倾斜了一角度。

依上述现象,可作出如下推断:圆轴扭转变形后,横截面仍保持为平面,且其形状大小不变,横截面上的半径仍保持为直线,即横截面刚性地绕轴线作相对转动,这就是平面截面假设。当然,不同的横截面转动的角度是不同的,所以截面间发生了相对错动,这表明,横截面不存在正应力而仅有垂直于半径方向的切应力。

圆轴表面的纵向直线的倾斜角即为其切应变,为了弄清横截面上各点切应变的分布规律及其与圆轴表面的切应变的关系,从圆轴中取出长为 dx 的微段来研究,如图 3-2-14 所示。

设截面 2-2 相对于截面 1-1 转过了一个角度 $d\varphi$,微段表面上的纵向线 KA 由于扭转而倾斜到 KA',表面的切应变为 γ。

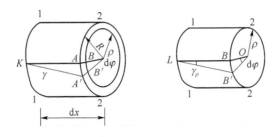

图 3-2-14

为了研究距圆心为 ρ 的里层圆柱面上的切应变 γ_ρ,设想将半径为 ρ 的圆柱体取出,其圆柱面上的纵向线 LB 由于扭转倾斜到 LB',γ_ρ 为其切应变,可得

$$\gamma \approx \tan \gamma = \frac{AA'}{KA} = \frac{R\mathrm{d}\varphi}{\mathrm{d}x} \tag{3-2-4}$$

$$\gamma_\rho \approx \tan \gamma_\rho = \frac{BB'}{LB} = \rho \frac{\mathrm{d}\varphi}{\mathrm{d}x} \tag{3-2-5}$$

由图 3-2-14 可知 $\mathrm{d}\varphi/\mathrm{d}x = \gamma/R$，所以在同一横截面上 $\mathrm{d}\varphi/\mathrm{d}x$ 是一个常数，因此各点的切应变 γ 与该点到圆心的距离 ρ 成正比。

（2）应力应变关系

切应力与切应变之间存在一定的关系，这是剪切胡克定律：$\tau = G\gamma$。

由此可得圆轴扭转时横截面上各点的切应力为

$$\tau_\rho = G\gamma_\rho = G\rho \frac{\mathrm{d}\varphi}{\mathrm{d}x} \tag{3-2-6}$$

这是横截面上切应力的变化规律，显然，各点的切应力与该点到圆心的距离 ρ 成正比，即轴线处的切应力为零，圆轴外表面切应力最大。

（3）静力学关系

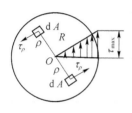

图 3-2-15

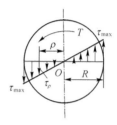

图 3-2-16

为计算切应力的数值，必须从静力学方面来考虑，建立切应力与扭矩 T 之间的关系。设 $\mathrm{d}A$ 为距截面中心 ρ 处的微面积，如图 3-2-15 所示，圆轴横截面上的扭矩 T 应由横截面上无数微剪力对轴线的力矩所组成，即

$$T = \int \rho \tau_\rho \mathrm{d}A \tag{3-2-7}$$

上式表明了切应力与扭矩的关系。

将

$$\tau_\rho = G\gamma_\rho = G\rho \frac{\mathrm{d}\varphi}{\mathrm{d}x} \tag{3-2-8}$$

代入上式得

$$T = \int G\rho^2 \frac{\mathrm{d}\varphi}{\mathrm{d}x} \mathrm{d}A = G \frac{\mathrm{d}\varphi}{\mathrm{d}x} \int \rho^2 \mathrm{d}A \tag{3-2-9}$$

式中的积分 $\int \rho^2 \mathrm{d}A$ 只与圆轴的横截面尺寸有关，称为横截面的极惯性矩，以 I_P 表示，单位是 m^4，即

$$I_P = \int \rho^2 \mathrm{d}A \tag{3-2-10}$$

于是上式可写为

$$T = GI_P \frac{\mathrm{d}\varphi}{\mathrm{d}x} \tag{3-2-11}$$

将上式代入 $\tau_\rho = G\gamma_\rho = G\rho\dfrac{\mathrm{d}\varphi}{\mathrm{d}x}$，得

$$\tau_\rho = \frac{T\rho}{I_P} \tag{3-2-12}$$

这就是等直圆轴扭转时横截面上任意点处切应力的计算公式，显然，当 $\rho = R$ 时，切应力达到最大值（见图 3-2-16）

$$\tau_{\max} = \frac{TR}{I_P} \tag{3-2-13}$$

若设

则

$$W_P = \frac{I_P}{R} \tag{3-2-14}$$

$$\tau_{\max} = \frac{T}{W_P} \tag{3-2-15}$$

式中：W_P——抗扭截面系数，单位为 m^3。

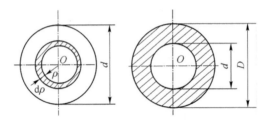

图 3-2-17

为计算圆轴的极惯性矩，可在横截面上距圆心为 ρ 处取一宽为 $\mathrm{d}\rho$ 的圆环形微面积 $\mathrm{d}A$，如图 3-2-17 所示，将 $\mathrm{d}A = 2\pi\rho\mathrm{d}\rho$ 代入 $I_P = \int \rho^2 \mathrm{d}A$，得到

$$I_P = \int \rho^2 \mathrm{d}A = 2\pi \int_0^{\frac{d}{2}} \rho^3 \mathrm{d}\rho = \frac{\pi d^4}{32} \tag{3-2-16}$$

抗扭截面系数 $W_P = I_P/R$ 成为

$$W_P = \frac{I_P}{R} = \frac{\pi d^3}{16} \tag{3-2-17}$$

对于内外径比为 $d/D = \alpha$ 的空心圆截面，其极惯性矩和抗扭截面系数分别为

$$I_P = \frac{\pi D^4}{32}(1-\alpha^4) \tag{3-2-18}$$

$$W_P = \frac{\pi D^3}{16}(1-\alpha^4) \tag{3-2-19}$$

2. 圆轴扭转时的强度计算

(1) 强度条件

圆轴扭转时横截面上的最大切应力发生在距截面中心最远处，为了保证圆轴扭转时具有足够的强度，必须使轴内横截面上的最大切应力不超过轴的许用切应力，故其强度条件为

$$\tau_{\max} = \frac{T}{W_P} \leqslant [\tau] \tag{3-2-20}$$

(2) 举例

【例 3-2-2】 一阶梯圆轴如图 3-2-18(a)所示,轴上受到外力偶矩 $M_1=6$ kN·m,$M_2=4$ kN·m,$M_3=2$ kN·m,轴材料的许用切应力$[\tau]=60$ MPa,试校核此轴的强度。

解：

（1）绘制扭矩图如图 3-2-18(b)所示。

（2）校核 AB 段的强度。

$$\tau_{max}=\frac{6\ 000}{\dfrac{\pi\times 0.12^3}{16}}=17.69\ \text{MPa}<[\tau]$$

则强度足够。

（3）校核 BC 段的强度。

$$\tau_{max}=\frac{2\ 000}{\dfrac{\pi\times 0.08^3}{16}}=19.90\ \text{MPa}<[\tau]$$

则强度足够。

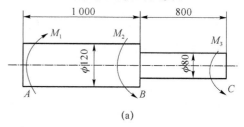
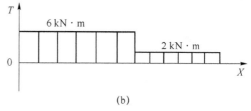

图 3-2-18　例 3-2-2 图

【例 3-2-3】 某机器传动轴由 45 号钢制成,已知材料的$[\tau]=60$ MPa,轴传递的功率 $P=16$ kW,转速 $n=100$ r/min,试确定其直径。

解：（1）计算外力偶矩和扭矩。

$$T=M_e=9\ 549\frac{P}{n}=9\ 549\times\frac{16}{100}=1\ 527\ \text{N·m}$$

（2）计算轴的直径

$$\tau_{max}=\frac{T}{\dfrac{\pi d^3}{16}}\leqslant[\tau]$$

$$d\geqslant\sqrt[3]{\frac{16T}{\pi[\tau]}}=\sqrt[3]{\frac{16\times 1\ 527\times 10^3}{3.14\times 60}}=50.26\ \text{mm}$$

【例 3-2-4】 如图 3-2-19 所示的联轴器中,轴材料的许用切应力$[\tau]=40$ MPa,轴的直径 $d=30$ mm。套筒材料的许用切应力$[\tau]=20$ MPa,套筒外径 $D=40$ mm。试求此装置的许可载荷。

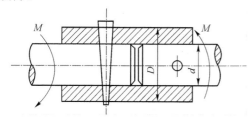

图 3-2-19　例 3-2-4 图

解：（1）按轴的扭转强度求许可载荷。

$$W_p=\frac{\pi D^3}{16}(1-\alpha)^4=\frac{\pi\times 40^3}{16}$$
$$=5\ 298.75\ \text{mm}^3$$

$$\tau=\frac{T}{W_p}\leqslant[\tau]\quad T\leqslant W_p[\tau]$$

$$M_{max}=T_{max}=W_p[\tau]=5\ 298.75\times 40$$
$$=211\ 950\ \text{N·mm}=211.95\ \text{N·m}$$

（2）按套筒的扭转强度求许可载荷。

$$W_p=\frac{\pi D^3}{16}(1-\alpha)^4=\frac{\pi\times 40^3}{16}\times\left[1-\left(\frac{30}{40}\right)^4\right]=3\ 622.2\ \text{mm}^2$$

$$\tau=\frac{T}{W_p}\leqslant[\tau]\quad T\leqslant W_p[\tau]$$

$$M_{max}=T_{max}=W_p[\tau]=72\ 443.4\ \text{N·mm}=72.44\ \text{N·m}$$

取两者之中的较小值,此装置的许可扭矩为 72.44 N·m。

3.2.2.4 圆轴扭转时的变形与刚度计算

圆轴扭转时,两横截面相对转过的角度称为这两截面的相对扭转角,简称扭转角。
由公式可得相距 dx 的两横截面间的相对扭转角为

$$d\varphi = \frac{T}{GI_p}dx \tag{3-2-21}$$

对长为 l 的一段轴,则其两端横截面间相对扭转角为

$$\varphi = \int d\varphi = \int \frac{Tl}{GI_p} \tag{3-2-22}$$

若在圆轴的 l 长度内,T、G、I_p 均为常数,则圆轴两端截面的相对扭转角为

$$d\varphi = \frac{T}{GI_p}dx \tag{3-2-23}$$

式中的 GI_p 称为圆轴的抗扭刚度,它反映了圆轴抵抗扭转变形的能力。抗扭刚度 GI_p 愈大,相对扭转角愈小。材料的力学性能和横截面的尺寸决定抗扭刚度的大小。

工程上多数传动轴,有时即便满足了强度条件,也不一定确保正常工作。当轴受扭转时若产生过大的变形,会影响机器的精度,或者在运转过程中因为变形过大而发生剧烈的扭转振动,这要求转轴除了具有足够的强度外,还应有足够的刚度。机械中通常限制轴的单位长度扭转角 θ,使之不超过规定的允许值 $[\theta]$。

由公式可得单位长度扭转角 θ 为

$$\theta = \frac{\varphi}{l} = \frac{T}{GI_p} \tag{3-2-24}$$

于是圆轴扭转时的刚度条件为

$$\theta = \frac{\varphi}{l} = \frac{T}{GI_p} \leqslant [\theta] \tag{3-2-25}$$

工程中,$[\theta]$ 的单位通常采用度/米,由于 1 rad=180°/π,故上式刚度条件可写成

$$\theta = \frac{T}{GI_p} \cdot \frac{180}{\pi} \leqslant [\theta] \tag{3-2-26}$$

2. 举例

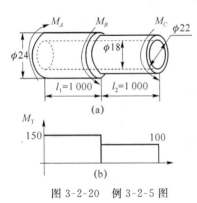

图 3-2-20 例 3-2-5 图

【例 3-2-5】 空心圆轴如图 3-2-20(a)所示,在 A、B、C 三处受外力偶作用。已知 $M_A=150$ N·m,$M_B=50$ N·m,$M_C=100$ N·m,材料 $G=80$ GPa,试求:

(1) 轴内的最大剪应力 τ_{max};

(2) C 截面相对 A 截面的扭转角 φ_{AC}。

解:(1) 作扭矩图如图 3-2-20(b)所示。

(2) 计算各段剪应力。

虽然 AB 段扭矩较大,但 BC 段横截面较小,故应分别计算出各段的最大剪应力,再加以比较。由(3-2-20)式有

AB 段：

$$\tau_{\max 1}=\frac{M_{\mathrm{T1}}}{W_{\mathrm{T1}}}=\frac{M_{\mathrm{T1}}}{\frac{\pi D_1^3}{16}\left[1-\left(\frac{d_1}{D_1}\right)^4\right]}=\frac{150\times10^3}{\frac{\pi\times24^3}{16}\left[1-\left(\frac{18}{24}\right)^4\right]}\mathrm{MPa}=80.8\ \mathrm{MPa}$$

BC 段：

$$\tau_{\max 2}=\frac{M_{\mathrm{T2}}}{W_{\mathrm{T2}}}=\frac{M_{\mathrm{T2}}}{\frac{\pi D_2^3}{16}\left[1-\left(\frac{d_2}{D_2}\right)^4\right]}=\frac{100\times10^3}{\frac{\pi\times22^3}{16}\left[1-\left(\frac{18}{22}\right)^4\right]}\mathrm{MPa}=86.7\ \mathrm{MPa}$$

可见，此轴最大剪应力出现在 BC 段。注意，这里用的是 N-mm-MPa 单位系。

（3）计算变形。

当扭矩、材料、截面几何改变时应分段计算各段的变形。这里，分别考虑 AB、BC 段的扭转变形。C 截面相对于 A 截面的扭转角 φ_{AC}，等于 B 截面相对于 A 截面的扭转角 φ_{AB} 与 C 截面相对于 B 截面的扭转角 φ_{BC} 的代数和。扭转角的转向是由各段扭矩的转向决定的，所以扭转角的正负由扭矩的正负确定。本例中 AB 段和 BC 段的扭矩均为正值，所以 φ_{AB}、φ_{BC} 亦为正值。于是有：

$$\varphi_{AB}=\frac{M_{\mathrm{T1}}l_1}{GI_{\mathrm{p1}}}=\frac{M_{\mathrm{T1}}l_1}{G\frac{\pi D_1^4}{32}\left[1-\left(\frac{d_1}{D_1}\right)^4\right]}=\frac{150\times10^3}{80\times10^3\frac{\pi\times24^4}{32}\left[1-\left(\frac{18}{24}\right)^4\right]}=0.084\ 2\ \mathrm{rad}$$

$$\varphi_{BC}=\frac{M_{\mathrm{T2}}l_2}{GI_{\mathrm{p2}}}=\frac{M_{\mathrm{T2}}l_2}{G\frac{\pi D_2^4}{32}\left[1-\left(\frac{d_2}{D_2}\right)^4\right]}=\frac{100\times10^3}{80\times10^3\frac{\pi\times22^4}{32}\left[1-\left(\frac{18}{22}\right)^4\right]}=0.098\ 5\ \mathrm{rad}$$

$$\varphi_{AC}=\varphi_{AB}+\varphi_{BC}=0.183\ \mathrm{rad}$$

【例 3-2-6】 若例 3-2-1 中的传动轴为钢制实心圆轴，其许用剪应力 $[\tau]=30$ MPa，剪切弹性模量 $G=80$ GPa，许用扭转角 $[\theta]=0.3°/\mathrm{m}$。试设计轴的直径。

解：注意到轴为等直径圆轴，最大剪应力在扭矩最大的 CA 段且 $M_{\mathrm{T}}=7\ 640$ N·m，故只需校核此段的强度与刚度即可。

由强度条件有

$$\tau_{\max}=\frac{|M_{\mathrm{T}}|_{\max}}{W_{\mathrm{T}}}=\frac{|M_{\mathrm{T}}|_{\max}}{\pi d^3/16}\leqslant[\tau]$$

得到

$$d\geqslant\sqrt[3]{\frac{16\ |M_{\mathrm{T}}|_{\max}}{\pi[\tau]}}=\sqrt[3]{\frac{16\times7\ 640}{\pi\times30\times10^6}}=0.109\ \mathrm{m}=109\ \mathrm{mm}$$

由刚度条件有

$$\theta_{\max}=\frac{|M_{\mathrm{T}}|_{\max}}{GI_{\mathrm{p}}}\cdot\frac{180°}{\pi}=\frac{|M_{\mathrm{T}}|_{\max}}{G\pi d^4/32}\cdot\frac{180°}{\pi}\leqslant[\theta]$$

得到

$$d\geqslant\sqrt[4]{\frac{32\ |M_{\mathrm{T}}|_{\max}\times180}{G\pi^2[\theta]}}=\sqrt[4]{\frac{32\times7\ 640\times180}{80\times10^9\times\pi^2\times0.3}}=0.117\ \mathrm{m}=117\ \mathrm{mm}$$

可见，按强度设计要求 $d\geqslant109$ mm，按刚度设计要求 $d\geqslant117$ mm。为保证所设计的轴既满足强度条件，又满足刚度条件，应选用其中较大者，即应有

$$d\geqslant\max\{109\ \mathrm{mm},117\ \mathrm{mm}\}=117\ \mathrm{mm}$$

设计时可取 $d=120$ mm。

讨论：若取 $\alpha=0.5$，试设计空心圆轴的直径 D。

按强度设计,有

$$\tau_{\max} = \frac{|M_T|_{\max}}{W_T} = \frac{|M_T|_{\max}}{\pi D^3(1-\alpha^4)/16} \leqslant [\tau]$$

得到

$$D \geqslant \sqrt[3]{\frac{16|M_T|_{\max}}{\pi(1-\alpha^4)[\tau]}} = \sqrt[3]{\frac{16 \times 7\,640}{\pi \times 0.937\,5 \times 30 \times 10^6}} = 0.112 \text{ m} = 112 \text{ mm}$$

由刚度条件有

$$\theta_{\max} = \frac{|M_T|_{\max}}{GI_p} \cdot \frac{180°}{\pi} = \frac{|M_T|_{\max}}{G\pi D^4(1-\alpha^4)/32} \cdot \frac{180°}{\pi} \leqslant [\theta]$$

得到

$$D \geqslant \sqrt[4]{\frac{32|M_T|_{\max} \times 180}{G\pi^2(1-\alpha^4)[\theta]}} = \sqrt[4]{\frac{32 \times 7\,640 \times 180}{80 \times 10^9 \times \pi^2 \times 0.937\,5 \times 0.3}} = 0.119 \text{ m} = 119 \text{ mm}$$

由上述结果知,按实心圆轴设计,需 $d \geqslant 117$ mm;按 $\alpha = 0.5$ 设计空心圆轴设计,要求 $D \geqslant 119$ mm。二者的重量比为

$$\frac{空心轴}{实心轴} = \frac{[\pi D^2/4 - \pi(\alpha D)^2/4]L\gamma}{(\pi d^2/4)L\gamma} = \frac{D^2}{d^2}(1-\alpha^2) = 0.76$$

可见,设计成空心圆轴,可减轻重量。α 越大,意味着材料离轴线越远,可承受的应力越大,发挥的作用越大,因此减轻的重量越多。但是应注意,孔的加工,尤其是长轴中孔的加工,将增加制造成本。

3.2.3 心轴的强度计算

工程实际中,存在大量的受弯曲杆件,如火车轮轴,传动心轴等,心轴的受力特点是在轴线平面内受到力偶矩或垂直于轴线方向的外力的作用(见图 3-2-21)。

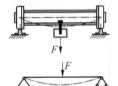

图 3-2-21

心轴上的荷载和支承情况一般比较复杂,为便与分析和计算,在保证足够精度的前提下,需要对心轴进行力学简化。

3.2.3.1 荷载分类

作用在心轴上的载荷通常可以简化为以下 3 种类型。

(1) 集中荷载。当载荷的作用范围和梁的长度相比较很小时,可以简化为作用于一点的力,称为集中荷载或集中力。如车刀所受的切削力便可视为集中力 P,其单位为牛(N)或千牛(kN)。

(2) 集中力偶。当心轴的某一小段内(其长度远远小于心轴的长度)受到力偶的作用,可简化为作用在某一截面上的力偶,称为集中力偶。它的单位为牛·米(N·m)或千牛·米(kN·m)。

(3) 分布载荷。心轴的全长或部分长度上连续分布的载荷。如心轴的自重,水坝受水的侧向压力等,均可视为分布载荷。分布载荷的大小用载荷集度 q 表示,其单位为牛/米(N/m)或千牛/米(kN/m)。沿心轴的长度均匀分布的载荷,称为均布载荷,其均布集度 q 为常数。

3.2.3.2 心轴横载面上的内力——剪力与弯矩

如图 3-2-22 所示,梁 AB 上作用有外力 P_1、P_2,支座反力 R_A、R_B 可由平衡条件求得,现计算任意截面 m-m 上的内力,使用截面法,假设一平面在 m-m 处把梁截断,C 为截面形心,考虑左侧平衡,m-m 截面处必有与截面平行方向的力 Q_m 与 P_1、R_A 平衡。P_1、R_A 对 m-m 截面的

力矩代数和一般不为零,为了与该力矩代数和平衡,m-m 截面处必有力偶矩 M_m。所以 m-m 截面上的内力有与截面平行的力 Q_m,称为剪力,以及力偶矩 M_m,称为弯矩。

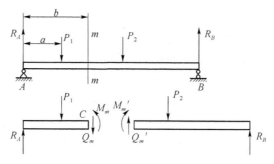

图 3-2-22

根据左段梁的平衡方程

$$\sum F_y = 0: R_A - P_1 - Q_m = 0$$

$$\sum M_C(F) = 0: M_m + P_1(b-a) - R_A b = 0$$

得

$$Q_m = R_A - P_1$$
$$M_m = R_A b - P_1(b-a)$$

在计算内力时,为了使考虑左段梁平衡与考虑右段梁平衡的结果一致,对剪力和弯矩的正负号作以下规定。

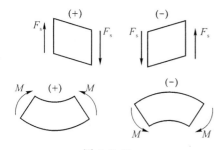

图 3-2-23

1. 剪力

使截面绕其内侧任意点有顺时旋转趋势的剪力为正;反之为负。

2. 弯矩

使受弯杆件下侧纤维受拉为正;使受弯杆件上侧纤维受拉为负;或者使受弯杆件向下凸时为正,反之为负。

以上规定可以概括为:外力左上右下,剪力为正;外力矩左顺右逆或外力向上弯矩为正。如图 3-2-23 所示。

3. 举例

【例 3-2-7】 如图 3-2-24 所示简支梁,求 C、D 截面的弯曲内力。

解:(1) 求 A、B 支座反力

$$\sum M_A(F) = 0: 4R_B + 4 - 10 \times 2 - 10 \times 1 = 0$$

得:$R_B = 6.5$ kN

$$\sum F_y = 0: R_A + R_B - 10 - 10 = 0$$

得:$R_A = 13.5$ kN

(2) 计算截面 C 处的剪力和弯矩:取右段为研究对象

$$\sum F_y = 0: Q_C + R_B = 0$$

得:$Q_C = R_B = -6.5$ kN

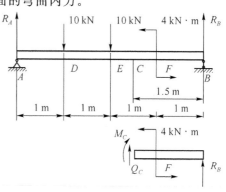

图 3-2-24 例 3-2-7 图

$$\sum M_C(F) = 0: -M_C + 4 + 1.5R_B = 0$$

得:$M_C = 13.75 \text{ kN} \cdot \text{m}$

(3) 计算截面 D 处的剪力和弯矩

截面 D 作用有集中力,剪力在此有突变,用 D_+ 表示截面右侧,离面 D 无限近的截面;D_- 表示在截面 D 左侧,离截面 D 无限近的截面,分别计算 D_+ 和 D_- 处的剪力

$$D_+ = R_A - 10 = 13.5 - 10 = 3.5 \text{ kN}$$
$$D_- = R_A = 13.5 \text{ kN}$$
$$M_D = R_A \times 1 = 13.5 \text{ kN} \cdot \text{m}$$

3.2.3.3 剪力图与弯矩图

1. 剪力方程和弯矩方程

一般情况下,梁上不同截面的剪力和弯矩是不同的,即剪力和弯矩沿梁的轴线而变化。为了描述剪力与弯矩沿梁轴线变化的情况,沿梁轴线选取坐标 x 表示梁截面位置,则剪力和弯矩是 x 的函数,函数的解析表达式为

$$Q = Q(x) \quad \text{剪力方程} \tag{3-2-27}$$

$$M = M(x) \quad \text{弯矩方程} \tag{3-2-28}$$

2. 剪力图和弯矩图

以梁轴线为横坐标,分别以剪力值和弯矩值为纵坐标,按适当的比例作出剪力和弯矩沿轴线的变化曲线,称为剪力图和弯矩图。掌握剪力和弯矩沿梁轴线变化的情况是解决梁的强度和刚度问题的前提。因此,建立剪力方程和弯矩方程,作梁的剪力图和弯矩图是分析梁弯曲问题的重要基础。

【例 3-2-8】 如图 3-2-25 所示,简支梁 AB 受载荷集度为 q 的均布载荷作用,试作梁 AB 的剪力图和弯矩图。

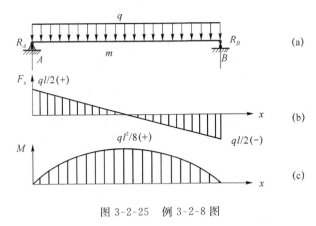

图 3-2-25 例 3-2-8 图

解:(1) 求支座反力

$$\sum M_B(F) = 0$$
$$-R_A l + q l^2/2 = 0$$

得
$$R_A = R_B = q l / 2$$

(2) 求剪力方程和弯矩方程

$$\sum F_y = 0: R_A - qx - Q(x) = 0$$

得：$Q(x) = ql/2 - qx$

$$\sum M(F) = 0: -R_A x + qx^2/2 + M(x) = 0$$

得：$M(x) = qlx/2 - qx^2/2$

（3）作剪力图和弯矩图

剪力方程是 x 的一次函数，剪力图是一条斜直线，两点确定一条直线。当 $x=0$ 时，$Q(0) = ql/2$；当 $x=l$ 时，$Q(l) = -ql/2$。

弯矩方程是 x 的二次函数。弯矩图是一抛物线，确定抛物线需 3 个点，当 $x=0$ 时，$M(0)=0$；当 $x=l$ 时，$M(l)=0$；确定抛物线的极值点，求 $M(x)$ 导数

$$M'(x) = ql/2 - qx$$

令 $M'(x) = 0 \rightarrow x = l/2$

所以 $M_{max} = ql^2/8$

3. 利用剪力、弯矩与载荷集度的微分关系作剪力图和弯矩图

利用梁的剪力、弯矩与载荷集度的微分关系，可快捷地绘制梁的剪力图和弯矩图。梁的载荷与剪力、弯矩存在以下关系：

（1）如果某段梁上无均布载荷作用，即 $q=0$，则剪力 Q 为常量，说明这段梁上的剪力图是一水平直线；而弯矩 M 为坐标 x 的一次函数，说明这段梁上的弯矩图是一倾斜直线。若对应的 $Q>0$ 时，则弯矩图从左到右向上倾斜（斜率为正），当 $Q<0$ 时，则弯矩图从左到右向下倾斜（斜率为负）。

（2）如果某段梁上有均布载荷作用，即 q 为常数，则剪力 Q 为坐标 x 的一次函数，说明剪力图在这段梁上为一倾斜直线；而弯矩 M 为坐标 x 的二次函数，说明弯矩图在这段梁上为一抛物线。当 $q>0$（与所建立的 y 坐标正向一致时）时，剪力图从左到右向上倾斜（斜率为正），弯矩图为开口向下的二次抛物线；$q<0$（向下）时，剪力图从左到右向下倾斜（斜率为负），弯矩图为开口向上的二次抛物线。

（3）在集中力作用截面处，剪力图发生突变，突变的大小等于集中力的大小。弯矩图会发生转折，转折的方向和集中力的方向一致。

（4）在集中力偶作用处，剪力图无变化。弯矩图将发生突变，突变的大小等于集中力偶矩的大小；突变的方向，从左向右来看如果外力偶矩为逆时针，弯矩由上向下突变。

（5）若在梁的某一截面上，若剪力在该点的值为零（即剪力 $Q=0$），则在该截面处弯矩存在极值。

依据以上分析，不必列出梁的剪力与弯矩方程即可简捷地画出梁的剪力与弯矩图。其基本步骤可归纳如下：

（1）确定控制点。梁的支承点、集中力与集中力偶作用点、分布载荷的起点与终点均为剪力图与弯矩图的"控制点"。

（2）计算控制点处的剪力与弯矩值。剪力 Q 等于该点左侧梁上分布载荷图形的面积加上集中力（向上为正）；弯矩 M 等于该点左侧剪力图图形的面积加上集中力偶（顺时针为正）。

（3）判定各段曲线形状并连接曲线。依据表 3-2-2 确定各相邻控制点间剪力图与弯矩图的大致形状，并据此连接二相邻控制点处剪力或弯矩之值，画出梁的剪力图与弯矩图。

表 3-2-2 剪力、弯矩图特征

	无外力段	均布载荷段	集中力	集中力偶
外力	$q=0$	$q>0$　$q<0$	P　C	m　C

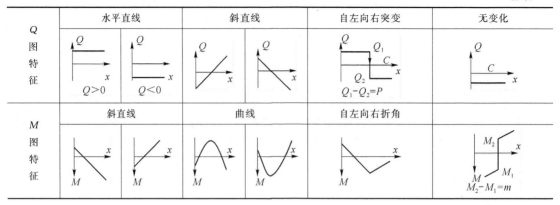

【例 3-2-9】 不列剪力方程和弯矩方程,试作图示 3-2-26(a)外伸梁的剪力、弯矩图。

解:(1) 求支反力
$$F_A = 25 \text{ kN}, \quad F_B = 35 \text{ kN}$$

(2) 作剪力图

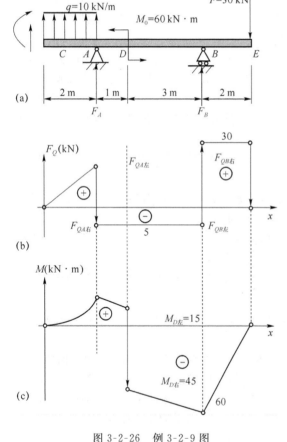

端点 C 处无集中力,剪力 F_Q 为零。CA 段 $q>0$,剪力图为上升直线。截面 A 左边,$F_{QA左}=20$ kN(分布载荷图形面积);A 处有向下的集中力 F_A,故剪力图向下行 25 kN,即截面 A 右边有 $F_{QA右}=F_{QA左}+F_A=-5$ kN。AB 段为水平直线(注意集中力偶对剪力图无影响)。截面 B 处有向上的集中力 $F_B=35$ kN,故剪力图应向上行 35 kN,即有,$Q_{B右}=Q_{A左}+F_B=30$ kN。BE 段为水平直线;截面 E 处有向下的集中力 $F=30$ kN,F_Q 图下行回至零。

得到的剪力图如图 3-2-26(b)所示。

(3) 作弯矩图

端点 C 处无集中力偶,弯矩为零。CA 段 $q>0$,$F_Q>0$,弯矩图为上升凹弧且 $M_A=20$ kN·m(截面以左 F_Q 图的面积)。A 处有集中力作用,弯矩图在该处出现转折。AD 段,$F_Q=\text{const}<0$,故弯矩图是斜率为负的直线,且 $M_{D左}=(20-5\times1)$ kN·m=15 kN·m。D 处有逆时针集中力偶作用,弯矩图应下行 60 kN·m,即 $M_{D右}=M_{D左}-60$ kN·m=-45 kN·m。DB 段剪力与 AD 段相同,故弯矩图上是斜率与 AD 段相同的直线,且 $M_B=M_{D右}-15$ kN·m=-60 kN·m。BE 段是斜率为正的直线($F_Q=\text{const}>0$),且有 $M_E=M_B+(30\times2)$ kN·m=0。

图 3-2-26 例 3-2-9 图

得到的弯矩图如图 3-2-26(c)。

【例 3-2-10】 不列剪力方程和弯矩方程,画出图 3-2-27(a)所示梁的剪力图和弯矩图,并

求出 $F_{s,max}$ 和 M_{max}。

解：

（1）由静力平衡方程得

$$F_A = F(\uparrow)$$
$$F_B = 3F(\uparrow)$$

（2）利用 M, F_s, q 之间的关系分段作剪力图和弯矩图，如图 3-2-27(b) 所示。

（3）梁最大绝对值剪力在 DB 段内截面，大小为 $3F$。梁最大弯矩绝对值在 D 截面，大小为 $3Fa$。

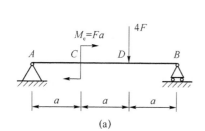

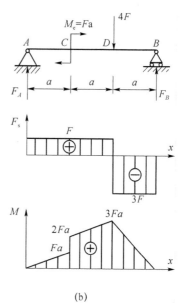

图 3-2-27

3.2.3.4 平面弯曲梁的强度与刚度计算

1. 纯弯曲试验

研究梁横截面上的正应力分布规律，取一矩形截面等直梁 AB，其上作用两个对称的集中力 F，如图 3-2-28 所示。未加载前，在中间 CD 段表面画些平行于梁轴线的纵向线和垂直于梁轴线的横向线。加载后在梁的 AC 和 DB 两段内，各截面上同时有剪力 F_s 和弯矩 M，这种弯曲称为剪切弯曲；在中间 CD 段内的各横截面上，只有弯矩 M 没有剪力 F_s，这种弯曲称为纯弯曲。

观察图 3-2-29 所示的纯弯曲梁的弯曲变形，可以得出以下几点：

① 横向线仍是直线且仍与梁的轴线正交，只是相互倾斜了一个角度。
② 纵向线（包括轴线）都变成了弧线。
③ 梁横截面的宽度发生了微小变形，在压缩区变宽了些，在拉伸区则变窄了些。

根据上述现象，可对梁的变形提出如下假设：

① 平面假设：梁弯曲变形时，其横截面仍保持平面，且绕某轴转过了一个微小的角度。
② 单向受力假设：设梁由无数纵向纤维组成，则这些纤维处于单向受拉或单向受压状态。

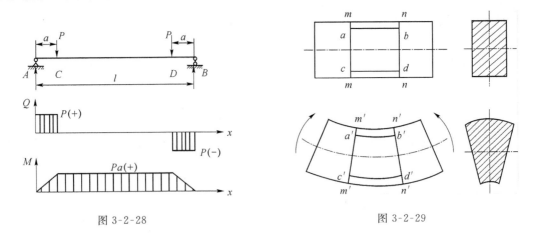

图 3-2-28　　　　　　　　　　　图 3-2-29

可以看出，梁下部的纵向纤维受拉伸长，上部的纵向纤维受压缩短，其间必有一层纤维既不伸长也不缩短，这层纤维称为中性层。中性层和横截面的交线称为中性轴，即图 3-2-30 中的 Z 轴。梁的横截面绕 Z 轴转动一个微小角度。

2. 梁横截面上的正应力分布

图 3-2-31 中梁的两个横截面之间距离为 $\mathrm{d}x$，变形后中性层纤维长度仍为 $\mathrm{d}x$ 且 $\mathrm{d}x = \rho\mathrm{d}\theta$。距中性层为 y 的某一纵向纤维的线应变 ε 为

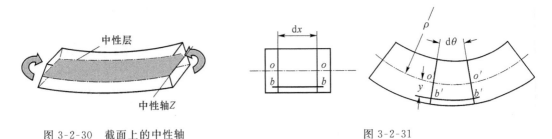

图 3-2-30　截面上的中性轴　　　　　图 3-2-31

$$\varepsilon = \frac{\widehat{b'b'} - \mathrm{d}x}{\mathrm{d}x} = \frac{(\rho + y)\mathrm{d}\theta - \rho\mathrm{d}\theta}{\rho\mathrm{d}\theta} = \frac{y}{\rho} \tag{3-2-29}$$

对于一个确定的截面来说，其曲率半径 ρ 是个常数，因此上式说明同一截面处任意点纵向纤维的线应变与该点到中性层的距离成正比。

由单向受力假设，当正应力不超过材料的比例极限时，将胡克定律代入上式，得

$$\sigma = E\varepsilon = E\frac{y}{\rho} \tag{3-2-30}$$

由上式可知，横截面上任意点的弯曲正应力与该点到中性轴的距离成正比，即正应力沿截面高度呈线性变化，在中性轴处，$y=0$，所以正应力也为零。

3. 梁的正应力计算

在梁的横截面上任取一微面积 $\mathrm{d}A$，如图 3-2-32 所示，作用在这微面积上的微内力为 $\sigma\mathrm{d}A$，在整个横截面上有许多这样的微内力。微面积上的微内力 $\sigma\mathrm{d}A$ 对 z 轴之矩的总和，组成了截面上的弯矩

$$\int_A \sigma\mathrm{d}Ay = M \tag{3-2-31}$$

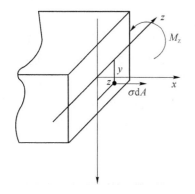
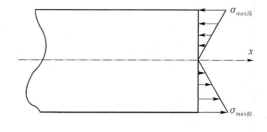

图 3-2-32

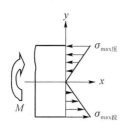
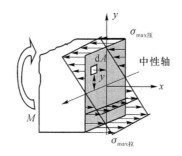

图 3-2-33 梁横截面上的正应力分

$$M = \sum y\sigma dA = \frac{E}{\rho}\sum y^2 dA = \frac{EI_z}{\rho} \qquad (3\text{-}2\text{-}32)$$

则

式中

$$\sigma = \frac{M}{I_z}y \qquad (3\text{-}2\text{-}33)$$

$$I_z = \int_A y^2 dA \qquad (3\text{-}2\text{-}34)$$

称为横截面对中性轴的惯性矩,是截面图形的几何性质,仅与截面形状和尺寸有关。

上式是梁纯弯曲时横截面上任意点的正应力计算公式。应用时 M 及 y 均可用绝对值代入,至于所求点的正应力是拉应力还是压应力,可根据梁的变形情况,由纤维的伸缩来确定,即以中性轴为界,梁变形后靠凸的一侧受拉应力,靠凹的一侧受压应力。也可根据弯矩的正负来判断,当弯矩为正时,中性轴以下部分受拉应力,以上部分受压应力,弯矩为负时,则相反。

横截面上最大正应力发生在距中性轴最远的各点处。即

$$\sigma_{max} = \frac{M}{I_z}y_{max} \qquad (3\text{-}2\text{-}35)$$

令

$$W_z = \frac{I_z}{y_{max}} \qquad (3\text{-}2\text{-}36)$$

则

$$\sigma_{max} = \frac{M}{W_z} \qquad (3\text{-}2\text{-}37)$$

W_z 称为抗弯截面模量,也是衡量截面抗弯强度的一个几何量,其值与横截面的形状和尺

寸有关。

弯曲正应力计算公式是梁在纯弯曲的情况下导出来的。对于一般的梁来说，横截面上除弯矩外还有剪力存在，这样的弯曲称为剪切弯曲。在剪切弯曲时，横截面将发生翘曲，平截面假设不再成立。但较精确的分析证明，对于跨度 l 与截面高度 h 之比 $l/h>5$ 的梁，计算其正应力所得结果误差很小。在工程上常用的梁，其跨高比远大于 5，因此，计算式可足够精确地推广应用于剪切弯曲的情况。

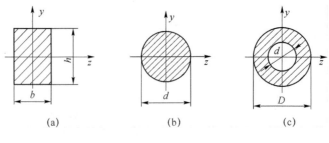

图 3-2-34

4. 常用截面的抗弯截面模量

（1）矩形截面

$$W_z = \frac{bh^2}{6} \tag{3-2-38}$$

（2）圆形截面

$$W_z = \frac{\pi d^3}{32} \tag{3-2-39}$$

（3）圆环截面

$$W_z = \frac{\pi D^3}{32}(1-\alpha^4) \quad \alpha = \frac{d}{D} \tag{3-2-40}$$

常用截面的抗弯截面模量见表 3-2-3。

表 3-2-3　若干简单几何形状图形的惯性矩

图形	y_{max}	I_z	W_z
	$h/2$	$\dfrac{bh^3}{12}$	$\dfrac{bh^2}{6}$
	$H/2$	$\dfrac{1}{12}(BH^3-bh^3)$	$\dfrac{H^2}{6}\left[B-b\left(\dfrac{h}{H}\right)^3\right]$

图形	$y_{\max}$	I_z	W_z
(工字形)	$H/2$	$\dfrac{1}{12}(BH^3-bh^3)$	$\dfrac{H^2}{6}\left[B-b\left(\dfrac{h}{H}\right)^3\right]$
(圆形)	$d/2$	$\dfrac{\pi d^4}{64}$	$\dfrac{\pi d^3}{32}$
(圆环)	$D/2$	$\dfrac{\pi(D^4-d^4)}{64}$	$\dfrac{\pi D^3}{32}\left[1-\left(\dfrac{d}{D}\right)^4\right]$

5. 组合截面二次矩 平行移轴公式

计算弯曲正应力时需要截面对中性轴的惯性矩，截面的中性轴又是截面的形心主轴。在截面上任意点 K，取邻域 dA，如图 3-2-35 所示，K 点到 z 轴、y 轴的距离分别为 y、z，定义 $y^2 dA$、$z^2 dA$ 为微元对 z 轴、y 轴的惯性矩，分别记作

$$dI_z = y^2 dA$$
$$dI_y = z^2 dA$$

上式对整个截面积分，得截面对 z 轴、y 轴的惯性矩

$$I_z = \int y^2 dA \qquad (3\text{-}2\text{-}41)$$
$$I_y = \int z^2 dA \qquad (3\text{-}2\text{-}42)$$

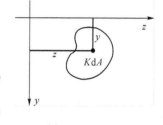

图 3-2-35

图 3-2-36 所示的截面形心为 C，面积为 A，z_C 轴、y_C 轴通过截面形心 C，现有不通过形心的 z 轴、y 轴分别与 z_C 轴、y_C 轴平行，两轴之间的距离分别为 a、b，截面对 z 轴、z_C 轴以及对 y 轴、y_C 轴的惯性矩有以下关系

$$I_z = I_{z_C} + a^2 A$$
$$I_y = I_{y_C} + b^2 A \qquad (3\text{-}2\text{-}43)$$

上式称为惯性矩的平行移轴公式，即截面对任意轴 z 的惯性矩等于该截面对过形心而平行于 z 轴的 z_C 轴的惯性矩加上两轴之间的距离的平方与截面面积的乘积。

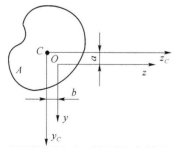

图 3-2-36

【例 3-2-11】 试求图 3-2-37 所示 T 形截面对其形心轴的惯性矩。

解：(1) 求 T 形截面的形心座标 y_C

$$y_C = \dfrac{A_1 y_1 + A_2 y_2}{A_1 + A_2} = \dfrac{50 \times 10 \times 5 + 50 \times 10 \times 35}{50 \times 10 + 50 \times 10} = 20 \text{ mm}$$

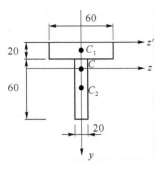

图 3-2-37

(2) 求截面对形心轴 z 轴的惯性矩

$$I_z^1 = I_{z1} + a_1^2 A_1 = \frac{50 \times 10^3}{12} + (20-5) \times 50 \times 10$$
$$= 1.17 \times 10^5 \text{ mm}^4$$

$$I_z^2 = I_{z2} + a_2^2 A_2 = \frac{10 \times 50^3}{12} + (35-5) \times 50 \times 10$$
$$= 2.16 \times 10^5 \text{ mm}^4$$

$$I_z = I_z^1 + I_z^2 = (1.17 + 2.16) \times 10^5 = 3.33 \times 10^5 \text{ mm}^4$$

6. 弯曲正应力强度计算

为保证梁安全地工作,危险点处的正应力必须小于梁的弯曲许用应力$[\sigma]$,这是梁的正应力强度条件。对于塑性材料,其抗拉和抗压强度相同,宜选用中性轴为截面对称轴的梁,其正应力强度条件为

$$\sigma_{\max} = \frac{M_{\max}}{W_z} \leqslant [\sigma] \tag{3-2-44}$$

对于脆性材料,其抗拉和抗压强度不同,宜选用中性轴不是截面对称轴梁,并分别对抗拉和抗压应力建立强度条件

$$\sigma_{\max}^+ \leqslant [\sigma_+] \tag{3-2-45}$$

$$\sigma_{\max}^- \leqslant [\sigma_-] \tag{3-2-46}$$

对于中性轴不是截面的对称梁,其最大拉应力值与最大压应力值不相等。如图 3-2-38 所示的 T 形截面梁,最大拉应力和最大压应力分别为

$$\sigma_{\max}^+ = \frac{M_{\max} \cdot y_2}{I_z}, \sigma_{\max}^- = \frac{M_{\max} \cdot y_1}{I_z} \tag{3-2-47}$$

强度条件可解决三类强度计算问题。

① 强度校核:验算梁的强度是否满足强度条件,判断梁在工作时是否安全。

$$\sigma_{\max} = \frac{M_{\max}}{W_z} \leqslant [\sigma] \tag{3-2-48}$$

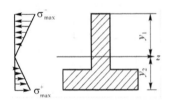

图 3-2-38

② 截面设计:根据梁的最大载荷和材料的许用应力,确定梁截面的尺寸和形状,或选用合适的标准型钢。

$$W_z \geqslant \frac{M}{[\sigma]} \tag{3-2-49}$$

③ 确定许用载荷:根据梁截面的形状和尺寸及许用应力,确定梁可承受的最大弯矩,再由弯矩和载荷的关系确定梁的许用载荷。

$$M \leqslant W_z [\sigma] \tag{3-2-50}$$

注:对于非对称截面,需按公式

$$\sigma_{\max} = \frac{M}{I_z} y_{\max} \leqslant [\sigma] \tag{3-2-51}$$

分别计算三类问题。

【例 3-2-12】 如图 3-2-39 所示,T 形截面铸铁外伸梁,其许用拉应力$[\sigma_t] = 30$ MPa,许用压应力$[\sigma_c] = 60$ MPa。截面对形心轴 z 的惯性矩 $I_z = 7.63 \times 10^{-6}$ m⁴,试校核梁的强度。

解：

(1) 求支座反力

$F_A = 3 \text{ kN}(\uparrow)$ $F_B = 15 \text{ kN}(\uparrow)$

画出弯矩图，最大正弯矩在 C 点，最大负弯矩在 B 点，即 C 点为上压下拉，而 B 点为上拉下压。

(2) 求出 B 截面最大应力

最大拉应力（上边缘）

$$\sigma_B^+ = \frac{M_B \cdot y_1}{I_z} = \frac{6 \times 10^6 \times 52}{763 \times 10^4} = 40.89 \text{ MPa}$$

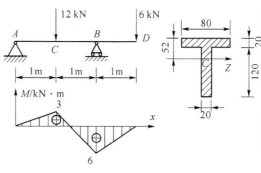

图 3-2-39

最大压应（下边缘）

$$\sigma_B^- = \frac{M_B \cdot y_2}{I_z} = \frac{6 \times 10^6 \times 88}{763 \times 10^4} = 69.20 \text{ MPa}$$

(3) 求出 C 截面最大应力

最大拉应力（下边缘）

$$\sigma_C^+ = \frac{M_C \cdot y_2}{I_z} = \frac{3 \times 10^6 \times 88}{763 \times 10^4} = 34.60 \text{ MPa}$$

最大压应力（上边缘）

最大拉应力在 B 点，且

$$\sigma_C^- = \frac{M_C \cdot y_1}{I_z} = \frac{3 \times 10^6 \times 52}{763 \times 10^4} = 20.45 \text{ MPa}$$

$$\sigma_{B\max} = 40.89 \text{ MPa} > [\sigma]^+ = 30 \text{ MPa}$$

不满足拉应力强度条件。

最大压应力在 B 点，且

$$\sigma_{B\max} = 69.20 \text{ MPa} > [\sigma]^- = 60 \text{ MPa}$$

不满足压应力强度条件，故梁强度不够。

【例 3-2-13】 某建筑工地上，用长为 $l = 3 \text{ m}$ 的矩形截面木板做跳板，木板横截面尺寸 $b = 500 \text{ mm}$，$h = 50 \text{ mm}$，木板材料的许用应力 $[\sigma] = 6 \text{ MPa}$，试求：

(1) 一体重为 700 N 的工人走过是否安全？

(2) 要求两名体重均为 700 N 的工人抬着 1 500 N 的货物安全走过，木板的宽度不变，重新设计木板厚度 h。

解：

(1) 计算弯矩的最大值 $M_{\max}$。当工人行走到跳板中央时，弯矩最大。

$$M_{\max} = \frac{700}{2} \times \frac{3}{2} = 525 \text{ N} \cdot \text{m}$$

校核弯曲强度

$$\sigma_{\max} = \frac{M_{\max}}{W_z} = \frac{525 \times 10^3}{\dfrac{500 \times 50^2}{6}} = 2.52 \text{ MPa} < [\sigma]$$

所以，体重为 700 N 的工人走过是安全的。

(2) 设工人重力和货物重力合成为一个集中力，且作用在跳板长度的中点时最危险，此处弯矩最大值为

$$M_{max} = \frac{700 \times 2 + 1\,500}{2} \times \frac{3}{2} = 2\,175 \text{ N·m}$$

按弯曲强度设计

$$\sigma_{max} = \frac{M_{max}}{W_z} = \frac{2\,175 \times 10^3}{\frac{500 \times h^2}{6}} \leqslant 6$$

得
$$h \geqslant 65.95$$

所以,木板厚度 h 应满足 $h \geqslant 66$ mm。

【例 3-2-14】 如图 3-2-40(a)所示,一矩形截面悬臂梁长 $l = 4$ m,材料的许用应力 $[\sigma] = 150$ MPa,求此悬臂梁的许可载荷。

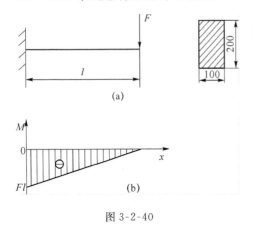

图 3-2-40

解:绘出悬臂梁的弯矩图,如图 3-2-40(b)所示。

$$M_{max} = Fl = 4\,000F$$

梁的横截面抗弯截面系数为

$$W_z = \frac{100 \times 200^2}{6}$$

由梁的弯曲正应力强度条件得

$$\sigma = \frac{M_{max}}{W_z} = \frac{4\,000F}{\frac{100 \times 200^2}{6}} \leqslant [\sigma]$$

$$F \leqslant \frac{100 \times 200^2}{6 \times 4\,000} \times 150 = 25\,000 \text{ N}$$

因此,悬臂梁的许可载荷为 $F = 25\,000$ N。

3.2.3.5 梁的弯曲变形概述

梁在外载荷作用下将产生变形,梁不但要满足强度条件,还要满足刚度条件,即要求梁在工作时的变形不能超过一定的范围,否则就会影响梁的正常工作。

1. 挠曲线方程

如图 3-2-41 所示悬臂梁 AB 在纵向对称面内的外力 P 的作用下将发生平面弯曲,变形后梁的轴线将变为一条光滑的平面曲线 AB',称为梁的挠曲轴线,也称弹性曲线、挠曲线。建立图示坐标系,则该平面曲线可用函数方程表示:

$$y = f(x)$$

称为梁的绕曲线方程。

2. 挠度和转角

如图 3-2-41 所示,梁上任意截面 C,变形后其形心在 C' 处,C 截面的形心产生线位移 CC'。CC' 既有水平分量,也有垂直分量,而水平分量很小,只讨论垂直分量 $C'C''$。截面形心位移的垂直分量称该截面的挠度,用 y 表示。

C 截面不但产生线位移,还产生了角位移,横截面绕中性轴转动产生了角位移,此角位移称转角,用 θ 表示。

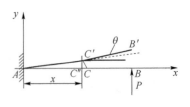

图 3-2-41

挠度和转角的正负号作如下规定:

挠度与 y 轴正方向同向为正,反之为负;截面转角以逆时针方向转动为正,反之为负。

只要知道梁的挠曲轴线方程 $y = f(x)$,就可求出挠度和转角。

3.2.3.6 用叠加法求梁的变形

1. 挠曲轴线近似微分方程

梁任意截面的曲率 $\dfrac{1}{\rho(x)}=\dfrac{M(x)}{EI}$ ①

曲线 $y=f(x)$ 的曲率 $\dfrac{1}{\rho(x)}=\pm\dfrac{y''}{(1+y'^2)^{\frac{3}{2}}}$ ②

代入(1)式得 $\dfrac{y''}{(1+y'^2)^{\frac{3}{2}}}=\pm\dfrac{M(x)}{EI}$ ③

式(3)称梁的挠曲轴线微分方程。由于 y' 很小，y'^2 更小，可忽略。

方程的正负号与弯矩 M 的正负号的规定以及挠度的正方向规定有关，规定挠度向上为正。弯矩 M 与曲线的二阶导数 y'' 的正负号关系为

$$y''=\pm\dfrac{M(x)}{EI} \qquad (3\text{-}2\text{-}52)$$

(1) 梁的挠曲轴线是一下凸曲线，梁的下侧纤维受拉，弯矩 $M>0$，曲线的二阶导数 $y''>0$；
(2) 梁的挠曲轴线是一上凸曲线，梁的上侧纤维受拉，弯矩 $M<0$，曲线的二阶导数 $y''<0$。

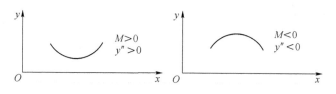

图 3-2-42

由此可知，这两种情况下弯矩与曲线的二阶导数均同号，上式应取正号，即

$$y''=\dfrac{M(x)}{EI} \qquad (3\text{-}2\text{-}53)$$

几种常见梁在简单载荷作用下的变形如表 3-2-4 所示。

表 3-2-4

梁的简图	端截面转角	最大挠度
(悬臂梁端部集中力 F，长 l，θ_B，ω_B)	$\theta_B=-\dfrac{Fl^2}{2EI_z}$	$\omega_B=-\dfrac{Fl^2}{3EI_z}$
(悬臂梁端部力偶 M_e，长 l，θ_B，ω_B)	$\theta_B=-\dfrac{M_e l}{EI_z}$	$\omega_B=-\dfrac{M_e l^2}{2EI_z}$

续表

梁的简图	端截面转角	最大挠度
悬臂梁，集中力F作用在距固定端a处	$\theta_B = -\dfrac{Fa^2}{2EI_z}$	$\omega_B = -\dfrac{Fa^2}{6EI_z}(3l-a)$
悬臂梁，均布载荷q	$\theta_B = -\dfrac{ql^3}{6EI_z}$	$\omega_B = -\dfrac{ql^4}{8EI_z}$
简支梁，跨中集中力F	$\theta_A = -\theta_B = -\dfrac{Fl^2}{16EI_z}$	$\omega_{\max} = -\dfrac{Fl^2}{48EI_Z}$
简支梁，均布载荷q	$\theta_A = -\theta_B = -\dfrac{ql^2}{24EI_z}$	$\omega_{\max} = -\dfrac{5ql^4}{38EI_z}$
外伸梁，外伸端集中力F	$\theta_A = -\dfrac{1}{2}\theta_B = \dfrac{Fal}{6EI_z}$ $\theta_C = \dfrac{Fa}{6EI_z}(2l+3a)$	$\omega_C = -\dfrac{Fa^2}{3EI_z}(l+a)$

2. 用叠加法求梁的变形

小变形时梁弯曲挠度的二阶导数与弯矩成正比，而弯矩是载荷的线性函数，所以梁的挠度与转角是载荷的线性函数，可以使用叠加法计算梁的转角和挠度，即梁在几个载荷同时作用下产生的挠度和转角等于各个载荷单独作用下梁的挠度和转角的叠加和，这就是计算梁弯曲变形的叠加原理。

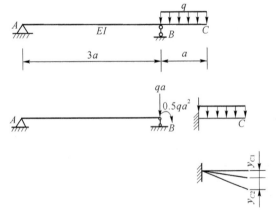

图 3-2-43 例 3-2-15 图

【例 3-2-15】 如图 3-2-43 所示，外伸梁在外伸段作用有均布载荷 q，梁的抗弯刚度为 EI，求 C 截面的挠度。

解：把外伸梁段上的均布载荷向 B 截面简化，得集中力 qa，力偶 $qa^2/2$，将使 B 截面产生转角 θ_B，BC 段的实际变形等于固定端产生转角 θ_B 的悬臂梁。C 截面的挠度由以下两部分构成：悬臂梁由于 B 截面产生转角引起的挠度 y_{C1} 和悬臂梁在载荷下产生的挠度 y_{C2}。

首先计算 B 截面转角 θ_B

$$\theta_B = \frac{\frac{1}{2}qa^2 \times 3a}{3EI} = -\frac{qa^3}{2EI}$$

$$y_{C2} = -\frac{qa^4}{8EI}$$

$$y_{C1} = a \cdot \theta_B = -\frac{qa^4}{2EI}$$

$$y_C = y_{C1} + y_{C2} = -\frac{qa^4}{2EI} - \frac{qa^4}{8EI} = -\frac{5qa^4}{8EI}$$

3.2.3.7 梁的刚度条件

梁除了要满足强度条件外,还要满足刚度条件,即工作中的梁的挠度和转角不能太大。

设梁的最大挠度和最大转角分别为 $y_{\max}$ 和 $\theta_{\max}$,而$[y]$和$[\theta]$分别为挠度和转角的许用值,则梁的刚度条件为

$$y_{\max} \leqslant [y] \tag{3-2-54}$$

$$\theta_{\max} \leqslant [\theta] \tag{3-2-55}$$

【例 3-2-16】 如图 3-2-44 所示,简支梁选用 32a 工字钢,$P=20$ kN,$l=8.86$ m,$E=210$ Gpa,梁的许用挠度$[f]=l/500$,试校核梁的刚度。

解:查表得:$I_z = 11\ 100$ cm^4。
查表得梁的跨中挠度为

$$y = \frac{Pl^3}{48EI} = \frac{20 \times 10^3 \times 8.86^3}{48 \times 210 \times 10^9 \times 11\ 100 \times 10^{-8}}$$
$$= 1.24 \times 10^{-2} \text{ m}$$

$$[f] = \frac{l}{500} = \frac{8.86}{500} = 1.77 \times 10^{-2}$$

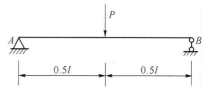

图 3-2-44 例 3-2-16 图

因为 $y < [f]$,所以梁满足刚度条件。

【例 3-2-17】 如图 3-2-45(a)所示,行车大梁采用 NO.45a 工字钢,跨度 $l=9$ m,电动葫芦重 5 kN,最大起重量为 55 kN,许用挠度$[\omega]=l/500$,试校核行车大梁的刚度。

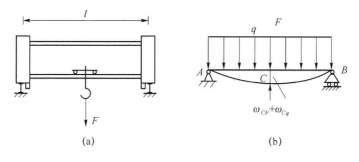

图 3-2-45 例 3-2-17 图

解:将行车简化后受力情况如图 3-2-45(b)所示。把梁的自重看成均布载荷,并且,当电动葫芦处于梁的中央时,梁的变形最大。

(1)用叠加法求挠度

查手册可知:NO.45a 工字钢的 $q=788$ N/m,$I_z=32\ 240$ cm^4,$E=200$ GPa。

梁需要承受的最大载荷 $F=5+55=60$ kN。

查表可得，在力 F 作用下产生的挠度为

$$\omega_{CF} = \frac{Fl^3}{48EI}$$

$$\omega_{CF} = \frac{60 \times 10^3 \times 9}{48 \times 200 \times 10^9 \times 32\,240 \times 10^{-8}} = 0.014 \text{ m}$$

在均布载荷 q 作用下产生的挠度为

$$\omega_{CF} = \frac{5ql^4}{38EI_z}$$

$$\omega_{Cq} = \frac{5 \times 788 \times 9^4}{348 \times 200 \times 10^9 \times 32\,240 \times 10^{-8}} = 0.001 \text{ m}$$

梁的最大变形：$\omega_{C\max} = \omega_{CF} + \omega_{Cq} = 0.015$ m。

（2）校核梁的刚度

梁的许用挠度

$$[\omega] = \frac{l}{500} = \frac{9}{500} = 0.018 \text{ m}$$

则 $\quad \omega_{C\max} < [\omega]$

所以梁的刚度足够。

3.2.3.8　提高梁的强度和刚度的措施

1. 合理安排梁的支承

均布载荷作用在简支梁上时，最大弯矩与跨度的平方成正比，如能减少梁的跨度，将会降低梁的最大弯矩。

【例 3-2-18】　如图 3-2-46 所示。

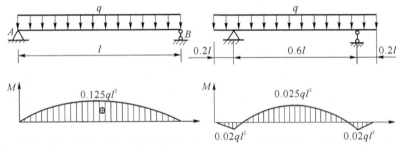

图 3-2-46　例 3-2-18 图

2. 合理地布置载荷

使梁上载荷分散布置，可以降低最大弯矩。

【例 3-2-19】　如图 3-2-47 所示。

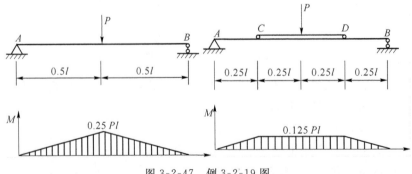

图 3-2-47　例 3-2-19 图

3. 选择梁的合理截面

① 根据抗弯截面系数与截面面积比值 W_z/A 选择截面

抗弯截面系数越大,梁能承受载荷越大;横截面积越小,梁使用的材料越少。同时考虑梁的安全性与经济性,可知 W_z/A 值越大,梁截面越合理。以下比较具有同样高度 h 的矩形、圆形和工字形(槽形)截面的 W_z/A 值。

高为 h、宽为 b 的矩形截面:
$$\frac{W_z}{A} = \frac{\dfrac{bh^2}{6}}{bh} = 0.167h$$

直径为 h 的圆形截面:
$$\frac{W_z}{A} = \frac{\dfrac{\pi h^3}{32}}{\dfrac{1}{4}\pi h^2} = 0.125h$$

高为 h 的工字形与槽形截面:
$$\frac{W_z}{A} = (0.27 \sim 0.31)h$$

可见这三种截面的合理顺序是:①工字形与槽形截面;②矩形截面;③圆形截面。截面形状的合理性,可以从梁截面弯曲正应力的分布规律说明,梁截面的弯曲正应力沿截面高度呈线性变化,截面边缘处的正应力最大,中性轴处的正应力值为零,中性轴附近的材料没有得到充分的应用,如果减少中性轴附近的材料,而把材料布置到距中性轴较远处,截面形状则较为合理,所以,工程上常采用工字形、圆环形、箱形等截面形式。

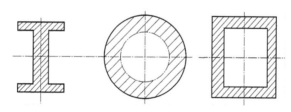

图 3-2-48

② 根据材料的拉压性能选择截面

对于塑性材料,其抗拉强度和抗压强度相等,宜采用中性轴为截面对称轴的截面,使最大拉应力与最大压应力相等。如矩形、工字形、圆环形、圆形等截面形式。对于脆性材料,其抗压强度大于抗拉强度,宜采用中性轴不是对称轴的截面,如 T 形截面(如图 3-2-49 所示),使中性轴靠近受拉端,使得:

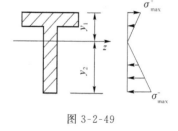

图 3-2-49

$$\frac{\sigma_{max}^+}{\sigma_{max}^-} = \frac{y_1}{y_2} = \frac{[\sigma_+]}{[\sigma_-]}$$

3.2.4 转轴的强度设计

转轴同时承受弯矩和扭弯,弯曲与扭转的组合变形是工程实际中常见的情况,下面讨论转轴在弯扭组合时的强度问题。

1. 内力分析

如图 3-2-50 所示,将作用在杆件 A 点的力 F 平移至 B 点,则会产生一个附加力偶 T,转

轴 BC 在力 F 的作用下产生弯曲变形,在力偶 T 的作用下产生扭转变形。作出弯矩图,如图 3-2-50(c)所示。作出其扭矩图,如图 3-2-50(d)所示。

2. 应力分析

从上面分析可知,固定端 C 处弯矩最大,由弯矩 M 产生的正应力 σ 垂直横截面,且在上、下边缘最大;由扭矩 T 产生的切应力 τ 平行横截面,且边缘最大。横截面上应力分布如图 3-2-50(e)所示。由图 3-2-50(e)可知,C 截面上正上方和正下方两点应力达到最大值,是危险点。

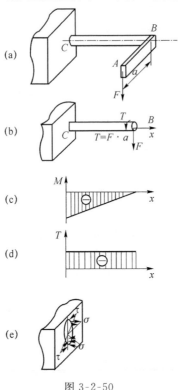

图 3-2-50

3. 强度计算

由于在弯曲与扭转组合变形中,构件横截面上的切应力和正应力分别作用在两个互相垂直的平面内,不能采用简单应力叠加的方法。一般转轴由塑性材料制成,要采用第三强度理论或第四强度理论进行计算,其强度计算公式如下:

运用第三强度理论计算公式为

$$\sigma_{r3}=\sqrt{\sigma^2+4\tau^2}\leqslant[\sigma] \tag{3-2-56}$$

运用第四强度理论计算公式为

$$\sigma_{r4}=\sqrt{\sigma^2+3\tau^2}\leqslant[\sigma] \tag{3-2-57}$$

将

$$\sigma=\frac{M}{W_z} \qquad \tau=\frac{T}{W_p}$$

带入第三强度和第四强度理论公式,再将 $W_p=2W_z$ 代入以上公式得

$$\sigma_{r3}=\frac{\sqrt{M^2+T^2}}{W_z}\leqslant[\sigma] \tag{3-2-58}$$

$$\sigma_{r4}=\frac{\sqrt{M^2+0.75T^2}}{W_z}\leqslant[\sigma] \tag{3-2-59}$$

需要强调的是,上述两式只适用于塑性材料制成的圆轴(包括空心圆轴)在弯曲与扭转组合变形时的强度计算。

【例 3-2-20】 如图 3-2-51(a)所示,电动机轴上带轮直径 $D=300$ mm,轴外伸长度 $l=100$ mm,轴直径 $d=50$ mm,轴材料许用应力 $[\sigma]=60$ MPa。带的紧边拉力为 $2F$,松边拉力为 F。电动机的功率 $P=9$ kW,转速 $n=715$ r/min。试用第三强度理论校核此电动机轴的强度。

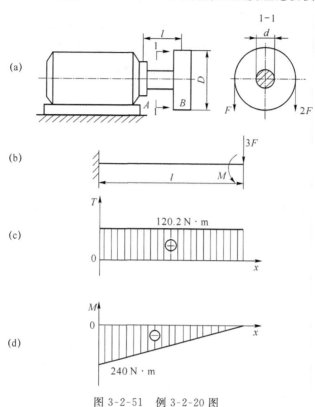

图 3-2-51 例 3-2-20 图

解：

(1) 外力分析

画出电动机轴的受力简图,如图 3-2-51(b)所示。电动机轴传递的外力偶矩为

$$M = 9\,549 \frac{P}{n} = 120.2 \text{ N} \cdot \text{m}$$

带拉力为

$$2F \times \frac{D}{2} - F \times \frac{D}{2} = M$$

$$F = \frac{2M}{D} = \frac{2 \times 120.2}{300} = 800 \text{ N}$$

力 F 使轴产生弯曲,M 使轴产生扭转,所以此电动机轴是受弯曲与扭转的组合变形。

(2) 内力分析

作扭矩图,如图 3-2-51(c)所示,有

$$T = M = 120.2 \text{ N} \cdot \text{mm}$$

作弯矩图,如图 3-2-51(d)所示。

最大弯矩在最左端,即

$$M_{\max} = -3F \times l = 3 \times 800 \times 100 = -240\,000 \text{ N} \cdot \text{mm}$$

(3) 强度校核

危险面为轴的最左端，按第三强度理论校核

$$\sigma_{r3}=\frac{\sqrt{M^2+T^2}}{W_z}=\frac{\sqrt{(-240\,000)^2+120\,200^2}}{\dfrac{\pi\times 50^3}{32}}=21.88\text{ MPa}<[\sigma]$$

所以强度足够。

【例 3-2-21】 图 3-2-52(a)中传动轴直径 $d=40$ mm，$AC=CD=DB=200$ mm，C 轮直径 $d_1=160$ mm，D 轮直径 $d_2=80$ mm，圆柱齿轮压力角 α 为 $20°$，已知轴作匀速转动时作用在大齿轮上的力 $F_1=2$ kN，$[\sigma]=200$ MPa，试校核轴的强度。

解：

(1) 静力分析(求 F_2 和约束力)

轴受力如图(注意 $F_{Ax}=0$)，有平衡方程

$$\sum M_x(\boldsymbol{F})=F_2\cos\alpha\cdot d_2/2-F_1\cos\alpha\cdot d_1/2=0$$

$$\sum M_y(\boldsymbol{F})=F_1\sin\alpha\cdot AC-F_2\cos\alpha\cdot AD-F_{Bz}\cdot AB=0$$

$$\sum M_z(\boldsymbol{F})=F_1\cos\alpha\cdot AC-F_2\sin\alpha\cdot AD+F_{By}\cdot AB=0$$

$$\sum F_y=F_{Ay}+F_1\cos\alpha-F_2\sin\alpha+F_{By}=0$$

$$\sum F_z=F_{Az}-F_1\sin\alpha+F_2\cos\alpha+F_{Bz}=0$$

解得

$$F_2=4\text{ kN};F_{Bz}=2.28\text{ kN};F_{By}=0.286\text{ kN};$$
$$F_{Ay}=0.8\text{ kN};F_{Az}=-5.35\text{ kN}。$$

(2) 求轴的内力，画内力图

轴受绕 x 轴的扭转，AC、DB 段扭矩为零。

CD 段有

$$M_T=F_1\cos\alpha\cdot d_1/2=2\text{ kN}\times 0.94\times 0.08\text{ m}=0.15\text{ kN}\cdot\text{m}$$

轴在 xy 平面弯曲，A、B 处弯矩为零。轴上无分布载荷，弯矩 M_y 是各段线性的，且

$$M_{yC}=F_{Ay}\cdot AC=-0.8\text{ kN}\times 0.2\text{ m}=-0.16\text{ kN}\cdot\text{m}$$

$$M_{yD}=F_{By}\cdot DB=0.286\text{ kN}\times 0.2\text{ m}=0.057\,2\text{ kN}\cdot\text{m}$$

轴在 xz 平面弯曲，A、B 处弯矩为零。弯矩 M_z 也是各段线性的，且

$$M_{zC}=F_{Az}\cdot AC=-5.35\text{ kN}\times 0.2\text{ m}=-1.07\text{ kN}\cdot\text{m}$$

$$M_{zD}=F_{Bz}\cdot DB=-2.28\text{ kN}\times 0.2\text{ m}=-0.456\text{ kN}\cdot\text{m}$$

内力图如图 3-2-52(b)所示。

(3) 强度校核

C、D 截面扭矩均为 M_T，但 C 截面弯矩 M_y 值、M_z 值均比 D 截面大，故危险截面是 C。

C 截面上有

$$M_T=0.15\text{ kN}\cdot\text{m},\ M_{yC}=-0.16\text{ kN}\cdot\text{m}$$

$$M_{zC}=-1.07\text{ kN}\cdot\text{m}$$

则 C 截面上的合成弯矩为

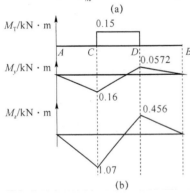

图 3-2-52 例 3-2-21 图

$$M = \sqrt{0.16^2 + 1.07^2}\,\text{kN}\cdot\text{m} = 1.082\ \text{kN}\cdot\text{m}$$

按第三强度理论有

$$\sigma_{r3} = \frac{1}{W}\sqrt{M^2 + M_T^2} = \frac{32\times 10^3}{\pi\times 0.04^3}\sqrt{1.082^2 + 0.15^2}\ \text{Pa}$$
$$= 173.8\ \text{MPa} \leqslant [\sigma] = 200\ \text{MPa}$$

按第四强度理论有

$$\sigma_{r4} = \frac{1}{W}\sqrt{M^2 + 0.75 M_T^2} = 173.4\ \text{MPa} \leqslant [\sigma]$$

可见,轴的强度是足够的。

3.2.5 轴的设计

3.2.5.1 轴的结构设计

轴的结构设计就是要定出轴的合理外形,包括各轴端的长度、直径及其他细小尺寸在内的全部结构尺寸。

1. 轴的结构设计

如图3-2-53所示为一齿轮减速器中的的高速轴。轴上与轴承配合的部份称为轴颈,与传动零件配合的部份称为轴头,连接轴颈与轴头的非配合部份称为轴身,起定位作用的阶梯轴上截面变化的部分称为轴肩。

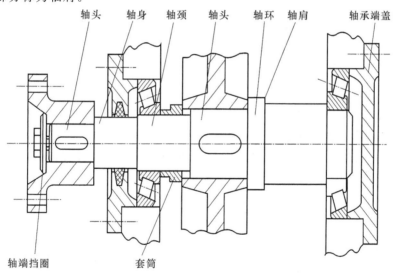

图 3-2-53

轴的结构设计就是确定轴的外形和全部结构尺寸。影响轴结构的因素很多,设计时应对不同情况进行具体分析。对一般轴结构设计的基本要求有:

(1) 便于轴上零件的装配

轴的结构外形主要取决于轴在箱体上的安装位置及形式,轴上零件的布置和固定方式,受力情况和加工工艺等。为了便于轴上零件的装拆,将轴制成阶梯轴,中间直径最大,向两端逐渐直径减小。近似为等强度轴。

(2) 保证轴上零件的准确定位和可靠固定

轴上零件的轴向定位方法主要有:轴肩定位、套筒定位、圆螺母定位、轴端挡圈定位和轴承端盖定位。

① 轴向定位的固定

(a) 轴肩或轴环。阶梯轴上截面变化处称为轴肩（或轴环），起单向定位和单向固定轴上零件的作用。轴肩定位简单可靠，可承受较大的轴向力。图 5-1 中轴上齿轮右端的定位为轴环。

为保证轴上零件紧靠定位面，轴肩和轴环的的圆角半径 R 必须小于相配零件的倒角 C_1 或圆角 R_1，如图 3-2-54 所示。轴肩高度 h 必须大于 R_1，一般 $h=(0.07d+3)\sim(0.1d+5)$ mm 或 $h\approx(2\sim3)C_1$。轴环的宽度 $b=1.4h$。安装滚动轴承处轴肩的圆角半径和高度查阅轴承安装标准来确定。非定位轴肩可取 $h\approx1.5\sim2$ mm。

(b) 套筒和圆螺母。当轴上零件距离较近时采用套筒作相对固定。套筒定位可简化轴的结构，减少轴径的变化，减少轴的应力集中，如图 3-2-53 所示。

当套筒太长时，可采用圆螺母作轴向固定。此时须在轴上加工螺纹，将会引起较大的应力集中，轴段横截面面积减小，影响轴的疲劳寿命，如图 3-2-55 所示。

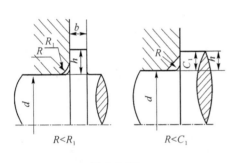

图 3-2-54

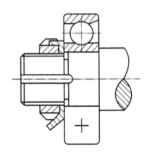

图 3-2-55

(c) 弹性挡圈和紧定螺。这两种固定方法结构简单，只能承受较小的轴向力，或用于仅仅为了防止零件偶然轴向移动的场合，如图 3-2-56 及图 3-2-57 所示。

(d) 轴端挡圈圆锥面。轴端挡圈与轴肩、圆锥面与轴端挡圈联合使用，常用于轴端起到双向固定，锥面配合能保证较高的同轴度。装拆方便，多用于轴上零件与轴段同轴度要求较高或轴承受剧烈振动和冲击的场合，如图 3-2-58 所示。

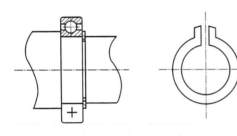

图 3-2-56 弹性挡圈

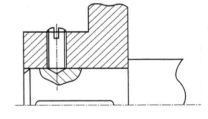

图 3-2-57 紧定螺钉

用套筒、螺母和轴端挡圈作轴向固定时，轴上零件的轴段长度应比零件的轮毂长度短 2～3 mm，以保证压紧零件，防止串动。

② 周向定位与固定

零件在轴上作周向固定是为了传递转矩和防止零件与轴产

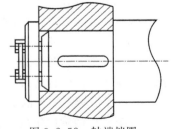

图 3-2-58 轴端挡圈

生相对转动。常用的方式有键联接、花键联接、销联接、成形联接及过盈配合联接，如图3-2-59所示。紧定螺钉也可起周向固定作用。

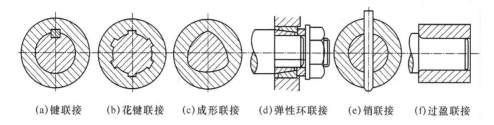

(a)键联接　(b)花键联接　(c)成形联接　(d)弹性环联接　(e)销联接　(f)过盈联接

图 3-2-59　零件在轴上周向固定的形式

键联接应用广泛。销联接主要用来固定零件的相互位置，也可传递不大的载荷，常用的有圆锥销和圆柱销。

成形联接是利用非圆剖面的轴与相同形状的轮毂孔构成的联接。这种联接对中性好，工作可靠，无应力集中，但加工困难，故应用少。

过盈配合联接是利用轴与轮毂间的过盈配合构成的联接。能同时实现轴向和周向固定。过盈联接结构简单，对轴削弱小，但装拆不方便，且对配合面加工精度要求较高。

(3) 轴的加工和装配工艺性好

轴的形状要力求简单，阶梯轴的级数应尽可能少。

轴颈、轴头的直径应取标准值。直径的大小由与之相配合的零件的内孔决定。轴身尺寸应取以mm为单位的整数，最好取为偶数或5的整数倍。

轴上各段的键槽、圆角半径、倒角、中心孔等尺寸应尽可能统一，以利于加工和检验。轴上需磨削的轴段应设计出砂轮越程槽，需车制螺纹的轴段应有退刀槽，如图 3-2-60 所示。

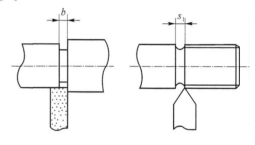

图 3-2-60　砂轮越程槽及螺

轴上沿长度方向开有几个键槽时，应将键槽安排在轴的同一母线上。同一根轴上所有圆角半径和倒角的大小应尽可能一致，以减少刀具规格和换刀次数。为使轴便于装配，轴端应有倒角。对于阶梯轴常设计成两端小中间大的形状，以便于零件从两端装拆。轴的结构设计应使各零件在装配时尽量不接触其他零件的配合表面，轴肩高度不能妨碍零件的拆卸。为便于加工定位，轴的两端面上应做出中心孔。

(4) 减少应力集中，改善轴的受力情况

轴大多在变应力下工作，结构设计时应尽量减少应力集中，以提高其疲劳强度。

轴截面尺寸变化处会造成应力集中，所以对于阶梯轴，相邻两段轴径变化不宜过大，一般在 5~10 mm 左右；在轴径变化处应平缓过渡，制成圆角，圆角半径尽可能取大些。

采用定位套筒代替圆螺母和弹性挡圈使零件轴向固定，可避免在轴上制出螺纹、环形槽等，能有效地提高轴的疲劳强度。

轴的表面质量对轴的疲劳强度影响很大。因轴工作时，最大应力发生在轴的表面处，另一方面，由于加工等原因，轴表面易产生微小裂纹，引起应力集中，因此轴的破坏常从表面开始。减小轴的表面粗糙度，或采用渗碳、高频淬火等方式进行表面强化处理，均可以显著提高轴的疲劳强度。

在结构设计时，还可采用改变轴受力情况和零件在轴上的位置等措施，以提高轴的强度。

2. 轴的各段直径和长度

(1) 轴的各段直径

阶梯轴的各段直径是在初估最小直径的基础上。根据轴上零件的固定方式及其受力情况等，逐段增大估算确定。确定轴径时，应注意以下几个问题。

① 轴的最小直径。阶梯轴的最小直径一般设在外伸端。

② 轴头直径。应与相配合零部件的轮毂内径一致，并符合轴的标准系列，如表 3-2-5 所示。如安装联轴器的轴径与联轴器孔径范围要相适应。

表 3-2-5 轴的标准直径(mm)

10	10.5	11	11.5	12	13	14	15	16	17	18	19	20	21	22	24
25	26	28	30	32	34	35	38	40	42	48	48	50	52	55	58
60	65	70	75	80	85	90	95	100	105	110	115	120	130		

③ 轴颈直径。与滚动轴承配合的轴径必须符合滚动轴承的内径标准。

④ 设有轴肩或轴环的非配合段轴径，由轴肩的高度 h 确定，可不按轴的直径标准。

⑤ 轴上的螺纹直径应符合螺纹标准。

⑥ 轴上花键部分必须符合花键标准。

(2) 轴的各段长度

轴的各段长度主要由轴上零件及相互间的距离所决定。确定轴的各段长度时，应注意以下几个问题。

① 与零件相配合的轴头长度，应比轮毂长度稍短些(约短 2～3 mm)，以保证零件的轴向定位可靠。

② 轴颈的长度取决于滚动轴承的宽度尺寸。

③ 轴上转动零件之间或转动件与箱壳内壁之间应留有适当间隙，一般取 10～15 mm，以防运转时相碰。

④ 装有紧固件(如螺母、挡圈等)的轴段，其长度应保证装拆或调整紧固件时，有一定扳手空间，通常取 15～20 mm。

3.2.5.2 轴的设计计算

1. 轴的抗扭强度计算

转轴设计，一般是按轴传递的转矩估算出轴上受扭转轴段的最小直径，并以其作为基本参考尺寸进行轴的结构设计。

由材料力学可知，轴段扭转强度条件是

$$\tau = \frac{T}{W_p} = \frac{9.55 \times 10^6 \frac{P}{n}}{0.2 d^3} \leqslant [\tau] \tag{3-2-60}$$

式中，τ 为扭转剪应力，N/mm²；W_p 为抗扭截面系数，d 为轴段直径；T 为转矩；$[\tau]$ 为轴材料的许用扭转剪应力，MPa。

由此得轴的最小直径的估算公式

$$d \geqslant \sqrt[3]{\frac{5 \times 9.55 \times 10^6 P}{[\tau] n}} = C \sqrt[3]{\frac{P}{n}} \tag{3-2-61}$$

式中，C 为计算常数，取决于轴的材料及受力情况，如表 3-2-6 所示。

表 3-2-6 计算常数 C

轴的材料	Q235A、20	35	45	40Cr、35SiMn
$[\tau]$/MPa	12～20	20～30	30～40	40～52
C	160～135	135～118	118～107	107～98

当截面揩油键槽时,考虑键槽对轴强度的削弱,应增大直径。如轴上有一个键槽,可将算得的最小直径增大 3%～5%,如有两个键槽可增大 7%～10%。求出直径值,需圆整成标准直径。

此外,也可按经验公式来估算轴的直径。例如在一般减速器中,高速输入轴的直径可按与其相连的电动机轴的直径 D 估算,$d=(0.8～1.2)D$;各级低速轴段直径可按同级齿轮的中心距 a 估算,$d=(0.3～0.4)a$。

2. 轴的弯扭合成强度计算

通过轴的结构设计,轴的主要结构尺寸、轴上零件的位置以及外载荷和支反力的作用位置均已确定,轴上的载荷(弯矩和扭矩)已可以求得,因而可按弯扭合成强度条件对轴进行强度校核计算。

对于钢制的轴,按第三强度理论,强度条件为

$$\sigma_e = \frac{M_e}{W} = \frac{\sqrt{M^2+(\alpha T)^2}}{\frac{1}{32}\pi d^3} \approx \frac{\sqrt{M^2+(\alpha T)^2}}{0.2d^3} \leqslant [\sigma_{-1}]_b \quad (3\text{-}2\text{-}62)$$

设计公式

$$d \geqslant \sqrt[3]{\frac{M_e}{0.1[\sigma_{-1}]_b}} \quad (3\text{-}2\text{-}63)$$

式中:轴的直径单位为 mm;

σ_e 为当量应力,单位为 MPa;

d 为轴的直径,单位是 mm;

$M_e = \sqrt{M^2+(\alpha T)^2}$ 为当量弯矩;

M 为危险截面的合成弯矩,$M = \sqrt{M_H^2 + M_V^2}$,M_H 为水平面上的弯矩,M_V 为垂直面上的弯矩;

W 为轴危险截面抗弯截面系数;

α 为将扭矩折算为等效弯矩的折算系数。因为弯矩引起的弯曲应力为对称循环的变应力,而扭矩所产生的扭转剪应力往往为非对称循环变应力,所以,α 与扭矩变化情况有关,即

$$\left. \begin{array}{l} \dfrac{[\sigma_{-1}]_b}{[\sigma_{-1}]_b} = 1 \text{——扭矩对称循环变化} \\[6pt] \dfrac{[\sigma_{-1}]_b}{[\sigma_0]_b} \approx 0.6 \text{——扭矩脉动循环变化} \\[6pt] \dfrac{[\sigma_{-1}]_b}{[\sigma_{+1}]_b} \approx 0.3 \text{——不变的扭矩} \end{array} \right\} \quad (3\text{-}2\text{-}64)$$

$[\sigma_{-1}]_b$、$[\sigma_0]_b$、$[\sigma_{+1}]_b$ 分别为对称循环、脉动循环及静应力状态下的许用弯曲应力,其值如表 3-2-7 所示。

对于重要的轴,还要考虑影响疲劳强度的一些因素而作精确验算。内容可参看有关书籍。

表 3-2-7 轴的许用弯曲应力

材料	σ_b	$[\sigma_{+1}]_b$	$[\sigma_0]_b$	$[\sigma_{-1}]_b$
碳素钢	400	130	70	40
	500	170	75	45
	600	200	95	55
	700	230	110	65
合金钢	800	270	130	75
	900	300	140	80
	1 000	330	150	90
铸钢	400	100	50	30
	500	120	70	40

3. 轴的刚度计算概念

轴受载荷的作用后会发生弯曲、扭转变形,若变形过大会影响轴上零件的正常工作,例如装有齿轮的轴,如果变形过大会使啮合状态恶化。因此对于有刚度要求的轴必须要进行轴的刚度校核计算。

(1) 轴的弯曲刚度校核计算

应用材料力学的计算公式和方法算出轴的挠度 y 或转角 θ,并使其满足下式

$$y \leqslant [y] \tag{3-2-65}$$
$$\theta \leqslant [\theta] \tag{3-2-66}$$

(2) 轴的扭转刚度校核计算

应用材料力学的计算公式和方法算出轴每米长的扭转角 φ,并使其满足下式

$$\varphi \leqslant [\varphi] \tag{3-2-67}$$

4. 轴的设计步骤

(1) 选择轴的材料。根据轴的工作要求,加工工艺性、经济性,选择合适的材料和热处理工艺。

(2) 初步确定轴的直径。按扭转强度计算公式,计算出轴的最细部分的直径。

(3) 轴的结构设计。要求:①轴和轴上零件要有准确、牢固的工作位置;②轴上零件装拆、调整方便;③轴应具有良好的制造工艺性等;④尽量避免应力集中;根据轴上零件的结构特点,首先要预定出主要零件的装配方向、顺序和相互关系,它是轴进行结构设计的基础,拟定装配方案,应先考虑几个方案,进行分析比较后再选优。

原则:①轴的结构越简单越合理;②装配越简单越合理。

(4) 轴的强度设计

完成轴的结构设计后,作用在轴上外载荷(转矩和弯矩)的大小、方向、作用点、载荷种类及支点反力等就已确定,可按弯扭合成的理论进行轴危险截面的强度校核。

进行强度计算时通常把轴当做置于铰链支座上的梁,作用于轴上零件的力作为集中力,其作用点取为零件轮毂宽度的中点。支点反力的作用点一般可近似地取在轴承宽度的中点上。一般计算顺序如下:

① 画出轴的空间力系图。将轴上作用力分解为水平面分力和垂直面分力,并求出水平面和垂直面上的支点反力。

② 分别画出水平面上的弯矩图 M_H 和垂直面上的弯矩图 M_V。

③ 计算出合成弯矩 $M = \sqrt{M_H^2 + M_V^2}$,画出合成弯矩图。

④ 计算转矩 T,作出转矩图。

⑤ 计算当量弯矩 $M_e=\sqrt{M^2+(\alpha T)^2}$,画出当量弯矩图。式中 α 为考虑弯曲应力与扭转剪应力循环特性的不同而引入的修正系数。通常弯曲应力为对称循环变化应力,而扭转剪应力随工作情况的变化而变化。

⑥ 校核轴的强度:M_{camax}处;M_{ca}较大,轴径 d 较小处。

⑦ 校核轴的刚度:$y \leq [y]$;$\theta \leq [\theta]$;$\varphi \leq [\varphi]$。(需要刚度计算的轴类零件要进行刚度计算)

注意:如果计算所得 d 大于轴的结构设计 $d_{结构}$,则应重新设计轴的结构。

【**例 3-2-22**】 如图 3-2-61 所示的斜齿圆柱齿轮减速器的从动轴(X 轴)。已知传递功率 $P=8$ kW,从动齿轮的转速 $n=280$ r/min,分度圆直径 $d=265$ mm,圆周力 $F_t=2059$ N,径向力 $F_r=763.8$ N,轴向力 $F_a=405.7$ N。齿轮轮毂宽度为 60 mm,工作时单向运转,轴承采用深沟球轴承。

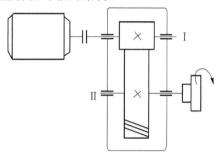

图 3-2-61　例 3-2-22 图

解:

(1) 选择轴的材料,确定许用应力

由已知条件知减速器传递中小功率,对材料无特殊要求,故选用 45 钢并经调质处理。查表得强度极限 $\sigma_b=650$ MPa,许用弯曲应力 $[\sigma_{-1b}]=60$ MPa。

(2) 按扭转强度估算轴径

根据表 3-2-6 得 $C=118 \sim 107$,代入得

$$d \geq C\sqrt[3]{\frac{P}{n}}=(107 \sim 118)\sqrt[3]{\frac{8}{280}} \text{ mm}=32.7 \sim 36.1 \text{ mm}$$

考虑到轴的最小直径处要安装联轴器,会有键槽存在,故将估算直径加大 3%~5%,取为 33.86~37.91 mm。由设计手册取标准直径 $d_1=35$ mm。

(3) 设计轴的结构并绘制结构草图

由于设计的是单级减速器,可将齿轮布置在箱体内部中央,将轴承对称安装在齿轮两侧,轴的外伸端安装半联轴器。

① 确定轴上零件的位置和固定方式。要确定轴的结构形状,必须先确定轴上零件的装拆顺序和固定方式。确定齿轮从轴的右端装入,齿轮的左端用轴肩(或轴环)定位,右端用套筒固定。这样齿轮在轴上的轴向位置被完全确定。齿轮的周向固定采用平键联接。轴承对称安装于齿轮的两侧,其轴向用肩固定,周向采用过盈配合固定。

② 确定各轴段的直径。如图 3-2-62(a)所示,轴段①(外伸端)直径最小,$d_1=35$ mm;考虑到要对安装在轴段①上的联器进行定位,轴段②上应有轴肩,同时为能很顺利地在轴段②上安装轴承,轴段②必须满足轴承内径的标准,故取轴段②的直径 d_2 为 40 mm;用相同的方法确定轴段③、④的直径 $d_3=45$ mm、$d_4=55$ mm;为了便于拆卸左轴承,可查出 6208 型滚动轴承的安装高度为 3.5 mm,取 $d_5=47$ mm。

③ 确定各轴段的长度。齿轮轮毂宽度为 60 mm,为保证齿轮固定可靠,轴段③的长度应略短于齿轮轮毂宽度,取为 58 mm;为保证齿轮端面与箱体内壁不相碰,齿轮端面与箱体内壁应留有一定的间距,取该间距为 15 mm;为保证轴承安装在箱体轴承座孔中(轴承宽度为 18 mm),并考虑到轴承的润滑,取轴承端面距箱体内壁的距离为 5 mm,所以轴段④的长度取为 20 mm,轴承支点距离 $l=118$ mm;根据箱体结构及联轴器距轴承盖要有一定距离的要求,取 $l'=75$ mm;查阅有关的联轴器手册取 l'' 为 70 mm;在轴段①和③上分别加工出键槽,使两

键槽处于同一圆柱母线上，键槽的长度比相应的轮毂宽度小约 5～10 mm，键槽的宽度按轴段直径查手册得到。

④ 选定轴的结构细节，如圆角、倒角、退刀槽等的尺寸。

按设计结果画出结构草图(图 3-2-62(a))。

(4) 按弯扭合成强度校核轴径

① 画出轴的受力图(图 3-2-62(b))。

② 作水平面内的弯矩图(图 3-2-62(c))。支点反力为

$$F_{HA}=F_{HB}=\frac{F_{t2}}{2}=\frac{2\,059}{2}\text{ N}=1\,030\text{ N}$$

Ⅰ-Ⅰ 截面处的弯矩为

$$M_{HI}=1\,030\times\frac{118}{2}\text{N}\cdot\text{mm}=6\,0770\text{ N}\cdot\text{mm}$$

Ⅱ-Ⅱ 截面处的弯矩为

$$M_{HⅡ}=1\,030\times29\text{ N}\cdot\text{mm}=29\,870\text{ N}\cdot\text{mm}$$

③ 作垂直面内的弯矩图(图 3-2-62(d))支点反力为

$$F_{VA}=\frac{F_{r2}}{2}-\frac{F_{a2}\cdot d}{2l}=\left(\frac{763.8}{2}-\frac{405.7\times265}{2\times118}\right)\text{N}=-73.65\text{ N}$$

$$F_{VB}=F_{r2}-F_{VA}=(763.8-(-73.65))\text{N}=837.5\text{ N}$$

Ⅰ-Ⅰ 截面左侧弯矩为

$$M_{VI左}=F_{VA}\cdot\frac{l}{2}=-73.65\times\frac{118}{2}\text{ N}\cdot\text{mm}=-4\,345\text{ N}\cdot\text{mm}$$

Ⅰ-Ⅰ 截面左侧变矩为

$$M_{VI右}=F_{VB}\cdot\frac{l}{2}=837.5\times\frac{118}{2}\text{ N}\cdot\text{mm}=49\,410\text{ N}\cdot\text{mm}$$

Ⅱ-Ⅱ 截面处的弯矩为

$$M_{VⅡ}=F_{VB}\cdot29=837.5\times29\text{ N}\cdot\text{mm}=24\,287.5\text{ N}\cdot\text{mm}$$

④ 作合成弯矩图(图 3-2-62(e))

$$M=\sqrt{M_H^2+M_V^2}$$

Ⅰ-Ⅰ 截面

$$M_{I左}=\sqrt{M_{VI左}^2+M_{HI}^2}=\sqrt{(-4\,345)^2+(60\,770)^2}\text{N}\cdot\text{mm}=60\,925\text{ N}\cdot\text{mm}$$

$$M_{I右}=\sqrt{M_{VI右}^2+M_{HI}^2}=\sqrt{(49\,410)^2+(60\,770)^2}\text{N}\cdot\text{mm}=78\,320\text{ N}\cdot\text{mm}$$

Ⅱ-Ⅱ 截面

$$M_Ⅱ=\sqrt{M_{VⅡ}^2+M_{HⅡ}^2}=\sqrt{(24\,278.5)^2+(29\,870)^2}\text{N}\cdot\text{mm}=39\,776\text{ N}\cdot\text{mm}$$

⑤ 作转矩图(图 3-2-62(f))

$$T=9.55\times10^6\frac{P}{n}=9.55\times10^6\times\frac{8}{280}\text{N}\cdot\text{mm}=272\,900\text{ N}\cdot\text{mm}$$

⑥ 求当量弯矩

因减速器单向运转，故可认为转矩为脉动循环变化，修正因数 α 为 0.6。

Ⅰ-Ⅰ 截面

$$M_{eI}=\sqrt{M_{I右}^2+(\alpha T)^2}=\sqrt{78\,320^2+(0.6\times272\,900)^2}\text{N}\cdot\text{mm}=181\,500\text{ N}\cdot\text{mm}$$

Ⅱ-Ⅱ 截面

$$M_{eⅡ}=\sqrt{M_Ⅱ^2+(\alpha T)^2}=\sqrt{39\,776^2+(0.6\times272\,900)^2}\text{N}\cdot\text{mm}=168\,502\text{ N}\cdot\text{mm}$$

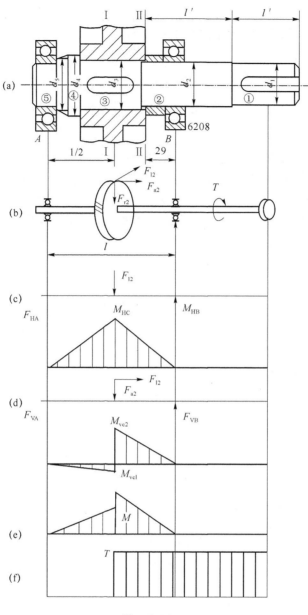

图 3-2-62

⑦ 确定危险截面及校核强度

由图 3-2-61 可以看出,截面 Ⅰ-Ⅰ、Ⅱ-Ⅱ 所受转矩相同,但弯矩 $M_{eⅠ}>M_{eⅡ}$,且轴上还有键槽,故截面 Ⅰ-Ⅰ 可能为危险截面。但由于轴径 $d_3>d_2$,故也应对截面 Ⅱ-Ⅱ 进行校核。

Ⅰ-Ⅰ 截面

$$\sigma_{eⅠ}=\frac{M_{eⅠ}}{W}=\frac{181\ 500}{0.1d_3^3}=\frac{181\ 500}{0.1\times45^3}\text{MPa}=19.9\ \text{MPa}$$

Ⅱ-Ⅱ 截面

$$\sigma_{eⅡ}=\frac{M_{eⅡ}}{W}=\frac{168\ 502}{0.1\times d_2^3}=\frac{168\ 502}{0.1\times40^3}\text{MPa}=26.3\ \text{MPa}$$

查表 3-2-7 得 $[\sigma_{-1}]_b=60\ \text{MPa}$,满足 $\sigma_e\leqslant[\sigma_{-1}]_b$ 的条件,故设计的轴有足够强度,并有一定裕量。

(5) 修改轴的结构

因所设计轴的强度裕度不大，此轴不必再作修改。

(6) 绘制轴的零件图(略)。

3.3 轴　　承

轴承是支承轴及轴上零件的重要部件，它能保持轴的旋转精度，减小相对转动零件之间的摩擦和磨损。合理地选择和使用轴承对提高机器的使用性能、延长寿命起着重要的作用。

按轴承工作的性质不同，可分为滑动轴承和滚动滚动轴承两大类。滚动轴承是由专门工厂制造的标准组件。它适应的转速范围很宽，摩擦损失小，对启动没有持殊的要求，工作时维护要求不高，所以在一般机器中广泛使用。但在某些场合下必须采用滑动轴承。

3.3.1 滑动轴承

滑动轴承在高速、高精度、重载、结构上要求剖分等场合下，获得广泛应用，并具有结构简单，便于安装，抗冲击能力强等优点，但它也存在着摩擦和损耗较大，轴向结构不紧凑，使用维护比较复杂，因而多数机械设备中广泛使用滚动轴承。然而，滑动轴承也具有滚动轴承所不能替代的一些特点：结构简单、制造装拆方便；具有良好的耐冲击性和良好的减震性能，运转平稳、旋转精度高；承载能力大、使用寿命长等。

3.3.1.1 滑动轴承的用途

(1) 适用于承受较大冲击和震动载荷的场所。由于轴承的轴瓦与轴颈表面间存在润滑油膜，因此它具有缓冲吸震作用，内燃机、冲床等机器就是利用这一特点而选用它。

(2) 适用于要求对轴支承位置特别精确的场所。

(3) 适用于工作转速特别高的场所。因为在这种转速下，滚动轴承的寿命比较短，而实现液体摩擦的滑动轴承可以长期工作。

(4) 适用于根据装配要求必须做成剖分式的场所。

(5) 适用于径向尺寸受限制的场所。由于滑动轴承径向尺寸小，轴向尺寸大；而滚动轴承则相反。在有些重型机器上，由于载荷很大，如选用滚动轴承，直径就很大，这在结构设计上往往遇到很大困难，因此常采用滑动轴承。

(6) 适用于某些特殊条件下工作的场所。

滑动轴承在金属切削、汽轮机、轧钢机、铁路机车及车辆设备上仍应用广泛。

根据轴承承受载荷的方向，滑动轴承分为向心轴承和推力轴承两类。向心轴承只能承受径向载荷，轴承上的反作用力与轴的中心线垂直；推力轴承只能承受轴向载荷，轴承上的反作用力与轴的中心线方向一致。

按轴承摩擦性质不同，可分为液体摩擦轴承和非液体摩擦轴承。液体摩擦轴承的原理是在轴颈与轴瓦的摩擦面间有充足的润滑油，润滑油的厚度较大，将轴颈和轴瓦表面完全隔开，因而摩擦系数很小。由于始终能保持稳定的液体润滑状态，主要用于高速、重载、有冲击载荷和要求回转精度高的场合。非液体摩擦轴承依靠吸附于轴和轴承孔表面的极薄油膜，但不能完全将两摩擦表面隔开、有一部分表面直接接触，因而摩擦系数大。如果润滑油完全耗尽，将会出现干摩擦，磨损量大，甚至发生胶合破坏，主要用于低速、轻载和要求不高的场合。

3.3.1.2 滑动轴承的主要类型和结构

常用的径向滑动轴承,我国已经制定了标准,通常情况下可以根据工作条件进行选用。径向滑动轴承可以分为整体式和剖分式两大类。

1. 径向滑动轴承

(1) 整体式径向滑动轴承

整体式滑动轴承(JB/T2560—91),如图3-3-1所示为整体式滑动轴承。

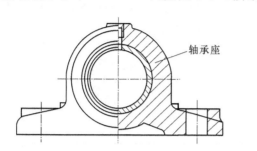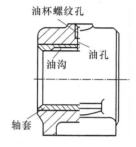

图 3-3-1 整体式径向滑动轴承

它由轴承座和轴承套组成。轴承套压装在轴承座孔中,一般配合为H8/s7。轴承座用螺栓与机座联接,顶部设有安装注油油杯的螺纹孔。轴承座的材料主要是铸铁,轴承座内用压力装入轴套,轴套由减摩材料制成的,开有油孔和油沟,以便加入润滑油。轴承顶部设有装油杯的螺纹孔,底部设有螺栓孔,可用螺栓将轴承与机座连接。这种轴承结构简单、制造成本低,整体式滑动轴承多用于低速、轻载和间歇工作的场合,例如手动机械、农业机械等。

这类轴承座的标记为:HZ×××轴承座 JB/T2560,其中 H 表示滑动轴承座,Z 表示整体式,××× 表示轴承内径(单位 mm)。

(2) 剖分式滑动轴承

剖分式滑动轴承是由轴承盖、轴承座、剖分轴瓦和螺栓组成。如图 3-3-2 所示。

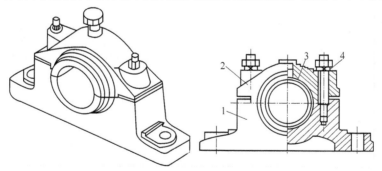

图 3-3-2 剖分式径向滑动轴承

轴承座水平剖分为轴承座和轴承盖两部分,并用 2 或 4 个螺栓联接。为了防止轴承盖和轴承座横向错动和便于装配时对中,轴承盖和轴承座的剖分面做成阶梯状。对开式滑动轴承在装拆轴时,轴颈不需要轴向移动,装拆方便。另外,适当增减轴瓦剖分面间的垫片,以调整轴颈与轴承之间的间隙。如果轴承所受的径向载荷方向超过剖分面垂线 35°的范围,必须使用斜剖分面轴承。轴瓦是轴承直接和轴颈相接触的零件,由减摩材料制成。为使润滑油能均匀地分布在整个工作表面上,一般在不承受载荷的轴瓦表面开出油沟和油孔。轴承的剖分面最好与载荷方向近于垂直,多数轴承的剖分面是水平的,也有做成倾斜的。轴承座和轴承盖的剖分面常做成阶梯形,以便定位和防止工作时错动。此处放有垫片,以便磨损后调整轴承的径向间隙,故装拆方便,广泛应用。

这类轴承轴瓦与座孔之间的配合为 H8/m7。轴承座标记为：H2×××轴承座 JB2561—91（或 H4×××），其中 H 表示滑动轴承座，2(4)表示螺栓数，×××表示轴承内径（单位 mm）。

（3）自动调心轴承。

当轴的弯曲变形或安装误差较大时，它将会造成轴颈与轴瓦两端的局部接触，从而引起剧烈的磨损和发热。轴承宽度 B 越大，上述现象越严重如图 3-3-3 所示。因此，宽径比 B/d 大于 1.5 时，宜采用自动调心式轴承。其特点是轴瓦的外支承面做成凸球面，与轴承盖和轴承座上的凹球面相配合，轴瓦可随轴的弯曲或倾斜而自动调位，以保证轴颈与轴瓦的均匀接触，适用于轴承支座间跨距较大或轴颈较长的场合。这种轴承的结构如图 3-3-4 所示。

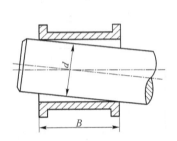 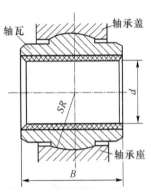

图 3-3-3　轴变形后造成的边缘接触　　　　图 3-3-4　自动调心轴

3.3.1.3　止推滑动轴承

推力滑动轴承仅能承受轴向载荷，与向心轴承联合使用才能同时承受径向和轴向载荷。由轴承座和止推轴颈等组成，其常用结构如图 3-3-5 所示。

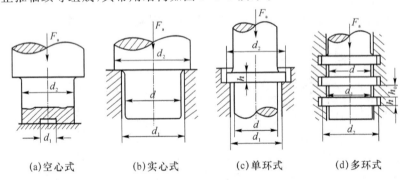

图 3-3-5　推力轴承的基本结构形式图

图 3-3-5(a)所示为空心端面推力轴承，接触面积减小，润滑条件有所改善，从而避免了实心式的一些缺点；图中(b)所示为实心端面推力轴承，这种轴承接触面上的压强分布不均匀，对润滑不利，靠近边缘部分磨损较快，使用较少；图(c)所示为单环式推力轴承，利用轴颈的环形端面承载，结构简单，常用于低速、轻载的场合；图(d)所示为多环式推力轴承，采用多个环承担轴向载荷，提高了承载能力，同时能可承受双方向的轴向载荷。

3.3.1.4　轴瓦结构及材料

1．轴瓦结构

轴瓦在轴承中直接与轴颈接触，其结构是否合理对轴承的承载能力及使用寿命影响较大，在设计轴瓦结构时应考虑的主要因素有：强度、减磨性、定位、装拆等。

常用的轴瓦分为整体式和剖分式两种结构。图 3-3-6(a)所示为整体式轴瓦,轴瓦上开有油孔和油沟,以便把润滑油导入整个摩擦表面。剖分式轴瓦分为上轴瓦和下轴瓦,如图 3-3-6(b)所示,轴瓦两端有凸肩作为轴向定位,并能承受一定的轴向力。

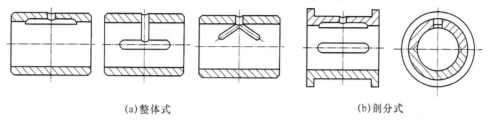

(a)整体式　　　　　　　　　　(b)剖分式

图 3-3-6　轴瓦

为改善轴瓦的摩擦性能及节省贵重的合金材料,通常在轴瓦的内表面浇注一层轴承衬的减磨材料,其厚度在 0.55 mm 范围以内。通常情况下,轴承合金层愈薄,其疲劳强度愈高,这种具有轴承衬的轴瓦结构又称为双金属轴瓦。有时还可在轴承衬表面再镀上一层或多层薄薄的其他金属材料,称之为三金属轴瓦或多金属轴瓦。

为使润滑油能顺利流入轴瓦的整个工作表面中,轴瓦上要制出进油孔和油沟以便输送润滑油,常见的油沟形式如图 3-3-7 所示。润滑油应该自油膜压力最小的地方输入轴承。滑动轴承的油孔和油沟均不能开设在轴瓦的承载区内,否则会明显降低油膜的承载能力。

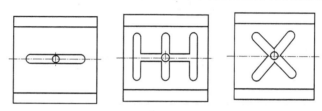

图 3-3-7　常见的油沟形式

2. 轴瓦材料

轴瓦是滑动轴承中的重要零件,轴瓦和轴承衬的材料统称轴承材料。轴承材料应具有磨擦系数小、耐磨、耐腐蚀、抗胶合、足够的机械强度、良好的可塑性、导热性、加工工艺性等特点。

常用的轴瓦材料分为 3 大类:金属材料,例如轴承合金、青铜、铝基合金、锌基合金、减摩铸铁等;多孔质金属材料例如粉末冶金材料;非金属材料,例如橡胶、塑料、硬木等。

(1) 轴承合金

轴承合金是锡、铅、锑、铜的合金,它以锡或铅作为基体,含锑锡(Sb-Sn)或铜锡(Cu-Sn)为硬质点。硬质点起抗磨作用,软基体则增加材料的塑性。轴承合金的弹性模量和弹性极限都很低,在所有轴承材料中,它的嵌入性及摩擦顺应性最好,很容易和轴颈磨合,也不易与轴颈发生胶合。但轴承合金的强度很低,不能单独制作轴瓦,只能粘附在青铜、钢或铸铁轴瓦上作轴承衬。轴承合金适用于重载、中高速场合。轴承合金又称为巴氏合金或白合金,分为锡基和铅基轴承合金两类。锡基轴承合金的摩擦系数小,抗胶合能力好,对油的吸附性强,耐腐蚀性好,易跑合,它适用于高速、重载的场合。铅基轴承合金的性能较脆,不宜承受冲击载荷,适用于中速、中载的场合。

(2) 铜合金

铜合金具有较高的强度,较好的减磨性和耐磨性。由于青铜的减磨性和耐磨性比黄铜好,故青铜是最常用的材料。青铜有锡青铜、铅青铜和铝青铜等几种,其中锡青铜的减摩性和耐磨性最好,应用广泛。但锡青铜比轴承合金硬度高,磨合性及嵌入性差,适用于重载及中速场合。铅青铜抗胶合能力强,适用于高速、重载的场合。铝青铜的强度及硬度较高,抗胶合能力较差,适用于低速重载场合。青铜的疲劳强度、耐磨性与减摩性较好,能在较高温度下工作,但可塑性差,不易跑合,适用于中速重载、中速中载及低速重载的场合。

(3) 铝基轴承合金

铝基轴承合金应用最广泛,有较好的耐蚀性和较高的疲劳强度。铝基轴承合金在一些领域可以取代较贵的轴承合金和青铜。铝基轴承合金可以制成单金属零件,也可以制成双金属零件,双金属轴瓦以铝基轴承合金为轴承衬,以钢作衬背。铝合金有低锡和高锡两类。铝合金强度高,耐磨性、耐腐蚀性和导热性好,但要求轴颈有较高的硬度和较小的表面粗糙度,轴承的间隙也要稍大些。适用于中速中载、低速重载的场合。

(4) 灰铸铁和耐磨铸铁

普通灰铸铁、耐磨灰铸铁、球墨铸铁等都可以用作轴承材料。这类材料由于存在石墨,故具有一定的减摩性和耐磨性。此外石墨能吸附碳氢化合物,有助于提高边界润滑性能,故采用灰铸铁作轴承材料时应加润滑油。由于铸铁性脆、磨合性能差,故只适用于轻载低速和不受冲击载荷的场合。

(5) 多孔质金属材料。

多孔质金属材料是一种粉末冶金材料,它具有多孔组织,采取适当措施使轴承所有细孔都充满润滑油的称为含油轴承,因此它具有自润滑性。常用的含油轴承材料有多孔铁与多孔青铜两种。

(6) 非金属材料。

非金属材料主要特点是摩擦系数小,耐腐蚀,但导热性能差,易变形,常用的有塑料、橡胶和木材等。塑料分为酚醛塑料、尼龙和聚四氟乙烯等。一般用于温度不高、载荷不大的场合。橡胶的弹性较大,能适应轴的小量偏斜及在有震动的条件下工作。

常用的金属轴瓦材料的性能及用途如表 3-3-1 所示。

表 3-3-1 常用轴瓦材料性能及用途简表

轴瓦材料		最大许用值			最高工作温度/℃	最小轴颈硬度/HB	性能及用途
		$[p]$/MPa	$[v]$/m·s^{-1}	$[pv]$/MPa·m·s^{-1}			
轴承合金	ZSnSb10Cu6	平稳载荷			150	150	用于高速、重载下工作的重要轴承,变载荷下易于疲劳,价格昂贵
		20	80	20			
		冲击载荷					
		20	60	15			
	ZPbSb16Sn16Cu2	15	12	10	150	150	用于中速、中等载荷的轴承。不宜受大冲击。可作为锡锑轴承合金的代用品
锡青铜	ZCuSn10P1	15	10	15	280	200	用于中速、重载及受变载荷的轴承
	ZCuSn5Pb5Zn5	8	3	15			用于中速、中载的轴承
铅青铜	ZCuPb30	25	12	30	280	300	用于高速、重载轴承,能承受变载荷冲击
铝青铜	ZCuAl10Fe3	15	4	12	280	300	用于润滑充分的低速重载轴承
黄铜	ZCuZn16Si4	12	2	10	200	200	用于低速、中载

续表

轴瓦材料		最大许用值			最高工作温度/℃	最小轴颈硬度/HB	性能及用途
		$[p]$/MPa	$[v]$/m·s^{-1}	$[pv]$/MPa·m·s^{-1}			
三元电镀合金	铝-硅-镉镀层	14～35	—	—	170	250	镀铝锡青铜作中间层,再镀10～30μm三元减摩层,疲劳强度高,顺应性、嵌藏性好
耐磨铸铁	HT300	0.1～6	0.75～3	0.3～4.5	150	<150	用于低速、轻载不重要轴承,价格低廉
多孔质金属	多孔青铜	14	4	1.6	125	—	具有成本低、含油量多、耐磨性好等特点,应用很广。常用制作磨粉机轴承,机床油泵衬套、内燃机凸轮轴衬套等
	多孔铁	21	7.6	1.8	125	—	
非金属轴承材料	酚醛树脂	41	13	0.18	120	—	抗胶合性好,强度好,导热性差,可用水润滑,易膨胀,间隙应大一些
	铁-石墨	4	13	0.5（干）0.25（湿）	400	—	有自润滑性,高温稳定性好,耐腐蚀能力强,常用于要求清洁工作的机器中
	木材	14	10	0.5	65	—	有自润滑性。耐酸、油及其他化学药品,用于要求清洁工作的轴承
	橡胶	0.34	5	0.53	65	—	橡胶能隔震、降低噪声、减小动载,补偿误差。导热性差,需加强冷却,常用于水、泥浆等工业设备中,温度高、易老化

注：$[pv]$值为混合摩擦润滑下许用值。

3.3.1.5 滑动轴承的润滑

滑动轴承润滑的主要目的在于降低摩擦和减少磨损,同时还可以起到冷却、防尘、吸震、防锈等作用。润滑方式对轴承工作性能有很大影响。

常用的润滑剂可分为：液体润滑剂、半固体润滑剂、固体润滑剂和气体润滑剂4种,最常用的润滑材料是润滑油和润滑脂。

1．润滑剂

（1）润滑油

润滑油的主要物理及化学性能指标是：黏度、黏度指数、油性、闪点、凝点、酸值等。对于动压润滑轴承,黏度是最重要的指标,也是选择轴承用油的主要依据。

选择轴承用润滑油的黏度时,应考虑轴承压力、滑动速度、摩擦表面润滑方式等条件。基本原则如下:压力大、变载等条件下,应选用黏度较高的润滑油;滑动速度大,容易形成油膜,选用黏度较低的润滑油;表面粗糙度大,应选用黏度较高的润滑油;循环润滑、芯捻润滑应选用黏度较低的润滑油;飞溅润滑应选用高品质的润滑油;低温工作的轴承应选用凝点低的润滑油。

对于混合润滑轴承,主要应根据油性来选择润滑油,可参考表 3-3-2 选取。

表 3-3-2 混合润滑轴承的润滑油选择(工作温度<60℃)

轴颈速度/m·s^{-1}	平均压强 $p<3$ MPa	轴颈速度/m·s^{-1}	平均压强 $p=3\sim7.5$ MPa
<0.1	机械油 AN100、AN150	<0.1	机械油 AN150
0.1~0.3	机械油 AN68、AN100	0.1~0.3	机械油 AN100、AN150
0.3~2.5	机械油 AN46、AN68	0.3~0.6	机械油 AN100
2.5~5	机械油 AN32、AN46 汽轮机油 TSA46	0.6~1.2	机械油 AN68、AN100
5~9	机械油 AN100、AN150 汽轮机油 TSA32、TSA46	1.2~2.0	机械油 AN68
>9	机械油 AN7、AN10、AN15		

(2) 润滑脂

润滑脂是由矿物油与各种稠化剂混合制成。润滑脂稠度大,承载能力高,不易流失,不需经常添加、温度影响小,但摩擦损耗大,不宜用于温度变化大或高速下使用,一般适用于轴颈速度低于 1~2 m/s 的滑动轴承。

工业上应用最广泛的润滑脂是钙基润滑脂,它在 100 ℃ 附近稠度开始急剧降低,因此只能在 60℃ 以下使用。钠基润滑脂滴点高,一般在 120℃ 以下,但怕水。锂基润滑脂有一点抗水性和较好的稳定性,适用于 -20~120℃。

2. 润滑方式

滑动轴承的供油方法很多,常分为间歇式和连续式,连续供油比较可靠。低速和间歇工作的轴承可用油壶定时向轴承的油孔内注油。为了不让污物进入轴承,可在油孔内装注油杯。比较重要的轴承应使用连续供油方法。针阀式油杯如图 3-3-8(a)、(b)所示。

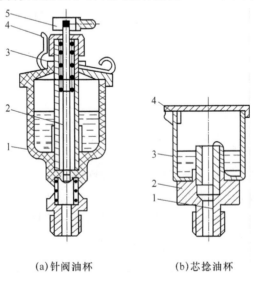

(a) 针阀油杯　　(b) 芯捻油杯

图 3-3-8 油杯滴油润滑装置

1—杯体;2—针阀;3—弹簧;4—调节螺母;5—手柄　　1—油芯;2—接头;3—杯体;4—杯盖

在高速重载、变载荷或重要设备中使用的滑动轴承,应采用压力循环润滑。它是利用油压将润滑油送入轴承工作表面,这是润滑方法,不仅润滑效果好,且还能起冷却冲洗作用,但结构复杂,成本较高。

为保证滑动轴承在工作时获得良好的润滑效果,必须根据滑动轴承的工作条件选用恰当的润滑方法及装置。滑动轴承的润滑方式,可根据系数 k 值选择,如表 3-3-3 所示。$k=\sqrt{pv^3}$,式中:p 为轴颈的平均压强,单位为 MPa;v 为轴颈的圆周速度,单位为 m/s。

表 3-3-3 滑动轴承的润滑方式及装置的选择

系数 k	≤2	2∶16	16∶32	>32
润滑方法	间歇式	连续式		
润滑装置	油壶、注油杯	针阀油杯润滑	飞溅、油杯、浸油润滑	压力循环润滑

3.3.2 滚动轴承

滚动轴承是标准件,由轴承标准件厂生产。设计中只需进行寿命计算,通过手册和资料选定轴承的类型和尺寸,并进行轴承的组合设计。

3.3.2.1 滚动轴承的结构、类型和特点以及材料选用

1. 滚动轴承的基本结构

滚动轴承实际上是一个组合标准件,其基本结构如图 3-3-9 所示。它主要有内圈、外圈、滚动体和保持架等四部分所组成。通常其内圈与轴颈配合,外圈的外径与轴承座或机架座孔相配合。一般情况是内圈随轴回转,外圈不动;也有外圈回转、内圈不动或内、外圈分别按不同转速回转等使用情况。滚动体使相对运动表面间的滑动摩擦变为滚动摩擦,保持架使滚动体在内外圈滚道之间均匀分布,以减少滚动体之间的摩擦和磨损。

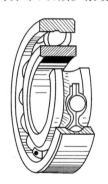 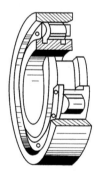

图 3-3-9 滚动轴承的基本结构

2. 滚动轴承的类型和特点

滚动轴承按结构特点的不同有多种分类方法。各类轴承分别用于不同载荷、转速及特殊需要的场合。

(1)按所能承受载荷的方向或公称接触角的不同可分为向心轴承和推力轴承。

表 3-3-4 各类轴承的公称接触角

轴承类型	向心轴承		推力轴承	
	径向接触轴承	向心角接触轴承	推力角接触轴承	轴向接触轴承
公称接触角 α	α=0°	0°<α≤45°	45°<α<90°	α=90°
图例(以球轴承为例)				

表 3-3-4 中公称接触角 α 是滚动轴承中滚动体套圈接触处的法线与轴承径向平面(垂直于轴承轴心线的平面)之间的夹角,是滚动轴承的一个主要参数,轴承的受力分析和承载能力等与公称接触角有关,公称接触角越大,轴承承受轴向载荷的能力也越大。

向心轴承主要承受径向载荷,其公称接触角为 0°≤α≤45°,其中径向接触轴承(如深沟球轴承、圆柱滚子轴承等)公称接触角 α=0°,向心角接触轴承(如角接触轴承;圆锥滚子轴承等)0°<α≤45°。推力轴承主要承受轴向载荷,其公称接触角为 45°<α≤90°,其中轴向接触轴承(如推力球轴承、推力圆柱滚子轴承等)公称接触角 α=90°,推力角接触轴承(如推力角接触轴承、推力调心滚子轴承等)45°<α<90°。

(2) 按滚动体的种类不同可分为球轴承和滚子轴承。球轴承的滚动体为球,球与滚道表面为点接触;滚子轴承的滚动体为滚子,滚子与滚道表面为线接触。因此在相同外廓尺寸的条件下,滚子轴承比球轴承的承载能力要高,抗冲击性能要好,但球轴承摩擦小,高速性能好。滚子轴承包括圆柱滚子、圆锥滚子、滚针以及球面滚子。常见形状如图 3-3-10 所示。

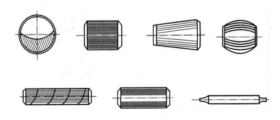

图 3-3-10 滚动体的形状

(3) 按照工作时能否调心,可分为刚性轴承和调心轴承,调心轴承允许的偏角大。
(4) 按安装轴承时其内、外圈是否分别安装,分为分离轴承和不可分离轴承。
滚动轴承类型名称、代号、性能以及特点如表 3-3-5 所示。

表 3-3-5　滚动轴承类型名称、代号、性能以及特点

类型代号	轴承名称	结构简图、承载方向	极限转速比	允许角偏斜	性能和特点
10000	调心球轴承	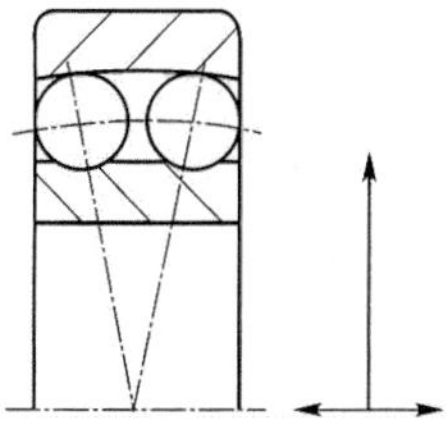	中	3°	主要承受径向载荷,也可同时承受少量的双向轴向载荷。双排滚动体,外圈滚道为内球面形,具有自动调心性能
20000	调心滚子轴承	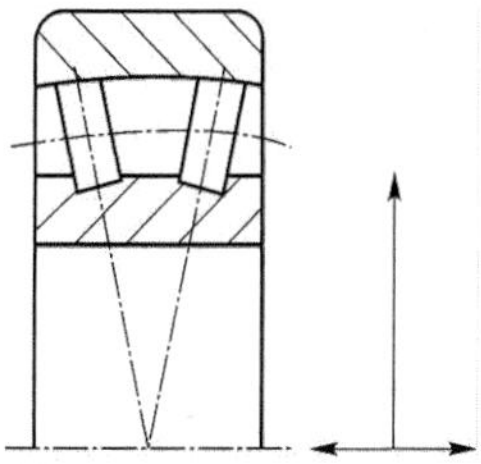	低	0.5°～2.5°	主要承受径向载荷,也可同时承受少量的双向轴向载荷。双排滚子,有较高承载能力
30000	圆锥滚子轴承	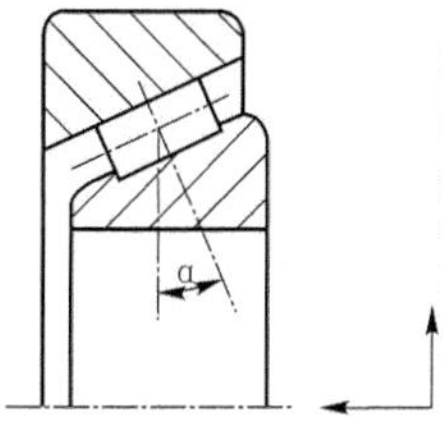	中	2′	能同时承受径向和单向轴向载荷,承载能力大,内外圈分离,安装时可调整间隙。通常成对使用,对称安装
40000	双列深沟球轴承	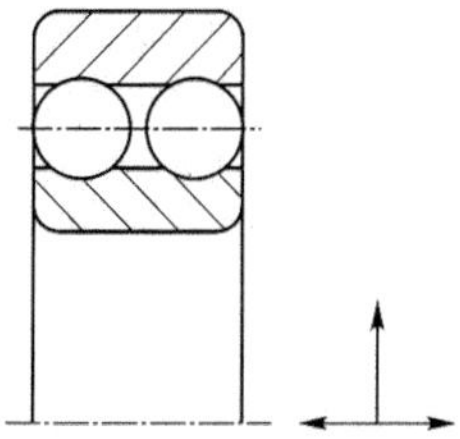	中	8′～16′	能同时承受径向和轴向载荷,径向刚度和轴向刚度均大于深沟球轴承
51000	推力球轴承	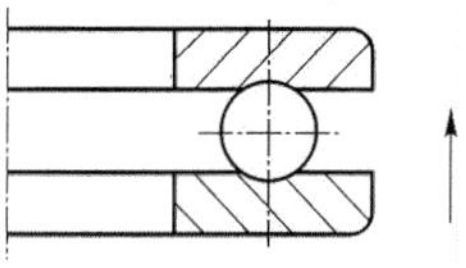	低	≈0°	只能承受单向轴向载荷
52000	双向推力球轴承	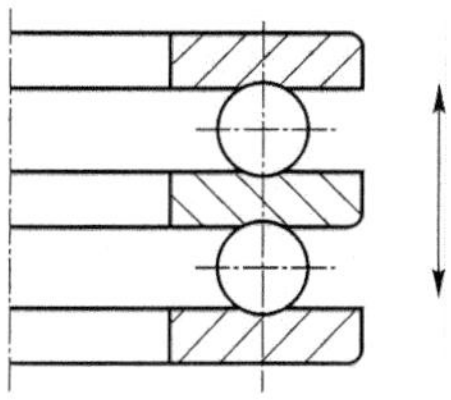	低	≈0°	能承受双向轴向载荷,不宜在高速时使用
60000	深沟球轴承	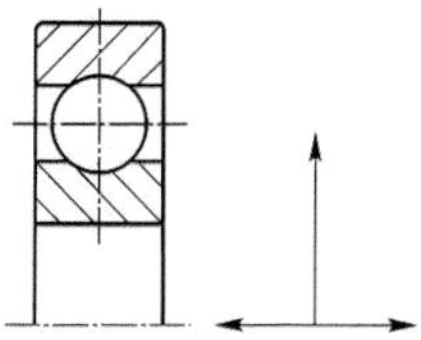	高	8′～16′	主要承受径向载荷,同时也能承受一定的双向轴向载荷。极限转速高,抗冲击能力差

续表

类型代号	轴承名称	结构简图、承载方向	极限转速比	允许角偏斜	性能和特点
70000C($\alpha=15°$) 70000AC($\alpha=25°$) 70000B($\alpha=40°$)	角接触球轴承	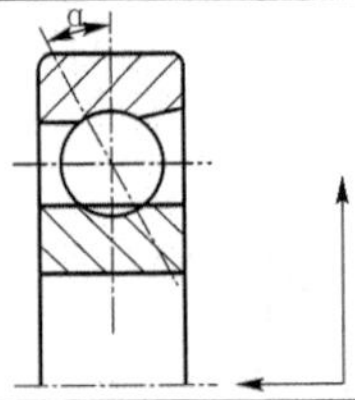	高	2′～10′	能同时承受径向和单向轴向载荷,公称接触角越大,轴向承受能力也越大,通常成对使用
80000	推力圆柱滚子轴承	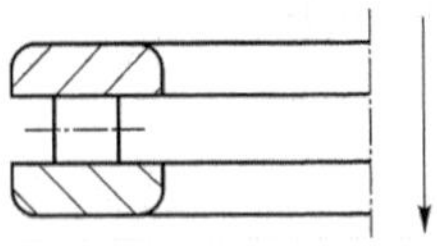	低	不允许	能承受很大的单向轴向载荷
N0000	圆柱滚子轴承（外圈无挡边）	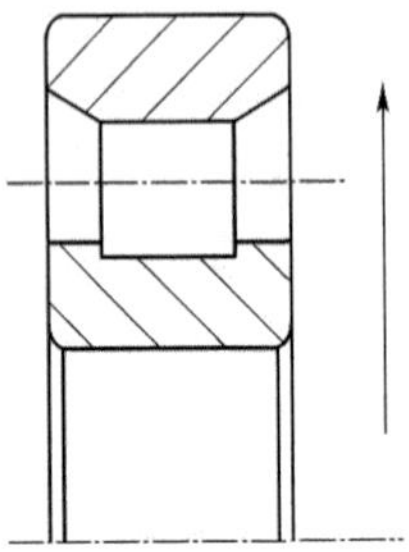	高	2′～4′	能承受较大的径向载荷,抗冲击能力较强,内外圈可分离
NA0000	滚针轴承	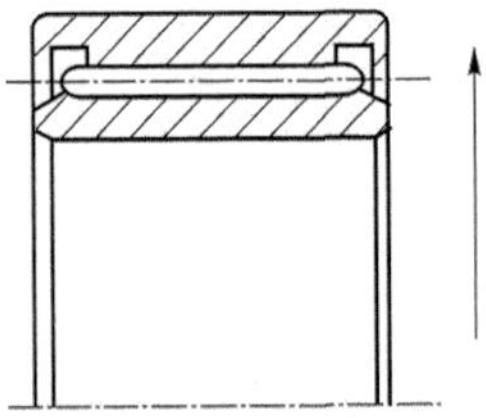	低	不允许	只能承受径向载荷,承载能力大,径向尺寸小,摩擦系数大,内外圈可分离

注：极限转速比指同一尺寸系列 0 级精度的各类轴承脂润滑时的极限转速与深沟球轴承极限转速比。

3. 轴承材料

滚动轴承的内、外圈和滚动体一般采用轴承铬钢,如 GCr9、GCr15、GCr15SiMn 等经淬火制成,淬火后硬度应不低于 60～65 HRC,工作表面需经磨合、抛光。保持架选用较软的材料制造,常用低碳钢冲压后经铆接或焊接而成,也有的用有色金属或塑料制成。

3.3.2.2 滚动轴承的代号

滚动轴承的种类很多,每一类轴承又有不同结构、尺寸和公差等级等,为了解各类轴承的不同特点,便于组织生产、管理、选择和使用,国家标准规定了滚动轴承代号的表示方法,由数字和字母所组成,如表 3-3-6 所示。

表 3-3-6 滚动轴承的代号组成

前置代号	基本代号					后置代号					
	五	四	三	二	一	内部结构代号	密封与防尘结构代号	保持架及其材料代号	特殊轴承材料代号	公差等级代号	油隙代号	多轴承配置代号
轴承分部件代号	类型代号	尺寸系列代号		内径代号								
		宽度系列代号	直径系列代号									

注：基本代号下面的一至五表示代号自右向左位置序号。

1. 基本代号

基本代号表示轴承的基本类型、结构和尺寸,是轴承代号的基础。基本代号由轴承类型代号、尺寸系列代号及内径代号 3 部分构成。

(1) 类型代号。

用数字或字母表示,如表 3-3-7 所示。

表 3-3-7 滚动轴承的类型代号

代号	轴承类型	代号	轴承类型
0	双列角接触球轴承	6	深沟球轴承
1	调心球轴承	7	角接触球轴承
2	调心滚子轴承和推力调心滚子	8	推力圆柱轴承
3	圆锥滚子轴承	N	圆柱滚子轴承
4	双列深沟球轴承	U	外球面球轴承
5	推力球轴承	QJ	四点接触球轴承

(2) 尺寸系列代号。

尺寸系列是轴承的宽度系列与直径系列的总称。尺寸系列代号是轴承的宽度系列代号与直径系列代号组合而成,宽度系列是指轴承的内径相同,而宽度有一个递增的系列尺寸。直径系列是表示同一类型、内径相同的轴承,其外径有一个递增的系列尺寸。即对同一类型的轴承,相同的内径可以有不同的外径和不同的宽度,如图 3-3-11 所示;尺寸系列代号如表 3-3-8 所示。

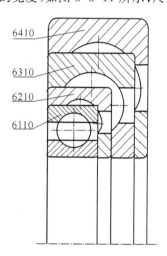

图 3-3-11 轴承的尺寸

表 3-3-8 向心轴承、推力轴承尺寸系列代号

直径系列代号 (外径)	向心轴承								推力轴承			
	宽度系列代号								宽度系列代号			
	8	0	1	2	3	4	5	6	7	9	1	2
	尺寸系列号											
7	—	—	17	—	37	—	—	—	—	—	—	—
8	—	08	18	28	38	48	58	68	—	—	—	—

续表

直径系列代号（外径）	向心轴承 宽度系列代号								推力轴承 宽度系列代号			
	8	0	1	2	3	4	5	6	7	9	1	2
	尺寸系列号											
9	—	09	19	29	39	49	59	69	—	—	—	—
0	—	00	10	20	30	40	50	60	70	90	10	—
1	—	01	11	21	31	41	51	61	71	91	11	—
2	82	02	12	22	32	42	52	62	72	92	12	22
3	83	03	13	23	33	—	—	—	73	93	13	23
4	—	04	—	24	—	—	—	—	74	94	14	24
5										95		

注：尺寸系列代号由宽度系列代号与直径系列代号组合而成。

(3) 内径代号。

表示轴承公称尺寸的大小，用基本代号右起第一、二位数字表示，如表 3-3-9 所示。

表 3-3-9 轴承的内径代号

轴承内径/mm	表示方法					举例	
						轴承代号	说明
10～17	轴承内径/mm	10	12	15	17	6301	内径为 12 mm
	内径代号	00	01	02	03		
20～495	04～99，代号乘以 5，即为内径 d，mm					N2208	内径为 40 mm
大于 495, 22, 28, 32; 1～9（整数）; 0.6～10（非整数）;	直接用内径尺寸毫米表示，与尺寸系列代号用"/"分开					203/510	内径为 510 mm
						603/8	内径为 8 mm
						718/3.5	内径为 3.5 mm

2. 前置代号

表示轴承的分部件，用字母表示，代号及其含义如下

L 表示可分离轴承的可分离内圈或外圈，如 LNU207；

K 表示轴承的滚动体与保持架组件，如 K81107；

R 表示不带可分离内圈或外圈的轴承，如 RNU207；

NU 表示内圈无挡边的圆柱滚子轴承；

WS 表示推力圆柱滚子轴承的轴圈，如 WS81107；

GS 表示推力圆柱滚子轴承的座圈，如 GS81107。

3. 后置代号

轴承的后置代号是用字母和数字等表示轴承的结构、公差、游隙及材料的特殊要求等，共 8 组代号，下面介绍几个常用的代号。

(1) 内部结构代号

该代号紧跟在基本代号之后，用字母表示，反映同一类轴承的不同内部结构。例如 C、AC、B 分别代表公称接触角为 15°、25°和 40°。

(2) 密封、防尘与外部形状变化代号

例如 RS、RZ、Z、FS 分别表示轴承一面有骨架式橡胶密封圈,接触式为 RS,非接触式为 RZ,有防尘盖、毡圈密封。R、N、NR 分别表示轴承外圈有止动挡片、止动槽、止动槽并带止动环。

(3) 保持架代号

表示保持架在标准规定的结构材料外其他不同结构型号与材料;如 A、B 分别表示外圈引导和内圈引导。J、Q、M、TN 则分别表示钢板冲压、青铜实体、黄铜实体和工程塑料保持架。

(4) 公差等级代号

轴承的公差等级分为 2 级、4 级、5 级、6 级、6x 级和 0 级,共 6 个级别,依次由高级到低级,其代号分别为/P2、/P4、/P5、/P6、/P6x 和/P0。其中,0 级是普通级,在轴承代号中省略不标出。

(5) 游隙代号

常用的轴承径向游隙系列分别为 1 组、2 组、0 组、3 组、4 组和 5 组,共 6 个组别,径向游隙依次由小到大。其中 0 组游隙是常用的游隙组别,在轴承代号中不标出,其余的游隙组别在分别用/C1、/C2、/C3、/C4、/C5 表示。

3.3.2.3 滚动轴承的类型选择

滚动轴承的类型很多,因此选用轴承首先是选择类型。而选择类型必须依据各类轴承的特性,同时,在选用轴承时还要考虑下面几个方面的因素。

1. 轴承所受的载荷

受纯径向载荷时应选用向心轴承,受纯轴向载荷应选用推力轴承,对于同时承受径向载荷 F_r 和轴向载荷 F_a 的轴承,应根据两者(F_a/F_r)的比值来确定。

在同样外廓尺寸的条件下,滚子轴承比球轴承的承载能力和抗冲击能力要大。故载荷较大、有振动和冲击时,应优先选用滚子轴承。反之,轻载和要求旋转精度较高的场合应选球轴承。

同一轴上两处支承的径向载荷相差较大时,也可以选用不同类型的轴承。

2. 轴承的转速

在一般转速下,转速的高低对类型选择不发生什么影响,只有当转速较高时,才会有比较显著的影响。在轴承样本中列入了各种类型、各种尺寸轴承的极限转速 n_{lim} 值。这个极限转速是指载荷 $P \leqslant 0.1C(C$ 为基本额定动载荷),冷却条件正常,且为 0 级公差时的最大允许转速。但 n_{lim} 值并不是一个不可超越的界限。所以,一般必须保证轴承在低于极限转速条件下工作。

(1) 球轴承比滚子轴承的极限转速高,所以在高速情况下应选择球轴承。

(2) 当轴承内径相同,外径越大极限转速越低。

(3) 实体保持架比冲压保持架允许有较高的转速。

(4) 推力轴承的极限转速低,当转速较高而轴向载荷较小时,可选用角接触球轴承或深沟球轴承。

3. 调心性能的要求

对于因支点跨距大而使轴刚性较差,或因轴承座孔的同轴度低等原因而使轴挠曲时,为了适应轴的变形,应选用允许内外圈有较大相对偏斜的调心轴承。

4. 拆装方便等其他因素

选择轴承类型时,还应考虑到轴承装拆的方便性、安装空间尺寸的限制以及经济性问题。

5. 经济性

一般球轴承比滚子轴承价格便宜,同型号轴承,精度较高,价格越昂贵。同型号尺寸公差等级为P0、P6、P5、P4、P2的滚动轴承的价格比约为1:1.5:2:7:10。

3.3.2.4 滚动轴承的工作情况分析

滚动轴承的设计计算要解决的问题可以分为两类,寿命计算和轴承的型号。

滚动轴承尺寸选择的依据是对轴承在使用过程中的破坏形式进行总结而建立起来的。

1. 失效形式

(1) 疲劳点蚀

实践表明:在安装、润滑、维护良好的条件下,滚动轴承的正常失效形式是滚动体或内、外圈滚道上的点蚀破坏。原因是由于大量地承受变化的接触应力。

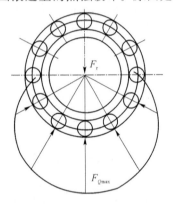

图3-3-12 轴承的径向载荷分布

滚动轴承在运转过程中,相对于径向载荷方向的不同方位处的载荷大小是不同的,如图3-3-12所示,与径向载荷相反方向上有一个径向载荷为零的非承载区;而且滚动体与套圈滚道的接触传力点也随时都在变化,所以滚动体和套圈滚道的表面受脉动循环变化的接触应力。

在这种接触变应力的长期作用下,金属表层会出现麻点状剥落现象,这种现象称为疲劳点蚀。

在发生点蚀破坏后,在运转中将会产生较强烈的振动、噪音和发热现象,最后导致失效而不能正常工作,轴承的设计就是针对这种失效而展开的。

(2) 塑性变形

在某些特殊情况下也会发生其他形式的破坏,例如压凹、烧伤、磨损、断裂等。

当轴承不回转、缓慢摆动或低速转动($n < 10$ r/min)时,一般不会产生疲劳损坏。但过大的静载荷或冲击载荷会使套圈滚道与滚动体接触处产生较大的局部应力,在局部应力超过材料的屈服极限时将产生较大的塑性,从而导致轴承失效。因此对与这种工作环境下的轴承必须作静强度计算。

虽然滚动轴承的其他失效形式也时有发生,若设计合理、安装维护正常,都是可以防止的。所以在工程上,主要以疲劳点蚀和压凹两类失效形式进行计算。

(3) 磨粒磨损、粘着磨损。

在多尘条件下工作的滚动轴承,虽然采用密封装置,滚动体与套圈仍有可能产生磨粒磨损。如果润滑不充分,也会发生粘着磨损,并引起胶合、表面发热甚至滚动体回火。速度越高,发热和粘着磨损将越严重。

此外,由于使用维护和保养不当或密封,润滑不良等因素,也会引起轴承早期磨损、胶合、内外圈和保持架破损、化学腐蚀等非正常失效。

2. 设计准则

由于滚动轴承的正常失效形式是点蚀破坏,所以对于一般转速的轴承,轴承的设计准则就是以防止点蚀引起的过早失效而进行疲劳点蚀计算,在轴承计算中称为寿命计算。

对于不转动、摆动或转速低的轴承,要求控制塑性变形,应作静强度计算。

3.3.2.5 滚动轴承的寿命计算

滚动轴承寿命计算是保证轴承在一定载荷条件下和工作期限内不发生疲劳点蚀失效。滚动轴承任意滚动体或内外圈滚道出现疲劳点蚀前所经历的总转数,或在某一给定的恒定转速的工作小时数称为轴承的寿命。

1. 滚动轴承基本额定寿命

大量实验证明、使用条件完全相同的轴承寿命相差很大。对一个具体轴承很难知道其确切寿命,一批相同的轴承,在相同的条件下运转,90%的轴承在疲劳点蚀前能够达到的总转数 L_{10}(以 10^6 转为单位)或一定转速下的工作小时数 L_{10h}(以小时 h 为单位)为轴承的基本额定寿命。

2. 滚动轴承基本额定动载荷

滚动轴承的基本额定寿命大小与载荷大小有关,载荷越大,轴承的额定寿命越低。滚动轴承的基本额定动载荷,就是指能使轴承的基本额定寿命达到 100 万转(10^6 r)时轴承所能承受的载荷值,用字母 C 表示。基本额定动载荷对向心轴承而言是指径向载荷 C_r;对推力轴承而言是指径向载荷 C_a。基本额定动载荷越大,轴承承载能力越强,它是衡量轴承承载能力的主要指标。不同型号的轴承有不同的基本额定动载荷值,使用时查阅机械设计手册。

3. 滚动轴承的当量动载荷

$$P = f_p(XF_r + YF_a)$$

式中,F_r 为轴承所承受的径向载荷,F_a 为轴承所承受的轴向载荷;X、Y 分别为径向动载荷系数和轴向动载荷系数,其值如表 3-3-10 所示;f_p 为载荷系数,考虑机器的运转情况对轴承载荷的影响,如表 3-3-11 所示。$\alpha = 0°$ 的圆柱滚子轴承与滚针轴承只能承受径向力,当量动载荷为 $P = f_p F_r$;而 $\alpha = 90°$ 的推力轴承只能承受轴向力,其当量动载荷为 $P = f_p F_a$。

表 3-3-10 滚动轴承当量动载荷 X、Y 系数

轴承类型(代号)		$\dfrac{F_a}{C_{or}}$	e	单列轴承				双列轴承(或成对安装单列轴承)			
				$\dfrac{F_a}{F_r} \leq e$		$\dfrac{F_a}{F_r} > e$		$\dfrac{F_a}{F_r} \leq e$		$\dfrac{F_a}{F_r} > e$	
				X	Y	X	Y	X	Y	X	Y
深沟球轴承	60 000	0.014	0.19	1	0	0.56	2.30	1	0	0.56	2.30
		0.028	0.22				1.99				1.99
		0.056	0.26				1.71				1.71
		0.084	0.28				1.55				1.55
		0.11	0.30				1.45				11.45
		0.17	0.34				1.31				1.31
		0.28	0.38				1.15				1.15
		0.42	0.42				1.04				1.04
		0.56	0.44				1.00				1.00

续表

轴承类型(代号)	$\frac{F_a}{C_{or}}$	e	单列轴承				双列轴承(或成对安装单列轴承)			
			$\frac{F_a}{F_r} \leq e$		$\frac{F_a}{F_r} > e$		$\frac{F_a}{F_r} \leq e$		$\frac{F_a}{F_r} > e$	
			X	Y	X	Y	X	Y	X	Y
角接触球轴承 70000C	0.15	0.35	1	0	0.44	1.4	1	1.65	0.72	2.39
	0.029	0.40				71.40		1.57		2.28
	0.058	0.43				1.30		1.46		2.11
	0.087	0.46				1.23		1.38		2.00
	0.12	0.47				1.19		1.34		1.93
	0.17	0.50				1.12		1.26		1.82
	0.29	0.55				1.02		1.14		1.66
	0.44	0.56				1.00		1.12		1.63
	0.58	0.56				1.00		1.12		1.63
70000AC	—	0.68	1	0	0.41	0.87	1	0.92	0.67	1.41
调心球轴承 10000	—	$1.5\tan\alpha$	1	0	0.4	$0.4\cot\alpha$	1	$0.42\cot\alpha$	0.65	$0.65\cot\alpha$
圆锥滚子轴承 30000	—	$1.5\tan\alpha$	1	0	0.4	$0.4\cot\alpha$	1	$0.45\cot\alpha$	0.67	$0.67\cot\alpha$
调心滚子轴承 20000	—	$1.5\tan\alpha$					1	$0.45\cot\alpha$	0.67	$0.67\cot\alpha$

注:1. C_{or} 为径向额定静载荷,由机械设计手册求得。

2. e 为轴向载荷影响系数,用以判别轴向载荷 F_a 对当量动载荷 P 影响的程度。

3. 对于深沟球轴承和角接触轴承,先根据 $\frac{F_a}{C_{or}}$ 的 e 值,然后再得出相应的 X、Y 值,对于表中未列入的 $\frac{F_a}{C_{or}}$ 值,可用线性插值法求出相应的 e、X、Y 值。

表 3-3-11 载荷系数 f_p

载荷性质	机器举例	f_p
平稳运转或轻微冲击	电机、水泵、通风机、汽轮机	1.0~1.2
中等冲击	车辆、机床、起重机、冶金设备、内燃机	1.2~1.8

4. 滚动轴承的寿命计算

上面介绍了基本额定动载荷和基本额定寿命的概念。但是,轴承工作条件是千变万化各不相同的。在设计时需要考虑各种情况下的轴承寿命问题,如对于具有基本额定动载荷 C 的轴承,当它所受的载荷 P 等于 C 时,其基本额定寿命就是 10^6 r。但是,当 $P \neq C$ 时,轴承的寿命是多少?已知轴承应该承受的载荷 P,而且要求轴承的寿命为 L,应如何选择轴承?

很显然,当选定的轴承在某一确定的载荷 $P(P \neq C)$ 下工作时,其寿命 L 将不同于基本额定寿命。如图 3-3-13 所示是 6208 轴承的载荷寿命曲线。

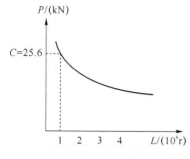

图 3-3-13 轴承的寿命载荷曲线

曲线上各点代表不同载荷下轴承的载荷和寿命关系。经过大量的实验得出关系式

$$P_1^\varepsilon L_1 = P_2^\varepsilon L_2 = \cdots = C^\varepsilon$$

也就是 $L = \left(\dfrac{C}{P}\right)^\varepsilon$ （10^6 r）

对于球轴承 $\varepsilon=3$；对于滚子轴承 $\varepsilon=10/3$。

为了工程上的使用方便，多用小时数表示寿命。若转速为 n，则

$$L_h = \dfrac{10^6}{60n}\left(\dfrac{C}{P}\right)^\varepsilon \quad (h)$$

同样，如果已知载荷为 P，转速为 n，要求轴承的预期寿命为 L_h 时，则由上式可以得到所需轴承的基本额定动载荷为

$$C = P\sqrt[\varepsilon]{\dfrac{60nL_h}{10^6}} \quad (N)$$

在轴承标准和样本中所得到的基本额定动载荷是在一般工作环境下而言的，如果工作在高温情况下，这些数值必须进行修正，也就是要乘上温度系数 f_t 予以修正，求得在高温工况条件下的基本额定动载荷

$$C_t = f_t C$$

再考查载荷系数，则上面所讲述的公式发生相应的变化。

得到 $\quad L_h = \dfrac{10^6}{60n}\left(\dfrac{f_t C}{f_p P}\right)^\varepsilon \qquad C' = \dfrac{f_p P}{f_t}\sqrt[\varepsilon]{\dfrac{60nL_h}{10^6}}$

f_t 的具体数值如表 3-3-12 所示。

表 3-3-12 温度修正系数

轴承工作温度/℃	≤120	125	150	175	200	225	250	300	350
温度系数 f_t	1	0.95	0.9	0.85	0.8	0.75	0.7	0.6	0.5

表 3-3-13 向心角接触轴承内部轴向力 F_s

轴承类型	角接触轴承			圆锥滚子轴承
	70000C($\alpha=15°$)	70000AC($\alpha=25°$)	70000B($\alpha=40°$)	30000
F_s	eF_r	$0.68F_r$	$1.14F_r$	$F_r/(2Y)$

注：F_r 为轴承的径向载荷；e 为判定系数，Y 为轴承的轴向动载荷系数。

5. 向心角接触轴承轴向载荷的计算

（1）内部轴向力。

如图 3-3-14 所示，因为存在公称接触角 α，角接触球轴承和圆锥滚子轴承在承受径向载荷 F_r 时，载荷作用线会偏离轴承宽度的中点，而与轴心线交于 O 点，O 点称载荷作用中心，同时会产生派生的内部轴向力 F_s，其值可按表 3-3-13 所列的近似式计算，其方向由轴承外圈的宽边一端指向窄边一端，有迫使轴承内圈与外圈脱开的趋势。

（2）向心角接触轴承轴向载荷的计算。

由于角接触轴承只能承受单方向的轴向力，故这类轴承都应成对使用。如图 3-3-15 所示是向心角接触轴承的两种不同安装方式：图(a)所示中两端轴承外圈窄边相对，称为正安装（面对面

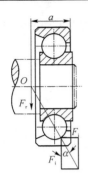

图 3-3-14 向心角接触轴承的内部轴向力

安装),图(b)所示中两端轴承外圈宽边相对,称为反安装(背靠背安装)。设轴受径向外力 F_R 和轴向外力 F_x,根据静力平衡条件,计算出作用在两个轴承上的径向载荷 F_{r1}、F_{r2},并由表 3-3-13 查出派生的内部轴向力 F_{s1}、F_{s2},再按下述方法,确定轴承所受的总轴向力 F_{a1}、F_{a2}。

当 $F_x+F_{s1}=F_{s2}$ 时,轴在合外力的作用下,没有轴向移动的趋势,则轴承 1、2 所受的轴向载荷分别为自己内部轴向力,即 $F_{a1}=F_{s1}$、$F_{a2}=F_{s2}$。

当 $F_x+F_{s1}<F_{s2}$ 时,轴在合外力的作用下将有向左移动的趋势,但实际上轴必须处于平衡位置,即轴承座要通过轴承 1 的外圈施加一个附加的轴向力来阻止轴的移动,而使轴承 1 压紧,故轴承 1 所受的总轴向力 F_{a1} 必须与 F_x-F_{s2} 相平衡,即 $F_{a1}=F_{s2}-F_x$;而轴承 2(放松端)的轴向力 F_{a2} 只受其内部轴向力 F_{s2} 本身,即 $F_{a2}=F_{s2}$。

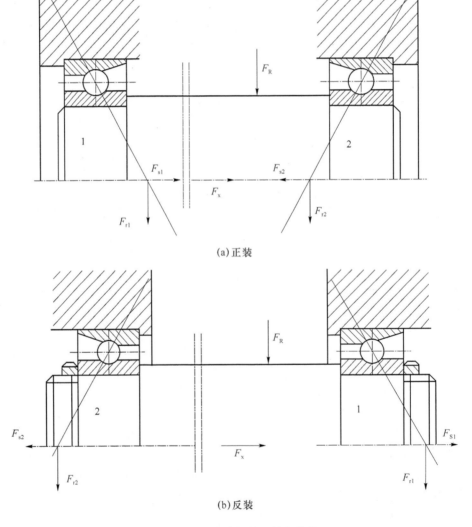

(a) 正装

(b) 反装

图 3-3-15 角接触轴承轴向载荷

当 $F_x+F_{s1}>F_{s2}$ 时,轴在合外力的作用下将有向右移动的趋势,轴承2被压紧,而轴承1被放松。同样道理,放松端轴承1的轴向力 $F_{a1}=F_{s1}$;而压紧端轴承2的轴向力为 $F_{a2}=F_{s1}+F_x$。

综上所述,在计算向心角接触轴承轴向载荷时,要通过力的分析判断轴承的放松端和压紧端。放松端的轴向载荷等于其内部轴向力;压紧端的轴向载荷等于除去其内部轴向力外,其他所有轴向力的代数和。

【例 3-3-1】 根据工作条件决定选用 6300 系列的深沟球轴承。轴承载荷 $F_r=5\ 000\ \text{N}$,$F_a=2\ 500\ \text{N}$,轴承转速 $n=1\ 000\ \text{r/min}$,运转时有轻微冲击,预期计算寿命 $L_h=5\ 000\ \text{h}$,要求装轴承处的轴径直径为 60～70 mm,试选轴承型号。

解:

(1) 求比值 $F_a/F_r=2\ 500/5\ 000=0.5$

根据表 3-3-10,深沟球轴承的最大 e 值为 0.44,故此时 $F_a/F_r>e$。

(2) 初步计算当量动载荷 P,由式 $P=f_p(X\cdot F_r+Y\cdot F_a)$

查表 3-3-10,$X=0.56$,Y 值需在已知型号后才能查获出。现暂时选一平均值,取 $Y=1.65$,并查表 3-3-11 取 $f_p=1.1$,则

$$P=1.1\times(0.56\times5\ 000+1.65\times2\ 500)=7\ 617.5\ \text{N}$$

(3) 根据寿命计算公式可以求轴承应具有的基本额定动载荷值,由于温度正常,故选 $f_t=1$。

$$C'=\frac{f_p P}{f_t}\sqrt[\varepsilon]{\frac{60nL_h}{10^6}}=\frac{1.1\times7\ 617.5}{1}\sqrt[3]{\frac{60\times1\ 000\times5\ 000}{10^6}}=56\ 093.5\ \text{N}$$

(4) 根据轴承样本,选择 $C=61\ 800\ \text{N}$ 的 6310 轴承,该轴承的 $C_{or}=38\ 000\ \text{N}$。验算如下:

① $F_a/C_{or}=2\ 500/38\ 000=0.065\ 8$,查表 3-3-10,此时 Y 值在 1.55～1.71 之间。用线性插值法求 Y 值为

$$Y=1.55+\frac{(1.71-1.55)(0.084-0.065\ 8)}{0.084-0.056}=1.68$$

故 $X=0.56$,$Y=1.68$。

② 计算当量载荷

$$P=1.1\times(0.56\times5\ 000+1.68\times2\ 500)=7\ 700\ \text{N}$$

③ 验算 6310 轴承的寿命

$$C'=\frac{f_p P}{f_t}\sqrt[\varepsilon]{\frac{60nL_h}{10^6}}=\frac{1.1\times7\ 700}{1}\sqrt[3]{\frac{60\times1\ 000\times5\ 000}{10^6}}=56\ 700.9>5\ 000\ \text{h}$$

故所选轴承能够满足设计要求。

【例 3-3-2】 某减速器的主动轴,轴径 $d=40\ \text{mm}$,拟采用一对公称接触角 $\alpha=25°$ 的单列角接触球轴承(如图 3-3-16 所示),已知轴承载荷 $F_{r1}=2\ 100\ \text{N}$,$F_{r2}=1\ 000\ \text{N}$,轴向外载荷 $F_x=880\ \text{N}$,轴的转速 $n=5\ 000\ \text{r/min}$,平稳运转,预期寿命 $[L_h]=2\ 000\ \text{h}$,试选择轴承型号。

解:

(1) 解题思路:由已知条件 $d=40\ \text{mm}$,$\alpha=25°$,角接触球轴承,可初步确定轴承型号为 7□□08AC 再计算出轴承所需基本额定动载荷 C',如能满足条件 $C\geq C'$,则所选的轴承可用。

(2) 计算轴承 1、2 的轴向力 F_{a1}、F_{a2}。

查表 3-3-13,可得

$$F_{s1}=0.68F_{r1}=0.68\times2\ 100\ \text{N}=1\ 428\ \text{N}$$

$$F_{s2}=0.68F_{r2}=0.68\times1\ 000\ \text{N}=680\ \text{N}$$

因 $F_{s1}+F_x=(1\,428+880)\text{N}=2\,308\text{N}>F_{s2}$

故轴承1为"放松"端

$$F_{a1}=F_{s1}=1\,428\text{ N}$$

轴承2为"压紧"端

$$F_{a2}=F_{s1}+F_x=(1\,428+880)\text{N}=2\,308\text{ N}$$

(3) 计算轴承1、2的当量动载荷,由表3-3-10查得 $e=0.68$。

由

$$\frac{F_{a1}}{F_{r1}}=\frac{1\,428}{2\,100}=0.68=e$$

$$\frac{F_{a2}}{F_{r2}}=\frac{2\,280}{1\,000}=2.28>e$$

故查表3-3-10得

$$X_1=1 \quad Y_1=0$$
$$X_2=0.41 \quad Y_2=0.87$$

由 $P=f_p(XF_r+YF_a)$ 知,轴承1、2的当量动载荷为

$$P_1=1.1\times(1\times F_{r1}+0\times F_{a2})=2\,310\text{ N}$$
$$P_2=1.1\times(0.41\times F_{r2}+0.87\times F_{a2})$$
$$=1.1\times(0.41\times1\,000+0.87\times2\,308)\text{N}=2\,659.8\text{ N}$$

(4) 计算轴承所需基本额定动载荷 C'

查表3-3-12 工作温度正常 取 $f_t=1$

查表3-3-11 载荷平稳 $f_p=1.1$

代入式 $C'=\dfrac{f_p P}{f_t}\sqrt[\varepsilon]{\dfrac{60nL_h}{10^6}}$ 得

$$C'_1=\frac{f_p g p_1}{f_t}\sqrt[3]{\frac{60nL_h}{10^6}}$$

$$=\frac{1.1\times2\,310}{1}\sqrt[3]{\frac{60\times5\,000\times2\,000}{10^6}}=21\,431.6\text{ N}$$

$$C'_2=\frac{f_p g p_2}{f_t}\sqrt[3]{\frac{60nL_h}{10^6}}$$

$$=\frac{1.1\times2\,659.8}{1}\sqrt[3]{\frac{60\times5\,000\times2\,000}{10^6}}=19\,586.1\text{ N}$$

由于轴的结构要求两端选用同样型号的轴承,故以受载大的轴承1作为计算、选择依据。以 $C'_1=21\,431.6\text{ N}$ 为参考数据查机械零件设计手册得轴承型号7208AC,该轴承基本额定动载荷 $C=35\,200\text{ N}>C'$,故适用。

3.3.2.6 滚动轴承的静强度计算和极限转速

1. 静强度计算

在实际工作时,有许多轴承并非都在正常状态下工作,例如许多轴承工作在低速重载工况下,甚至有些轴承根本就没有旋转。这类轴承的破坏形式主要是滚动体接触表面的接触应力过大而产生永久的凹坑,也就是材料发生了永久变形,需要按照轴承静强度来选择轴承尺寸。

通常情况下,当轴承的滚动体与滚道接触中心处引起的接触应力不超过一定值时,对多数轴承而言尚不会影响其正常工作。因此,把轴承产生上述接触应力的静载荷称作基本额定静

载荷,用 C_0 表示。具体可以查阅手册或产品样本。

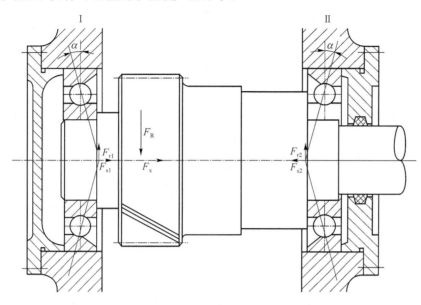

图 3-3-16 减速器主动轴

按静载荷选择轴承的公式为:$C_0 \geqslant S_0 P_0$。式中 S_0 为轴承静载荷强度安全系数,P_0 为当量静载荷。

此外,滚动轴承转速过高会使轴承摩擦表面间产生高温,降低润滑剂的黏度,导致胶合失效,因此应使轴承的工作转速低于其极限转速。

同时受径向载荷和轴向载荷的轴承,应按当量静载荷进行分析计算。当量静载荷为一假定载荷,在此载荷作用下,滚动轴承受载最大的滚动体和滚道接触处产生的永久变形量之和与实际载荷作用下的变形量相等,计算公式为

$$\begin{cases} P_0 = X_0 F_r + Y_0 F_a \\ P_0 = F_r \end{cases} \tag{3-3-1}$$

式中:X、Y——滚动轴承的径向和轴向系数,如表 3-3-14 所示,当量静载荷取式 3-3-1 中两式计算值的较大值。

表 3-3-14 滚动轴承的静载荷系数 X_0、Y_0 值

轴承类型	轴承代号	单列		双列	
		X_0	Y_0	X_0	Y_0
深沟球轴承	60000	0.6	0.5	0.6	0.5
调心球轴承	10000	0.5	$0.22\cot\alpha$	1	$0.44\cot\alpha$
调心滚子轴承	20000	0.5	$0.22\cot\alpha$	1	$0.44\cot\alpha$
角接触球轴承	70000C	0.5	0.46	1	0.92
	70000AC	0.5	0.38	1	0.76
	70000B	0.5	0.26	1	0.52
圆锥滚子轴承	30000	0.5	$0.22\cot\alpha$	1	$0.44\cot\alpha$

2. 静载荷计算

限制轴承产生过大塑性变形的按静强度选择或验算公式为

$$\frac{C_0}{P_0} \geqslant S_0$$

式中：C_0——基本额定静载荷(N)，可查有关手册；
  P_0——当量静载荷；
  S_0——静载荷安全系数，如表 3-3-15 所示。

表 3-3-15 滚动轴承的静强度安全系数 S_0

使用要求或载荷性质			S_0
静止轴承(静止、缓慢摆动、极低速旋转)	不需经常旋转的轴承、一般载荷		≥0.5
	不需经常旋转的轴承、有冲击载荷或载荷分布不均	水坝闸门	≥1
		吊桥	≥1.5
旋转轴承	对旋转精度及平衡性要求较低、没有冲击和振动		0.5～0.8
	正常使用		0.8～1.2
	对旋转精度及平衡性要求较高或受很大冲击载荷		1.2～2.5

【例 3-3-3】 已知有一角接触轴承 7205AC 所受的轴向载荷 $F_r = 1\ 300$ N，径向载荷 $F_a = 1\ 800$ N，旋转精度及平稳性要求较高，转速为 600 r/min，每天工作 10 h。试校核该轴承的静强度。

解：

（1）计算当量静载荷

查轴承手册得 7205AC 轴承的 $C_0 = 9\ 880$ N，查表 3-3-14 得 $X_0 = 0.5$，$Y_0 = 0.38$，由式 3-3-1 得

$$P_0 = X_0 F_r + Y_0 F_a = (0.5 \times 1\ 800 + 0.38 \times 1\ 300) \text{N} = 1\ 394 \text{ N}$$
$$P_0 = F_r = 1\ 800 \text{ N}$$

取二者中较大值为 1 800 N。

（2）静强度校核。查表 $S_0 = 1.2 \sim 2.5$，由式 $\frac{C_0}{P_0} \geqslant S_0$ 得 $\frac{C_0}{P_0} = \frac{9\ 880}{1\ 800} = 5.5 \geqslant S_0$，所以该轴承的静强度足够。

3. 滚动轴承的转速

在一般转速下，转速的高低对轴承类型选择不发生什么影响，只有当转速较高时，才会有比较显著的影响。在轴承样本中列入了各种类型、各种尺寸轴承的极限转速 $n_{\lim}$ 值。这个极限转速是指载荷 $P \leqslant 0.1C$（C 为基本额定动载荷），冷却条件正常，且为 0 级公差时的最大允许转速。但 $n_{\lim}$ 值并不是一个不可超越的界限。所以，一般必须保证轴承在低于极限转速条件下工作即 $n \leqslant n_{\lim}$。选择时要注意：(1)球轴承比滚子轴承的极限转速高，在高速情况下应选择球轴承；(2)当轴承内径相同，外径越小则滚动体越小，产生的离心力越小，对外径滚道的作用也小，而外径越大极限转速越低。(3)推力轴承的极限转速低，当工作转速较高而轴向载荷较小时，可以采用角接触球轴承或深沟球轴承。

3.3.2.7 滚动轴承的组合设计

为了保证轴承的正常工作，除了合理的选择轴承的类型和尺寸外，还要正确设计轴承装

置,解决轴承安装、配合、紧固、调整、润滑和密封等问题。在具体进行设计时主要考虑下面几个方面的问题。

1. 间滚动轴承的轴向固定

滚动轴承轴向固定的作用是保证轴上零件受到轴向力作用时不产生轴向相对位移。

(1) 内圈固定。轴承内圈一端常用轴肩或套筒定位,另一端常用的轴向固定方法如表 3-3-16 所示。

表 3-3-16 轴承内圈轴向定位方式

定位固定方式	简图	特点和应用
弹性挡圈固定	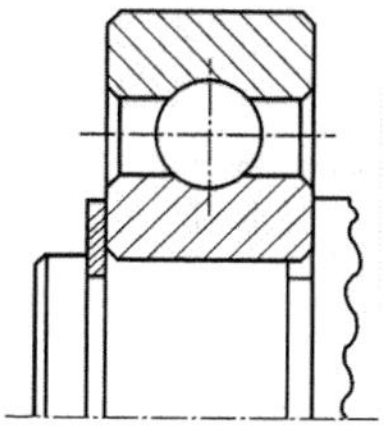	结构紧凑,装拆方便,但无法调整游隙,它主要用于转速较低、较小轴向载荷的地方
轴端挡圈固定	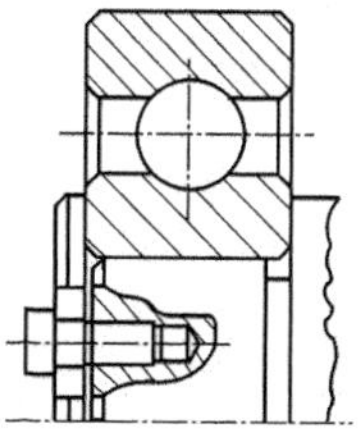	定位可靠,能受较大的轴向载荷,适合于高转速下的轴承定位,仅适用于轴端
轴肩定位固定	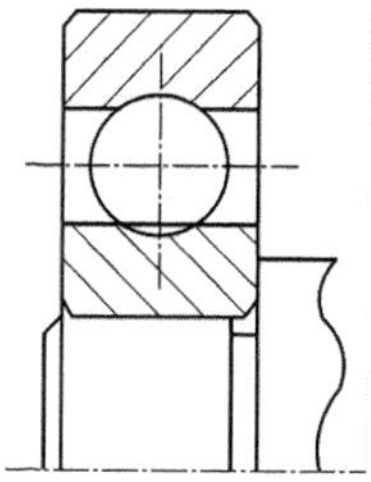	最为常用的一种方式,单向定位,简单可靠,适用各种类型的轴承
圆螺母定位固定	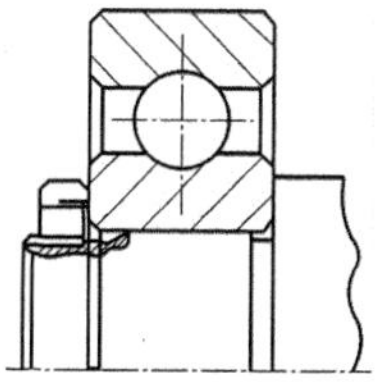	防松,定位可靠,主要用于转速高、承受较大轴向载荷的场合

(2) 外圈固定。滚动轴承外圈轴向定位固定的方式如表 3-3-17 所示。

表 3-3-17　滚动轴承外圈轴向定位固定的方式

定位固定方式	简图	特点和应用
弹性挡圈固定	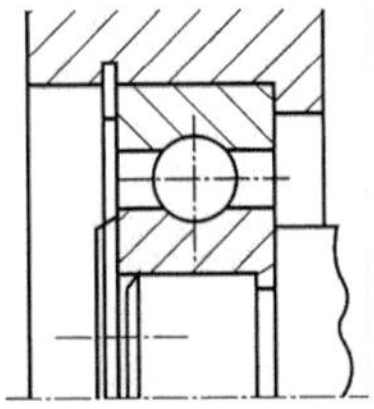	结构简单、紧凑，用于转速较低，轴向载荷较小的场合
止动环固定	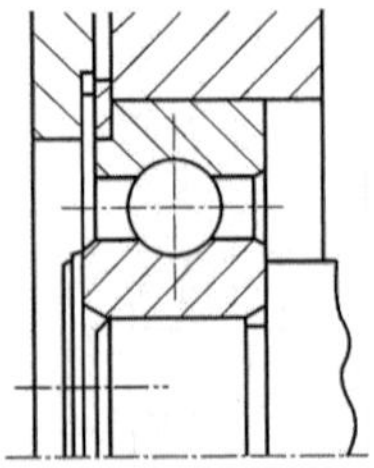	轴承外圈带有止槽，结构简单、可靠，适用于轴承座孔不便做凸肩且外壳为剖分式结构
轴承端盖固定	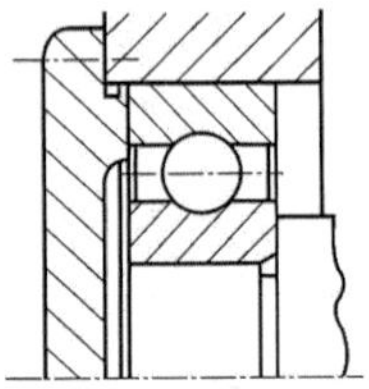	固定可靠、调整简便，它用于转速高、轴向力大的各类轴承
螺纹环固定	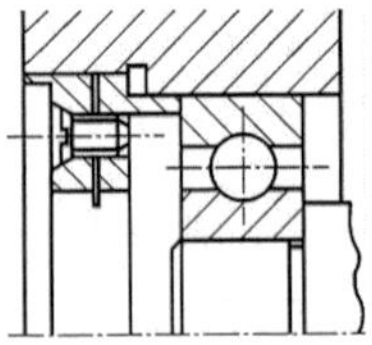	轴承座孔要有螺纹，适用于转速高、轴向载荷较大，可用螺纹环调整轴承游隙，但不适用于使用轴承盖固定的场合

2. 轴组件的轴向固定

轴组件的轴向定位，一般是通过同一轴上两个支点处轴承内外圈的轴向固定的综合作用来实现的。为保证滚动轴承轴系能正常传递轴向力且不发生轴向窜动，在轴上各零件定位固定的基础上，必须合理地设计轴上滚动轴承支承结构。常用的支承结构有以下 3 种基本形式。

(1) 两端单向固定

如图 3-3-17 所示，轴的两个轴承分别限制一个方向的轴向移动，这种固定方式称为两端单向固定。为补偿轴的受热伸长，可在轴承盖与外圈端面之间留出热补偿间隙 $0.25\sim 0.4$ mm。间隙量 C 的大小可用一组垫片来调整。这种支承结构简单，安装调整方便，它适用正常温度下的短轴（$L \leqslant 400$ mm）的场合。

(2) 一端固定，一端游动

当轴的支点跨距较大（>350 mm）或工作温度较高时，由于轴的热伸长量较大，宜采用固游式，如图 3-3-18 所示轴的一个支承端使轴承与轴及外壳孔的位置相对固定，限制轴承的双向移动（固定端），而轴的另一个支承端为游动支点，其外圈和外壳孔之间为间隙配合，以保证轴在伸长或缩短时能在孔座内自由移动。

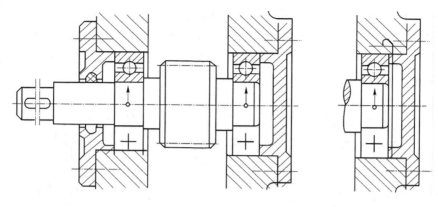

图 3-3-17　两端固定式支承

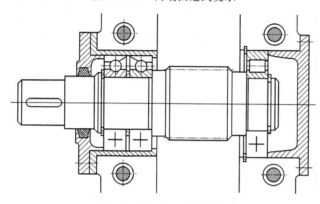

图 3-3-18　固游式支承

（3）两端游动

如图 3-3-19 所示，其左、右两端都采用圆柱滚子轴承，轴承的内、外圈都要求固定，以保证在轴承外圈的内表面与滚动体之间能够产生左右轴向游动。此种支承方式一般只用在人字齿轮传动这种特定的情况下，而且另一个轴必须采用两端固定结构。该结构可避免人字齿轮传动中，由加工误差导致干涉甚至卡死现象。

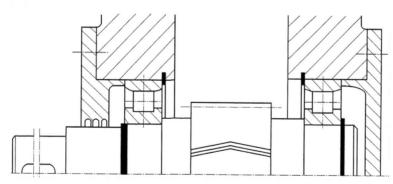

图 3-3-19　全游式支承

3．轴承组合的调整和预紧

（1）轴承间隙的调整

轴承间隙的大小将影响轴承的旋转精度，传动零件工作的平稳性，故轴承间隙必须能够调整。轴承间隙调整的方法如下。

① 调整垫片，如图 3-3-20(a)所示，利用加减轴承端盖与箱体间垫片的厚度，进行调整。

② 调整环，如图 3-3-20(b)所示，增减轴承端面与轴承端盖的环厚度以调整轴承间隙。

③ 可调压盖，如图 3-3-20(c)所示，利用端盖上的调整螺钉推动压盖，移动滚动轴承外圈进行调整，调整后用螺母锁紧。

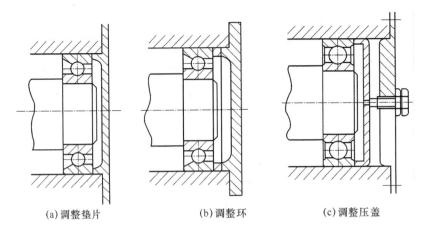

(a)调整垫片　　　　　(b)调整环　　　　　(c)调整压盖

图 3-3-20　轴承间隙的调整

（2）轴承组合位置的调整

轴承组合位置调整的目的是使轴上零件具有准确的工作位置，如锥齿轮传动，要求两个节锥顶点要重合。这可以通过调整移动轴承的轴向位置来实现，如图 3-3-21 所示为锥齿轮轴系支承结构，套杯与机座之间的垫片 1 用来调整锥齿轮的轴向位置，而垫片 2 则用来调整轴承游隙。

（3）滚动轴承的预紧

为了提高轴承的旋转精度，增加轴承装置的刚性，减小机器工作时的振动，滚动轴承一般都要有预紧措施，也就是在安装时采用某种方法，在轴承中产生并保持一定的轴向力，以消除轴承中轴向游隙，并在滚动体与内外圈接触处产生预变形。如图 3-3-22 所示，在轴承的内圈或外圈之间加上金属垫片或磨窄某一套圈的宽度，在受一定轴向力后产生预变形实现预紧。

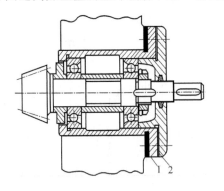

图 3-3-21　轴承组合位置的调整

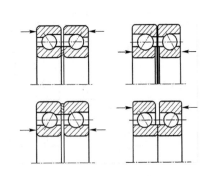

图 3-3-22　轴承的预紧

预紧力的大小要根据轴承的载荷、使用要求来决定。预紧力过小，会达不到增加轴承刚性的目的；预紧力过大，又将使轴承中摩擦增加，温度升高，影响轴承寿命。在实际工作中，预紧力大小的调整主要依靠经验或试验来决定。其作用是增加轴承刚性，减小轴承工作时的震动，提高轴承的旋转精度。例如,对于重要机械主轴部件轴承,要求较高的支承刚度和旋转精度,就必须采用预紧。

4. 轴承组合支承部分的刚性和同心度

保证支撑部分的刚性和同心度,支撑部分必须有适当的刚性和安装精度。刚性不足或安装精度不够,都会导致变形过大,从而影响滚动体的滚动而导致轴承提前破坏。

增大轴承装置刚性的措施很多,例如机壳上轴承装置部分及轴承座孔壁应有足够的厚度;轴承座的悬臂应尽可能缩短,并采用加强筋提高刚性,如图 3-3-23 所示;对于轻合金和非金属机壳应采用钢或铸铁衬套,如图 3-3-24 所示;对于采用剖分式结构的,应该采用组合加工方法;一组轴承的支撑应该一次加工出来。

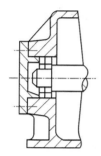 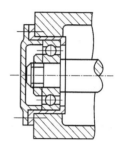

图 3-3-23　加强筋增加刚性　　　　　　图 3-3-24　衬套增加刚性

5. 滚动轴承的配合与装拆

(1) 滚动轴承的配合

滚动轴承的配合是指内圈与轴径、外圈与座孔的配合,这些配合的松紧程度直接影响轴承间隙的大小,从而关系到轴承的运转精度和使用寿命。

轴承内孔与轴径的配合采用基孔制;轴承外圈与轴承座孔的配合采用基轴制。在具体选取时,要根据轴承的类型和尺寸、载荷的大小和方向以及载荷的性质来确定:工作载荷不变时,转动圈配合稍紧一些,转速越高、载荷越大、振动越大、工作温度变化越大,配合应该越紧,常用的配合有 n6、m6、k6、js6;固定套圈(通常为外圈)、游动套圈或经常拆卸的轴承应该选择较松的配合,常用的配合有 J7、J6、H7、G7。

(2) 滚动轴承的装配与拆卸

设计任何一部机器时都必须考虑零件能够装得上、拆得下。在轴承结构设计中也是一样,必须考虑轴承的装拆问题,而且要保证不因装拆而损坏轴承或其他零件。装配轴承的长度,在满足配合长度的情况下,应尽可能设计得短一些。轴承内圈与轴颈的配合通常较紧,可以采用压力机在内圈上施加压力将轴承压套在轴颈上;有时为了便于安装,尤其是大尺寸轴承,可用热油(不超过 80~90 ℃)加热轴承,或用干冰冷却轴颈;中小型轴承可以使用软锤直接敲入或用另一段管子压住内圈敲入,如图 3-3-25 所示。

在拆卸时要考虑便于使用拆卸工具,以免在拆装的过程中损坏轴承和其他零件。如图 3-3-26 所示。为了便于拆卸轴承,内圈在轴肩上应露出足够的高度,或在轴肩上开槽,以便放入拆卸工具的钩头。当然,也可以采用其他结构,例如在轴上装配轴承的部位预留出油道,需要拆卸时利用打入高压油进行拆卸。

6. 轴承的润滑与密封

要延长轴承的使用寿命和保持旋转精度,在使用中应及时对轴承进行维护,采用合理的润滑和密封,并经常检查润滑和密封状况。

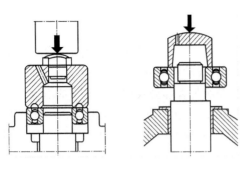

图 3-3-25　轴承的装配

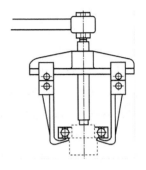

图 3-3-26　轴承的拆卸

(1) 滚动轴承的润滑

滚动轴承的润滑主要是为了降低摩擦阻力和减轻磨损,还有缓冲吸震、冷却、防锈和密封等作用。合理的润滑对提高轴承性能,延长轴承使用寿命具有重要意义。

滚动轴承常用的润滑方式有油润滑及脂润滑。滚动轴承的润滑方式可根据 dn 值来确定,d 为滚动轴承内径,单位为 mm;n 为轴承转速,单位为 r/min。

脂润滑主要用于速度较低的轴承。润滑脂是一种黏稠的凝胶状材料,能承受较大的载荷,不易流失,便于密封和维护,一次加脂可以维持相当长的一段时间。滚动轴承中润滑脂的加入量一般为轴承和轴承壳体空间容积的 1/3～1/2,装脂过多会引起轴承内部摩擦增大,工作温度升高,影响轴承正常工作。

一般速度较高的轴承都用润滑剂,润滑和冷却效果均较好。减速器轴承常用浸油或飞溅润滑,浸油润滑时油面不应高于最下方滚动体的中心;否则搅油能量损失较大易使轴承过热。喷油或油雾润滑兼有冷却作用,常用于高速情况。

(2) 滚动轴承的密封

滚动轴承密封是为了防止灰尘、水分和杂质等进入轴承,同时也阻止润滑剂的流失。良好的密封可保证机器正常工作,降低噪声,延长零件的寿命。密封按其原理不同可分为接触式密封和非接触式密封两大类。

① 接触式密封

接触式密封的密封件与配合轴间直接接触,工作中摩擦发热较大,多用于线速度较低的场合。在轴承盖内放置软材料与转动轴直接接触而起密封作用。常用的材料有油毛毡、橡胶、皮革、软木等。

常用的接触式密封有毡圈密封和密封圈密封。

(a) 毡圈密封。在轴承盖上开梯形槽,将毛毡按标准制成环形或带形,放置在梯形槽中与轴紧密接触,如图 3-3-27 所示。毡圈密封主要用于脂润滑的场合,结构简单,但摩擦系数较大,只用于滑动速度小于 4～5 m/s,且工作温度不高于 90 ℃ 的地方。

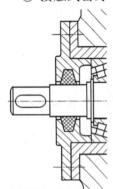

图 3-3-27　毡圈密封

(b) 密封圈密封。在轴承盖中,放置一个用耐油橡胶制的唇形密封圈,靠弯折的橡胶的弹性力和附加的环形螺旋弹簧力作用而紧套在轴上,以便起密封作用,如图 3-3-28 所示。唇形密封圈的密封唇的方向要朝向密封的部位。密封圈向外主要是防尘为主;密封圈朝里,防漏油为主。其安装简单,使用可靠,适用于 $v<10$ m/s 的场合。

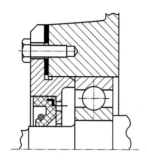
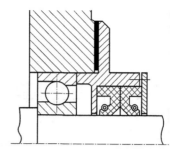

图 3-3-28 唇型密封

② 非接触式密封

使用非接触式密封可以避免接触面间的滑动摩擦,多用于速度较高的场合。常用的非接触式密封有 3 种。

(a) 油沟密封。在轴和轴承盖通孔的孔壁间留一个极窄的隙缝,如图 3-3-29 所示,半径间隙通常为 0.1～0.3 mm,并在窄轴承盖上车出环槽,在槽内填上润滑脂,可以提高密封效果。这种密封结构简单,多用于 $v<5$ m/s 以及干燥清洁的场合。

(b) 迷宫式密封。迷宫式密封是将旋转件和固定件之间的间隙做成曲路迷宫形式,如图 3-3-30 所示,并在间隙中填充润滑油或润滑脂以加强密封效果。这种方式对脂润滑和油润滑均可使用,当环境比较脏时,采用这种方式密封效果可靠,该结构复杂,成本较高,可用于 $v<30$ m/s 的高速场合。

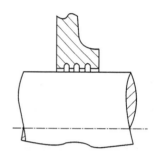

图 3-3-29 油沟密封

(c) 把两种或两种以上的密封方法组合起来使用称为组合密封。例如在沟槽式密封区内的轴上装一个甩油环,如图 3-3-31 所示,在高速时,密封效果较好。

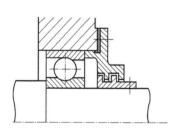
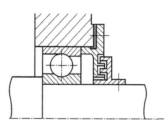
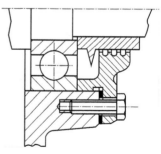

图 3-3-30 迷宫式密封

图 3-3-31 离心式密封
（甩油密封）

传动装置的设计

项目四

4.0 工程项目实例四

图 4-0-1 为普通车床的剖视结构图,图 4-0-2 为普通车床溜板箱传动系统图,图 4-0-3 为普通车床主轴箱传动系统图。车床是一种最基本和应用最广的机床,从图 4-0-1 中可以看出车床的主运动传动链是由电机通过三角带、离合器及一系列的齿轮使主轴带动工件旋转;进给运动传动链是由主轴转动经变速组、基本组及一系列齿轮使刀架实现纵向横向运动。这样的一系列的齿轮,使主轴获得不同转速或刀架获得不同移动速度的装置称为传动系统。

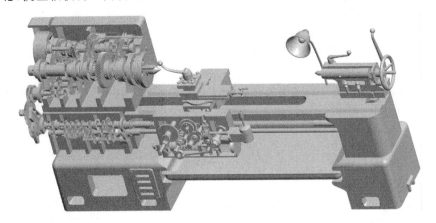

图 4-0-1 普通车床的剖视结构图

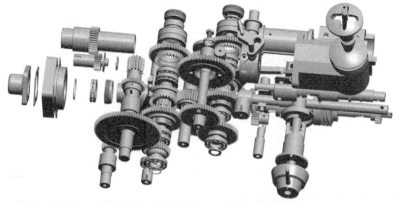

图 4-0-2 普通车床溜板箱传动系统图

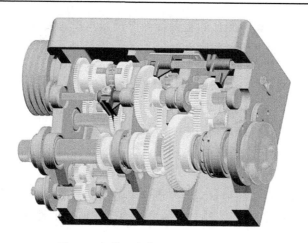

图 4-0-3 普通车床主轴箱传动系统图

4.1 课题一：带传动

图 4-1-1 为一带式运输机，由电动机驱动，经带传动、圆柱齿轮减速器、联轴器到传送带，用于输送散装物体。带式运输机的运输能力是由传送带的速度和单位长度上所传送物体的质量所决定的。其中传送带的速度取决于电机的转速、带传动的传动比、减速器的传动比和传送带滚桶的直径；传送带单位长度上所传送物体的质量取决于电机的额定转矩、带传动工作能力和减速器的工作能力。因此，带式运输机设计内容之一就是确定带传动的工作能力。

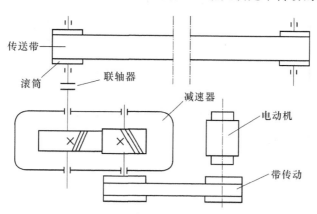

图 4-1-1 带式运输机

带传动是一种常用的机械传动形式，它主要用于传递运动、动力和扭矩。大部分带传动是依靠挠性传动带与带轮间的摩擦力来传递运动和动力的。带传动也称为挠性传动，常用于输送传动装置中。

带传动和链传动都是利用中间挠性件（带或链）将主动轴的运动和动力传给从动轴，但两种传动的方式不同。带传动的中间挠性件是弹性体，称为带，受力后将发生变形。带传动分为摩擦传动和啮合传动。而链传动属于啮合传动，其中间挠性件可以近似认为是刚性体。

在机械传动中,带传动和链传动的应用较为广泛。本章主要介绍带传动的类型、工作原理、设计和应用,简单介绍链传动的类型和选用。

4.1.1 带传动的类型

4.1.1.1 带传动的组成

带传动的结构简单,主要由主动轮、从动轮、带和机架组成。带是标准件,带轮的槽也要按标准制造。

带传动可分为摩擦式传动和啮合式传动两类。图 4-1-2 所示为摩擦式带传动,带传动通常由主动带轮、从动带轮、带与机架组成,有的带传动还附加有张紧轮。

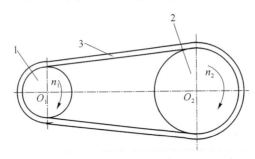

图 4-1-2 带传动的组成
1—主动带轮;2—从动带轮;3—带

4.1.1.2 带传动的工作原理(摩擦式带传动)

当带紧套在两带轮上还未工作时,带轮两边的带具有相等的预紧力,带的预紧力使带与带轮的接触面之间产生正压力。当主动带轮转动时,靠带与带轮接触面上产生的摩擦力,使带与主动带轮同时运动,又通过带与从动带轮接触面上产生的摩擦力使从动带轮与带同时运动。主动带轮上的摩擦力的方向和带运动方向相反,从动带轮上的摩擦力的方向与带运动方向相同。带传动中的一定的预紧力是带传动能够正常工作的必要条件。

4.1.1.3 带传动的分类和选择

1. 带传动的分类

从不同的角度出发,带传动有以下几种不同的分类方法。

(1) 按带传动的空间位置可分为以下 4 种。

① 开口传动。开口传动是使用较多的一种方式,其特点是两带轮的轴线相互平行,两带轮的转向相同,带轮可以双向转动。安装时,两带轮的中心平面应重合。

② 交叉传动。与开口传动一样,交叉传动特点是两带轮的轴线相互平行,带轮可以双向转动,但两带轮的转向相反。安装时,两带轮的中心平面也应重合,该种传动仅限于普通平带和圆形带。

③ 半交叉传动。半交叉传动的两带轮的轴线在空间交错,且只能单向传动。安装时,带轮的中心平面必须通过另一个带轮的绕出点。

④ 带张紧轮的传动。带张紧轮的传动可以通过张紧轮,增大小轮的包角,增大预紧力。

各种传动形式如图 4-1-3 所示。此外,还有带导轮的相交轴传动和多从动轮传动等。

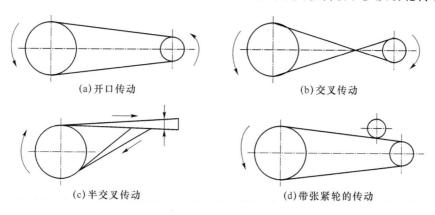

图 4-1-3 带的传动形式

(2) 按带的形状可分为以下 7 种。

按带的形状分,带可分为平带、普通 V 带、窄 V 带、圆形带、多楔带、同步带和高速带等,如图 4-1-4 所示。

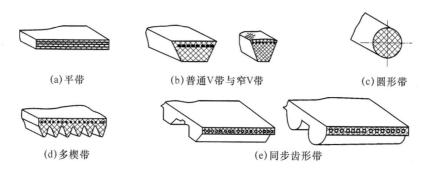

图 4-1-4 传动带的种类

① 平带

平带的横截面为扁平矩形,传动结构最简单,带轮制造容易,通常为圆柱体或鼓形,多用于轴间距较大的传动。平带又分为普通平带、编织带、尼龙片复合平带和高速环形胶带。普通用的平带是有接头的橡胶布带,运转稳定性差,不适于高速传动。在某些高速机械(如磨床、离心机等)中,常用无接头的高速环形胶带、丝织带和锦纶编织带等。平带规格见 GB/T 524—1989。由于带可扭曲,在小功率传动中,平带还可以采用交叉传动改变两平行轴的回转方向,或采用半交叉传动传递空间两交错轴间的运动。目前普通平带在通用机械或一般机械的传动中使用较少。

② 普通 V 带

普通 V 带的横截面为等腰梯形,带轮上需制出相应的环形沟槽。V 带无接头,传动平稳。V 带工作时与轮槽的两个侧面相接触,即以两个侧面为工作面,相当于楔面摩擦;平带在平滑的带轮上工作,其内表面是工作面,为平面摩擦。当张紧力相同时,由于 V 带传动利用楔形摩擦原理,它的传动能力较平带传动为大,而且允许的传动比也较大,轴间距较小,结构紧凑。因此,一般在动力机械传动中,V 带传动应用较广泛。

V 带传动的传动能力较大,在传动比较大时、要求结构紧凑的场合应用较多,是带传动的主要类型。

如图 4-1-5 所示,若平带和 V 带受到同样的压紧力 F_N,带与带轮接触面之间的摩擦系数也同为 f,平带与带轮接触面上的摩擦力为:

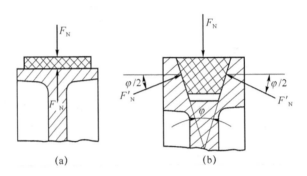

图 4-1-5 平带与 V 带的摩擦力比较

$$F_f = F_N \cdot f \tag{4-1-1}$$

而 V 带与带轮接触面上的摩擦力为:$F_f = 2F'_N f = \dfrac{F_N f}{\sin(\varphi/2)} = F_N \cdot f_v$

式中:f_v 为当量摩擦系数。

普通 V 带的楔角为 40°,因此可以估算得 $f_v = (3.63 \sim 3.07)f$。也就是说,在同样的条件下,平带 V 带在接触面上所受的正压力不同,V 带传动产生的摩擦力是平带的 3 倍多。所以一般机械中多采用 V 带。

③ 窄 V 带

窄 V 带是采用涤纶等合成纤维材料作抗拉体的新型 V 带。与普通 V 带相比,当高度相同时,宽度比普通 V 带小。窄 V 带传动具有结构紧凑、寿命长、效率高、转速高和传动功率大等特点。近年来,窄 V 带在国内外得到迅速发展,我国也制定了胶带和带轮相应的国家标准。

除上述的普通 V 带和窄 V 带之外,还有用几根普通 V 带或窄 V 带并联成一体的联组 V 带、宽 V 带、齿形 V 带和双面 V 带等多种 V 带,详细情况请查阅相关国家标准。

④ 圆形带

圆形带的横截面为圆形,带轮的直径可以做得较小,轮槽可以做成半圆形。传动功率很小,常用于缝纫机、真空吸尘器、磁带盘的机械传动和一些仪器中。

⑤ 多楔带

多楔带材料有橡胶和聚胺脂两种,其形状是,在平胶带基体上有很多纵向排列的楔形面,带轮上有相应的环形轮槽,传动时靠楔面的摩擦力工作。多楔带传动的摩擦力大,能传递的功率高,带的柔韧性好,张紧力较小,沿带宽方向载荷分布均匀,其兼有平带和 V 带的优点。适用于结构要求紧凑、传递功率较大及速度较高的场合。特别适用于要求 V 带根数多以及轮轴与地面垂直的场合。

⑥ 同步带

同步带主要分为梯形齿同步带和圆弧齿同步带两种,梯形齿同步带的内表面上制有梯形齿,带轮的轮缘表面也制成相应的齿形,带与带轮是靠啮合进行传动的。带用钢丝绳或合成纤维作承载层,基体由氯丁胶或聚胺脂制成,带的强度高,受载后变形很小,故带与带轮之间没有相对滑动,实现了带与带轮的同步运动,从而保证了传动比准确。因梯形齿同步带传动属于啮合传动,所以也可以用于低速传动。

圆弧齿同步带传动的特点基本与梯形齿同步带传动的特点一样,但圆弧齿的齿根应力更小,所以可用于大功率传动。

同步带主要用于要求传动比准确的中、小功率的传动中,圆弧齿同步带还可以用于大功率的传动中,如汽车、打印机、录音机、缝纫机、电影放映机、机床、纺织机械等。

同步带的特点如下:

优点:传动比恒定,结构紧凑,带速可达 40 m/s,i 可达 10,传递功率可达 200 kW,效率高,约为 0.98。

缺点:结构复杂,价格高,对制造和安装要求高。

此外同步带还有单面齿和双面齿之分。有关同步带传动的标准详见 GB/T 11361—1989、GB/T 11362—1989、GB/T 11616—1989。

本章所述的带传动,一般指除同步带之外的所有摩擦式带传动的类型。

⑦ 高速带

高速带传动属于平带传动的一大类,高速带是指带速 $v>30$ m/s(有时达 60~70 m/s)或高速轴转速 $n_1=10\ 000\sim50\ 000$ r/min 的传动。带速 $v>100$ m/s 的传动称超高速带传动,其主要用于离心机、粉碎机和磨床上的砂轮轴等的增速传动,增速比为 2~4,有时可达到 8。

高速带传动要求运转平稳,传动可靠,并有一定的寿命。故高速带均采用薄而轻、软而韧的无接头的环形平带,如聚胺脂高速带、丝织带、麻织带、锦纶编织带、高速环形带等。

在实际应用中,按用途初选传动带的类型,如表 4-1-1 所示。

高速带轮要求重量轻、质量分布均匀,运转时空气阻力小,各个面均应进行加工,并要求进行动平衡。通常采用钢或铝合金制造。

为防止掉带,主、从动轮轮缘表面都应加工出凸面,制成鼓形面或双锥面。为了防止运转时带与轮缘表面间形成气垫,轮缘表面应开环形槽。由于带轮的转速较高,故带轮都要进行动平衡。高速带轮轮缘尺寸及高速带尺寸规格参阅 GB/T 11358—1999。

2. 带传动的选择

设计带传动时,通常先按带传动的用途选择带传动的类型。选择类型时,可参考表 4-1-1 进行初选。

本章主要介绍机械传动中广泛使用的普通 V 带传动,简单介绍窄 V 带传动。

表 4-1-1 按用途初选传动带

类别	用途 工作机	特性要求	选定带的种类	类别	用途 工作机	特性要求	选定带的种类
办公机械	打印机	高精度	同步带	工业机械	造纸机械	轴间距大	普通平带、尼龙片复合平带
	电子计算机、复印机	同步传动、带体弯曲应力小	同步带		通风机		窄V带、普通V带
家用电器	电动工具	高转速	多契带橡胶高速平带	农业机械	耕作机、脱谷机、联合收割机	耐热性好、反向弯曲、耐曲挠、变速	普通V带、齿型V带、双带V带、半宽V带
	缝纫机	同步转动	同步带	汽车	风扇、泵、发电机	耐曲挠、伸长小、耐热性好、传递功率大	汽车V带、多楔带
		不需同步	轻型V带、圆带				
	洗衣机、干燥机	曲挠性好	轻型V带、齿型V带		凸轮轴、燃料喷射泵、平衡器	同步传动	汽车同步带
		传动比大	多楔带	变速器	带式无级变速器	耐曲挠、耐侧压、耐热性好	宽V带、半宽V带
一般工业机械	粉碎机、压延机、压缩机	振动吸收性能好	窄V带、普通V带				
	搅拌机、离心式分离机	高速	橡胶高速平带、尼龙片复合平带、窄V带	渔船用	发电机压缩机	传递功率大、空间小	窄V带、普通V带
	金属切削机床	高精度	普通V带、窄V带				

4.1.2 V 带的结构和标准

因为带是标准件,故带的结构、强度和尺寸都要符合国家标准。

1. 带的结构

V 带有普通 V 带、窄 V 带、宽 V 带和大楔角 V 带等若干种类型,其中常用的是普通 V 带,目前,窄 V 带用得也较多。普通 V 带和窄 V 带由顶胶、抗拉体、底胶和包布 4 部分组成,如图 4-1-6 所示。普通 V 带的承载层由胶帘布或绳芯制成,用来承受基本的拉力,窄 V 带的承载层是绳芯结构。图 4-1-6(a)为帘布结构的普通 V 带,制造比较方便,抗拉强度大,应用较多;图 4-1-6(b)为绳芯结构的普通 V 带,柔韧性好,抗弯、抗疲劳强度高,适用于转速较高、载荷不大、带轮直径较小的场合。为了提高带的抗拉强度,V 带中还采用了尼龙绳和钢丝绳做的抗拉体。

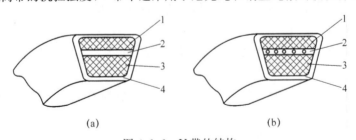

图 4-1-6 V 带的结构
1—顶胶;2—抗拉体;3—底胶;4—包布

2. 带的型号

普通 V 带和窄 V 带都已经标准化，普通 V 带按其截面尺寸不同，分为 Y、Z、A、B、C、D、E 7 种型号，E 型尺寸最大。窄 V 带按其截面尺寸不同，分为 SPZ、SPA、SPB 和 SPC 4 种，它们的基本尺寸如表 4-1-2 所示。

表 4-1-2 普通 V 带截面尺寸　　　　　　　　　　　　　　　（mm）

型号		节宽 b_p	顶宽 b	高度 h	每米质量 $m/\mathrm{kg \cdot m^{-1}}$	楔角 θ
普通	窄 V 带					
Y		5.3	6	4	0.04	
Z		8.5	10	6	0.06	
	SPZ	8		8	0.11	
A		11.0	13	8	0.07	
	ZPA	11.0		10	0.12	
B		14.0	17	11	0.20	40°
	SPB	14.0		14	0.20	
C		19.0	22	14	0.33	
	SPC	19.0		18	0.37	
D		27.0	32	19	0.66	
E		32.0	38	23	1.02	

普通 V 带和窄 V 带工作时，带的顶胶及底胶层分别伸长及缩短，只有两者之间的中性层长度和宽度都不变化。截面中性层的宽度 b_p 称为节宽，沿中性层量得的环形长度称为基准长度，以 L_d 表示，也称为节线长度、计算长度。普通 V 带和窄 V 带的基准长度系列如表 4-1-3 和表 4-1-4 所示。

表 4-1-3 普通 V 带的基准长度系列　　　　　　　　　　　　（mm）

不同型号的基准长度						
Y	Z	A	B	C	D	E
200	405	630	930	1 565	2 740	4 660
224	475	700	1 000	1 760	3 100	5 040
250	530	790	1 100	1 990	3 330	5 420
280	625	890	1 210	2 195	3 730	6 100
315	700	990	1 370	2 420	4 080	6 850
355	780	1 100	1 560	2 715	4 620	7 650
400	820	1 250	1 760	12 880	5 400	9 150
450	1 080	1 430	1 950	3 080	6 100	12 230
500	1 330	1 550	2 180	3 520	6 840	13 790
	1 420	1 640	2 300	4 060	7 620	15 280
	1 540	1 750	2 500	4 600	9 140	16 800
		1 940	2 700	5 380	10 700	
		2 050	2 870	6 100	12 200	
		2 200	3 200	6 815	13 700	
		2 300	3 600	7 600	15 200	
		2 480	4 060	9 100		
		2 700	4 430	10 700		
			4 820			
			5 370			
			6 070			

表 4-1-4　窄 V 带基准长度　　　　　　　　　　　　　　　　　　　　　　（mm）

L_d	不同型号的分布范围				L_d	不同型号的分布范围			
	SPZ	SPA	SPB	SPC		SPZ	SPA	SPB	SPC
630	+				3 150	+	+	+	+
710	+				3 550	+	+	+	+
800	+	+			4 000		+	+	+
900	+	+			4 500		+	+	+
1 000	+	+			5 000		+	+	+
1 120	+	+			5 600			+	+
1 250	+	+	+		6 300			+	+
1 400	+	+	+		7 100			+	+
1 600	+	+	+		8 000			+	+
1 800	+	+	+		9 000				+
2 000	+	+	+	+	10 000				+
2 240	+	+	+	+	11 200				+
2 500	+	+	+	+	12 500				+
2 800	+	+	+	+					

注：摘自 GB/T 11544—1997。

3．带的标记

普通 V 带和窄 V 带的标记是由带的型号、带的长度和标准号组成。V 带标记的示例如下：

【例 4-1-1】　Z　1330　GB/T 11544—1997。

GB——标准号，基准长度为 1 330 mm，带型为 V 带，Z 型。

【例 4-1-2】　SPA　2500　GB/T 11544—1997

GB——标准号，基准长度为 2 500 mm，带型为窄 V 带，SPA 型。

4．带传动的特点和应用

除同步带传动属于啮合传动外，其他带传动都属于摩擦传动，故带传动具有以下特点。

（1）带传动的特点

与齿轮传动相比，带传动的优点为：

① 带轮结构简单，制造成本低，带是标准件，安装和更换方便。

② 传动带是弹性体，有缓冲和吸振的作用，传动平稳，噪声小。

③ 可用于两轴轴间距较大的场合。

④ 传动发生过载时，带与带轮之间会产生相对滑动，以防止其他零部件被损坏。

带传动的缺点为：

① 由于带与带轮之间的相对弹性滑动，带传动不能保证准确的传动比。

② 结构的外形尺寸较大。

③ 对轴及轴承的径向压力较大。

④ V 带传动的效率较低。

⑤ 带的使用寿命较短，易老化。

⑥ 高温或易燃的场合下不宜使用。

(2) 带传动的应用

由于带传动的类型较多,所以其应用范围非常广泛。最常用的普通 V 带的传动功率一般不超过 50 kW,最大可达 700 kW;带的工作速度一般为 5～30 m/s;其传动比一般小于 7,加张紧轮时可达到 10;其帘布结构的 V 带传动的效率为 0.87～0.92,线绳结构的带传动效率为 0.92～0.96。由于带传动具有缓冲、吸振和过载保护的特点,普通 V 带的传动多用于传动系统中的高速级,以保护电动机。

4.1.3 带传动的理论基础

4.1.3.1 带传动中的力分析

V 带传动是利用摩擦力来传递运动和动力的,因此在安装时就要将带张紧,使带保持有初拉力 F_0,从而在带和带轮的接触面上产生必要的正压力。此时,当皮带没有工作时,皮带两边的拉力相等,都等于初拉力 F_0,如图 4-1-7 所示。

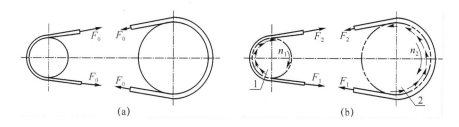

图 4-1-7 带传动的初拉力

当主动轮以转速 n_1 旋转,由于皮带和带轮的接触面上的摩擦力作用,使从动轮以转速 n_2 转动。

主动轮作用在带上的力与 n_1 转向相同,而从动轮作用在带上的作用力与 n_2 相反。这就造成皮带两边的拉力发生变化:皮带进入主动轮的一边被拉紧,称作紧边,其拉力由 F_0 增加到 F_1;皮带进入从动轮的一边被放松,叫做松边,其拉力由 F_0 减小到 F_2。

传动带两边拉力之差为有效圆周力 F_e。

取主动轮一边的皮带为分离体,设总摩擦力为 F_f(也就是有效圆周力),则有

$$F_e \frac{D_1}{2} = F_1 \frac{D_1}{2} - F_2 \frac{D_1}{2} \tag{4-1-2}$$

即

$$F_e = F_f = F_1 - F_2$$

而皮带传递的功率为

$$P = \frac{F_e v}{1\,000} \text{ (kW)} \tag{4-1-3}$$

式中:v——带速(m/s)。

如果认为带的总长不变,则两边带长度的增减量应相等,相应拉力的增减量也应相等,即

$$F_1 - F_0 = F_0 - F_2$$

即

$$F_0 = \frac{1}{2}(F_1 + F_2) \tag{4-1-4}$$

由此可得
$$\begin{cases} F_1 = F_0 + \dfrac{1}{2} F_e \\ F_2 = F_0 - \dfrac{1}{2} F_e \end{cases} \tag{4-1-5}$$

由此可看出：F_1 和 F_2 的大小，取决于初拉力 F_0 及有效圆周力 F_e；而 F_e 又取决于传递的功率 P 及带速 V。

显然，当其他条件不变且 F_0 一定时，这个摩擦力 F_f 不会无限增大，而有一个最大的极限值。如果所要传递的功率过大，使 $F_e > F_f$，带就会沿轮面出现显著的滑动现象。这种现象称为"打滑"。从而导致带传动不能正常工作，也即传动失效。

4.1.3.2 带传动的应力分析

皮带传动在工作时，皮带中的应力由三部分组成：因传递载荷而产生的拉应力 σ；由离心力产生的离心应力 σ_c；皮带绕带轮弯曲产生的弯曲应力 σ_b。

1. 拉应力

$$\begin{cases} 紧边拉应力\ \sigma_1 = \dfrac{F_1}{A} \\ 松边拉应力\ \sigma_2 = \dfrac{F_2}{A} \end{cases} \tag{4-1-6}$$

式中：A——皮带横断面积（mm^2）。

2. 离心造成的离心应力 σ_c

当传动带以切线速度 v 沿着带轮轮缘作圆周运动时，带本身的质量将引起离心力。由于离心力的作用，使带的横剖面上受到附加拉应力。如图 4-1-8 所示，截取一微段弧 $dl = r d\alpha$，设带速为 v(m/s)，带单位长度的质量为 m(kg/m)。

作圆周运动时，微弧段产生的离心力（单位为 N）为

$$dC = (r d\alpha) \dfrac{mv^2}{r} = mv^2 d\alpha \tag{4-1-7}$$

用 F_c 表示由离心力的作用使微弧段两边产生的拉力，则由力的平衡方程式可得

$$2 F_c \sin \dfrac{d\alpha}{2} = mv^2 d\alpha$$

由于 $d\alpha$ 很小，取 $\sin \dfrac{d\alpha}{2} \approx \dfrac{d\alpha}{2}$，则

$$F_c = mv^2 \tag{4-1-8}$$

由离心力引起的拉应力（单位为 MPa）

$$\sigma_c = \dfrac{mv^2}{A} \text{ (MPa)} \tag{4-1-9}$$

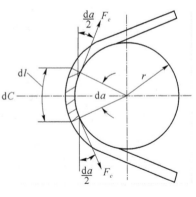

图 4-1-8 带传动的初拉力

式中：m——单位长度质量（kg/m）；
v——带速（m/s）。

3. 弯曲应力

$$\sigma_b \approx E \dfrac{h}{d_d} \tag{4-1-10}$$

弯曲应力（单位为 MPa）。

式中：E——带的拉压弹性模量（MPa）；

h——带厚(mm);
d_d——带轮基准直径(mm)。

注:在材料力学中,弯曲应力 $\sigma = E\varepsilon$, $\varepsilon = \dfrac{y}{\rho} = \dfrac{h}{d_d}$,故

$$\sigma_b = E\dfrac{h}{d_d} \tag{4-1-11}$$

带上的最大应力(单位为 MPa)产生在皮带的紧边进入小轮处,其值为

$$\sigma_{max} = \sigma + \sigma_{b1} + \sigma_c (\text{MPa}) \tag{4-1-12}$$

皮带是在交变应力状态下工作的,所以将使皮带产生疲劳破坏,影响工作寿命。

传动带工作时的应力分布如图 4-1-9 所示。

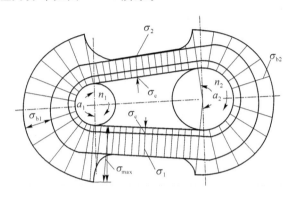

图 4-1-9 传动带工作时的应力分布

4.1.3.3 带传动的弹性滑动和传动比

传动带在工作时,因受到拉力的作用所以产生弹性变形。由于紧边和松边所受到的拉力不同,其所产生的弹性变形也不同,当传动带绕过主动轮时,其所受的拉力由 F_1 减小至 F_2,传动带的变形程度也会逐渐减小。由于此弹性变形量的变化,造成皮带在传动中会沿轮面滑动,致使传动带的速度低于主动轮的速度(转速)。同样,当传动带绕过从动轮时,带上的拉力由 F_2 增加到 F_1,弹性变形量逐渐增大,使传动带沿着轮面也产生滑动,此时带的速度高于从动轮的速度。这种由于传动带的弹性变形而造成的滑动称作弹性滑动。

由于弹性滑动,造成从动轮的圆周速度 v_2 要低于主动轮的圆周速度 v_1,由此定义弹性滑动率 ε 为

$$\varepsilon = \dfrac{V_1 - V_2}{V_1} \times 100\%$$

或

$$V_2 = (1-\varepsilon) \cdot V_1$$

$$V_1 = \dfrac{\pi d_{d1} n_1}{60 \times 1\,000}, \quad V_2 = \dfrac{\pi d_{d2} n_2}{60 \times 1\,000}$$

$$d_{d2} n_2 = (1-\varepsilon) d_{d1} n_1$$

所以带传动的实际传动比

$$i = \dfrac{n_1}{n_2} = \dfrac{d_{d2}}{d_{d1}(1-\varepsilon)} \tag{4-1-13}$$

一般 V 带传动 $\varepsilon = 1 \sim 2\%$,故在一般计算中可不予考虑。

4.1.4 带传动的计算

本小节介绍的设计计算方法是 GB/T 135751—1992 所推荐的计算方法。

1. 确定设计功率 P_d

设计功率 P_d 是根据传递的功率的大小、载荷的性质、带传动启动时的状态、设备的类型和每日工作时间的长短等因素而确定的。即

$$P_d = K_A P \tag{4-1-14}$$

式中：P——V 带需要传递的额定功率(kW)；

K_A——工况系数，如表 4-1-5 所示。

表 4-1-5 工况系数 K_A

工况		K_A					
		软起动			负载起动		
		每天工作小时/h					
		<10	10~16	>16	<10	10~16	<16
载荷平稳	办公机械；家用电器；轻型实验设备	1.0	1.0	1.1	1.0	1.1	1.2
载荷变动微小	液体搅拌机；通风机和鼓风机(≤7.5 kW)；离心式水和压缩机；轻型输送机	1.0	1.1	1.2	1.1	1.2	1.3
载荷变动小	带式输送机(不均匀载荷)；通风机(>7.5 kW)；旋转式水泵和压缩机；发电机；金属切削机床；印刷机；旋转筛；锯木机和木工机械	1.1	1.2	1.3	1.2	1.3	1.4
载荷变动较大	制砖机；斗式提升机；往复式水泵和压缩机；起重机；磨粉机；冲剪机床；橡胶机械；振动筛；纺织机械；重载输送机	1.2	1.3	1.4	1.4	1.5	1.6
载荷变动很大	破碎机(旋转式、颚式等)；磨碎机(球磨、棒磨、管磨)	1.3	1.4	1.5	1.5	1.6	1.8

注：1. 软起动-电动机(交流起动、△起动、直流并励)，四缸以上的内燃机，装有离心式离心器、液力联轴器的动力机。
  负载起动-电动机(联机交流起动、直流复励或串励)，四缸以下的内燃机。
2. 反复起动、正反转频繁、工作条件恶劣等场合，K_A 应乘 1.2。
3. 增速传动时 K_A 应乘下列系数：

增速比	系数
1.25~1.74	1.05
1.75~2.49	1.11
2.5~3.49	1.18
≥3.5	1.28

2. 选定普通 V 带型号

带的型号可以根据第一步计算出来的设计功率和小带轮的转速查图 4-1-10，当图中的对应点位于两种型号的交界处时，这两种型号的带都可以作为设计中的所选型号。

3. 确定传动比

不考虑带的弹性滑动时的传动比计算公式为

$$i = \frac{n_1}{n_2} = \frac{d_{d2}}{d_{d1}} \tag{4-1-15}$$

考虑带的弹性滑动时的传动比计算公式为

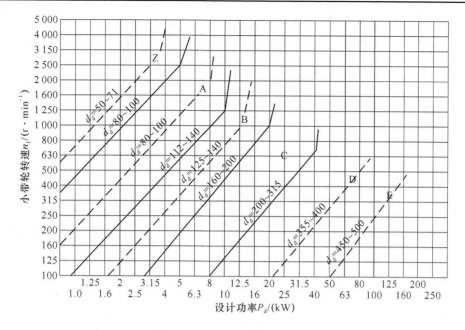

图 4-1-10 V 带的型号选择

$$i = \frac{n_1}{n_2} = \frac{d_{d2}}{(1-\varepsilon)d_{d1}} \quad (4\text{-}1\text{-}16)$$

式中：ε——滑动率，通常取 $o=0.01\sim0.02$；

d_{d1}、d_{d2}——小、大带轮的基准直径(mm)，查表 4-1-6。

表 4-1-6 普通 V 带和窄 V 带轮的最小基准直径　　　　　　　　　　(mm)

槽型	Y	Z	SPZ	A	SPA	B	SPB	C	SPC	D	E
$d_{d\min}$	20	50	63	75	90	125	140	200	224	355	500

4．确定带轮的基准直径 d_{d1} 和 d_{d2}

由式(4-1-9)可知，当带的材质及厚度一定时，带轮的基准直径 d_d 越小，则带的弯曲应力 σ_b 就越大，因此，带轮直径不宜过小；当所传递的功率一定时，若增大带轮直径 d_d，则带所传递的有效拉力 F 随之减小，从而可以减少胶带根数 z，但带传动外廓尺寸及重量却因之加大，所以，带轮直径又不应过大。

(1) 小带轮基准直径 d_{d1}

许用的普通 V 带和窄 V 带带轮的最小基准直径 $d_{d\min}$ 从表 4-1-6 中选取。所选取的小带轮基准直径应按表 4-1-7 的基准直径系列圆整为最接近的标准值。

(2) 大带轮的基准直径 d_{d2}

$$d_{d2} = (1-\varepsilon) i\, d_{d1} \quad (4\text{-}1\text{-}17)$$

一般取 $\varepsilon=1\%\sim2\%$，计算后 d_{d2} 也应按表 4-1-7 圆整为最接近的标准值。

表 4-1-7 V带带轮的基准直径　　　　　　　　　　　　　　　　（mm）

基准直径 d_d	Y	Z SPZ	A SPA	B SPB	C SPC	D	E	基准直径 d_d	Y	Z SPZ	A SPA	B SPB	C SPC	D	E
			外径 d_a								外径 d_a				
20	23.2							200		204	205.5	207	+209.6		
22.4	25.6							212				219	+221.6		
25	28.2							224				231	233.6		
28	31.2							236				243	245.6		
31.5	34.7							250		254	255.5	257	259.6		
35.5	38.7							265					274.6		
40	43.2							280		284		287	289.6		
45	48.2							315		319	320.5	322	324.6		
50	53.2	+54						355		359		362	364.6	371.2	
56	59.2	+60						372						391.2	
63	66.2	67						400		404	405.5	407	409.6	416.2	
71	74.2	75						425						441.2	
75		79	+80.5					450					459.6	466.2	
80	83.2	84	+85.5					475						491.2	
85			+90.5					500		504	505.5	507	509.6	516.2	519.2
90	93.2	94	95.5					530						546.2	549.2
95			100.5					560					569.6	572.2	579.2
100	103.2	104	105.5					630		634	635.5	637	639.6	646.2	649.2
106			111.5					710						726.2	729.2
112	115.2	116	117.5					800				805.5	807	809.6	816.2	819.2
118			123.5					900						916.2	919.2
125	128.2	129	130.5	+132				1 000				1 007	1 009.6	1 016.2	1 019.2
132			137.5	+139				1 120				1 127			1 139.2
140		144	145.5	147				1 250					1 259.6	1 266.2	1 269.2
150		154	155.5	157				1 600						1 616.2	1 619.2
160		164	165.5	167				2 000						2 016.2	2 019.2
170				177				2 500							2 519.2
180		184	185.5	187											

注：1. 有+号的外径只适用于普通 V 带。

2. 没有外径值的基准直径不推荐采用。

5. 验算带速 v

$$v=\frac{\pi d_{d1} n_1}{60\times 1\,000}\leqslant v_{max} \quad (4\text{-}1\text{-}18)$$

式中：v_{max}——普通 V 带所允许的最大速度（m/s），通常 $v_{max}=25\sim 30$ m/s。

由式(4-1-18)可知，传递同样功率，带速越大，所需圆周力越小，因而可减少胶带根数；但带速过高,在单位时间内带绕过带轮的次数过多,将会降低带的工作寿命;且离心力过大,减少了带与带轮间的压力和摩擦力,也会降低带传动的工作能力。因此,通常应使带速 $v \geqslant 5$ m/s。常用的带速为 $10 \sim 20$ m/s。

6. 初定中心距和胶带长度

(1) 初定中心距

中心距较小,传动紧凑,但带长较短,单位时间内带绕过小带轮的次数较多,使带的应力变化快而加速了带的疲劳损坏。同时,中心距较小会使小轮包角减小,降低了摩擦力和传动的工作能力;反之,中心距过大,则带较长,结构较庞大,速度较高时易引起带的颤动。

通常先根据经验初选中心距 a_0,然后再精确计算。初选时,一般按式(4-1-19)取值

$$0.7(d_{d1}+d_{d2}) \leqslant a_0 \leqslant 2(d_{d1}+d_{d2}) \tag{4-1-19}$$

(2) 初定胶带长度

当初选的中心距 a_0 确定后,胶带的初步计算基准长度 L_{d0} 可以按式(4-1-20)计算

$$L_{d0} \approx 2a_0 + \frac{\pi}{2}(D_1+D_2) + \frac{(D_2-D_1)^2}{4a_0} \tag{4-1-20}$$

7. 确定胶带实际长度和实际中心距

按初算的带的基准长度 L_{d0},从表 4-1-3 中选取与 L_{d0} 相近的标准基准长度 L_d。

为了安装和调整的需要,带传动的中心距一般设计成远近可调的,所以当胶带的实际长度选定后,带传动的实际中心距 a 为

$$a \approx a_0 + \frac{L_d - L_{d0}}{2} \tag{4-1-21}$$

带传动的最大和最小的中心距为

$$a_{\min} = a - (2b_d + 0.09L_d)$$
$$a_{\max} = a + 0.02L_d \tag{4-1-22}$$

式中:b_d——带的基准宽度(mm);

$a_{\max}$——带传动的最大中心距(mm);

$a_{\min}$——带传动的最小中心距(mm)。

8. 小带轮包角 α_1

带传动的两个带轮的包角的大小是不同的,小带轮包角 α_1 小于大带轮的包角 α_2。故打滑主要发生在小带轮上,所以应验算小带轮包角 α_1,以免影响传动能力。一般要求小带轮包角 $\alpha_1 \geqslant 120°$(至少大于 $90°$)。开口传动中,小带轮的包角条件为

$$\alpha \approx 180° - \frac{d_{d2}-d_{d1}}{a} \times 57.3° \geqslant 120° \tag{4-1-23}$$

若 α_1 不满足包角条件,则应增大中心距 a 或增加张紧轮。

9. 确定胶带根数 z

普通 V 带根数 z 的计算公式为

$$z = \frac{P_d}{(P_1+\Delta P_1)K_\alpha K_L} \tag{4-1-24}$$

式中:P_d——计算功率(kW),按式(4-1-13)计算;

P_1——在特定实验条件下单根普通 V 带的基本额定功率(kW);

ΔP_1——当实际传动比 $i \neq 1$ 时,因弯曲应力有所改善而使带获得的额定功率增量(kW);

K_α——小带轮包角系数,当实际的包角与实验条件不同($\alpha \neq 180°$)时,包角对带传动功率的影响系数,如表 4-1-8 所示;

K_L——带长系数,当实际的带长与实验时的特定长度不同时,带的长度对传动功率的影响系数,如表 4-1-9 所示。

表 4-1-8 小带轮包角修正系数 K_α

小带轮包角/(°)	180	175	170	165	160	155	150	145	140	135	130	125	120
K_α	1	0.99	0.98	0.96	0.95	0.93	0.92	0.91	0.89	0.88	0.86	0.84	0.82

表 4-1-9 带长修正系数 K_L

基准长度 L_d/mm	K_L					基准长度 L_d/mm	K_L				
	Y	Z	A	B	C		A	B	C	D	E
200	0.81					2 000	1.03	0.98	0.88		
224	0.82					2 240	1.06	1.00	1.91		
250	0.84					2 500	1.09	1.03	0.93		
280	0.87					2 800	1.11	1.05	0.95	0.83	
315	0.89					3 150	1.13	1.07	0.97	0.86	
355	0.92					3 550	1.17	1.10	0.98	0.89	
400	0.96	0.87				4 000	1.19	1.13	1.02	0.91	
450	1.00	0.89				4 500		1.15	1.04	0.93	0.90
500	1.02	0.91				5 000		1.18	1.07	0.96	0.92
560		0.94				5 600			1.09	0.98	0.95
630		0.96	0.81			6 300			1.12	1.00	0.97
710		0.99	0.82			7 100			1.15	1.03	1.00
800		1.00	0.85			8 000			1.18	1.06	1.02
900		1.03	0.87	0.81		9 000			1.21	1.08	1.05
1 000		1.06	0.89	0.84		10 000			1.23	1.11	1.07
1 120		1.08	0.91	0.86		11 200				1.14	1.10
1 250		1.11	0.93	0.88		12 500				1.17	1.12
1 400		1.14	0.96	0.90		14 000				1.20	1.15
1 600		1.16	0.99	0.93	0.84	16 000				1.22	1.18
1 800		1.18	1.01	0.95	0.85						

计算所得的带的根数多为小数,应将其向上圆整为整数。实际上,带的根数不能过多,否则,由于制造和安装的误差,造成各根带的受载不均匀。为减小载荷不均,通常使带的根数 $z<10$。若无法做到,则应改换 V 带的型号或增大带轮的直径,然后重新设计计算。

10. 确定带的预紧力 F_0

适当的预紧力是保证带传动能够正常工作的必要条件。通过前面对带传动的分析可知,预紧力的过大或过小,都会对带传动的正常工作造成影响,甚至使带传动失效。单根 V 带的预紧力 F_0 可由式(4-1-24)算出

$$F_0 = 500\left(\frac{2.5}{K_\alpha}-1\right)\frac{p_0}{zv}+mv^2 \quad (4\text{-}1\text{-}25)$$

式中:m——带的单位长度上的质量(kg/m),其值查表 4-1-2 可知。

其他代号的意义及单位同前。

11. 作用在轴上的力

带轮安装在轴上,轴又安装在轴承上,因此带两边的拉力通过带轮作用在轴和轴承上。设计轴和轴承时,需要考虑带传动对轴及轴承的这种径向压力。如图 4-1-11 所示,忽略带两边的拉力差,近似按带两边的预紧力的合力计算,即

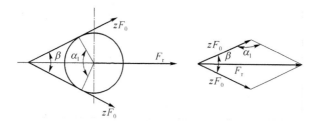

图 4-1-11 带对轴的压力

$$F_r = 2zF_0 \sin\frac{\alpha_1}{2} \tag{4-1-26}$$

式中:F_r——V 带传动对轴的径向压力(N);
F_0——V 带的预紧力(N)。

根据平衡条件,两根带轮轴上所受的径向压力值是相等的。

【例 4-1-3】 设计滚筒-带式输送机中的普通 V 带传动。已知电机额定功率 $P=5$ kW,电机额定转速 $n_1=960$ r/min,小带轮直接安装在电机上,传动比为 3(允许误差 $\Delta=\pm 5\%$),机器露天作业,软起动,每日连续工作 8 h。

解:
(1) 计算设计功率

$$P_d = K_A P = 1.1 \times 5 = 5.5 (查表 4-1-5)$$

(2) 选定带型

带的型号可以根据设计功率和小带轮的转速查图 4-1-10,所选型号为 A 型。

(3) 确定带轮的基准直径 d_{d1} 和 d_{d2}

① 小带轮基准直径 d_{d1}

许用的普通 V 带带轮的最小基准直径 d_{dmin} 从表 4-1-6 中选取。所选取的小带轮基准直径应按表 4-1-7 的基准直径系列圆整为最接近的标准值。取 $d_{d1}=106$ mm。

② 大带轮的基准直径 d_{d2}

取滑动率为 0.01

$$d_{d2} = (1-0.01)i\, d_{d1} = 0.99 \times 3 \times 106 = 314.82 \text{ mm}$$

选
$$d_{d2} = 315 \text{ mm}$$

误差验算

$$i' = \frac{d_{d2}}{(1-\varepsilon)d_{d1}} = \frac{315}{(1-0.01) \times 106} = 3.002$$

误差
$$\Delta = \frac{i-i'}{i} = \frac{3-3.002}{3} = 0.000\,4$$

满足条件。

(4) 验算带速

$$v = \frac{\pi d_{d1} n_1}{60 \times 1\,000} \leqslant v_{max}$$

普通 V 带
$$v = \frac{\pi \times 106 \times 960}{60 \times 1\,000} = 5.33 \text{ m/s}$$

满足条件。(5～25 m/s)

(5) 确定中心距
$$0.7(d_{d1} + d_{d2}) \leqslant a_0 < 2(d_{d1} + d_{d2})$$

取
$$a_0 = (d_{d1} + d_{d2}) = 106 + 315 = 421 \text{ mm}$$

(6) 选定基准长度
$$L_{d0} = 2a_0 + \frac{\pi}{2}(d_{d1} + d_{d2}) + \frac{(d_{d2} - d_{d1})^2}{4a_0}$$
$$= 2 \times 421 + \frac{\pi}{2}(106 + 315) + \frac{(315 - 106)^2}{4 \times 421}$$
$$= 1\,529 \text{ mm}$$

选取 $L_d = 1\,550$ mm。

(7) 实际中心距
$$a \approx a_0 + \frac{L_d - L_{d0}}{2} = 421 + \frac{1\,550 - 1\,529}{2} = 532.5 \text{ mm}$$
$$a_{\min} = a - 2(b_d + 0.09L_d) = 532.5 - 2(11 + 0.09 \times 1\,550) = 482.6 \text{ mm}$$
$$a_{\max} = a + 0.02L_d = 532.5 + 0.02 \times 1\,550 = 563.5 \text{ mm}$$

(8) 验算小带轮包角
$$\alpha_1 = 180° - \frac{d_{d2} - d_{d1}}{a} \times 57.3° = 180° - \frac{315 - 106}{532.5} \times 57.3° = 157.83°$$

符合要求。($\alpha \geqslant 120°$)

(9) 单根 V 带传递的基本额定功率

根据带型、d_{d1} 和 n_1 查附表得 $\quad P_1 = 1.05$

传动比不等于 1 的额定功率增量

根据带型、n_1 和 i 查附表得 $\quad \Delta P_1 = 0.14$

V 带的根数

查表 4-1-8 取小带轮包角修正系数 $K_\alpha = 0.94$，查表 4-1-9，取带长修正系数 $K_L = 0.98$。
$$z = \frac{P_d}{(P_1 + \Delta P_1)K_\alpha K_L}$$
$$= \frac{5.5}{(1.06 + 0.14) \times 0.94 \times 0.98} = 4.98$$

取实际带的根数为 5 根。

(10) 单根 V 带的预紧力

查表 4-1-2，取 V 带每米长度的重量 $m = 0.11$ kg/m。
$$F_0 = 500\left(\frac{2.5}{K_\alpha} - 1\right)\frac{P_d}{zv} + mv^2 = 500 \times \left(\frac{2.5}{0.94} - 1\right)\frac{5.5}{5 \times 5.33} + 0.11 \times 5.33^2 = 175 \text{ N}$$

作用在轴上的力
$$F_r = 2F_0 z \sin\frac{\alpha_1}{2} = 2 \times 175 \times 5 \times \sin\frac{157.83}{2} = 1\,717 \text{ N}$$

4.1.5 V 带轮的结构设计

V 带轮不是标准件，但 V 带是标准件，所以带轮轮槽的横截面尺寸要符合标准。带轮设计的主要内容是选择带轮的材料,确定带轮的结构及其尺寸。

4.1.5.1 带轮设计的要求和带轮的材料

带轮的基准直径、带的型号和带的根数主要是根据带传动的设计准则确定好。带传动的结构形式主要是根据其基本要求和带轮直径的大小确定的。

1. 带轮设计的基本要求

设计带轮时应使其结构工艺性好,重量轻,材料的密度均匀,无过大的铸造内应力;在圆周速度 $v>5$ m/s 时,要进行静平衡,圆周速度 $v>25$ m/s 时,要进行动平衡;轮槽的工作表面要具有一定的表面粗糙度和尺寸精度,以减少带的磨损和载荷分布的不均匀。

2. 带轮的材料

带轮的材料常采用灰铸铁、铝合金、钢和工程塑料等,最常用的是灰铸铁。转速较低时,用的牌号为 HT150 或 HT200;转速较高时,采用球墨铸铁、铸钢或用钢板焊接结构;小功率带轮可用铸铝或塑料。汽车、农业机械的辅助传动装置和家用电器中常用钢板冲压带轮或旋压带轮。

4.1.5.2 普通 V 带带轮的结构设计

带轮结构设计的主要内容是:确定带轮的轮缘、带轮的直径、轮辐和轮毂。

1. 普通 V 带带轮的轮缘

普通 V 带带轮由轮缘、轮辐和轮毂 3 部分组成。

轮缘上的轮槽截面尺寸见表 4-1-11。表中槽角 φ 取 32°、34°、36°或 38°,是因为带在带轮上弯曲时,其截面形状发生了变化,宽边受拉而变窄,窄边受压而变宽,因而使胶带的楔角变小。

如图 4-1-12 所示,图中粗线为胶带弯曲后的断面,细线为原始断面。带轮直径越小,这种作用越显著。为保证带与带轮接触弯曲变形后,V 带的两侧仍能和轮槽相贴合,以保证带传动的正常工作,应使轮槽角小于普通 V 带的楔角(40°),当带轮直径减小时,V 带的槽角也随之减小。

2. 普通 V 带带轮的直径、轮辐和轮毂

普通 V 带带轮和窄 V 带带轮的基准直径系列如表 4-1-7 所示。带轮的轮辐结构形式和带轮的加工方法,主

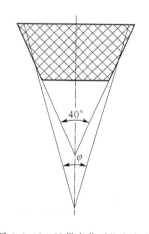

图 4-1-12 V 带弯曲后楔角变小

要是根据带轮的基准直径确定的。带轮的结构有实心式、辐板式、孔板式和轮辐式 4 种基本形式,其中辐板的最小厚度 S_{min} 如表 4-1-10 所示。槽轮尺寸如表 4-1-11 所示,带轮的内径按照与之配合的轴颈尺寸确定。

表 4-1-10　辐板最小厚度　　　　　　　　　　(mm)

型号	Z	A	B	C	D	E
S_{min}	6	10	14	18	22	28

应根据带轮直径的大小选择带轮的结构形式,图 4-1-13(a)所示的实心式带轮结构适用于 $d_d \leqslant (2.5 \sim 3)d$ 时的场合;图 4-1-13(b)所示的辐板式带轮结构,适用于 $d_d \leqslant 300$ mm 时的场合;图 4-1-13(c)所示的孔板式带轮结构,适用于 $d_d > 100$ mm 时的场合,为减轻重量,还可以在辐板上开出 4～8 个均布孔;图 4-1-13(d)所示的轮辐式带轮结构,适用于 $d_d > 300$ mm,轮辐数常取 4、6 或 8。

表 4-1-11　普通 V 带轮轮槽尺寸

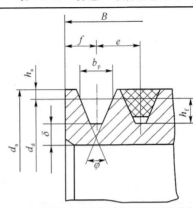

项目		符号	槽型						
			Y	Z	A	B	C	D	E
				SPZ	SPA	SPB	SPC		
基准宽度		b_d	5.3	8.5	11.0	14.0	19.0	27.0	32.0
基准线上槽深		$h_{a\min}$	1.6	2.0	2.75	3.5	4.8	8.1	9.6
基准线下槽深		$h_{f\min}$	4.7	7.0 / 9.0	8.7 / 11.0	10.8 / 14.0	14.3 / 19.0	19.9	23.4
槽间距		e	8±0.3	12±0.3	15±0.3	19±0.4	25.5±0.5	37±0.6	44.5±0.7
槽边距		$f_{\min}$	6	7	9	11.5	16	23	28
最小轮缘厚		$\delta_{\min}$	6	5.5	6	7.5	10	12	15
带轮宽		B	$B=(z-1)e+2f$　z 表示轮槽数						
外径		d_a	$d_a=d_d+2h_a$						
轮槽角 φ	32°	相应的基准直径 d_d	≤60	—	—	—	—	—	—
	34°		—	≤80	≤118	≤190	≤315	—	—
	36°		>60	—	—	—	—	≤475	≤600
	38°		—	>80	>118	>190	>315	>475	>600
极限偏差			±30′						

4.1.6　带传动的张紧装置、安装与维护

带传动的张紧装置可以维持带传动的张紧力、增大小轮包角、降低带的振颤。为维持带传动的正常工作，必须正确安装带轮及带，同时还要经常观察和维护带及带轮的使用状态及使用环境。

4.1.6.1　带传动的张紧装置

带传动必须带有张紧装置。这是因为带传动依赖于带与带轮之间的适当的预紧力，所以带的预紧力的大小必须可调，以保证带传动的正常工作。而且带传动经过一段时间的工作后，由于带的蠕变和磨损，使带产生松弛现象，从而导致带的张紧力逐渐减小，易发生打滑和带的振动现象，使带传动的承载能力下降，因此带传动必须具有将带定期预紧和自动预紧的装置，使带保持传动所需的预紧力。常用的张紧装置如表 4-1-12 所示。

项目四 传动装置的设计

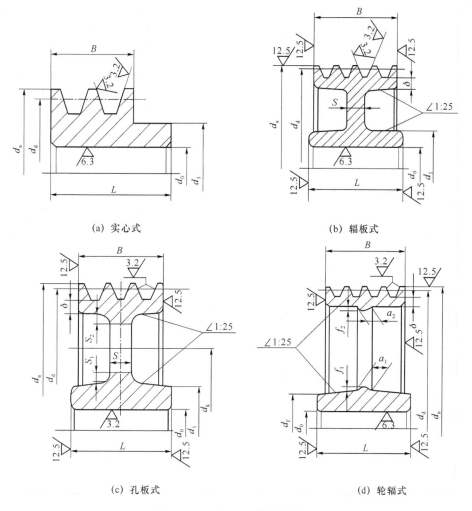

(a) 实心式
(b) 辐板式
(c) 孔板式
(d) 轮辐式

图 4-1-13 普通 V 带带孔结构

表 4-1-12 带传动的张紧装置

紧张方法		结构形式	特点和应用
用调节轴的位置张紧	定期张紧	(a) (b)	(a) 多用于水平或接近水平的传动 (b) 多用于垂直或接近垂直的传动,也是一种最简单的常用方法
用调节轴的位置张紧	自动张紧	(c) (d)	(c) 多用于小功率传动,应使电动机和带轮的转向有利于减轻配重或减小偏心距 (d) 多用于带的实验装置

续表

紧张方法		结构形式	特点和应用
用张紧轮张紧	定期张紧	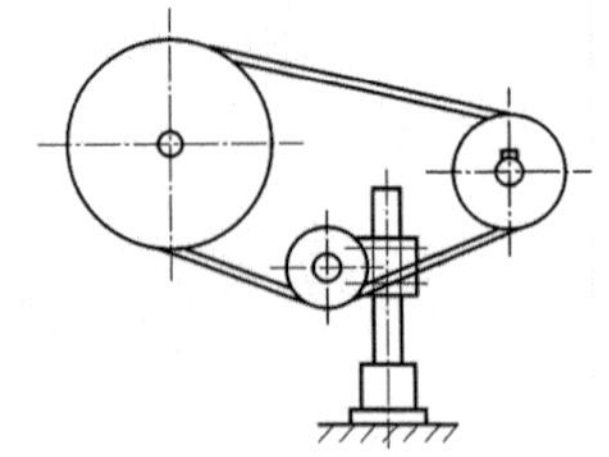	用于V带,同步齿型带的固定中心距传动,张紧轮安装在带的松边,不能逆转
	自动张紧	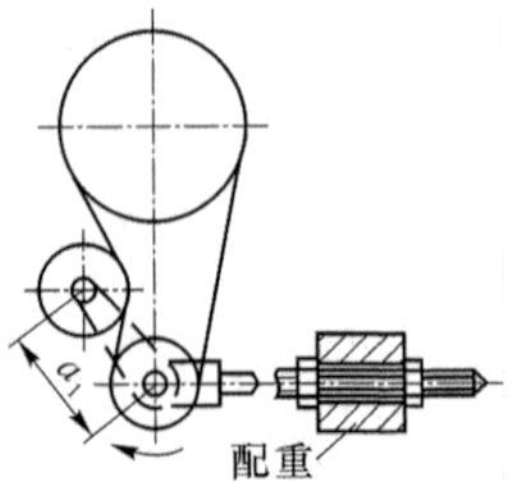	可任意调节预紧力的大小,可增大包角,可用于传动比大而中心距小的场合,但带的寿命降低,转动方向不可逆
改变带长		对有接头的平带,常采用定期截短带长,使带张紧,截去长度 $\Delta L = 0.2 L_d$	

4.1.6.2 带传动的安装与维护

为了保证带传动的正常工作和预期寿命,必须正确安装、使用和维护带轮机构。通常要求做到以下几点。

(1) 安装时,两轴必须平行,两轮的轮槽要对齐,先缩小轴间距,套上V带后,再调紧。

(2) 安装皮带时,应通过调整中心距使皮带张紧,严禁强行撬入和撬出,以免损伤皮带。

(3) 按规定时间检查带的状况,若发现其中一根或几根带已经失效(松弛或有磨损),则应全部更换成新带。

(4) 加防护罩以保护安全,防酸、碱、油及不在60 ℃以上的环境下工作。

(5) 按规定的张紧力张紧:带长度为1 m的皮带,以大拇指能按下15 mm为宜。

4.2 课题二:齿轮传动

4.2.1 齿轮传动的特点及分类

齿轮机构是现代机械中应用最广泛最常见的一种传动机构。之所以广泛应用是因为该机构具有以下优点:(1)传递圆周速度和功率范围大;(2)传动比恒定;(3)效率较高;(4)寿命较长;(5)可以传递空间任意两轴间的运动。不足是:(1)要求较高的制造和安装精度,成本较高;(2)不宜于远距离两轴之间的传动。

齿轮的类型也多,按照两齿轮传动时的相对运动为平面运动或空间运动,可分为平面齿轮机构和空间齿轮机构两大类。如图4-2-1所示。在平面齿轮机构中除了图4-2-1中所示的外啮合齿轮机构外,还有内啮合齿轮机构(图4-2-2)和齿轮齿条机构(图4-2-3)。

齿轮机构的类型很多,传动的过程也很复杂。但是,直齿圆柱齿轮机构是齿轮机构中最简单、最基本、应用最广泛的一种类型。所以将直齿轮作为重点进行研究,从中找出齿轮传动的基本规律,并以此为指导去研究其他类型的齿轮传动。在生产实践中,对齿轮传动的要求是多方面的，但归纳起来不外乎以下两种基本要求：

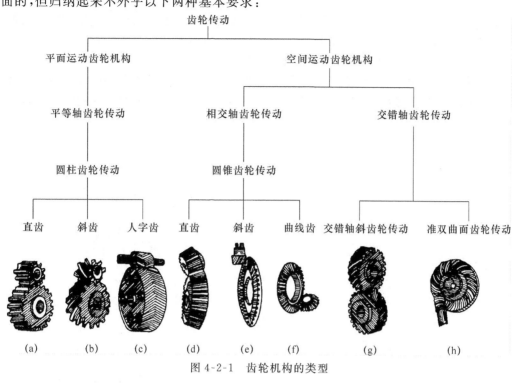

图 4-2-1 齿轮机构的类型

图 4-2-2 内啮合齿轮机构

图 4-2-3 齿轮齿条机构

（1）传动要准确平稳，即要求在传动过程中，传动比为常数，以免产生冲击，振动和噪声。
（2）承载能力要高，即要求齿轮尺寸小，重量轻，能传递较大的动力，有较长的使用寿命。
齿轮的研究基本上是围绕上述两个方面的问题进行的。本课题也将从这两个方面入手探讨齿轮传动的基本原理，并运用这些知识为生产实践服务。

4.2.2 渐开线齿廓的啮合特性

4.2.2.1 渐开线的形成及其特点

如图 4-2-4 所示，当直线 BC 沿一圆周作纯滚动时，直线上任意点 I 的轨迹 AI，称为该圆的渐开线。这个圆称为渐开线的基圆，其半径用 r_b 表示。直线 NI 称为渐开线的发生线。角 θ_i 称为渐开线 NI 段的展角。

根据渐开线的形成过程，可知渐开线具有下列特性：
（1）发生线沿基圆滚过的长度，等于该基圆上被滚过圆弧的长度，即 $\overline{NI}=\overline{AN}$。
（2）发生线 NI 是渐开线在任意点 I 的法线，也就是说：渐开线上任意点的法线，一定是基圆的切线(发生线)。

(3) 发生线与基圆的切点 N 是渐开线在点 I 的曲率中心,而线段 $\overline{NI}$ 是渐开线在 I 点的曲率半径。渐开线上越接近基圆的点,其曲率半径越小,渐开线在基圆上点 A 的曲率半径为零。

(4) 同一基圆上任意两条渐开线之间各处的公法线长度相等。

(5) 渐开线的形状取决于基圆的大小。如图 4-2-5 所示,在相同展角处,基圆半径越大,其渐开线的曲率半径越大,当基圆半径趋于无穷大时,其渐开线变成直线。故齿条的齿廓就是变成直线的渐开线。

(6) 基圆内没有渐开线。

以上 6 条是研究渐开线齿轮啮合原理的出发点。

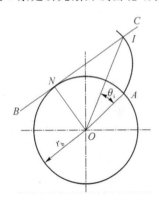

图 4-2-4 渐开线的形成

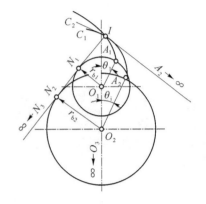

图 4-2-5 渐开线的特性

4.2.2.2 渐开线齿廓能保证定传动比传动

如图 4-2-6 所示,设 E_1、E_2 为两齿轮上相互啮合的一对渐开线齿廓,它们的基圆半径分别为 r_{b1} 及 r_{b2}。当 E_1、E_2 在任意点 K 啮合时,过 K 点作这对齿廓的公法线 N_1N_2。根据渐开线的特性可知,此公法线 N_1N_2 必同时与两轮的基圆相切,它又是两基圆的内公切线。它与连心线 O_1O_2 相交于 P 点。根据啮合基本定律可知,其传动比为 $i_{12}=\dfrac{\omega_1}{\omega_2}=\dfrac{O_2P}{O_1P}$。而且在传动过程中,由于基圆大小和位置不变,所以不论两齿廓在任何位置接触,过接触点所作两齿廓的公法线都将与 N_1N_2 重合(因为两定圆在同一方向只有一条内公切线)。故 N_1N_2 为一条定直线,而连心线 O_1O_2 也为一条定直线,其交点 P 必为一定点,所以两轮的传动比为一常数,即

$$i_{12}=\frac{\omega_1}{\omega_2}=\frac{O_2P}{O_1P}=常数$$

4.2.2.3 渐开线齿轮传动中心距具有可分离性

由图 4-2-6 可知,直角三角形 O_1N_1P 与直角三角形 O_2N_2P 相似,所以两轮的传动比还可以写为

$$i_{12}=\frac{\omega_1}{\omega_2}=\frac{O_2P}{O_1P}=\frac{r'_2}{r'_1}=\frac{r_{b2}}{r_{b1}}=常数 \quad (4-2-1)$$

式中, r'_1、r'_2、r_{b1}、r_{b2} 分别为两轮的节圆半径和基圆半径。

上式表明,两轮的传动比 i_{12} 不仅与两轮的节圆半径成反比,而且也与两基因半径成反比。齿轮制成之后,其基因半径就已确定,即使两轮的中心距略有改变,也不会影响其定传动比的性质,这就是渐开线齿轮传动的可分离性。在实际生产和使用中,由于

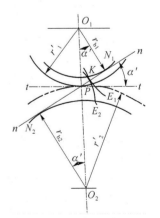

图 4-2-6 渐开线齿廓定传动比证明

制造和安装误差、轴承的磨损,往往使中心距产生偏差,但渐开线齿轮传动具有的可分性,仍能使两齿轮的瞬时传动比不变,这是渐开线齿轮传动的一个突出优点。

4.2.2.4 渐开线齿廓间正压力方向恒定不变

齿轮传动时其齿廓接触点的轨迹称为啮合线。对于渐开线齿廓,无论在哪一点接触,过接触点的齿廓公法线总是两基圆的内公切线 N_1N_2。因此直线 N_1N_2 就是渐开线齿廓的啮合线,也是齿廓间正压力作用的方向线。啮合线、公法线、两基圆的内公切线及正压力作用的方向线四线合一,这对齿轮传动的平稳性十分有利。若齿轮传递的力矩恒定,则轮齿之间、轴与轴承之间压力的大小和方向均不会变动。这也是渐开线齿轮啮合传动的一大优点。

4.2.3 渐开线齿轮主要参数及几何尺寸计算

4.2.3.1 渐开线齿轮各部分的名称

为了进一步研究齿轮的啮合原理和齿轮设计问题,必须将齿轮各部分的名称、符号及其尺寸间的关系加以介绍。如图 4-2-7 所示,为一标准直齿圆柱齿轮的一部分。

1. 齿数

在齿轮整个圆周上轮齿的总数称为该齿轮的齿数,用 z 表示。

2. 齿顶圆

过齿轮所有齿顶端的圆称为齿顶圆,用 r_a 和 d_a 分别表示其半径和直径。

3. 齿槽宽

齿轮相邻两齿之间的空间称为齿槽;在任意圆周上所量得齿槽的弧长称为该圆周上的齿槽宽,以 e_K 表示。

4. 齿厚

沿任意圆周上所量得的同一轮齿两侧齿廓之间的弧长称为该圆周上的齿厚,以 s_K 表示。

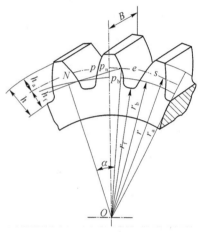

图 4-2-7 齿轮各部分的名称、尺寸和符号

5. 齿根圆

过齿轮所有齿槽底的圈称为齿根圆,用 r_f 和 d_f 分别表示其半径和直径。

6. 齿距

沿任意圆周上所量得相邻两齿同侧齿廓之间的弧长称为该圆周上的齿距,以 p_K 表示。由上图可知,在同一圆周上的齿距等于齿厚与齿槽宽之和。即

$$p_K = s_K + e_K$$

7. 分度圆和模数

在齿顶圆和齿根圆之间,规定一直径为 d(半径为 r)的圆,作为计算齿轮各部分尺寸的基准,并把这个圆称为分度圆。在分度圆上的齿厚、齿槽和齿距,即为通常称的齿厚、齿槽和齿距,并分别用 s、e 和 p 表示。而且 $p=s+e$,对于标准齿轮 $s=e$。

分度圆的大小是由齿距和齿数所决定的,因分度圆的周长 $=\pi d = pz$。于是得

$$d = \frac{p}{\pi} z$$

由上式可知,式中的 π 是无理数,将使计算颇为不便,为了便于确定齿轮的几何尺寸,人们有意识地把 $\frac{p}{\pi}$ 的比值制定一个简单的有理数列,并把这个比值称为模数,以 m 表示。

即
$$m = \frac{p}{\pi}$$

于是得
$$d = mz \qquad (4\text{-}2\text{-}2)$$

即
$$m = \frac{d}{z}$$

模数 m 是齿轮尺寸计算中重要的基本参数，可理解为每一个齿在分度圆直径上占有的长度，其单位用毫米。显然，模数越大，则轮齿的尺寸也大，轮齿承受载荷的能力也大。

齿轮的模数在我国已经标准化，表 4-2-1 为我国国家标准中的标准模数系列。

表 4-2-1　标准模数系列表　　　　　　　　　　(mm)

第一系列	0.1	0.12	0.15	0.2	0.25	0.3	0.4	0.5	0.6	0.8
	1	1.25	1.5	2	2.5	3	4	5	6	8
	10	12	16	20	25	32	40	50		
第二系列	0.35	0.7	0.9	1.75	2.25	2.75	(3.25)	3.5	(3.75)	4.5
	5.5	(6.5)	7	9	(11)	14	18	22	28	(30)
	36	45								

注：1. 本表适用于渐开线圆柱齿轮。对斜齿轮是指法向模数。
　　2. 选用模数时，应优先采用第一系列，其次是第二系列，括号内的模数尽可能不用。

8. 压力角

在后面会谈到什么是渐开线压力角。由渐开线方程可以知道，同一渐开线齿廓上各点的压力角是不同的，向径 r_K 越大，即离轮心越远处，其压力角越大，反之越小，基圆上渐开线齿廓点的压力角等于零。通常所说的齿轮压力角是指分度圆上的压力角，以 α 表示，并规定为标准值，我国取 $\alpha = 20°$。

至此，可以给分度圆一个完整的定义：分度圆是设计齿轮时给定的一个圆，该圆上的模数和压力角为标准值。

9. 齿顶高、齿根高和全齿高

如图 4-2-7 所示，轮齿被分度圆分为两部分，轮齿在分度圆和齿顶圆之间的部分称为齿顶，其径向高度称为齿顶高，以 h_a 表示。介于分度圆和齿根圆之间的部分称为齿根，其径向高度称为齿根高，以 h_f 表示。轮齿在齿顶圆和齿根圆之间的径向高度称为全齿高，以 h 表示。标准齿轮的尺寸与模数 m 成正比。例如

齿顶高
$$h_a = h_a^* m \qquad (4\text{-}2\text{-}3)$$

齿根高
$$h_f = (h_a^* + c^*) m \qquad (4\text{-}2\text{-}4)$$

全齿高
$$h = h_a + h_f$$
$$= (2 h_a^* + c^*) m \qquad (4\text{-}2\text{-}5)$$

由以上各式还可推得

齿顶圆直径
$$d_a = d + 2 h_a$$
$$= (z + 2 h_a^*) m \qquad (4\text{-}2\text{-}6)$$

齿根圆直径
$$d_f = d - 2h$$
$$= (z - 2 h_a^* - 2c^*) m \qquad (4\text{-}2\text{-}7)$$

以上各式中，h_a^* 为齿顶高系数，c^* 为径向间隙系数。这两个系数我国已规定了标准值，如表 4-2-2 所示。

顶隙 $c = c^* m$，它是指一对齿轮啮合时，一个齿轮的齿顶圆到另一个齿轮的齿根圆之间的径向距离。顶隙有存储润滑油而有利于齿轮传动等作用。

表 4-2-2　圆柱齿轮标准齿顶高系数及顶隙系数

系数	正常齿	短齿
h_a^*	1	0.8
C^*	0.25	0.3

标准齿轮,是指模数 m、压力角 α、齿顶高系数 h^* 和顶隙系数 c^* 均为标准值,且其齿厚等于齿槽宽,即 $s=e$。这样的齿轮称其为标准齿轮。

4.2.3.2 渐开线标准直齿圆柱齿轮几何尺寸

现将渐开线标准直齿圆柱齿轮几何尺寸的计算公式列于表 4-2-3,供参考。

表 4-2-3　渐开线标准直齿圆柱齿轮几何尺寸的计算公式

名称	符号	公式
模数	m	根据轮齿承受载荷、结构条件等定出,选用标准值
压力角	α	选用标准值
分度圆直径	d	$d=mz$
齿顶高	h_a	$h_a=h_a^* m$
齿根高	h_f	$h_f=(h_a^*+c^*)m$
齿全高	h	$h=h_a+h_f$
齿顶圆直径	d_a	$d_a=(z+2h_a^*)m$
齿根圆直径	d_f	$d_f=(z-2h_a^*-2c^*)m$
基圆直径	d_a	$d_b=d\cos\alpha$
周节	p	$p=\pi m$
齿厚	s	$s=\dfrac{\pi m}{2}$
齿间宽	e	$e=\dfrac{\pi m}{2}$
中心距	a	$a=\dfrac{1}{2}(d_1+d_2)=\dfrac{m}{2}(z_1+z_2)$
顶隙	c	$c=c^* m$

4.2.4　渐开线齿轮啮合传动

4.2.4.1　正确啮合条件

一对渐开线齿轮要正确啮合,必须满足一定的条件,即正确啮合条件。如图 4-2-8 所示,前一对轮齿在啮合线上 K 点相啮合时,后一对轮齿必须同时在啮合线上 K' 点进入啮合。即齿轮 1 的 KK' 与齿轮 2 的 KK' 必须相等。KK' 是相邻两齿同侧齿廓在公法线上的齿距(又称法节)。由此可知,两齿轮要正确啮合,它们的法节必须相等。又根据渐开线的特性可知,齿轮的法节与基圆齿距(又称基节)相等,通常以 p_b 表示。于是得

$$p_{b1}=p_{b2}$$

由于 $p_b=\dfrac{\pi d_b}{z}=\dfrac{\pi d\cos\alpha}{z}=p\cos\alpha$

故　　$p_{b1}=p_1\cos\alpha_1=\pi m_1\cos\alpha_1$

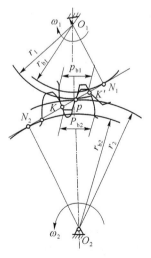

图 4-2-8　渐开线齿轮正确啮合

条件
$$p_{b2} = p_2 \cos \alpha_2 = \pi m_2 \cos \alpha_2$$

将其代入(1)后,可得两齿轮正确啮合条件为

$$m_1 \cos \alpha_1 = m_2 \cos \alpha_2 \tag{4-2-8}$$

式中:m_1、m_2 及 α_1、α_2 分别为两轮的模数和压力角。如前所述,由于模数 m 和压力角 α 都是标准化了的,所以要满足上式则应使

$$\left. \begin{array}{l} m_1 = m_2 = m \\ \alpha_1 = \alpha_2 = \alpha \end{array} \right\} \tag{4-2-9}$$

这就是说,渐开线直齿圆柱齿轮的正确啮合条件为:两轮的模数和压力角必须分别相等。

4.2.4.2 重合度

如图 4-2-9 所示,齿轮 1 为主动轮,齿轮 2 为从动轮。当两轮的一对轮齿开始啮合时,必为主动轮的齿根推动从动轮的齿顶。因而开始啮合点是从动轮的齿顶圆与啮合线 N_1N_2 的交点 B_2。随着啮合传动的进行,轮齿啮合点沿着 N_1N_2 移动,主动轮轮齿上的啮合点逐渐向齿顶部移动,而从动轮轮齿上的啮合点向齿根部移动。当啮合传动进行到主动轮的齿顶圆与啮合线 N_1N_2 的交点 B_1 时,两轮齿即将脱离接触,故 B_1 为轮齿接触的终止点。从一对轮齿的啮合过程来看,啮合点实际走过的轨迹只是啮合线 N_1N_2 上的一段 B_1B_2。故将 B_1B_2 称为实际啮合线,N_1N_2 称为理论啮合线。要使齿轮连续地进行传动,就必须在前一对轮齿尚未退出啮合时,后一对轮齿能及时进入啮合。为此,必须使得 $B_1B_2 \geq p_b$,即要求实际啮合线段 B_1B_2 大于或等于齿轮的基节 p_b。如果 $B_1B_2 = p_b$,则如图 4-2-9(a)所示,当只有一对轮齿即将退出啮合时,后一对正好进入啮合,表明传动恰好连续,在传动过程中始终只有一对轮齿啮合。如果 $B_1B_2 > p_b$,如图 4-2-9(b)所示,则表明有时为一对轮齿啮合,有时多于一对轮齿啮合。如果 $B_1B_2 < p_b$,则如图 4-2-9(c)所示,则表明当前一对轮齿在 B_1 退出啮合时,后一对轮齿尚未进入啮合,结果将使传动中断,从而引起轮齿间的冲击,影响传动的平稳性。

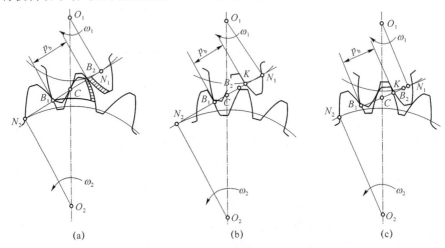

图 4-2-9 渐开线齿轮啮合过程

根据以上分析,齿轮连续传动的条件是:两齿轮的实际啮合线 B_1B_2 应大于或至少应等于齿轮的基节 p_b。通常把这个条件用 B_1B_2 与 p_b 的比值 ε 来表示,ε 称为重合度,即

$$\varepsilon = \frac{B_1B_2}{p_b} \geq 1 \tag{4-2-10}$$

齿轮传动的重合度愈大,则同时参与啮合的轮齿愈多,这样每对轮齿所受载荷就愈小,因

而相对地提高了齿轮的承载能力。

4.2.4.3 中心距及啮合角

图 4-2-10(a)为一对渐开线标准齿轮外啮合情况,由图可以看出,其中心距 a 为

$$
\begin{aligned}
a &= r_{a1} + c + r_{f2} \\
&= r_1 + h_a^* m + c^* m + r_2 - (h_a^* m + c^* m) \\
&= r_1 + r_2 = \frac{m}{2}(z_1 + z_2)
\end{aligned}
\tag{4-2-11}
$$

即两轮的中心距 a 等于两轮的分度圆半径之和,这种中心距称为标准中心距。

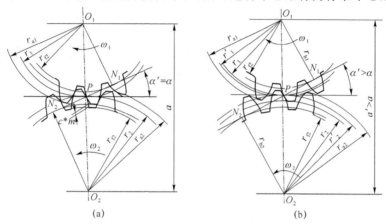

图 4-2-10 外啮合传动

一对齿轮啮合时,两轮的中心距总是等于两轮节圆半径之和。而一对标准齿轮在标准安装时,两轮的中心距等于两分度圆半径之和。所以一对标准渐开线齿轮按标准中心距安装时,其分度圆与节圆重合。

过节点 P 作两节圆的公切线,它与啮合线之间所夹的锐角称为啮合角,通常用 α' 表示,从图上可以明显地看出它就等于节圆的压力角。当节圆与分度圆重合时,显然啮合角 α' 与分度圆压力角 α 相等,即 $\alpha' = \alpha$。

由于齿轮制造和安装的误差,运转时径向力作用以及轴承磨损等原因,齿轮的实际中心往往与标准中心距 a' 不相一致,而略有变动。如图 4-2-10(b)所示,设原来的中心距 a 加大至 a',则两轮的分度圆就不再相切,这时节圆与分度圆不再重合,两轮的节圆半径将大于各自的分度圆半径。

由图 4-2-10(a)可得

$$
r_{b1} = r_1 \cos\alpha \quad r_{b2} = r_2 \cos\alpha
$$
$$
r_{b1} + r_{b2} = (r_1 + r_2)\cos\alpha = a\cos\alpha \tag{a}
$$

同理,由图 4-2-10(b)可得

$$
r_{b1} = r_1' \cos\alpha' \quad r_{b2} = r_2' \cos\alpha'
$$
$$
r_{b1} + r_{b2} = (r_1' + r_2')\cos\alpha' = a'\cos\alpha' \tag{b}
$$

由于式(a)、式(b)两式相等,可求得两轮的中心距与啮合角的关系式为

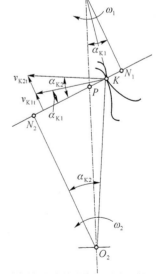

图 4-2-11 齿廓啮合图

$$
a\cos\alpha = a'\cos\alpha' \tag{4-2-12}
$$

故当两轮的分度圆分离时,即实际中心距 a' 大于标准中心距 a 时,啮合角 α' 大于分度圆压

力角 α。即 $\alpha' > \alpha$，则 $a' > a$。

4.2.4.4 滑动系数

由图 4-2-11 可见，一对齿廓在啮合过程中，除在节点的啮合外，两齿廓在接触点上的线速度大小不等，方向也不相同，因而在两齿廓接触点公切线上的速度分量必然不等，两齿廓也必然产生相对滑动，并引起齿廓的磨损。

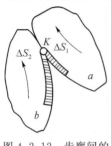

图 4-2-12 齿廓间的相对滑动

齿廓的磨损程度可以用滑动系数来表示，如图 4-2-12 所示，以 ΔS_1、ΔS_2 分别表示在同一时间 Δt 内两齿廓在接触点附近所走过的弧长，由于两齿廓之间有滑动，所以 ΔS_1 与 ΔS_2 不等，两者之差 $\Delta S_1 - \Delta S_2$（或 $\Delta S_2 - \Delta S_1$）称为滑动弧。滑动弧愈大，磨损愈严重，但滑动弧不能完全说明两齿廓上某一点的磨损程度。在 Δt 时间内，两齿廓的滑动弧相等，而一个齿廓走过的弧长 ΔS_2 比另一个齿廓走过的弧长 ΔS_1 长，磨损必然较轻，因而应以滑动弧走过的弧长比值说明两齿廓的磨损程度，这一比值的极限，称为滑动系数，以 u 表示。

对于齿轮 1 的齿廓，滑动系数为

$$u_1 = \lim_{\Delta S_1 \to 0} \frac{\Delta S_1 - \Delta S_2}{\Delta S_1} = \frac{\mathrm{d}S_1 - \mathrm{d}S_2}{\mathrm{d}S_1} \tag{4-2-13}$$

对于齿轮 2 的齿廓，滑动系数为

$$u_2 = \frac{\mathrm{d}S_2 - \mathrm{d}S_1}{\mathrm{d}S_2} \tag{4-2-14}$$

若考虑到两个齿轮轮齿参与工作次数不同的影响，大齿轮 2 轮齿参与工作次数仅为小齿轮的 $1/i$ 倍，因此

$$u_2 = \left(\frac{1}{i}\right)\frac{\mathrm{d}S_2 - \mathrm{d}S_1}{\mathrm{d}S_2} \tag{4-2-15}$$

图 4-2-13 是两齿廓在啮合过程中处于啮合线不同位置时的滑动系数，它表明：

① 滑动系数是啮合点 K 位置的函数，即 u 的数值是沿啮合线变化的。

② 在实际啮合线的起始点 B_2 和终止点 B_1 处啮合时，u_1 和 u_2 将达到最大值。

③ 对同一轮齿来说，齿根部分比齿顶部分滑动系数大。而两个齿轮相比，小齿轮的滑动系数 u_{1max} 比大齿轮的 u_{2max} 大。因此，小齿轮齿根部分滑动系数最大。

④ 在节点 P 处啮合时，$u_{1p} = u_{2p} = 0$，两齿廓节点处啮合时是纯滚动。

⑤ 在啮合极限点 N_1 和 N_2 处，u_1、u_2 趋于无限大，齿廓磨损最严重，故设计时应避免两轮轮齿在 N_1、N_2 附近啮合。

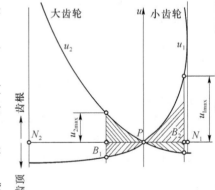

图 4-2-13 齿廓滑动系数曲线

滑动系数 u 的绝对值是表示磨损程度的标志之一，是齿轮传动的一个重要质量指标，在设计齿轮时，应注意使其不超过其许用值，且应尽可能使两齿轮最大滑动系数（均在齿根部分）接近相等。

4.2.5 渐开线齿轮的加工原理和根切现象

4.2.5.1 渐开线齿轮的加工原理

齿轮的切齿方法按其原理来说可概括为仿形法和展成法两种，现分别介绍如下。

1. 仿形法

这种方法的特点是所采用的刀具在其轴剖面内,刀刃的形状和被切齿轮齿间的形状相同。常用的刀具有盘状铣刀和指状铣刀。

图 4-2-14 所示为用盘状铣刀切制齿轮的情况。切制时,铣刀转动,同时轮坯沿它的轴线方向移动,从而实现切削和进给运动,待切出一个齿间,也就是切出相邻两齿的各一侧齿廓,然后轮坯退回原来位置,轮坯转过一个分齿角度,再继续加工第二个齿间,直至整个齿轮加工结束。

图 4-2-15 所示为用指状铣刀加工齿轮的情况。加工方法与盘状铣刀时相似,不过指状铣刀常用于加工大模数(如 $m>20$ mm)的齿轮,并可以切制人字齿轮。

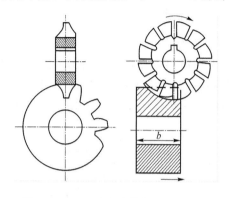

图 4-2-14 用盘状齿轮铣刀切制齿轮

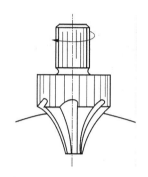

图 4-2-15 用指状齿轮铣刀切制齿轮

由于齿廓渐开线的形状随基圆大小不同而不同,而基圆的直径 $d_b = mz\cos\alpha$,所以当模数 m、压力角 α 为一定时,渐开线齿廓的形状将随齿轮的齿数多少而变化。因此,要想切出完全正确的齿廓,则在加工模数 m、压力角 α 相同而齿数 z 不同的齿轮时,每一种齿数的齿轮需要一把铣刀,显然这在实际生产中是很难做到的。所以在生产中加工模数 m、压力角 α 相同的齿轮时,根据齿数不同,一般只备一组刀具(8 把或 15 把)来加工不同齿数的齿轮。

由于铣刀的号数有限,所以用这种方法加工出来的齿轮其齿廓曲线大多数是近似的,加之分度又有误差,因而精度较低。同时由于加工不连续,生产率低,所以不宜用于大量生产。

2. 展成法

展成法是目前齿轮加工中最常用的一种方法。它是运用包络原理求共轭曲线的方法来加工齿廓的。用展成法加工齿轮时,常用的刀具有齿轮型刀具(如齿轮插刀)和齿条型刀具(如齿条插刀、滚刀)两大类。

(1) 齿轮插刀

图 4-2-16 为用齿轮插刀加工齿轮的情况。齿轮插刀的外形像一个具有刀刃的渐开线外齿轮。插齿时插刀与轮坯以恒定传动比(由机床传动系统来保证)作展成运动(即啮合传动,如图 4-2-16(b)所示),同时插刀沿轮坯轴线方向作上下往复的切削运动。为了防止插刀退刀时擦伤已加工好的齿廓表面,在插刀退刀时,轮坯还须让开一小段距离(在插刀向下切削时,轮坯又恢复到原来位置)的让刀运动。另外,为了切出轮齿的高度,插刀还需要向轮坯中心移动,即进给运动。

(2) 齿条插刀

图 4-2-17 为用齿条插刀加工齿轮的情况。切制齿廓时,刀具与轮坯的展成运动相当于齿条与齿轮啮合传动,其切齿原理与用齿轮插刀加工齿轮的原理相同。

(3) 齿轮滚刀

以上两种刀具加工齿轮,其切削都不是连续的,因而影响生产率的提高。因此,在生产中

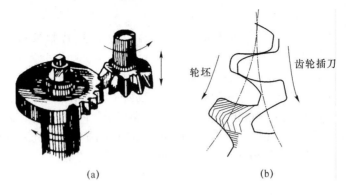

图 4-2-16 齿轮插刀切制齿轮

更广泛地采用齿轮滚刀来切制齿轮。图 4-2-18 为用齿轮滚刀切制齿轮的情况。滚刀形状像一个螺旋,它的轴向剖面为一齿条,所以它属于齿条型刀具。当滚刀转动时,就相当于齿条向前移动。所以用滚刀切制齿轮的原理和齿条插刀切制齿轮的原理基本相同。滚刀除了旋转之外,还沿着轮坯的轴线缓慢的移动,以便切出整个齿宽。

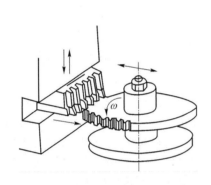

图 4-2-17 齿条插刀加工齿轮

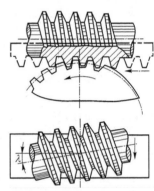

图 4-2-18 齿轮滚刀加工齿

用展成法加工齿轮时,只要刀具和被加工齿轮的模数 m 和压力角 α 相同,则不管被加工齿轮的齿数多少,都可以用同一把滚刀来加工,且生产率较高,所以在大批生产中多采用这种方法。

4.2.5.2 根切现象、最少齿数

用展成法加工齿轮时,有时会发现刀具的顶部切入齿轮的根部,而将齿根部的渐开线切去一部分(图 4-2-19),破坏了渐开线齿廓,这种现象称为轮齿的根切。产生严重根切的齿轮,一方面削弱了轮齿的抗弯强度,另一方面将使齿轮的重合度有所降低,这对传动是十分不利的。因此应力求避免根切现象的产生。

现以齿条插刀切制齿轮为例,来分析根切现象形成的原因。

如图 4-2-20 所示,为用齿条插刀加工标准齿轮的情况。图中齿条插刀的分度线与轮坯的分度圆相切,B_1 点为轮坯齿顶圆与啮合线的交点,而 N_1 点为轮坯基圆与啮合线的切点。根据展成法加工齿轮的原理可知:刀具从位置 1 开始切削齿廓的渐开线部分,而当刀具行至位置 2 时,齿廓的渐开线已全部切出。如果刀具的齿顶线恰好通过 N_1 点(图中虚线),则当展成运动继续进行时,该刀刃即与切好的渐开线齿廓脱离,因而就不会发生根切现象。但是,由于刀具的顶线超过了 N_1 点,所以当展成运动继续进行时,刀具还将继续切削。

现设轮坯由位置 2 再转一角度 φ 时,刀具相应地由位置 2 移到位置 3,刀刃和啮合线交于 K 点。当轮坯转过 φ 角时,其基圆转过的弧长为

$$N_1N_1' = r_b\varphi = r\varphi\cos\alpha$$

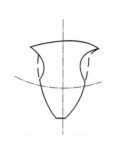

图 4-2-19 齿廓的根切现象

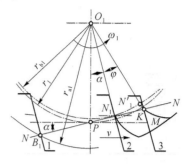

图 4-2-20 根切形成过程的分析

而同时齿条插刀的位移为
$$N_1M = r\varphi$$
而刀具沿啮合线移动的距离为
$$N_1K = N_1M\cos\alpha = r\varphi\cos\alpha$$
由此可得
$$N_1K = N_1N_1'$$

根据上式,由于 N_1K 是刀刃的两位置 2 与 3 之间的法线距离,而 N_1N_1' 小于 N_1K(因为 $N_1N_1' < \widehat{N_1N_1'}$,而 $\widehat{N_1N_1'} = N_1K$),故可知齿廓曲线上的 N_1' 点必定落在刀刃的左下方而被切掉(图中阴影部分)。因此就造成了轮齿的根切现象。从而得出结论:在用展成法切制时,如果刀具的齿顶线超过了啮合线与轮坯基圆的切点 N_1 时,则被切齿轮的轮齿必将发生根切现象。

上面已讨论了根切现象的原因,要避免根切就必须使刀具的顶线不超过极点 N_1。由图 4-2-21 看出 N_1 点的位置与被切齿轮的基圆大小有关,若基圆半径 r_b 越小,则 N_1 越接近刀具的顶线,也就是说产生根切的可能性就越大。

$$r_b = r\cos\alpha = \frac{mz}{2}\cos\alpha$$

从上式可知,被切齿轮的模数 m 和压力角 α 与刀具相同,所以产生根切与否,就取决于被切齿轮的齿数 z 的多少,z 愈少愈容易根切。为了不产生根切,则齿数 z 不得少于某一最少的限度,这就是最少齿数 $z_{\min}$。

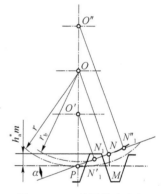

图 4-2-21 基圆的大小与根切的关系

由图 4-2-21 分析,若要不根切,必须满足
$$h_a^* m \leqslant MN$$
即
$$h_a^* m \leqslant r\sin^2\alpha = \frac{mz}{2}\sin^2\alpha$$
得
$$z \geqslant \frac{2h_a^*}{\sin^2\alpha} \quad z_{\min} = \frac{2h_a^*}{\sin^2\alpha} \tag{4-2-16}$$

若 $\alpha = 20°$, $h_a^* = 1$,使用齿条型刀具加工标准直齿渐开线齿轮时,其不根切的最少齿数 $z_{\min} = 17$。

4.2.5.3 变位齿数

标准齿轮有许多优点,因而得到广泛的应用。但标准齿轮也具有下列主要的缺点:
(1) 标准齿轮的齿数必须大于或等于最少齿数 $z_{\min}$,否则会产生根切;(2) 标准齿轮不适用于实际中心距 a' 不等于标准中心距 a 的场合。因为当 $a' < a$ 时,将无法安装,而当 $a' > a$ 时,虽然可以安装,但是将产生较大的齿侧间隙,使传动时发生冲击和噪声。同时重合度也随之降低,影响传动的平稳性;(3) 一对相互啮合的标准齿轮中,由于小齿轮的齿根厚度小于大齿轮的齿根厚度，齿廓滑动系数大于大齿轮的齿廓滑动系数，在其他条件相同的情况下，小齿轮更容易损坏。为了弥补标准齿轮存在上述不足之处，在机械中采用了变位齿轮。

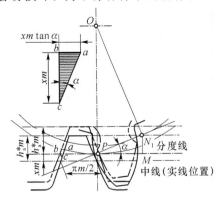

图 4-2-22 齿轮的变位图

如前所述，齿轮根切现象的根本原因，在于刀具的顶线超过极点 N_1，要避免根切，就须使刀具的顶线不超过 N_1 点。在不改变被切齿轮齿数的情况下，只要改变刀具与轮坯的相对位置。如图 4-2-22 中，将刀具移出一段距离至实线位置时，刀具的顶线将不超过 N_1 点，显然这就不会再发生根切了。这种改变刀具与轮坯相对位置而达到不发生根切的方法称为变位法，采用这种方法而切制的齿轮称为变位齿轮。以切制标准齿轮的位置为基准，刀具由基准位置沿径向移开的距离用 xm 表示，其中 m 为模数，x 称为变位系数，并规定刀具离开轮坯中心的变位系数为正，反之为负。对应于 $x>0$、$x=0$ 及 $x<0$ 的变位分别称为正变位、零变位及负变位。

用标准齿条型刀具加工变位齿轮时，不论是正变位还是负变位，刀具变位以后刀具上总有一条与分度线平行的直线作为节线与齿轮的分度圆相切并保持纯滚动。因标准齿条刀具上任何一条与分度线平行的直线上的齿距 p、模数 m 和压力角 $α$ 均相等，故切制出来的变位齿轮的齿距 p、模数 m 和压力角 $α$ 仍等于刀具上的齿距、模数和压力角。由此可知，变位齿轮的分度圆不变，基因也不变，而其他几何尺寸有的有所变化，具体可参见图 4-2-23 所示的变位齿轮齿廓曲线状况。

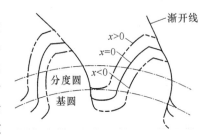

图 4-2-23 变位齿轮的齿廓

4.2.6 变位齿轮简介

按照一对齿轮的变位系数之和 x_1+x_2 的不同情况，可将变位齿轮传动分为 3 种基本类型。

4.2.6.1 零传动

若一对齿轮的变位系数之和为零（$x_1+x_2=0$），则称为零传动。零传动又可分为两种情况。

（1）两轮的变位系数都等于零（$x_1=x_2=0$）。这种齿轮传动就是标准齿轮传动。为了避免根切，两轮齿数均需大于 $z_{\min}$。

（2）两轮的变位系数一正一负，且绝对值相等（$|x_1|=|x_2|\neq0$、$x_1+x_2=0$，这种齿轮传动称为等移距变位齿轮传动。为了防止小齿轮的根切和增大小齿轮的齿厚，显然，小齿轮应用正变位，而大齿轮采用负变位。为了使大小两轮都不产生根切，两轮齿数和必须大于或等于最少齿数的两倍，即 $z_1+z_2\geq 2z_{\min}$。

在这种传动中，小齿轮正变位后的分度圆齿厚增量正好等于大齿轮分度圆齿槽宽的增量，故两轮的分度圆仍然相切，且无齿侧间隙。因此等移距变位齿轮的实际中心距 a' 仍为标准中心距 a（$a'=a$）。

等移距变位齿轮的齿根圆半径有了变化，为了保持全齿高不变，其齿顶圆半径也需作相应变化，其齿顶高和齿根高已不同于标准齿轮，所以等移距变位齿轮传动又称为高度变位齿轮传动。

4.2.6.2 正传动

若一对齿轮传动的变位系数之和大于零($x_1+x_2>0$),则称为正传动。由于 $x_1+x_2>0$,所以两轮齿数和可以小于最少齿数的两倍,即 $z_1+z_2<2z_{min}$。

变位齿轮正传动适用实际中心距 a' 大于标准中心距 a 的情况,即 $a'>a$。

4.2.6.3 负传动

若一对齿轮传动的变位系数之和小于零($x_1+x_2<0$),则称为负传动。为了避免根切,其两轮齿数和大于最少齿数的两倍,即 $z_1+z_2>2z_{min}$。

变位齿轮负传动适用实际中心距 a' 小于标准中心距 a 的情况,即 $a'<a$。由于负传动时对齿轮进行负变位加工,使轮齿强度有所削弱,故一般情况下不予采用。

由上述可知,采用正传动和负传动时,节圆和分度圆不重合,啮合角与分度圆压力角不相等,正传动时 $a'>a$,负传动时 $a'<a$。由于啮合角发生了变化,故把这两种传动又称为角度变位齿轮传动。

变位齿轮传动与标准齿轮传动相比较,等移距变位传动和正传动的主要优点有:(1)可以制出齿数小于 z_{min} 而无根切的齿轮,并因此减小齿轮机构的尺寸和重量;(2)能够合理调整两轮的齿根厚度,使其抗弯强度和根部磨损大致相等,以提高传动的承载能力和耐磨性能。因此,即使在 $z_1+z_2 \geqslant 2z_{min}$ 的场合,也常用正传动;(3)等移距变位齿轮保持标准中心距不变,故可以取代标准齿轮传动而又大大改善其传动质量。它们的主要缺点是:(1)没有互换性,必须成对设计、制造和使用;(2)重合度数略有减少。

变位齿轮传动的计算参见表 4-2-4。

表 4-2-4 齿轮传动计算公式

序号	名称	符号	标准齿轮传动	高变位齿轮传动	角变位齿轮传动
1	变位系数	x	$x_1=x_2=0$ $x_\Sigma=x_1+x_2=0$	$x_1=-x_2\neq 0$ $x_\Sigma=x_1+x_2=0$	$x_\Sigma=x_1+x_2\neq 0$
2	分度圆直径	d	$d=mz$		
3	啮合角	α'	$\alpha'=\alpha$		
4	节圆直径	d'	$d'=d$		
5	中心距	a'	$a=\dfrac{1}{2}(d_1+d_2)$		$a'=\dfrac{1}{2}(d'_1+d'_2)=a+ym$
6	分度圆分离系数	y	$y=0$		$y=\dfrac{a'-a}{m}$
7	齿顶降低系数	σ	$\sigma=0$		$\sigma=x_1+x_2-y$
8	齿顶高	h_a	$h_a=h_a^* m$	$h_a=(h_a^*+x)m$	$h_a=(h_a^*+x-\sigma)m$
9	齿根高	h_f	$h_f=(h_a^*+c^*)m$	$h_f=(h_a^*+c^*-x)m$	$h_f=(h_a^*+c^*-x)m$
10	全齿高	h	$h=(2h_a^*+c^*)m$		$h=(2h_a^*+c^*-\sigma)m$
11	齿顶圆直径	d_a	$d_a=m(z+2h_a^*)$	$d_a=m(z+2h_a^*+2x)$	$d_a=m(z+2h_a^*+2x)$
12	齿根圆直径	d_f	$d_f=m(z-2h_a^*-2c^*)$	$d_f=m(z-2h_a^*-2c^*+2x)$	$d_f=m(z-2h_a^*-2c^*+2x)$
13	公法线长度	W'	$W=m\cos\alpha[(k-0.5)\pi+z\text{inv}\alpha]$	$W'=m\cos\alpha[(k-0.5)\pi+z\text{inv}\alpha]+2xm\sin\alpha$	

4.2.7 齿轮的失效形式及材料选用

齿轮传动就装置型式来说,有开式、半开式及闭式之分;就使用情况来说,有低速、高速及轻载、重载之别;再加上齿轮材料的性能及热处理工艺的不同,轮齿有较脆(如经整体淬火、齿面硬度很高的钢齿轮或铸铁齿轮)或较韧(如经调质、常化的优质碳钢及合金钢齿轮),齿面有较硬(轮齿工作面的硬度 HB>350,并称为硬齿面齿轮)或较软(轮齿工作面的硬度 HB≤350,并称为软齿面齿轮)的差别等。由于上述条件的不同,齿轮传动也就出现了不同的失效形式。一般地说,齿轮传动的失效主要是轮齿的失效,通常有轮齿折断和工作齿面磨损、点蚀、胶合及塑性变形等。至于齿轮的其他部分(如齿圈、轮辐、轮毂等),除大型齿轮外,通常是按经验设计,所定的尺寸对强度及刚度来说均较富余,实践中也极少失效。因此,下面仅介绍轮齿的失效。

4.2.7.1 轮齿折断

轮齿像一个悬臂梁,受载后以齿根处产生的弯曲应力为最大,再加上齿根处过渡部分的尺寸发生了急剧的变化,以及沿齿宽方向留下的加工刀痕等引起的应力集中作用,当轮齿重复受载后,齿根处就会产生盟疲劳裂纹,并逐步扩展,致使轮齿折断(图 4-2-24)。轮齿受到突然过载,或经严重磨损后齿厚过分减薄时,也会发生折断现象。

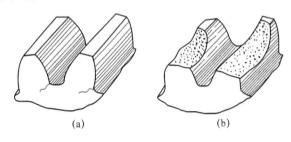

图 4-2-24 轮齿折断

在斜齿圆柱齿轮(简称斜齿轮)传动中,轮齿工作面上的接触线为一斜线,轮齿受载后会发生局部折断。若制造及安装不良或轴的弯曲变形过大,轮齿局部受载过重时,即使是直齿圆柱齿轮(简称直齿轮),也会发生局部折断。

增大齿根过渡圆角的半径,消除该处的加工刀痕,可以降低应力集中作用;增大轴及支承的刚度,可以减小齿面上局部受载的程度;使轮齿芯部具有足够的韧性;以及在齿根处施加适当的强化措施(如喷丸)等,都可提高轮齿的抗折断能力。

4.2.7.2 齿轮工作表面的失效

1. 磨损

在齿轮传动中,当落入磨料性物质(如砂粒、铁屑等)时,轮齿工作表面即被逐渐磨损(图 4-2-25)而致报废。齿面磨损是开式齿轮传动的主要破坏形式之一。改用闭式齿轮传动是避免齿轮磨损最有效的办法。

2. 点蚀

润滑良好的闭式齿轮传动,常见的齿面失效形式为点蚀。所谓点蚀就是齿面材料在变化的接触应力条件下,由于疲劳而产生的麻点状剥蚀损伤现象(图 4-2-26)。齿面上最初出现的点蚀仅为针尖大小的麻点,然后逐渐扩大,最后甚至数点连成一片,形成了明显的损伤。点蚀不仅见于齿轮,在滚动轴承中也是常见的失效形式之一。

轮齿在啮合过程中,齿面间的相对滑动起着形成润滑油膜的作用,而且相对滑动速度越高,面间形成润滑油膜的作用越显著,润滑也就越好。当轮齿在靠近节线处啮合时,由于相对滑动速度低,形成油膜的条件差,润滑不良,摩擦力较大,特别是直齿轮传动,通常这时只有一对齿啮合,轮齿受力也最大,因此,点蚀也就首先出现在靠近节线的齿根面上,然后再向其他部位扩展。从相对的意义上说,也就是以靠近节线处的齿根面抵抗点蚀的能力最差(即接触疲劳强度最低)。

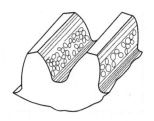

图 4-2-25　齿面的磨损

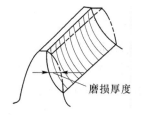

图 4-2-26　齿面的点蚀

在啮合的轮齿间加注润滑油可以减少摩擦,减缓点蚀,延长齿轮的工作寿命。并且在合理的限度内,润滑油的黏度越高,上述效果也越好。但是当齿面上出现疲劳裂纹后,润滑油就会浸入裂纹,而且黏度越低的油,越易浸入裂纹。润滑油浸入裂纹后,在轮齿啮合时,就有可能在裂纹内受到挤胀,从而加快裂纹的扩展,这是不利之处。所以对速度不高的齿轮传动,以用黏度高一些的油来润滑为宜;对速度较高的齿轮传动(如圆周速度 $v > 12$ m/s),要用喷油润滑(同时还起散热的作用),此时只宜用黏度低的油。

开式齿轮传动,由于齿面磨损较快,很少出现点蚀。

3. 胶合

对于重载高速齿轮传动(如航空发动机的主传动齿轮),齿面间的压力大,瞬时温度高,润滑效果差,当瞬时温度过高时,相啮合的两齿面就会发生粘在一块的现象,同时两齿面又作相对滑动,粘住的地方即被撕破,于是在齿面上沿相对滑动的方向形成伤痕,即称为胶合,如图 4-2-27 中的轮齿左部所示。齿轮传动中,齿面上瞬时温度越高、活动系数越大的地方,越易发生胶合。

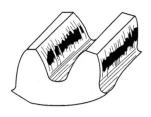

图 4-2-27　齿面的胶合

有时即使齿轮的速度并不高,但如发生停止供油等事故时,也会使齿面出现胶合。

减小摸数,降低齿高,降低滑动系数,采用抗胶合能力强的润滑油(如硫化油)等,均可防止或减轻轮齿的胶合。

4. 塑性变形

若轮齿的材料较软,载荷及摩擦力又都很大时,轮齿在啮合过程中,齿面表层的材料就容易沿着摩擦力的方向产生塑性变形。

图 4-2-28　齿面的塑性变形

由于主动轮齿齿面上所受的摩擦力背离节线,分别朝向齿顶及齿根作用,故产生塑性变形后,齿面上节线附近就下凹;而从动轮齿的齿面上所受的摩擦力则分别由齿顶及齿根朝向节线作用,故产生塑性变形之后,齿面上节线附近就上凸(图 4-2-28)。

材料较软的轮齿,受过大的冲击载荷作用时,还会使整个轮齿产生塑性变形。

提高齿面的硬度及采用黏度较高的润滑油,都有助于防止轮齿产生塑性变形。

提高轮齿对上述几种损伤的抵抗能力,除上面所说的办法外,还有提高齿面光洁度,适当选配主、从动齿轮的材料及硬度,进行适当的跑合,以及选用合适的润滑剂及润滑方法等。

4.2.7.3　设计准则

由上述分析可知,所设计的齿轮传动在具体的工作情况下,必须具有足够的、相应的工作能力,以保证在整个工作过程(工作寿命)中不致失效。因此,针对上述各种工作情况及失效形式,都应分别确立相应的设计准则。但是如磨损、齿面塑性变形等的设计计算,迄今尚未建立广为工程实际使用、而且行之有效的计算方法及设计数据,所以目前设计一般使用的齿轮传动时,通常只按保证齿根弯曲疲劳强度及保证齿面接触两准则进行计算。对于高速大功率的齿轮传动(如航空发动机、燃气轮机的主传动齿轮),还要按保证齿面抗胶合能力的准则进行计算。至于抵抗其他失效的能力,目前虽未能计算,但应采取相应的措施,以增强轮齿抵抗这些失效的能力。

由实践得知,在闭式齿轮传动中,通常以保证齿面接触疲劳强度为主。但对于齿面的硬度很高、齿芯强度又低的齿轮(如用 20、20Cr 钢经渗碳后淬火的齿轮)或材质较脆的齿轮,则以保证齿根弯曲疲劳强度为主。

功率超过 75 kW 的闭式齿轮传动,发热量大,易于导致润滑不良及轮齿胶合损伤等,为了控制温升,还应作散热能力计算。

开式(半开式)齿轮传动,按理应根据保证齿面抗磨损及齿根抗折断能力两准则进行计算、但如前所述,对齿面抗磨损能力的计算,迄今尚无妥善办法,故对开式(半开式)齿轮传动,目前仅以保证齿根弯曲疲劳强度作为设计准则。

齿轮的轮圈、轮辐、轮毂等部位的尺寸,通常仅作结构设计,不进行强度计算。

4.2.7.4 齿轮的材料

由轮齿的失效可知,设计齿轮传动时,应使齿面具有较高的抗磨损、抗点蚀、抗胶合及抗塑性变形的能力,而齿根要有较高的抗折断的能力。因此,对轮齿材料性能的基本要求为齿面要硬,齿芯要韧。

对于已经形成独立体系、自行设计产品的工业部门,如航空、汽车、拖拉机及机床等工业部门,都已制定了齿轮材料的规范,设计时应按规范选取材料。现仅对常用的齿轮材料作简要的介绍。

1. 钢

钢材的韧性好,耐冲击,还可通过热处理或化学热处理改善材料的机械性能及提高齿面的硬度,故最适于用来制造齿轮。

(1) 锻钢

除尺寸过大或者是结构形状复杂只宜铸造者外,一般都用锻钢制造齿轮,常用的是含碳量在 0.15%～0.6% 的碳钢或合金钢。

制造齿轮的锻钢可分为:

① 经热处理后切齿的齿轮所用的锻钢。对于强度、速度及精度都要求不高的齿轮,应采用软齿面(HB≤350)以便于切制及刀刃不致迅速磨损变钝。因此,应将齿轮毛坯经过常化(正火)或调质处理后切齿。切制后即为成品,精度一般为 8 级,精切时可达 7 级。这类齿轮制造简便、经济,生产率高。

② 需进行精加工的齿轮所用的锻钢。高速、重载及精密机器(如精密机床、航空发动机)所用的主要齿轮传动,除要求材料性能优良,轮齿具有高强度及齿面具有高硬度(如 HRC=58～65)外,还应进行磨齿等精加工。需精加工的齿轮目前多是先切齿,再作表面硬化处理,最后进行精加工,精度可达 5 级或 4 级。这类齿轮精度高,价格较贵,所用热处理方法有表面淬火、渗碳、氮化、软氮化及氰化等。所用材料视具体要求及热处理方法而定。

合金钢材根据所含合金的成分及性能,可分别使材料的韧性、耐冲击、耐磨及抗胶合的性能等获得提高,也可通过热处理或化学热处理改善材料的机械性能及提高齿面的硬度。所以对于既是高速、重载，又要求尺寸小，重量轻的航空用齿轮，都用性能优良的合金钢（如18CrMnTi、20Cr2Ni4A 等）来制造。

（2）铸钢

铸钢的耐磨性及强度均较好，但应经退火及常化处理，必要时也可进行调质。铸钢常用于尺寸较大的齿轮。

2．铸铁

灰铸铁性质较脆，抗冲击及耐磨性较都差，但抗胶合及抗点蚀的能力还好。灰铸铁齿轮常用于工作平稳，速度较低，功率不大的场合。

3．非金属材料

对高速、轻载及精度不高的齿轮传动，为了降低噪音，常用非金属材料（如夹布塑胶，尼龙等）做小齿轮，大齿轮仍用钢或铸铁制造。为使大齿轮具有足够的抗磨损及抗点蚀的能力，齿面的硬度应为 $HB \approx 250 \sim 350$。

常用的齿轮材料及其机械性能见表 4-2-5。常用齿轮材料配对示例见表 4-2-6。

表 4-2-5 常用齿轮材料及其机械特性

材料牌号	热处理方法	强度极限 σ_b/MPa	屈服极限 σ_s/MPa	硬度/HB 齿芯部	硬度/HB 齿面
HT25-47		250			170～241
HT30-54		300			187～255
HT3S-61		350			197～269
QT50-5		500			147～241
QT60-2		600			229～302
ZG45	常化	580	320		156～217
ZG35		650	350		169～229
45		580	290		162～217
ZG55		700	380		241～269
ZG35SiMn		650	420		197～248
45		650	360		217～255
30CrMnSi	调质	1100	900		310～360
35SiMn		750	450		217～269
38SiMnMo		700	550		217～269
40Cr		700	500		241～286
45	调质后表面淬火				HRC40～50
40Cr					HRC48～55
20Cr		650	400		
18CrMnTi	渗碳后淬火	1000	800	300	HRC58～62
20CrMnTi		1100	850		
12Cr2Ni4		1100	850	320	
20Cr2Ni4		1200	1100	350	
35CrAlA	调质后氮化（氮化层厚度 $\delta \geqslant 0.3 \sim 0.6$ mm）	950	750	255～321	HV>350
38CrMoAlA		1000	850		
夹布塑胶		100		25～35	

注：40Cr 钢可用 40MnB 或 40MnVB 钢代替；20Cr,18CrMnTi、20CrMnTi 钢可用 20Mn2B 或 20MnVB 钢代替。

表 4-2-6 齿轮材料配对示例

工作情况		小轮	大轮
闭式齿轮	软齿面	45 调质 220~250 HBS	45 正火 170~210 HBS
	中硬齿面	38SiMnMo 调质 332~360 HBS	38SiMnMo 调质 298~332 HBS
	硬齿面	40Cr 表面淬火 50~55 HRC	45 表面淬火 40~50 HRC
		20CrMnTi 渗碳淬火 56~62 HRC	20CrMnTi 渗碳淬火 56~62 HRC

4.2.8 直齿圆柱齿轮传动的强度计算

齿轮强度计算是根据轮齿可能出现的失效形式和设计准则来进行的,对一般闭式齿轮传动只做齿面接触疲劳强度计算和齿根弯曲疲劳强度计算。

4.2.8.1 齿面接触疲劳强度计算

齿面接触疲劳强度计算是针对齿面疲劳点蚀失效进行的。

1. 计算依据

一对渐开线圆柱齿轮啮合时(图 4-2-28),其齿面接触状况可近似认为与两圆柱体的接触相当,故其齿面的接触应力 σ_H 可近似地用赫兹公式,即式(4-2-17)进行计算

$$\sigma_H = \sqrt{\frac{F_n}{\pi b} \cdot \frac{\frac{1}{\rho_1} \pm \frac{1}{\rho_2}}{\frac{1-\mu_1^2}{E_1} + \frac{1-\mu_2^2}{E_2}}} \quad (4\text{-}2\text{-}17)$$

式中,σ_H 为最大接触应力或赫兹应力;μ_1、μ_2 分别为两圆柱体材料的泊松比;E_1、E_2 为两圆柱体材料的弹模量;ρ_1、ρ_2 分别为两圆柱体的曲率半径;b 为两圆柱体接触线长度;F_n 为作用在圆柱体上的载荷。该式称为赫兹(H·Hertz)公式。

轮齿在啮合过程中,齿廓接触线是不断变化的。实际情况表明,点蚀往往先在节线附近的齿根表面出现,所以接触疲劳强度计算通常以节点为计算点。由图 4-2-29 可知,对于标准齿轮传动,节点处的齿廓曲率半径

$$\rho_1 = N_1 C = \frac{d_1}{2} \sin \alpha$$

$$\rho_2 = N_2 C = \frac{d_2}{2} \sin \alpha$$

2. 强度计算

根据赫兹公式并综合考虑实际载荷的各种影响因素,引入载荷系数 K,并引入节点区域系数 Z_H、材料系数 Z_E 和齿数比 u,代入式(4-2-17),整理得接触疲劳强度公式。

(1) 接触疲劳强度校核公式

$$\sigma_H = Z_H Z_E \sqrt{\frac{2KT_1(u \pm 1)}{bd_1^2 u}} \leqslant [\sigma]_H \quad (4\text{-}2\text{-}18)$$

$$[\sigma_H] = \frac{\sigma_{Hlim}}{S_{min}} Z_N \quad (4\text{-}2\text{-}19)$$

式中,Z_H 为节点区域系数,考虑节点齿廓形状对接触应力的影响,其值可在图 4-2-30 中查取(标准直齿圆柱齿轮 $\alpha = 20°$ 时,$Z_H = 2.5$);Z_E 为材料系数($\sqrt{MPa}$)可查表 4-2-7;K 为载荷系数,可由表 4-2-8 查得;u 为齿数比;$[\sigma_H]$ 为接触疲劳许用应力;σ_{Hlim} 为试验齿轮的接触疲劳极限(MPa),可由图 4-2-31 查得。图中,ML 表示对齿轮质量和热处理质量要求低时的 σ_{Hlim}

取值线;MQ 表示对齿轮的材质和热处理质量有中等要求时的 σ_{Hlim} 取值线;ME 表示对齿轮的材质和热处理质量有严格要求的 σ_{Hlim} 取值线;通常可按 MQ 线选取 σ_{Hlim} 值。当齿面硬度超过其区域范围时,可将图向右作适当地线性延伸;Z_N 为接触强度计算的寿命系数,可按轮齿经受的循环次数由图 4-2-32 查得。$N = 60nat$,n 为齿轮转速(r/min);a 为齿轮每转一转,轮齿同侧齿面啮合次数;t 为齿轮总工作时间;S_{min} 为接触强度计算的最小安全系数,可由表 4-2-9 查得,在计算数据的准确性较差,计算方法粗糙,失效后可能造成严重后果等情况下,应取大值。

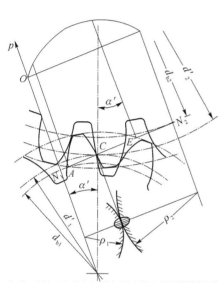

图 4-2-29 齿面上的接触应力

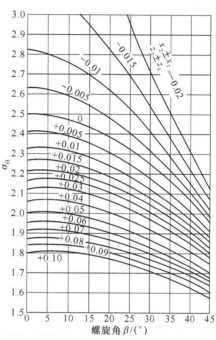

图 4-2-30 节点区域系数 Z_H

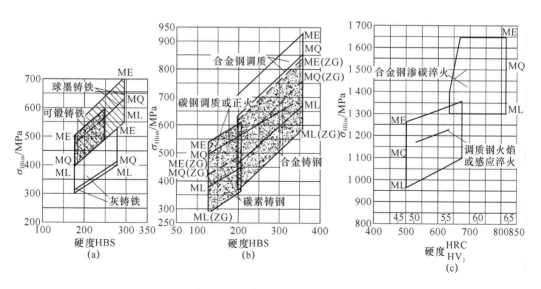

图 4-2-31 齿面触疲劳极限 σ_{Hlim}

表 4-2-7 材料系数 Z_E ($\sqrt{\text{MPa}}$)

小轮材料	大轮材料				
	锻钢	铸钢	球墨铸铁	灰铸铁	夹布胶木
锻钢	189.8	188.9	186.4	162.0	56.4
铸钢		188.0	180.5	161.4	
球墨铸铁			173.9	156.6	
灰铸铁				143.7	

表 4-2-8 载系数 K

原动机	工作机械的载荷特性		
	平稳和比较平稳	中等平稳	大的冲击
电动机、汽轮机	1~1.2	1.2~1.6	1.6~1.8
多缸内燃机	1.2~1.6	1.6~1.8	1.9~2.1
单缸内燃机	1.6~1.8	1.8~2.0	2.2~2.4

表 4-2-9 最小安全系数 $S_{H\min}$ 和 $S_{F\min}$ 值

安全系数	静强度		疲劳强度	
$S_{H\min}$	1.0	1.3	1.0~1.2	1.3~1.6
$S_{F\min}$	1.4	1.8	1.4~1.5	1.6~3.0

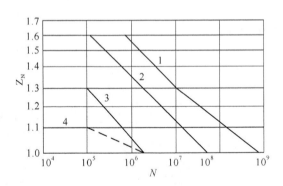

图 4-2-32 接触强度计算寿命系数 Z_N

1—碳钢(经正火、调质、表面淬火、渗碳淬火),墨铸铁,珠光体可锻铸铁(允许一定的点蚀);
2—材料和热处理同 1,不允许出现点蚀;
3—碳钢调质后气体渗氮、渗氮钢气体渗氮,灰铸铁;
4—碳钢调质后液体渗氮

(2) 设计公式

如取齿宽系数 $\psi_d = b/d_1$,则由式(4-2-18)可推导出设计公式

$$d_1 \geq \sqrt[3]{\left(\frac{Z_H Z_E}{[\sigma]_H}\right)^2 \frac{2KT_1(u \pm 1)}{\psi_d u}} \qquad (4\text{-}2\text{-}20)$$

应用式(4-2-18)和式(4-2-20)时应注意：由于两齿轮材料、齿面硬度、应力循环次数不同，许用应力也不同，故应以$[\sigma_{H1}]$和$[\sigma_{H2}]$中较小值代入计算；式中"＋"号用于外啮合，"－"号用于内啮合。

4.2.8.2 齿根弯曲疲劳强度计算

齿根弯曲疲劳强度计算是针对轮齿疲劳折断进行的。

1. 计算依据

由齿轮传动受力分析及实践证明，轮齿可看作一悬臂梁。齿根处的危险截面，可用30°切线法来确定，即作与轮齿对称中心成30°夹角并与齿根圆角相切的斜线，两切点的连线为危险截面的位置(图4-2-33)。危险截面的齿厚为s_F。为了简化计算，通常假设全部载荷作用于只有一对轮齿啮合时的齿顶。如图4-2-33所示，略去齿面摩擦，将F_n移至轮齿的对称线上，并分解为互相垂直的两个分力：切向分力$F_n\cos\alpha_F$和径向分力$F_n\sin\alpha_F$。切向分力使齿根产生弯曲应力和切应力，径向分力使齿根产生压应力。由于弯曲应力起主要作用，其余应力影响很小，所以进行齿根弯曲疲劳强度计算时，应以危险截面拉伸侧的弯曲应力作为计算依据。

2. 强度计算

(1) 齿根弯曲疲劳强度校核公式

由图4-2-31可知，齿根危险截面的理论弯曲应力为

$$\sigma_{bb}=\frac{M}{W}=\frac{F_n\cos\alpha_F h_F}{\frac{bs_F^2}{6}}=\frac{2T_1}{bd_1m}\cdot\frac{6\dfrac{h_F\cos\alpha_F}{m}}{\left(\dfrac{s_F}{m}\right)^2\cos\alpha} \quad (4\text{-}2\text{-}21)$$

式中，h_F为弯曲力臂(mm)；s_F为危险截面厚度(mm)；b为齿宽(mm)；α_F为载荷作用角(°)。

令

$$Y_{Fa}=\frac{6\dfrac{h_F\cos\alpha_F}{m}}{\left(\dfrac{s_F}{m}\right)^2\cos\alpha}$$

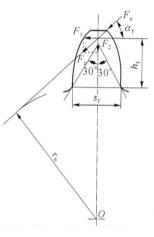

图4-2-33　齿根危险截面

Y_{Fa}称为齿形系数，考虑齿根应力集中和危险截面上压缩应力切应力的影响，引入应力修正系数Y_{Sa}，齿形系数Y_{Fa}和应力修正系数Y_{Sa}的值由表4-2-10查取，令复合齿形系数$Y_{FS}=Y_{Fa}Y_{Sa}$，并引入载荷系数K，由此可得轮齿弯曲疲劳强度的校核公式为

$$\sigma_{bb}=\frac{2KT_1Y_{FS}}{bd_1m}\leqslant[\sigma_{bb}] \quad (4\text{-}2\text{-}22)$$

$$[\sigma_{bb}]=\frac{\sigma_{bblim}Y_N Y_{ST}}{S_{Fmin}} \quad (4\text{-}2\text{-}23)$$

式中，Y_{FS}为复合齿形系数；$[\sigma_{bb}]$为弯曲疲劳许用应力；σ_{bblim}为试验齿轮的弯曲疲劳极限，查图4-2-34，查图说明同σ_{Hlim}；Y_N为弯曲强度计算的寿命系数，查图4-2-35，查图说明同Z_N；Y_{ST}为试验齿轮的应力修正系数，按国家标准取$Y_{ST}=2.0$；S_{Fmin}为弯曲强度计算的最小安全系数，见表4-2-8，有关说明同S_{Hmin}。

表 4-2-10 标准外齿轮的齿形系数 Y_{Fa} 及应力修正系数 Y_{Sa}

z	17	18	19	20	21	22	23	24	25	26	27	28	29
Y_{Fa}	2.97	2.91	2.85	2.80	2.76	2.72	2.69	2.65	2.62	2.60	2.57	2.55	2.53
Y_{Sa}	1.52	1.53	1.54	1.55	1.56	1.57	1.575	1.58	1.59	1.595	1.60	1.61	1.62
z	30	35	40	45	50	60	70	80	90	100	150	200	∞
Y_{Fa}	2.52	2.45	2.40	2.40	2.35	2.32	2.28	2.24	2.22	2.20	2.18	2.14	2.06
Y_{Sa}	1.625	1.65	1.67	1.68	1.70	1.73	1.75	1.77	1.78	1.79	1.83	1.865	1.97

注:基准齿形的参数为 $\alpha=20°, h_a^*=1, c^*=0.25, \rho=0.38m$($m$ 为齿轮模数、ρ 为齿根圆角曲率半径);对内齿轮:当 $\alpha=20°, h_a^*=1, c^*=0.25, \rho=0.15m$ 时,$Y_{Fa}=2.063, Y_{Sa}=2.65$。

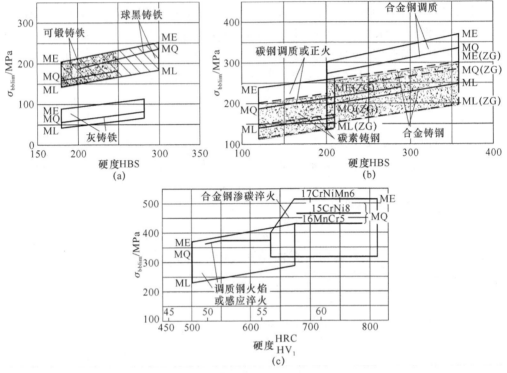

图 4-2-34 齿根弯曲疲劳极限 σ_{bblim}

(2) 轮齿弯曲疲劳强度的设计公式

以 $b=\psi_d d_1$、$d_1=mz_1$ 代入式(4-2-22)得设计公式为

$$m \geqslant \sqrt[3]{\frac{2KT_1}{\psi_d z_1^2} \frac{Y_{FS}}{[\sigma_{bb}]}} \tag{4-2-24}$$

应用式(4-2-22)和式(4-2-24)时应注意:由于大、小齿轮的复合齿形系数 Y_{FS} 和许用弯曲应力 $[\sigma_{bb}]$ 是不相同的,故进行轮齿弯曲强度校核时,大、小齿轮应分别计算;此外,大、小齿轮的 $Y_{FS}/[\sigma_{bb}]$ 比值可能不同,进行设计计算时应将两者中的较大值代入式(4-2-24)中进行,求得 m 后,应按表 4-2-1 圆整成标准值。

4.2.8.3 直齿圆柱齿轮传动设计

齿轮传动的设计主要是:选择齿轮材料和热处理方式、确定主要参数、几何尺寸、结构形

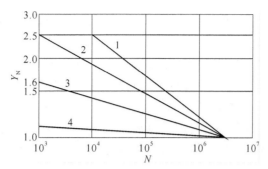

图 4-2-35 弯曲强度计算寿命系数 Y_N

1—碳钢(经正火、调质)，球墨铸铁，珠光体可锻铸铁；
2—碳钢经表面淬火、渗碳淬火；
3—碳钢调质后气体氮化、氮化钢气体氮化，灰铸铁；
4—碳钢调质后液体氮化

式、精度等级等，最后绘出零件工作图。

1. 基本设计参数选择

(1) 精度等级

齿轮精度等级，应根据齿轮传动的用途、工作条件、传递功率和圆周速度的大小及其他技术要求等来选择。在传递功率大、圆周速度高、要求传动平稳和噪声低等场合，应选较高的精度等级；反之，为了降低制造成本，可选较低的精度等级。表 4-2-11 列出了精度等级适用的圆周速度范围及应用举例，可供设计时参考。

表 4-2-11 齿轮传动精度等级及其应用

精度等级	圆周速度 $v/\mathrm{m \cdot s^{-1}}$			应用举例
	直齿圆柱齿轮	斜齿圆柱齿轮	直齿锥齿轮	
6 (高精度)	≤15	≤30	≤9	在高速、重载下工作的齿轮传动，如机床、汽车和飞机中的重要齿轮，分度机构的齿轮；高速减速器的齿轮
7 (精密)	≤10	≤20	≤6	在高速、中载或中速、重载下工作的齿轮传动，如标准系列减速器的齿轮；机床和汽车变速器中的齿轮
8 (中等精度)	≤5	≤9	≤3	一般机械中的齿轮传动，如机床、汽车和拖拉机中一般的齿轮；起重机械中的齿轮；农业机械中的重要齿轮
9 (低精度)	≤3	≤6	≤2.5	在低速、重载下工作的齿轮，粗糙工作机械中的齿轮

(2) 齿数比 u

齿轮减速传动时，$u=i$；增速传动时 $u=1/i$。

单级闭式传动，一般取 $i \leqslant 5$（直齿）、$i \leqslant 7$（斜齿）。传动比过大，则大小齿轮尺寸悬殊，会使传动的总体尺寸增大，且大小齿轮强度差别过大，不利于传动。所以，需要更大的传动比时，可采用二级或以上的传动。开式传动或手动机械可以达到 8~12。

对传动比无严格要求的一般齿轮传动,实际传动比 i 允许有±3%～±5%的误差。

(3) 齿数 z_1 和模数 m

对于软齿面闭式齿轮传动,传动尺寸主要取决于接触疲劳强度,而弯曲疲劳强度往往比较富余。这时,在传动尺寸不变并满足弯曲疲劳强度要求的前提下,小齿轮齿数取多一些以增大端面重合系数,改善传动平稳性;模数减小后,降低齿高,使齿顶圆直径减小,从而减少了齿轮毛坯直径,减少切削用量,节省制造费用。通常选取 $z_1=20\sim40$;对于硬齿面闭式齿轮传动,首先应具有足够大的模数以保证齿根弯曲疲劳强度,为减小传动尺寸,其齿数一般可取 $z_1=17\sim25$。

为了提高开式齿轮传动的耐磨性,要求有较大的模数,因而齿数应尽可能的少,一般取 $z_1=17\sim20$。允许有少量根切的手动机械,可以少于17。

模数 m 的最小允许值应根据抗弯曲疲劳强度确定。

减速器中的齿轮传动,通常取 $m=(0.007\sim0.02)a$,a 为中心距(mm)。载荷平稳、中心距大、软齿面齿轮传动取小值;冲击载荷较大、中心距小、硬齿面传动取较大值。开式齿轮传动取 $m=0.02a$。

动力传动中,通常应使 m 不小于 $1.5\sim2.0$ mm。

(4) 齿宽系数 ψ_d 及齿宽 b

齿宽系数取大值时,齿宽 b 增加,可减小两轮分度圆直径和中心距,进而减小传动装置的径向尺寸,而且齿轮越宽承载能力越高,所以齿轮不宜过窄;但是增大齿宽会使载荷沿齿宽方向分布不均匀更加严重,导致偏载发生。所以,齿宽系数应取得适当。

由齿轮的强度计算公式可知,轮齿越宽,承载能力越高,因此轮齿不宜过窄;但增大齿宽又会使齿面上的载荷分布更趋不均匀,故齿宽系数应取得适当。一般圆柱齿轮的齿宽系数可参考表 4-2-12 选取。其中,闭式传动的支承刚性好,ψ_d 可取大值;开式传动以及轴的刚性差时,ψ_d 应取小值。

表 4-2-12　圆柱齿轮的齿宽系数 ψ_d

齿轮相对轴承的位置	大轮或两轮齿面硬度≤350 HBS	两轮齿面硬度>350 HBS
对称布置	0.8～1.4	0.4～0.9
不对称布置	0.6～1.2	0.3～0.6
悬臂布置	0.3～0.4	0.2～0.5

注:1. 载荷稳定时取大值,轴与轴承的刚度较大时取大值,斜齿轮与人字齿轮取大值。
2. 对于金属切削机床的齿轮传动,ψ_d 取小值;传递功率不大时,ψ_d 可小到 0.2。

圆柱齿轮的计算齿宽 $b=\psi_d d_1$,并加以圆整。为了防止两齿轮因装配后轴向错位而导致啮合宽度减小,小齿轮的齿宽应在计算齿宽 b 的基础上加大约 $5\sim10$ mm。

2. 设计步骤

齿轮传动的设计主要是计算齿面的接触疲劳强度和齿根的弯曲疲劳强度,但设计步骤随具体情况而定。现将一般步骤简述如下。

(1) 软齿面(硬度≤350 HBS)闭式齿轮传动

① 选择齿轮材料、热处理方式及精度等级;

② 合理选择齿轮参数,按接触疲劳强度设计公式算出小齿轮分度圆直径 d_1;

③ 计算齿轮的主要尺寸；
④ 校核所设计的齿轮传动的弯曲疲劳强度；
⑤ 确定齿轮的结构尺寸；
⑥ 绘制齿轮的零件工作图。

(2) 硬齿面(硬度>350 HBS)闭式齿轮传动
① 选择齿轮材料、热处理方式及精度等级；
② 合理选择齿轮参数，按弯曲疲劳强度设计公式求出模数 m，并圆整为标准模数；
③ 计算齿轮的主要尺寸；
④ 校核齿面的接触疲劳强度；
⑤ 确定齿轮的结构尺寸；
⑥ 绘制齿轮的零件工作图。

(3) 开式齿轮传动
① 选择齿轮材料、热处理方式及精度等级，常选钢与铸铁配对；
② 合理选择齿轮参数，按式(4-2-24)求出模数 m，并加大 10%～20%，按表 4-2-1 取标准模数；
③ 计算齿轮的主要尺寸；
④ 确定齿轮的结构尺寸；
⑤ 绘制齿轮的零件工作图。

【例 4-2-1】 设计单级标准直齿圆柱齿轮减速器的齿轮传动。已知传递功率 $P=6$ kW，主动轮转速 $n_1=960$ r/min，齿数比 $u=2.5$，载荷平稳，单向运转，预期寿命 10 年(每年按 300 天计)，单班制，原动机为电动机。

解：减速器是闭式传动，通常采用齿面硬度≤350 HBS 的软齿面钢制齿轮。根据计算准则，应按齿面接触疲劳强度设计，确定齿轮传动的参数、尺寸，然后验算轮齿的弯曲疲劳强度，计算步骤如下：

1. 选择材料、热处理方式及精度等级

(1) 选择齿轮材料、热处理方式。该齿轮传动无特殊要求，可选一般齿轮材料，由表 4-2-5 和表 4-2-6 并考虑 $HBS_1=HBS_2+(30\sim50)$ HBS 的要求，小齿轮选用 45 钢，调质处理，齿面硬度 229～286 HBS；大齿轮选用 45 钢，正火处理，齿面硬度 169～217 HBS。

(2) 选定精度等级。减速器为一般齿轮传动。估计圆周速度不大于 5 m/s，根据表 4-2-11，初选 8 级精度。

2. 按齿面接触疲劳强度设计

(1) 确定公式中的各参数值

① 选择齿数。选小齿轮齿数 $z_1=24$，$z_2=uz_1=60$。

② 确定极限应力 σ_{Hlim}。由图 4-2-31 可知，按齿面硬度中间值 255 HBS，查得小齿轮 $\sigma_{Hlim}=600$ MPa；按齿面硬度中间值 200 HBS，查得大齿轮 $\sigma_{Hlim}=550$ MPa。

③ 计算应力循环次数 N，确定寿命系数 Z_N

$$N_1=60an_1t=60\times1\times960\times10\times300\times8=1.38\times10^9$$

$$N_2=N_1/u=1.38\times10^9/2.5=5.52\times10^8$$

查图 4-2-32 得，$Z_{N1} = Z_{N2} = 1$。

④ 计算许用应力。由表 4-2-9 查得，$S_{Hmin} = 1$。由式(4-2-19)得

$$[\sigma_{H1}] = \frac{\sigma_{Hlim}}{S_{Hmin}} Z_{N1} = \frac{600 \times 1}{1} \text{MPa} = 600 \text{ MPa}$$

$$[\sigma_{H2}] = \frac{\sigma_{Hlim}}{S_{Hmin}} Z_{N2} = 550 \text{ MPa}$$

⑤ 选取载荷系数 K。由表 4-2-8，按原动机和工作机特性，选 $K = 1$。

⑥ 计算小齿轮传递的转矩

$$T_1 = 9.55 \times 10^6 \frac{P_1}{n_1} = 9.55 \times 10^6 \frac{6}{960} \text{ N} \cdot \text{mm}$$

⑦ 选取齿宽系数。由表 4-2-12 可知，因齿轮对称布置，取 $\psi_d = 1.2$。

⑧ 节点区域系数 Z_H。由图 4-2-30 查得，$Z_H = 2.5$。

⑨ 确定材料系数 Z_E。由表 4-2-7 查得，$Z_E = 189.8 \sqrt{\text{MPa}}$。

(2) 计算 d_1 和 v

① 小齿轮分度圆直径

$$d_1 \geqslant \sqrt[3]{\left(\frac{Z_H Z_E}{[\sigma]_H}\right)^2 \frac{2KT_1(u \pm 1)}{\psi_d u}} = \sqrt[3]{\left(\frac{2.5 \times 189.8}{550}\right)^2 \frac{2 \times 1 \times 59\ 687.5 \times (2.5 + 1)}{1.2 \times 2.5}} \text{mm}$$

$$= 46.96 \text{ mm}$$

② 圆周速度

$$v = \frac{\pi d_1 n_1}{60 \times 1\ 000} = \frac{\pi \times 46.96 \times 960}{60 \times 1\ 000} \text{m/s} = 2.36 \text{ m/s} < 5 \text{ m/s}$$

故 8 级精度合适。

(3) 模数 m

$$m = \frac{d_1}{z_1} = \frac{46.96}{24} \text{mm} = 1.957 \text{ mm}$$

取标准模数 $m = 2$ mm。

3. 计算齿轮的主要尺寸

(1) 齿轮的分度圆直径

$$d_1 = mz_1 = 2 \times 24 \text{ mm} = 48 \text{ mm}$$
$$d_2 = mz_2 = 2 \times 60 \text{ mm} = 120 \text{ mm}$$

(2) 中心距

$$a = \frac{1}{2}(d_1 + d_2) = \frac{1}{2}(48 + 120) \text{mm} = 84 \text{ mm}$$

(3) 齿宽

$$b = \psi_d d_1 = 1.2 \times 48 \text{ mm} = 57.6 \text{ mm}$$

取 $b_2 = 58$ mm，$b_1 = b_2 + (5 \sim 10)$ mm $= 64$ mm。

4. 验算轮齿弯曲疲劳强度

(1) 确定极限应力 σ_{bblim}。由图 4-2-34 可知，按齿面硬度中间值 255 HBS，查得小齿轮 $\sigma_{bblim1} = 225$ MPa；按齿面硬度中间值 200 HBS，查得大齿轮 $\sigma_{bblim2} = 215$ MPa。

(2) 确定寿命系数 Y_{N1} 和 Y_{N2}。查图 4-2-35 得，$Y_{N1} = Y_{N2} = 1$。

(3) 确定最小安全系数 S_{Fmin}。查表 4-2-9 得 $S_{Fmin1}=S_{Fmin2}=1.4$。

(4) 确定许用应力 $[\sigma_{bb}]$。

$$[\sigma_{bb}]=\frac{\sigma_{bblim}Y_N Y_{ST}}{S_{Fmin}}$$

$$[\sigma_{bb1}]=\frac{\sigma_{bblim\,1}Y_{N1}Y_{ST1}}{S_{Fmin1}}=\frac{225\times 1\times 2}{1.4}\text{MPa}=321.4\text{ MPa}$$

$$[\sigma_{bb2}]=\frac{\sigma_{bblim\,2}Y_{N2}Y_{ST2}}{S_{Fmin2}}=\frac{215\times 1\times 2}{1.4}\text{MPa}=307.1\text{ MPa}$$

(5) 确定复合齿形系数 Y_{FS1} 和 Y_{FS2}。查表 4-2-10，$Y_{FS1}=Y_{Fa1}Y_{Sa1}=2.65\times 1.58=4.2$，$Y_{FS2}=Y_{Fa2}Y_{Sa2}=2.28\times 1.73=4.0$。

(6) 计算齿根弯曲应力。

$$\sigma_{bb1}=\frac{2KT_1 Y_{FS1}}{bd_1 m}=\frac{2\times 1\times 59\,687.5\times 4.2}{58\times 48\times 2}\text{MPa}=90.3\text{ MPa}<[\sigma_{bb1}]$$

$$\sigma_{bb2}=\sigma_{bb1}\frac{Y_{FS2}}{Y_{FS1}}=90.3\times\frac{4.0}{4.2}\text{MPa}=85.8\text{ MPa}<[\sigma_{bb2}]$$

所以轮齿弯曲强度足够。

4.2.9 斜齿圆柱齿轮传动

4.2.9.1 斜齿轮齿廓曲面的形成与啮合特点

前面讨论直齿轮时，仅就轮齿的端面加以研究，实际上齿轮总是有宽度的，故上述的基圆应是基圆柱，发生线应是发生面，K 点应是一条与轴线平行的直线 KK，如图 4-2-36(a)所示。当发生面沿基圆柱作纯滚动时，直线 KK 在空间运动的轨迹就形成一渐开面，即直齿轮的齿面。而直线 KK 始终保持与齿轮的轴线平行，所以渐开面与基圆柱的交线 AA 仍为一条与齿轮轴线相平行的直线。

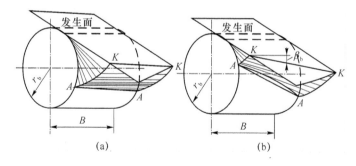

图 4-2-36 渐开线齿面的形成

斜齿轮齿面形成原理与直齿轮相似，所不同的是形成渐开面的直线 KK 不再与轴线平行，而是与轴线方向偏斜了一个角度 β_b，如图 4-2-36(b)所示。这样当发生面绕基圆柱作纯滚动时，斜线 KK 上的每一点的轨迹都是渐开线。这些渐开线的集合，就形成了斜齿轮的齿廓曲面。由此可知，斜齿轮端面（与轴线垂直的平面）上的齿廓仍是渐开线。斜线 KK 在基圆柱上形成一条由各渐开线依次起点所组成的螺旋线 AA（即基圆柱面上的齿线）。斜线 KK 在空间所形成的曲面称为渐开螺旋面。螺旋线 AA 的螺旋角，即是斜线 KK 与轴线偏斜的角度

β_b,所以 β_b 称为基圆柱上的螺旋角。β_b 角愈大,轮齿愈偏斜,$\beta_b=0$ 就成为直齿轮了,因此,可以说直齿轮是斜齿轮的特例。

图 4-2-37 为一对渐开线斜齿轮的啮合情况,当发生面(s 平面)沿两基圆柱滚动时,啮合面(发生面)上的斜线 KK 就分别形成了两轮的共轭齿面。由图可知,此两齿面沿斜线 KK 接触。所以一对斜齿轮相啮合时,两轮的瞬时接触线即为一斜线,且由短变长,然后又由长变短,如图 4-2-38(b)所示,直至退出啮合为止。由于其啮合过程是逐渐进行的,故克服了直齿轮啮合传动时总是沿全齿宽同时进行的缺点。减少了传动的冲击、振动和噪声,提高了传动的平稳性,所以斜齿轮适用高速重载的传动。

4.2.9.2 斜齿轮几何尺寸计算

斜齿轮的几何参数有端面(即垂直于轴线的平面,下标以 t 表示)和法向(即垂直于分度圆柱面上螺旋线的切线的平面内,下标以 n 表示)之分。由于斜齿轮通常是用滚刀或盘状齿轮铣刀加工的,切削时刀具是沿齿轮的螺旋线方向进行的,所以斜齿轮的法向模数和法向压力角与刀具的相同,即是标准值。但计算斜齿轮几何尺寸时,绝大部分的尺寸均须按端面参数进行计算,因此,必须建立法向参数与端面参数的换算关系。

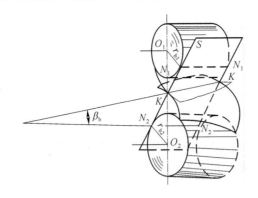

图 4-2-37 齿廓接触线比较

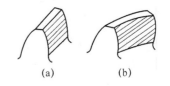

图 4-2-38 斜齿轮的齿廓曲面

1. 法向模数 m_n 和端面模数 m_t

图 4-2-39 为斜齿轮分度圆柱的展开图。β 为分度圆柱的螺旋角,图中细斜线部分为轮齿,空白部分为齿槽。在直角三角形 afe 中得

$$p_n = p_t \cos\beta$$

式中,p_n 为法向齿距;p_t 为端面齿距。

因为 $\qquad p_n = \pi m_n$ 和 $p_t = \pi m_t$

故得 $\qquad m_n = m_t$ \hfill (4-2-25)

由于 $\cos\beta<1$,故 $m_t > m_n$

2. 法向压力角 α_n 和端面压力角 α_t

为了便于分析,用斜齿条来进行讨论。如图 4-2-40 所示的斜齿条中,平面 abd 为端面,平面 ace 为法平面,$\angle acb = 90°$。

在直角三角形 abd、ace 及 abc 中得

$$\tan\alpha_t = \frac{ab}{bd} \qquad \tan\alpha_n = \frac{ac}{ce}$$

$$ac = ab\cos\beta$$

又因
$$bd = ce$$

故得
$$\tan\alpha_n = \frac{ac}{ce} = \frac{ab\cos\beta}{bd} = \tan\alpha_t\cos\beta \tag{4-2-26}$$

由于 $\cos\beta < 1$，故 $\alpha_t > \alpha_n$。

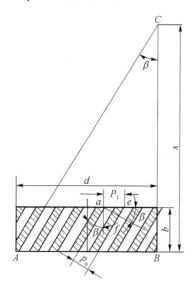

图 4-2-39 端向齿距与法向齿距

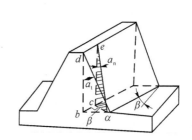

图 4-2-40 端向压力角与法向压力角

3. 齿顶高系数 h_{an}^* 和 h_{at}^* 及顶隙系数 c_n^* 和 c_t^*

无论从法向或端面来看，轮齿的齿顶高都是相同的，顶隙也一样。即

$$h_{an}^* m_n = h_{at}^* \qquad c_n^* m_n = c_t^* m_t$$

将式(4-2-25)代入上两式，即得

$$\left. \begin{array}{l} h_{at}^* = h_{an}^* \cos\beta \\ c_t^* = c_n^* \cos\beta \end{array} \right\} \tag{4-2-27}$$

4. 螺旋角 β

由图 4-2-37 所示，斜齿轮分度圆柱上的螺旋角 β 为

$$\tan\beta = \frac{\pi d}{s}$$

式中，s 为螺旋线的导程，即螺旋线绕一周时，沿轴线方向前进的距离。

因为各圆柱面上的螺旋线的导程相同，所以基圆柱螺旋角 β_b 应为

$$\tan\beta_b = \frac{\pi d_b}{s}$$

由以上两式可得

$$\tan\beta_b = \frac{d_b}{d}\tan\beta = \tan\beta\cos\alpha_t \tag{4-2-28}$$

由于 $\cos\alpha_t < 1$，所以 $\beta > \beta_b$。进而推知，各圆柱面上的螺旋角都不相等。

4.2.9.3 斜齿轮正确啮合条件和重合度

1. 正确啮合条件

要使一对斜齿轮能正确啮合，除了像直齿轮一样必须保证模数和压力角相等外，还须考虑到螺旋角相匹配的问题。因此，斜齿轮正确啮合条件为：

（1）相啮合的两斜齿轮的法向模数 m_n 及法向压力角 α_n 应分别相等，即

$$m_{n1} = m_{n2} \quad \alpha_{n1} = \alpha_{n2}$$

同理，端面模数 m_t 及端面压力角 α_t 也应分别相等，即

$$m_{t1} = m_{t2} \quad \alpha_{t1} = \alpha_{t2}$$

（2）相啮合的两斜齿轮，在外啮合时，两轮的螺旋角 β 应大小相等，方向相反，即

$$\beta_1 = -\beta_2$$

在内啮合时，两轮的螺旋角 β 应大小相等，方向相同，即

$$\beta_1 = \beta_2$$

综上所述，斜齿轮正确啮合条件又可写成

$$\left.\begin{array}{l} m_{n1} = m_{n2} = m \\ \alpha_{n1} = \alpha_{n2} = \alpha \\ \beta_1 = m\beta_2 \end{array}\right\} \tag{4-2-29}$$

2. 重合度

为了便于分析与计算重合度，用端面尺寸相同的直齿轮与斜齿轮进行比较。

如图 4-2-41 所示，上面为直齿轮，下面为斜齿轮。图中 B_2B_2 和 B_1B_1 分别表示在啮合平面内，同一对轮齿从开始啮合到退出啮合时的位置。B_2B_2 与 B_1B_1 直线之间区域是轮齿的啮合区。对于斜齿轮来说，由于不是沿整个齿宽同时进入啮合，而是先从轮齿的一端进入啮合，随着齿轮转动而逐渐沿整个齿宽接触。到 B_1B_1 处退出啮合时也是由轮齿的一端先行退出啮合，直到该轮齿转到图中虚线终了位置时，整个轮齿才全部退出啮合。因此，斜齿轮啮合区比直齿轮啮合区大 Δl。斜齿轮的重合度为

$$\varepsilon = \frac{l}{p_b} + \frac{\Delta l}{p_b} = \varepsilon_t + \frac{b\tan\beta_b}{p_b} \tag{4-2-30}$$

式中，ε_t 为端面重合度（它等于相应直齿轮的重合度）。

由上式可知，斜齿轮的重合度随着齿宽 b 和螺旋角 β_b 的增大而增大，故斜齿轮重合度比直齿轮大得多，这就是斜齿轮传动平稳，承载能力高的主要原因。

4.2.9.4 当量齿数

在进行仿形法加工斜齿轮时，盘状齿轮铣刀位于轮齿的法平面内，所以轮齿的法向模数 m_n 和压力角 α_n 与刀具相同，而法向齿形必须与刀具的形状相对应。选择齿轮铣刀时，必须要知道法向齿形，通常采用下述近似方法进行研究。

图 4-2-42 所示为斜齿轮的分度圆柱，沿法平面 nn 即垂直于通过任意齿的齿厚中点 P 的分度圆柱的螺旋线方向剖开，得一椭圆，在此剖面上 P 点附近的齿形可以近似地看成为斜齿轮法向齿形，在椭圆上其他位置，由于剖面不垂直于螺旋线，所以其齿形并非是斜齿轮法面齿形。以 P 点的曲率半径 ρ 为半径作一圆，这就是虚拟的直齿轮的分度圆（即当量齿轮的分度圆）。这个虚拟的直齿轮称为这个斜齿轮的当量齿轮，其齿轮的齿数为当量齿数，以 z_v 表示。

由图可知椭圆的长半轴 $a = \dfrac{d}{2\cos\beta}$，其短半轴 $b = \dfrac{d}{2}$，而

$$\rho = \frac{a^2}{b} = \frac{d}{2\cos^2\beta}$$

故

$$z_v = \frac{2\rho}{m_n} = \frac{d}{m_n \cos\beta} = \frac{m_t z}{m_n \cos^2\beta} = \frac{z}{\cos^3\beta} \tag{4-2-31}$$

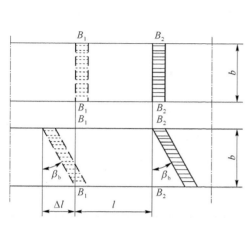

图 4-2-41 啮合区图

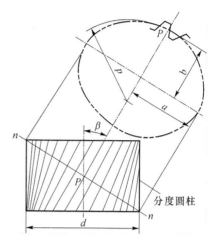

图 4-2-42 斜齿轮的当量齿轮

由上式可知,当量齿数 z_v 必定大于斜齿轮实际齿数 z,由于当量齿数是虚拟齿轮所具有的齿数,故不一定为整数。

正常齿标准斜齿轮不发生根切的最少齿数 z_{min},可以由其当量直齿轮的最少齿数 z_{vmin} 计算出来,即

$$z_{min} = z_{vmin} \cos^3\beta \tag{4-2-32}$$

标准斜齿圆柱齿轮几何尺寸的计算公式见表 4-2-13。

表 4-2-13 外啮合标准斜齿圆柱齿轮热传动的几何尺寸计算

序号	名称	符号	计算公式及参数的选择
1	端面模数	m_t	$m_t = \dfrac{m_n}{\cos\beta}$,$m_n$ 为标准值
2	螺旋角	β	一般取 $\beta = 8° \sim 20°$
3	端面压力角	α_t	$\alpha_t = \arctan\dfrac{\tan\alpha_n}{\cos\beta}$,$\alpha_n$ 为标准值
4	分度圆直径	d_1、d_2	$d_1 = m_t z_1 = \dfrac{m_n z_1}{\cos\beta}$,$d_2 = m_t z_2 = \dfrac{m_n z_2}{\cos\beta}$
5	齿顶高	h_a	$h_a = m_n$
6	齿根高	h_f	$h_f = 1.25 m_n$
7	全齿高	h	$h = h_a + h_f = 2.25 m_n$
8	齿顶间隙	c	$c = h_f - h_a = 0.25 m_n$
9	齿顶圆直径	d_{a1}、d_{a2}	$d_{a1} = d_1 + 2h_a$,$d_{a2} = d_2 + 2h_a$
10	齿根圆直径	d_{f1}、d_{f2}	$d_{f1} = d_1 - 2h_f$,$d_{f2} = d_2 - 2h_f$
11	中心距	a	$a = \dfrac{d_1 + d_2}{2} = \dfrac{m_t}{2}(z_1 + z_2) = \dfrac{m_n(z_1 + z_2)}{2\cos\beta}$

4.2.9.5 斜齿圆柱齿轮的受力分析

图 4-2-44 所示为斜齿圆柱齿轮传动中的主动轮轮齿的受力情况。当齿轮上作用转矩 T_1 时,若接触面的摩擦力忽略不计,则在轮齿的法面内作用有法向力后,其法面压力角为 α_n。在法面上将 F_n 分解为径向力 F_r 和法向分力 F'_n,再将 F'_n 分解为圆周力 F_t 和轴向力 F_a,因此,法向力 F_n 便分解为 3 个互相垂直的空间分力。由力矩平衡条件可得

圆周力
$$F_t = \frac{2T_1}{d_1} \tag{4-2-33}$$

径向力
$$F_r = F'_n \tan \alpha_n = \frac{F_t}{\cos \beta} \tan \alpha_n \tag{4-2-34}$$

轴向力
$$F_a = F_t \tan \beta \tag{4-2-35}$$

圆周力 F_t 的方向,在主动轮上 F_t 对其轴之矩与转动方向相反;在从动轮上 F_t 对其轴之矩与转向相同。径向力 F_r 的方向,对两轮都是指向各自的轮心。轴向力 F_a 的方向,可按螺旋定则判定;若主动轮右(左)旋,则用右(左)手定则,即右手按转动方向握轴,四指弯曲表示齿轮的转动方向,则拇指伸直所表示的方向即为轴向力的方向;而从动轮的轴向力方向则必与主动轮的轴向力方向相反。

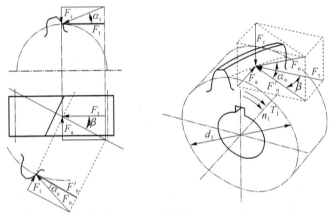

图 4-2-43 斜齿轮的受力分析

由式(4-2-35)可知,斜齿轮轴向力的大小随螺旋角的大小而确定。

4.2.9.6 斜齿圆柱齿轮的强度计算

斜齿圆柱齿轮的强度计算与直齿圆柱齿轮的计算相似,仍按齿面的接触疲劳强度和齿根的弯曲疲劳强度进行计算,但它的受力情况是按轮齿法面进行分析的。在计算公式中,由于考虑到斜齿轮传动啮合时齿面接触线的倾斜、重合度增大及载荷作用位置的变化等因素的影响,使接触应力和弯曲应力降低。因此,为简化计算,一般可采用以下公式。

1. 齿面接触疲劳强度计算

校核公式为

$$\alpha_H = 3.17 Z_E \sqrt{\frac{KT_1(u \pm 1)}{bd_1^2 u}} \leqslant [\alpha_H] \tag{4-2-36}$$

设计公式为

$$d_1 \geqslant \sqrt[3]{\frac{KT_1(u \pm 1)}{\psi_d u} \cdot \left(\frac{3.17 Z_E}{[\sigma_H]}\right)^2} \tag{4-2-37}$$

式中 K 为载荷系数(表 4-2-8);T_1 为小齿轮的转矩,N·mm;u 为齿数比($u \geqslant 1$);ψ_d 为齿宽系

数(表 4-2-12);Z_E 为材料系数(表 4-2-7),$\sqrt{\text{MPa}}$;b 为轮齿的接触宽度,mm;$[\sigma_H]$ 为许用接触应力(式 4-2-19);d_1 为小齿轮分度圆直径,mm。

2. 齿根弯曲疲劳强度计算

校核公式为

$$\sigma_{bb} = \frac{1.6KT_1}{bm_n d_1} Y_{Fa} Y_{Sa} = \frac{1.6KT_1 \cos\beta}{bm_n^2 z_1} Y_{FS} \leq [\sigma_{bb}] \quad (4\text{-}2\text{-}38)$$

设计公式为(以 $b = \psi_d d_1 = \psi_d \dfrac{m_n z_1}{\cos\beta}$ 代入上式)

$$m_n \geq 1.17 \sqrt[3]{\frac{KT_1 \cos^2\beta}{\psi_d z_1^2 [\sigma_{bb}]} Y_{FS}} \quad (4\text{-}2\text{-}39)$$

计算时应将 $\dfrac{Y_{FS1}}{[\sigma_{bb}]_1}$ 和 $\dfrac{Y_{FS2}}{[\sigma_{bb}]_2}$ 两比值中的大值代入上式,并将计算得的法面模数 m_n 按表 4-2-1 中选取标准值。式中 Y_{FS} 为复合齿形系数,应按斜齿轮的当量齿数 z 查图 4-2-34,$[\sigma_{bb}]$ 为许用弯曲应力,由式(4-2-23)进行计算。

【例 4-2-2】 试设计带式运输机减速器的高速级圆柱齿轮传动。已知输入功率 $P = 40$ kW,小齿轮转速 $n_1 = 970$ r/min,传动比 $i = 2.5$,使用寿命为 10 年(设每年工作 300 天),单班制,电动机驱动,带式运输机工作平稳、转向不变,齿轮相对轴承为非对称布置。

解:(1)选择齿轮类型、材料、热处理方法及精度等级。

考虑此对齿轮传递的功率较大,故选用斜齿圆柱齿轮。

为使齿轮传动结构紧凑,大、小齿轮均选用硬齿面。由表 4-2-5,大、小齿轮的材料均选用 40Cr,经表面淬火,齿面硬度为 55 HRC。

由表 4-2-11 初选齿轮为 7 级精度,要求齿面粗糙度 $Ra \leq 1.6 \sim 3.2~\mu m$。

(2)按齿根弯曲疲劳强度设计

因两轮均为钢制齿轮,由式(4-2-39)

$$m_n \geq 1.17 \sqrt[3]{\frac{KT_1 \cos^2\beta}{\psi_d z_1^2 [\sigma_{bb}]} Y_{FS}}$$

确定有关参数和系数:

① 齿数 z、螺旋角 β 和齿宽系数 ψ_d

取小齿轮齿数 $z_1 = 24$,则 $z_1 = i z_1 = 2.5 \times 24 = 60$

初选螺旋角 $\beta = 15°$

计算当量齿数 z_v

由表 4-2-10 查 Y_{Fa} 和 Y_{Sa},得复合齿形系数 Y_{FS}

$Y_{FS1} = Y_{Fa1} Y_{Sa1} = 2.62 \times 1.59 = 4.17 \qquad Y_{FS2} = Y_{Fa2} Y_{Sa2} = 2.29 \times 1.73 = 3.96$

由表 4-2-12 选取齿宽系数 ψ_d $\qquad \psi_d = \dfrac{b}{d_1} = 0.6$

② 计算转矩 T_1

$$T_1 = 9.55 \times 10^6 \frac{P}{n_1} = 9.55 \times 10^6 \frac{40}{970} \text{N} \cdot \text{mm} = 3.94 \times 10^5 \text{ N} \cdot \text{mm}$$

③ 载荷系数 K 由表 4-2-8 查取 $K = 1.10$

④ 许用弯曲应力 $[\sigma_{bb}]$

由式(4-2-23) $\qquad [\sigma_{bb}] = \dfrac{\sigma_{bblim} Y_N Y_{ST}}{S_{Fmin}}$

由图 4-2-34 查 σ_{bblim} $\quad\sigma_{bblim\,1}=\sigma_{bblim\,2}=280$ MPa
计算应力循环次数 N_L

$$N_{L1}=60n_1rt_h=60\times970\times(10\times300\times8)=1.4\times10^9$$

$$N_{L2}=\frac{N_{L1}}{i}=\frac{1.4\times10^9}{2.5}=5.9\times10^8$$

由图 4-2-35 查弯曲强度计算的寿命系数 Y_N，$Y_{N1}=0.88$ $\quad Y_{N2}=0.9$
按一般可靠度要求选取安全系数 $S_F=1.25$
所以

$$[\sigma_{bb}]_1=\frac{\sigma_{bblim}Y_{N1}Y_{ST1}}{S_{Fmin1}}=\frac{280\times2\times0.88}{1.25}\text{MPa}=394\text{ MPa}$$

$$[\sigma_{bb}]_2=\frac{\sigma_{bblim}Y_{N1}Y_{ST2}}{S_{Fmin2}}=\frac{280\times2\times0.9}{1.25}\text{MPa}=403.2\text{ MPa}$$

$$\frac{Y_{FS1}}{[\sigma_{bb}]_1}=\frac{4.17}{394}=0.010\,57$$

$$\frac{Y_{FS1}}{[\sigma_{bb}]_1}=\frac{3.96}{403.2}=0.009\,8$$

将 $\dfrac{Y_{FS1}}{[\sigma_{bb}]_1}$ 代入设计公式得

$$m_n\geqslant 1.17\sqrt[3]{\frac{KT_1\cos^2\beta}{\psi_d z_1^2[\sigma_{bb}]}Y_{FS}}=1.17\sqrt[3]{\frac{1.10\times3.94\times10^5\times\cos^2 15°\times4.17}{0.6\times24^2\times394}}\text{mm}=2.71\text{ mm}$$

由表 4-2-1 取标准值 $m_n=3$ mm
计算中心距并修正螺旋角

$$a=\frac{m_n(z_1+z_2)}{2\cos\beta}=\frac{3\times(24+60)}{2\times\cos 15°}\text{mm}=130.45\text{ mm}$$

取 $a=130$ mm，确定螺旋角

$$\cos\beta=\frac{m_n(z_1+z_2)}{2a}=\frac{3\times(24+60)}{2\times130}=0.969\,2$$

$$\beta=\arccos 0.969\,2=14°15'$$

(3) 校核齿面接触疲劳强度

由式(4-2-36) $\quad\alpha_H=3.17Z_E\sqrt{\dfrac{KT_1(u\pm1)}{bd_1^2 u}}\leqslant[\alpha_H]$

确定有关参数和系数
① 分度圆直径

$$d_1=\frac{m_n z_1}{\cos\beta}=\frac{3\times24}{\cos 14°15'}\text{mm}=\frac{72}{0.969\,2}\text{mm}=74.29\text{ mm}$$

$$d_2=\frac{m_n z_2}{\cos\beta}=\frac{3\times60}{0.969\,2}\text{mm}=185.72\text{ mm}$$

② 齿宽 b $\quad b=\psi_d d_1=0.6\times74.29$ mm$=44.58$ mm

取 $b_2=45$ mm，$b_1=50$ mm
③ 齿数比 u
减速传动 $u=i=2.5$
④ 许用接触应力 $[\sigma_H]$

由式(4-2-19) $\quad[\sigma_H]=\dfrac{\sigma_{Hlim}}{S_{min}}Z_N$

由图 4-2-31 查得 $\sigma_{Hlim1} = \sigma_{Hlim2} = 1\,050$ MPa

应力循环次数 $N_{L1} = 1.4 \times 10^9$，$N_{L2} = 5.9 \times 10^9$

由图 4-2-32 查接触强度计算的寿命系数 $Z_{N1} = 0.90$ $Z_{N1} = 0.93$

按一般可靠度选取安全系数 $S_{Hmin} = 1.0$，所以有

$$[\sigma_H]_1 = \frac{\sigma_{Hlim\,1}}{S_{min}} Z_{N1} = \frac{1.050 \times 0.90}{1.0} \text{MPa} = 945 \text{ MPa}$$

$$[\sigma_H]_2 = \frac{\sigma_{Hlim\,2}}{S_{min}} Z_{N2} = \frac{1.050 \times 0.93}{1.0} \text{MPa} = 976.5 \text{ MPa}$$

由表 4-2-7 查得 $Z_E = 189.9 \sqrt{\text{MPa}}$

故 $\alpha_H = 3.17 \times 189.9 \times \sqrt{\dfrac{1.10 \times 3.94 \times 10^5 \times (2.5+1)}{45 \times 74.29^2 \times 2.5}}$ MPa $= 885.57$ MPa $< [\alpha_H]$ 安全可用。

（4）齿轮的圆周速度

$$v = \frac{\pi d_1 n_1}{60 \times 1\,000} = \frac{3.14 \times 74.29 \times 970}{60 \times 1\,000} \text{m/s} = 3.77 \text{ m/s}$$

由表 4-2-11 可知，可选用 7 级精度。

（5）计算齿轮的几何尺寸并绘制齿轮工作图（略）。

4.2.9.7 斜齿轮的优缺点

与直齿轮相比较，斜齿轮具有以下优点：

（1）啮合性能比较好。齿廓接触线是斜线，在传动中，轮齿是逐渐进入啮合和逐渐退出啮合，不但减少制造误差对传动的影响，而且不致产生冲击、振动，所以传动平稳，噪声小。

（2）重合度较大。由式（4-2-30）可知，其重合系数随齿宽 b 和螺旋角 β 的增加而增加，故其承载能力较高，运转平稳，适用于高速重载的场合。

（3）斜齿轮最少齿数小于直齿轮最少齿数。因此，采用斜齿轮传动可以得到更为紧凑的齿轮机构。

斜齿轮的主要缺点是在运转时会产生轴向分力 F_a，如图 4-2-44(a)所示。当圆周力 F 为一定值时，轴向分力 F_a 将随螺旋角的增大而增大，为了不使轴向分力过大，设计时，一般取 $\beta = 8° \sim 20°$。为了克服上述缺点，可将斜齿轮的轮齿作成左右对称的形状，这种齿轮称为人字齿轮，如图 4-2-44(b)所示。因为轮齿左右两侧完全对称，所以两侧所产生的轴向分力互相抵消。但人字齿轮制造比较麻烦，成本较高。

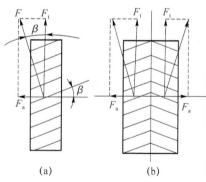

图 4-2-44 斜齿上的轴向作用力

4.2.10 圆柱齿轮的结构及传动维护

4.2.10.1 圆柱齿轮结构

通过齿轮强度计算和几何尺寸计算，已经确定了齿轮的主要参数和尺寸；但为了制造齿轮，还必须设计出全部的结构形状和尺寸。圆柱齿轮常用的结构形式有以下几种。

1. 齿轮轴

对于直径较小的钢质齿轮，其齿根圆直径与轴径相差很小，若齿根圆到键槽底部的径向距离 $x < 2.5 m_n$ 时，可将齿轮和轴制成一体，称为齿轮轴（图 4-2-45）。如果齿轮的直径比轴的直

径大得多,则应把齿轮和轴分开制造。

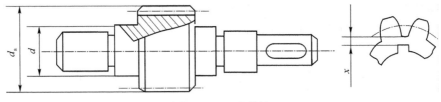

图 4-2-45 齿轮轴

2. 实心式齿轮

当齿顶圆直径 $d_a \leqslant 200$ mm 时,若齿根圆到键槽底部的径向距离 $x < 2.5 m_n$ 则可做成实心结构的齿轮(图 4-2-46)。单件或小批量生产而直径小于 100 mm 时,可用轧制圆钢制造齿轮毛坯。

3. 腹板式齿轮

当 200 mm $< d_a \leqslant 500$ mm 时,为了减轻重量和节约材料,常做成腹板式结构(图 4-2-47),腹板上开孔的数目及孔的直径按结构尺寸的大小而定。

4. 轮辐式齿轮

当齿顶圆直径 $d_a > 500$ mm 时,齿轮的毛坯制造因受锻压设备的限制,往往改为铸铁或铸钢浇铸而成。铸造齿轮常做成轮辐式结构(图 4-2-48)。

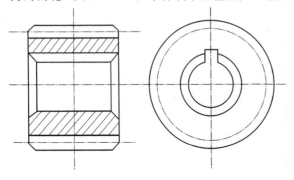

图 4-2-46 实心式齿轮

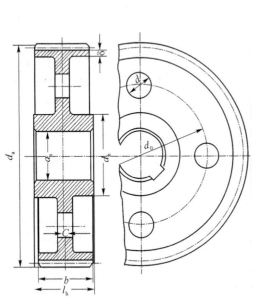

图 4-2-47 轮辐式齿轮

$d_h = 1.6 d_s; l_h = (1.2 \sim 1.5) d_s$,并使 $l_h \geqslant b$;
$c = 0.3b; \delta = (2.5 \sim 4) m_n$,但不小于 8 mm;
d_0 和 d 按结构取定,当 d 较小时可不开孔

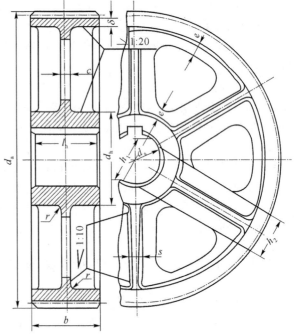

图 4-2-48 腹板式齿轮

$d_h = 1.6 d_s$(铸钢);$d_h = 1.8 d_s$(铸铁);$l_h = (1.2 \sim 1.5) d_s$,
并使 $l_h \geqslant b$;$c = 0.3b$,但不小于 10 mm;$\delta = (2.5 \sim 4) m_n$,
但不小于 8 mm;$h_1 = 0.8 d_s, h_2 = 0.8 d_s, s = 0.15 h_1$,
但现在小于 10 mm;$e = 0.8 \delta$

4.2.10.2 齿轮传动的润滑

1. 润滑方式

开式齿轮传动通常采用人工定期加油润滑,可采用润滑油或润滑脂,多用润滑脂。

一般闭式齿轮传动的润滑方式,可根据齿轮速度而定。当齿轮圆周 $v \leqslant 12$ m/s 时,通常采用浸油(或称油池、油浴)润滑(图 4-2-49),大齿轮浸入油池一定的深度,齿轮运转时把润滑油带到啮合区,同时也甩到箱壁上,借以散热。当 v 较大时,浸入深度约为一个齿高;当 v 较小时(0.5~0.8 m/s),可达到 1/6 的齿轮半径。

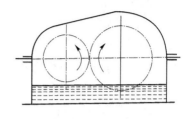

图 4-2-49 浸油润滑

在多级齿轮传动中,当几个大齿轮直径不相等时,可借带油轮将油带到未浸入油池内的齿轮的齿面上(图 4-2-50)。

当 $v > 12$ m/s 时,应采用喷油润滑(图 4-2-51),即由液压泵以一定的压力借喷嘴将润滑油喷到轮齿的啮合面上。

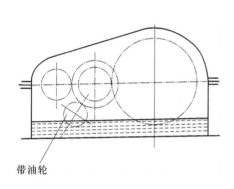

图 4-2-50 用带油轮带油

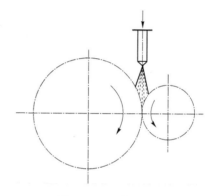

图 4-2-51 喷油润滑

2. 润滑油的选择

齿轮传动可根据表 4-2-14 来选择润滑油的黏度。根据查得的黏度,即可由机械设计手册选定润滑油的牌号。

表 4-2-14 齿轮传动润滑油的黏度推荐值

齿轮材料	强度极限 σ_b/MPa	圆周速度 v/m·s^{-1}						
		<0.5	0.5~1	1~2.5	2.5~5	5~12.5	12.5~25	>25
		运动黏度 v/(mm^2·s^{-1}) (40 ℃)						
塑料、铸铁、青铜	—	350	220	150	100	80	55	
钢	450~1 000	500	350	220	150	100	80	55
	1 000~1 250	500	500	350	220	150	100	80
渗碳或表面淬火的钢	1 250~1 580	900	500	500	350	220	150	100

注:对于多级齿轮传动,应采用各级传动圆周速度的平均值来选取润滑油黏度。

4.2.11 圆锥齿轮传动

4.2.11.1 圆锥齿轮概述

圆锥齿轮用于传递两相交轴之间的传动,其轮齿是分布在一个截锥体上,如图 4-2-51 所示。这是圆锥齿轮区别于圆柱齿轮的特点之一。所以圆柱齿轮中的各有关圆柱,在这里都变为圆锥了。例如齿顶圆锥、齿根圆锥、分度圆锥、基圆锥和节圆锥等。

为了计算和测量方便,该齿轮通常取大端的参数为标准值,其压力角一般取 $\alpha = 20°$。两轮轴线之间的夹角 Σ,可根据传动的要求来选定,但在一般机械中多采用 $\Sigma = 90°$ 的传动。

圆锥齿轮的轮齿有直齿、螺旋齿等多种型式,由于直齿圆锥齿轮在设计、制造和安装等方面都比较简单,应用较广。在这里只讨论直齿圆锥齿轮传动的有关理论和计算方法。

4.2.11.2 背锥和当量齿数

一对圆锥齿轮传动时,其锥顶相交于一点 O,如图 4-2-52 所示。显然在两轮的工作齿廓上只有到锥顶 O 为等距离的对应点才能互相啮合,故其共轭齿廓应为球面渐开线。但由于球面无法展开成平面,故使圆锥齿轮的设计和制造遇到许多困难,所以不得不采用下列近似方法进行研究。

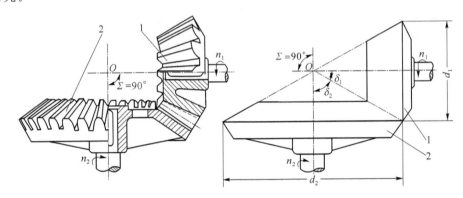

图 4-2-52 圆锥齿轮传动

图 4-2-53 所示为圆锥齿轮的轴剖面。三角形 OAB 表示分度圆锥,三角形 Obb 及 Oaa 分别表示齿顶圆锥和齿根圆锥。若该圆锥齿轮为球面渐开线的齿廓,则圆弧 $\overset{\frown}{ab}$ 即代表其轮齿大端的投影。过大端上的 A 点作球面的切线与其轴线相交于 O_1,以 OO_1 为轴,以 O_1A 为母线作一圆锥 AO_1B 与该轮的大端球面相切,则三角 AO_1B 形所代表的圆锥即称为该轮的背锥。显然,背锥与球面相切于该轮大端分度圆直径上。

球面渐开线齿廓向背锥上投影,在轴剖面上得 a' 及点。由图中可以看出 $\overset{\frown}{a'b'}$ 与 $\overset{\frown}{ab}$ 相差极微。所以可把球面渐开线齿廓在背锥上的投影,近似地作为圆锥齿轮的齿廓。由于背锥的表面可以展开成平面,所以将两轮的背锥展开成平面,则成为两个扇形,如图 4-2-54 所示。两扇形的半径为其两背锥的锥距 r_{v1} 及 r_{v2}。而在扇形齿轮上的齿数 z_1 及 z_2,就是圆锥齿轮的齿数。现将扇形齿轮补足为完整的圆柱齿轮,则它们的齿数将增为 z_{v1} 及 z_{v2},该虚拟的圆柱齿轮称为该圆锥齿轮的当量齿轮,其齿数 z_{v1} 及 z_{v2} 称为当量齿数。由图可知

$$r_{v1} = \frac{r_1}{\cos \delta_1} = \frac{mz_1}{2\cos \delta_1}$$

而

$$r_{v1} = \frac{mz_{v1}}{z_1}$$

故得

$$\left. \begin{array}{l} z_{v1} = \dfrac{z_1}{\cos \delta_1} \\ z_{v2} = \dfrac{z_2}{\cos \delta_2} \end{array} \right\} \quad (4\text{-}2\text{-}40)$$

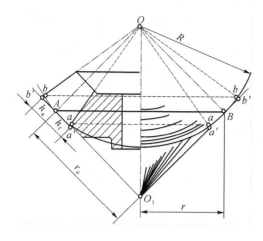

图 4-2-53　圆锥齿轮的背锥

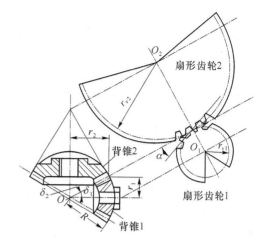

图 4-2-54　圆锥齿轮的当量齿轮

如上述可知,用当量齿轮的齿形来代替球面上的齿形,误差是很微小的。通过当量齿轮的概念就可以将圆柱齿轮的某些研究直接应用到圆锥齿轮上。例如直齿圆锥齿轮的最少齿数 z_{min},与当量圆柱齿轮的最少齿数 z_{vmin} 之间的关系为

$$z_{min} = z_{vmin}\cos\delta \qquad (4\text{-}2\text{-}41)$$

由上式可知,直齿圆锥齿轮的最少齿数比直齿圆柱齿轮的最少齿数少。例如当 $\delta=45°$, $\alpha=20°$, $h_a^*=1$ 时, $z_{vmin}=17$,而

$$z_{min} = z_{vmin}\cos\delta = 17\cos 45° = 12$$

直齿圆锥齿轮的正确啮合条件可以用当量齿轮概念来分析,一对圆锥齿轮啮合就相当于一对当量圆柱齿轮啮合,其正确啮合的条件,就是两当量齿轮的模数和压力角必须相等,也就是两圆锥齿轮的大端模数和压力角必须相等。除此以外,两轮的锥距还必须相等。

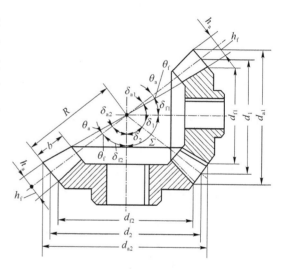

图 4-2-55　$\Sigma=90°$ 的标准直齿圆锥齿轮

4.2.11.3　直齿圆锥齿轮几何尺寸计算

图 4-2-54 表示一对标准直齿圆锥齿轮。其节圆锥与分度圆锥重合,轴交角 $\Sigma=90°$。它的各部分名称和几何尺寸计算公式见表 4-2-15。

表 4-2-15　$\Sigma=90°$ 标准直齿圆锥齿轮的几何尺寸计算

序号	名称	符号	计算公式及参数的选择
1	模数	m	以大端模数为标准
2	传动比	i	$i=\dfrac{z_2}{z_1}=\tan\delta_2=\cot\delta_1$
3	分度圆锥角	δ_1,δ_2	$\delta_2=\arctan\dfrac{z_2}{z_1}$, $\delta_1=90°-\delta_2$

续表

序号	名称	符号	计算公式及参数的选择
4	分度圆直径	d_1, d_2	$d_1 = mz_1, d_2 = mz_2$
5	齿顶高	h_a	h_a
6	齿根高	h_f	$h_f = 1.2m$
7	全齿高	h	$h = 2.2m$
8	齿顶间隙	c	$c = 0.2m$
9	齿顶圆直径	d_{a1}, d_{a2}	$d_{a1} = d_1 + 2m\cos\delta_1, d_{a2} = d_2 + 2m\cos\delta_2$
10	齿根圆直径	d_{f1}, d_{f2}	$d_{f1} = d_1 - 2.4m\cos\delta_1, d_{f2} = d_2 - 2.4m\cos\delta_2$
11	锥距	R	$R = \sqrt{r_1^2 + r_2^2} = \dfrac{m}{2}\sqrt{z_1^2 + z_2^2} = \dfrac{d_1}{2\sin\delta_1} = \dfrac{d_2}{2\sin\delta_2}$
12	齿宽	b	$b \leqslant \dfrac{R}{3}, b \leqslant 10$
13	齿顶角	θ_a	$\theta_a = \arctan\dfrac{h_a}{R}$
14	齿根角	θ_f	$\theta_f = \arctan\dfrac{h_f}{R}$
15	根锥角	δ_{f1}, δ_{f2}	$\delta_{f1} = \delta_1 - \theta_f, \delta_{f2} = \delta_2 - \theta_f$
16	顶锥角	δ_{a1}, δ_{a2}	$\delta_{a1} = \delta_1 + \theta_a, \delta_{a2} = \delta_2 + \theta_a$

该齿轮的几何尺寸计算以大端为标准。因为大端的尺寸较大,计算和测量的相对误差较小;同时也便于确定齿轮机构的外廓尺寸。齿宽 b 不宜太大,其最佳范围是 $(0.25 \sim 0.3)R$,R 为锥距。因为小端的齿很小,对提高强度作用不大,齿宽过大反而引起加工困难。

4.2.12 蜗杆传动

4.2.12.1 概述

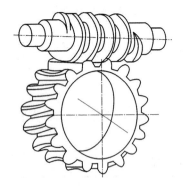

图 4-2-56 蜗杆传动

蜗杆传动是由蜗杆 1 和涡轮 2 组成,如图 4-2-56 所示。常用于交错轴 $\Sigma = 90°$ 的两轴之间传递运动和动力。一般蜗杆为主动件,作减速运动。蜗杆运动具有传动比大而结构紧凑等优点,所以在各类机械,如机床、冶金、矿山、起重运输机械、仪器仪表中得到广泛使用。

蜗杆传动是在齿轮传动的基础上发展起来的,类似螺杆,又具有齿轮传动的某些特点,即在中间平面(通过蜗杆轴线并垂直于涡轮轴线的平面)内的啮合情况与齿轮齿条的啮合相类似,又有区别与齿轮传动的特性,其运动特性相当于螺旋副的工况。蜗杆相当于单头或多头螺杆,涡轮相当于一个"不完整的螺母"包在蜗杆上。蜗杆本身轴线转动一周,蜗轮相应转过一个或多个齿。

4.2.12.2 蜗杆传动的特点

与齿轮传动相比较,蜗杆传动具有传动比大,在动力传递中传动比在 $8 \sim 100$ 之间,在分度机构中传动比可以达到 1 000;传动平稳、噪声低;结构紧凑;在一定条件下可以实现自锁等优

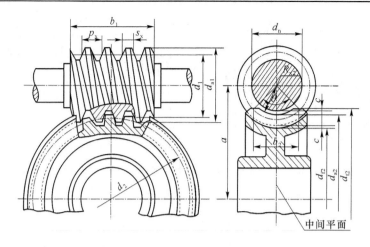

图 4-2-57　普通圆柱蜗杆传动

点而得到广泛使用。但蜗杆传动有效率低、发热量大和磨损严重,涡轮齿圈部分经常用减磨性能好的有色金属(如青铜)制造,成本高等缺点。

4.2.12.3　蜗杆传动的类型

按蜗杆分度曲面的形状不同,蜗杆传动可以分为:圆柱蜗杆传动(如图 4-2-58(a))、环面蜗杆传动(如图 4-2-58(b))、锥蜗杆传动(如图 4-2-58(c))3 种类型。

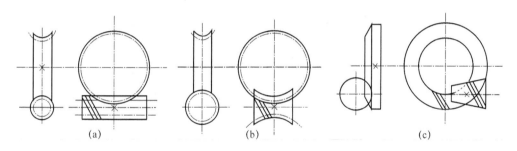

图 4-2-58　蜗杆传动的类型

1. 圆柱蜗杆传动

圆柱蜗杆传动可以分为普通圆柱蜗杆传动(如图 4-2-58(a)所示)和圆弧圆柱蜗杆传动(如图 4-2-58(b)所示)。

(1) 普通圆柱蜗杆传动

普通圆柱蜗杆传动主要分为如图 4-2-58 所示的 3 种。

① 阿基米德圆柱蜗杆(ZA 蜗杆)

如图 4-2-59(a)所示,其齿面为阿基米德螺旋面。加工时,梯形车刀切削刃的顶平面通过蜗杆轴线,在轴向剖面 I-I 具有直线齿廓,法向剖面 N-N 上齿廓为外凸线,端面上齿廓为阿基米德螺线。这种蜗杆切制简单,但难以用砂轮磨削出精确齿形,精度较低。

② 渐开线圆柱蜗杆(ZI 蜗杆)

如图 4-2-59(b)所示。加工时,车刀刀刃平面与基圆或上或下相切,被切出的蜗杆齿面是渐开线螺旋面,端面上齿廓为渐开线。这种蜗杆可以磨削,易保证加工精度。

③ 法向直廓圆柱蜗杆(ZN 蜗杆)

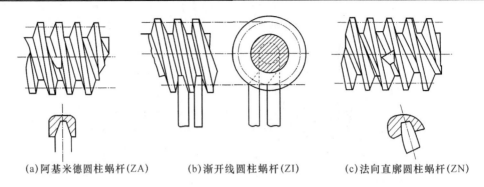

(a)阿基米德圆柱蜗杆(ZA)　　(b)渐开线圆柱蜗杆(ZI)　　(c)法向直廓圆柱蜗杆(ZN)

图 4-2-59　圆柱蜗杆主要类型

又称延伸渐开线蜗杆,如图 4-2-59(c)所示。车制时刀刃顶面置于螺旋线的法面上,蜗杆在法向剖面上具有直线齿廓,在端面上为延伸渐开线齿廓。这种蜗杆可用砂轮磨齿,加工较简单,常用作机床的多头精密蜗杆传动。

(2) 圆弧圆柱蜗杆传动

圆弧圆柱蜗杆(ZC 蜗杆)传动是一种非直纹面圆柱蜗杆,在中间平面上蜗杆的齿廓为凹圆弧,与之相配的涡轮齿廓为凸圆弧,如图 4-2-60 所示。这种蜗杆的传动特点是:

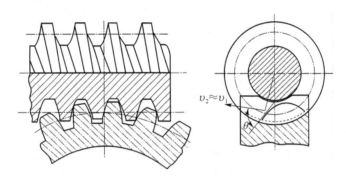

图 4-2-60　圆柱蜗杆主要类型

① 蜗杆与涡轮两共轭齿面是凹凸啮合,增大了综合曲率半径,因而单位齿面接触应力减小,接触强度得以提高。

② 瞬时啮合时的接触线方向与相对滑动速度方向的夹角(润滑角)大,易于形成和保持共轭齿面间的动压油膜,使摩擦系数减小,齿面磨损小,传动效率可达 95% 以上。

③ 在蜗杆强度不削弱的情况下,能增大涡轮的齿根厚度,使涡轮轮齿的弯曲强度增大。

④ 传动比范围大(最大可以达到 100),制造工艺简单,重量轻。

⑤ 传动中心距难以调整,对中心距误差的敏感性强。

2. 环面蜗杆传动

蜗杆分度曲面是圆环面的蜗杆称为环面蜗杆,和相应的涡轮组成的传动称为环面蜗杆传动(图 4-2-61)。它又分为:直廓环面蜗杆传动(俗称球面蜗杆传动);平面包络环面蜗杆传动(又称为一、二次包络);渐开线包络环面蜗杆传动和锥面包络环面蜗杆传动。下面看一下直廓环面蜗杆传动的特点。

一个环面蜗杆,当其轴向齿廓为直线时称为直廓环面蜗杆,和相应的涡轮组成的传动称为直廓环面蜗杆传动,如图 4-2-61 所示。

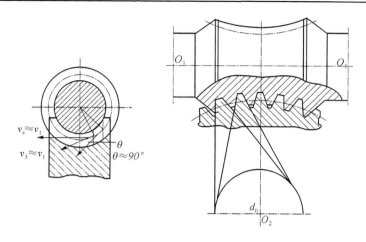

图 4-2-61 直廓环面蜗杆传动

这种蜗杆传动的特点是：由于其蜗杆和涡轮的外形都是环面回转体，可以互相包容，实现多齿接触和双接触线接触，接触面积大；又由于接触线与相对滑动速度 v_s 之间的夹角约为 90°，易于形成油膜，齿面间综合曲率半径也增大等。因此，在相同的尺寸下，其承载能力可提高 1.5～3 倍（小值适于小中心距，大值适于大中心距）；若传递同样的功率，中心距可减小 20%～40%。它的缺点是：制造工艺复杂，不可展齿面难以实现磨削，故不宜获得精度很高的传动。只有批量生产时，才能发挥其优越性，其应用现在已日益增加。

3. 锥蜗杆传动

锥蜗杆传动中的蜗杆为一等导程的锥形螺旋，蜗轮则与一曲线齿圆锥齿轮相似。

由于普通圆柱蜗杆传动加工制造简单，用得最为广泛，所以主要介绍以阿基米德蜗杆为代表的普通圆柱蜗杆传动。

4.2.12.4 普通圆柱蜗杆传动的主要参数和几何尺寸

如图 4-2-58 所示，在中间平面上，普通圆柱蜗杆传动就相当于齿条与齿轮的啮合传动。故此，在设计蜗杆传动时，均取中间平面上的参数（如模数、压力角）和尺寸（如齿顶圆、分度圆等）为基准，并沿用齿轮传动的计算关系。

普通圆柱蜗杆传动的主要参数有：模数 m、压力角 α、蜗杆头数 z_1 和涡轮齿数 z_2 及蜗杆的直径 d_1 等。进行蜗杆传动设计时，首先要正确地选择参数。这些参数之间是相互联系的，不能孤立地去确定，而应该根据蜗杆传动地工作条件和加工条件，考虑参数之间的相互影响，综合分析，合理选定。

(1) 模数 m 和压力角 α

蜗杆传动的尺寸计算与齿轮传动一样，也是以模数 m 作为计算的主要参数。在中间平面内蜗杆传动相当于齿轮和齿条传动，蜗杆的轴向模数和轴向压力角分别与涡轮的端面模数和端面压力角相等，为此将此平面内的模数和压力角规定为标准值，标准模数见表 4-2-1，标准压力角为 $\alpha=20°$。

(2) 蜗杆的分度圆直径 d_1

在蜗杆传动中，为了保证蜗杆与配对蜗轮的正确啮合，常用与蜗杆相同尺寸的蜗轮滚刀来加工与其配对的涡轮。这样，只要有一种尺寸的蜗杆，就需要一种对应的涡轮滚刀。对于同一模数，可以有很多不同直径的蜗杆，因而对每一模数就要配备很多蜗轮滚刀。显然，这样很不经济。

为了限制涡轮滚刀的数目及便于滚刀的标准化,就对每一标准模数规定了一定数量的蜗杆分度圆直径 d_1,而把比值 $q=d_1/m$ 称为蜗杆直径系数。

由于 d_1 与 m 均已取为标准值,故 q 就不是整数,如表 4-2-16 所示。

表 4-2-16 圆柱蜗杆的基本尺寸和参数

m/mm	d_1/mm	z_1	q	$m^2 d_1$/mm³	m/mm	d_1/mm	z_1	q	$m^2 d_1$/mm³
1	18	1	18.000	18	6.3	63	1,2,4,6	10.000	2 500
1.25	20	1	16.000	31.25		112	1	17.778	4 445
	22.4	1	17.920	35	8	80	1,2,4,6	10.000	5 120
1.6	20	1,2,4	12.500	51.2		140	1	17.500	8 960
	28	1	17.500	71.68	10	90	1,2,4,6	9.000	9 000
2	22.4	1,2,4,6	11.200	89.6		160	1	16.000	16 000
	35.5	1	17.750	142	12.5	112	1,2,4	8.960	17 500
2.5	28	1,2,4,6	11.200	175		200	1	16.000	31 250
	45	1	18.000	281	16	140	1,2,4	8.750	35 840
3.15	35.5	1,2,4,6	11.270	352		250	1	15.625	64 000
	56	1	17.770	556	20	160	1,2,4	8.000	64 000
4	40	1,2,4,6	10.000	640		315	1	15.750	126 000
	71	1	17.750	1 136	25	200	1,2,4	8.000	125 000
5	50	1,2,4,6	10.000	1 250		400	1	16.000	250 000
	90	1	18.000	2 250					

(3) 蜗杆头数 z_1

蜗杆头数 z_1 可根据要求的传动比和效率来选定。单头蜗杆传动的传动比可以较大,但效率较低。如果要提高效率,应增加蜗杆的头数。但蜗杆头数过多,又会给加工带来困难。所以,通常蜗杆头数取为 1、2、4、6。

(4) 导程角 γ

蜗杆的直径系数 q 和蜗杆头数 z_1 选定之后,蜗杆分度圆柱上的导程角 γ 也就确定了,由图 4-2-62 得

$$\tan \gamma = \frac{p_z}{\pi d_1} = \frac{z_1 p_a}{\pi d_1} = \frac{z_1 \pi m}{\pi d_1} = \frac{z_1 m}{d_1} = \frac{z_1}{q}$$

式中:p_z 为蜗杆的导程,p_a 为蜗杆的轴向齿距(周节)。

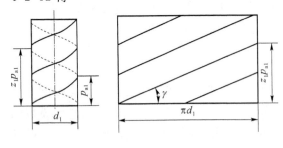

图 4-2-62 直廓环面蜗杆传动

由上面的公式可知,当 m 一定时,q 增大,则 d_1 变大,蜗杆的刚度给强度相应提高,因此 m 较小时,q 选较大值;又因为 q 取小值时,γ 增大,效率随之提高,故在蜗杆刚度允许的情况下,应尽可能选小的 q 值。

(5) 传动比 i 和齿数比 u

通常蜗杆为主动件，蜗杆与蜗轮之间的传动比为 $i=\dfrac{n_1}{n_2}=\dfrac{z_2}{z_1}$

其中，z_2 为蜗轮的齿数。

(6) 蜗杆传动的标准中心距

$$a=\frac{1}{2}(d_1+d_2)=\frac{1}{2}(q+z_2)m$$

设计普通圆柱蜗杆减速装置时，在按接触强度或弯曲强度确定了中心距之后，再进行蜗杆蜗轮参数的配置。

(7) 蜗杆传动的正确啮合条件

从上述可知，蜗杆传动的正确啮合条件为：蜗杆的轴向模数与蜗轮的端面模数必须相等；蜗杆的轴向压力角与蜗轮的端面压力角必须相等；两轴线交错 90°时，蜗杆分度圆柱的导程角与蜗轮分度圆柱螺旋角等值且方向相同。

选择蜗杆头数 z_1 时，主要考虑传动比、效率和制造 3 个方面。从制造方面看，头数越多，蜗杆的制造精度要求越高；从提高效率方面看，头数越多，效率越高；若要求自锁，应选择单头；从提高传动效比出发，也应该选择较少的头数。换言之，如果要求传动比一定，z_1 较少，则 z_2 也较少，这样蜗杆传动结构就紧凑。因此，在选择 z_1 和 z_2 要全面分析上述因素。一般来说，在动力传动中，在考虑结构紧凑的前提下，应很好的考虑提高效率。所以，当传动比较小时，宜采用多头蜗杆，而在传递运动要求自锁时，常选用单头蜗杆。通常推荐采用值：当 $i=8\sim14$ 时，选 $z_1=4$；$i=16\sim28$ 时，选 $z_1=2$；$i=30\sim80$ 时，选 $z_1=1$。

为了避免加工蜗轮时产生根切，当 $z_1=1$ 时，选 $z_2\geqslant17$；当 $z_1=2$ 时，选 $z_2\geqslant27$。对于动力传动，为保证传动的平稳性，选 $z_2\geqslant28$，一般取 $z_2=32\sim63$ 为宜。蜗轮直径越大，蜗杆越长时，则蜗杆刚度小而易于变形，故 $z_2\leqslant80$ 为宜。对于分度机构，传动比和齿数不受此限制。

必须指出：蜗杆传动的传动比不等于蜗轮蜗杆的直径之比，也不等于蜗杆与蜗轮的分度圆直径之比。

一般圆柱蜗杆传动减速装置的传动比的公称值按下列选择：5、7.5、10、12.5、15、20、25、30、40、50、60、70、80。其中 10、20、40 和 80 为基本传动比，应优先选用。

4.2.12.5 蜗杆传动的强度计算与设计

蜗杆传动的失效形式、设计准则及材料选择。

1. 失效形式

和齿轮传动一样，蜗杆传动的失效形式主要有：胶合、磨损、疲劳点蚀和轮齿折断等。由于蜗杆传动啮合面间的相对滑动速度较大，效率低，发热量大，在润滑和散热不良时，胶合和磨损为主要失效形式。

2. 设计准则

由于蜗轮无论在材料的强度和结构方面均较蜗杆弱，所以失效多发生在蜗轮轮齿上，设计时只需要对蜗轮进行承载能力计算。由于目前对胶合与磨损的计算还缺乏适当的方法和数据，因而还是按照齿轮传动中弯曲和接触疲劳强度进行。蜗杆传动的设计准则为：闭式蜗杆传动按蜗轮轮齿的齿面接触疲劳强度进行设计计算，按齿根弯曲疲劳强度校核，并进行热平衡验算；开式蜗杆传动，按保证齿根弯曲疲劳强度进行设计。

3. 蜗杆和蜗轮材料的选择

由失效形式知道，蜗杆、蜗轮的材料不仅要求有足够的强度，更重要的是具有良好的磨合

(跑合)、减磨性、耐磨性和抗胶合能力等。

一般来说：蜗杆一般是用碳钢或合金钢制成。高速重载蜗杆常用 15Cr 或 20Cr、20CrMnTi 等，并经渗碳淬火；也可以 40、45 或 40Cr 并经淬火。这样可以提高表面硬度，增加耐磨性。通常要求蜗杆淬火后的硬度为 40～55 HRC，经氮化处理后的硬度为 55～62 HRC。一般不太重要的低速中载的蜗杆，可采用 40、45 钢，并经调质处理，其硬度为 220～300 HBS。

常用的蜗轮材料为铸造锡青铜（ZCuSn10P1，ZCuSn5Pb5Zn5），铸造铝铁青铜（ZCuAl9Fe3）及灰铸铁（HT150、HT200）等。锡青铜耐磨性最好，但价格较高，用于滑动速度大于 3 m/s 的重要传动；铝铁青铜的耐磨性较锡青铜差一些，但价格便宜，一般用于滑动速度小于 4 m/s 的传动；如果滑动速度不高（小于 2 m/s），对效率要求也不高时，可以采用灰铸铁。为了防止变形，常对蜗轮进行时效处理。

相对滑动速度为：$v_s = \sqrt{v_1^2 + v_2^2} = \dfrac{v_1}{\cos \gamma}$

4. 蜗杆传动精度等级的选择

圆柱蜗杆传动在 GB 10089—88 中规定了 12 个精度等级，1 级精度最高，12 级精度最低。对于动力蜗杆传动，一般选用 6～9 级。表 4-2-17 列出了 6～9 级精度的应用范围、加工方法及允许的相对滑动速度，可以供设计时参考。

表 4-2-17　蜗杆传动的精度等级和应用

精度等级	滑动速度 $v_s/\mathrm{m \cdot s^{-1}}$	加工方法		应用
		蜗杆	蜗轮	
6	>10	淬火、磨光和抛光	滚切后用蜗杆形剃齿刀精加工，加载跑合	速度较高的精密传动，中等精密的机床分度机构；发动机调器的传动
7	≤10	淬火、磨光和抛光	滚切后用蜗杆形剃齿刀精加工或加载跑合	速度较高的中等功率传动，中等精度的工业运输机的传动
8	≤5	调质，精车	滚切后建议加载跑合	速度较低或短时间工作的动力传动；一般不太重要的传动
9	≤2	调质，精车	滚切后建议加载跑合	不太重要的低速传动或手动

4.2.12.6　蜗杆传动的受力分析和强度计算

如图 4-2-63 所示，蜗杆传动的受力与斜齿圆柱齿轮相似，若不计齿面间的摩擦力，蜗杆作用于蜗轮齿面上的法向力 F_{n2} 在节点 C 处可以分解成 3 个互相垂直的分力：圆周力 F_{t2}、径向力 F_{r2}、轴向力 F_{x2}（或 F_{a2}）。由图可知，蜗轮上的圆周力 F_{t2} 等于蜗杆上的轴向力 F_{x1}（或 F_{a1}）；蜗轮上的径向力 F_{r2} 等于蜗杆上的径向力 F_{r1}；蜗轮上的轴向力 F_{x2}（或 F_{a2}）等于蜗杆上的圆周力 F_{t1}。这些对应的力大小相等、方向相反。

各力之间的关系为：

$$F_{t2} = \dfrac{2\,000\,T_2}{d_2} \approx -F_{x1};$$

$$F_{x2} = F_{t2} \tan \gamma \approx -F_{t1};$$

$$F_{r2} = F_{t2} \tan \alpha_{t2} \approx -F_{r1};$$

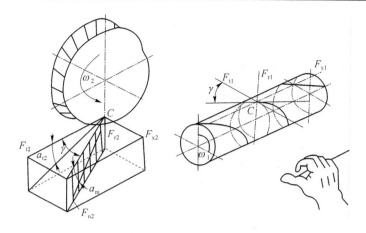

图 4-2-63 蜗杆传动的受力分析

$$F_{n2} = \frac{F_{t2}}{\cos\gamma\cos\alpha_n}$$

式中：T_2 为蜗轮转距(N·m)，$T_2 = T_1 \cdot \eta_1 \cdot i = 9\,550\,\dfrac{P_1\eta_1 i}{n_1}$；

T_1 为蜗杆转距(N·m)；

P_1 为蜗杆输入功率(kW)；

η_1 为啮合传动效率；

α_{t2} 为蜗轮端面压力角，$\alpha_{t2} = \alpha_{x1} = \alpha$；

α_{n2} 蜗轮法向压力角，$\tan\alpha_n = \tan\alpha_{t2}\cos\gamma$。

当蜗杆主动时各力的方向为：蜗杆上圆周力 F_{t1} 的方向与蜗杆的转向相反；蜗轮上的圆周力 F_{t2} 的方向与蜗轮的转向相同；蜗杆和蜗轮上的径向力 F_{r2} 和 F_{r1} 的方向分别指向各自的轴心；蜗杆轴向力 F_{x1}（或 F_{a1}）的方向与蜗杆的螺旋线方向和转向有关，可以用"主动轮左（右）手法则"判断，即蜗杆为右（左）旋时用右（左）手，并以四指弯曲方向表示蜗杆转向，则拇指所指的方向为轴向力 F_{x1}（或 F_{a1}）的方向，如图 4-2-63 中所示。

4.2.12.7 蜗轮齿面接触和弯曲疲劳强度计算

蜗轮齿面接触疲劳强度计算公式和斜齿圆柱齿轮相似，也是以节点啮合处的相应参数从赫兹公式导出的。当用青铜蜗轮和钢蜗杆配用时，蜗轮齿面接触疲劳强度校核公式为

$$\sigma_H = \frac{15\,000}{z_2}\sqrt{\frac{KT_2}{m^2 d_1}} \leqslant [\sigma]_H$$

而设计公式为

$$m^2 d_1 \geqslant \left(\frac{15\,000}{z_2[\sigma]_H}\right)^2 KT_2$$

K 为载荷系数，一般取 $K = 1\sim1.4$。当载荷平稳，蜗杆圆周速度小于 3 m/s，7 级以上精度时取小值，否则取大值。

当采用灰铸铁蜗轮与钢制蜗杆配合使用时，上面公式中的 15 000 换成 15 590 即可。

蜗轮齿形复杂，常以斜齿圆柱齿轮的强度计算公式为基础，依据蜗杆传动的特点，代入有关参数，经简化后可以得到蜗轮轮齿弯曲疲劳强度的校核公式为

$$\sigma_F = \frac{600KT_2 Y_{FS}}{d_1 d_2 m} \leqslant [\sigma]_F$$

以 $d=mz_2$ 代入上式得设计公式为：$m^2d_1 \geqslant \dfrac{600KT_2Y_{FS}}{z_2[\sigma]_F}$

其中 Y_{FS} 为符合齿形系数，依据当量齿数 $z_v\left(z_v=\dfrac{z_2}{\cos\gamma}\right)$ 查取。

4.2.12.8 蜗杆传动的润滑、效率及热平衡计算

1. 润滑

由于蜗杆传动时的相对滑动速度大、效率低、发热量大，故润滑特别重要。若润滑不良，会进一步导致效率降低，并会产生急剧磨损，甚至出现胶合，故需选择合适的润滑油及润滑方式。

对于开式蜗杆传动，采用黏度较高的润滑油或润滑脂。对于闭式蜗杆传动，根据工作条件和滑动速度参考表格中推荐值选定润滑油和润滑方式。

当采用油池润滑时，在搅油损失不大的情况下，应有适当的油量，以利于形成动压油膜，且有助于散热。对于下置式或侧置式蜗杆传动，浸油深度应为蜗杆的一个齿高；当蜗杆圆周转速大于 4 m/s 时，为减少搅油损失，常将蜗杆上置，其浸油深度约为蜗轮外径的三分之一。

2. 传动效率

闭式蜗杆传动的总效率 η 包括：轮齿啮合效率 η_1、轴承摩擦效率 η_2（0.98～0.995）和搅油损耗效率 η_3（0.96～0.99），即

$$\eta = \eta_1\eta_2\eta_3$$

当蜗杆主动时，η_1 可近似按螺旋副的效率计算，即

$$\eta_1 = \dfrac{\tan\gamma}{\tan(\gamma+\varphi_v)}$$

当对蜗杆传动的效率进行初步计算时，可近似取以下数值：

(1) 闭式传动，当 $z_1=1$ 时，$\eta=0.7\sim0.75$；当 $z_1=2$ 时，$\eta=0.75\sim0.82$；当 $z_1=4$ 时，$\eta=0.87\sim0.92$；自锁时 $\eta<0.5$。

(2) 开式传动，当 $z_1=1、2$ 时，$\eta=0.6\sim0.7$。

3. 蜗杆传动的热平衡计算

由于蜗杆传动效率较低，发热量大，润滑油温升增加，黏度下降，润滑状态恶劣，导致齿面胶合失效。所以对连续运转的蜗杆传动必须作热平衡计算。

蜗杆传动中，摩擦损耗功率为：$P_s=1\,000P_1(1-\eta)$

自然冷却时，从箱体外壁散发的热量折合的相当功率为：$P_c=K_sA(t_1-t_0)$

热平衡的条件是：在允许的润滑油工作温升范围内，箱体外表面散发出热量的相当功率应大于或等于传动损耗的功率，即 $P_c \geqslant P_s$。

也即 $1\,000P_1(1-\eta) \geqslant K_sA(t_1-t_0) \rightarrow t_1 \geqslant \dfrac{1\,000P_1(1-\eta)}{K_sA}+t_0$

其中：K_s 为箱体表面散热系数，一般取 $K_s=8.5\sim17.5$ W/(m²·℃)，通风条件良好（如箱体周围空气循环好、外壳上无灰尘杂物等）时，可以取大值，否则取小值。

A 为箱体散热面积（m²），散热面积是指箱体内表面被润滑油浸到（或飞溅到），而外表面又能被自然循环的空气所冷却的面积。一般可按下式估算

$$A=0.33\left(\dfrac{a}{100}\right)^{1.75}$$

t_0 为周围空气的温度，一般取 20 ℃。

t_1 为热平衡时的工作温度（℃），一般应小于 60～75 ℃，最高不超过 80 ℃。

若润滑油的工作温度 t_1 超过允许值或散热面积不足时,应该采用下列办法提高散热能力,如图 4-2-64 所示。

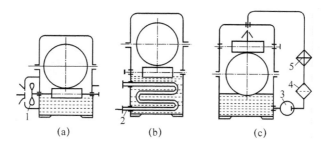

图 4-2-64 蜗杆传动的冷却方法
1—风扇;2—冷却水管;3—油泵;4—过滤器;5—冷却器

(1) 在箱体外表面加散热片以增加散热面积;
(2) 在蜗杆的端面安装风扇,加速空气流通,提高散热系数,可取 $K_s=18\sim35\mathrm{W}/(\mathrm{m}^2\cdot\mathrm{℃})$;
(3) 在油池中安放蛇形水管,用循环水冷却;
(4) 采用压力喷油循环冷却。

4.3 课题三:齿 轮 系

4.3.1 齿轮系及其分类

由一结齿轮组成的机构是齿轮传动的最简单形式。但在现代机械中,为了满足不同的工作要求只用一对齿轮传动往往是不够的,通常用一系列齿轮组合在一起,形成一个传动装置来满足传递运动和动力的要求。这种由一系列齿轮组成的传动系统称为轮系。

根据各轮的几何轴线在空间的相对位置是否固定,轮系分为定轴轮系、行星轮系,若齿轮系中同时含有定轴轮系和行星轮系,则称为组合轮系。

4.3.1.1 定轴轮系

所有齿轮几何轴线的位置都是固定的轮系,称为定轴轮系,如图 4-3-1 所示。

4.3.1.2 行星轮系

若轮系中至少有一个齿轮的几何轴线不固定,而绕其他齿轮的固定几何轴线回转,则称为周转轮系。

如图 4-3-2 所示的轮系中,齿轮 2 除绕自身轴线回转外,还随同构件 H 一起绕齿轮 1 的固定几何轴线回转,该轮系即为周转轮系。

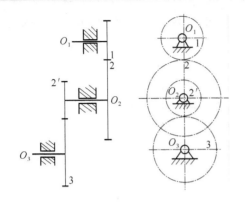
图 4-3-1 定轴轮系

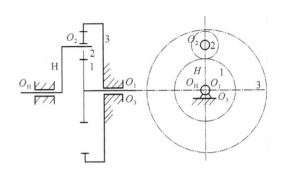
图 4-3-2 行星轮系

4.3.1.3 组合轮系

如果轮系是由定轴轮系和行星轮系(图 4-3-1)或几个单一的行星轮系(图 4-3-2)组成,则称这种轮系为组合轮系。

4.3.2 定轴轮系传动比的计算

4.3.2.1 传动比大小的确定

如果定轴轮系中各对啮合齿轮均为圆柱齿轮传动,即各轮的轴线都相互平行,则称该轮系为平面定轴轮系。

所谓轮系的传动比,是指该轮系中首轮的角速度(或转速)与末轮的角速度(或转速)之比,用 i 表示。

设 1 为轮系的首轮,K 为末轮,则该轮系的传动比为

$$i_{1K} = \frac{\omega_1}{\omega_K} = \frac{n_1}{n_K}$$

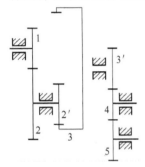
图 4-3-3 组合轮系

轮系的传动比计算,包括计算其传动比的大小和确定输出轴的转向两个内容。

如图 4-3-3 所示,设轮系中各齿轮的齿数分别为 z_1、z_2、z_2'、z_3、z_3'、z_4、z_5,各齿轮的转速分别为:n_1、n_2、n_2' ($n_2 = n_2'$)、n_3、n_3' ($n_3 = n_3'$)、n_4、n_5。轮系中各对齿轮的传动比为

$$i_{12} = \frac{n_1}{n_2} = \frac{z_2}{z_1} \qquad i_{2'3} = \frac{n_2'}{n_3} = \frac{z_3}{z_2'}$$

$$i_{3'4} = \frac{n_3'}{n_4} = \frac{z_4}{z_3'} \qquad i_{45} = \frac{n_4}{n_5} = \frac{z_5}{z_4}$$

将以上各式两边分别相乘得

$$i_{12} \times i_{2'3} \times i_{3'4} \times i_{45} = \frac{n_1}{n_2} \times \frac{n_2'}{n_3} \times \frac{n_3'}{n_4} \times \frac{n_4}{n_5}$$

$$= \frac{z_2}{z_1} \times \frac{z_3}{z_2'} \times \frac{z_4}{z_3'} \times \frac{z_5}{z_4}$$

$$= \frac{z_2 z_3 z_4 z_5}{z_1 z_2' z_3' z_4'}$$

因为 $n_2 = n_2'$、$n_3 = n_3'$,所以简化后得

$$i_{15} = \frac{n_1}{n_5} = \frac{z_2 z_3 z_4 z_5}{z_1 z_2' z_3' z_4'}$$

将上式写成一般通式,设 1、k 分别代表始端主动齿轮和末端从动齿轮,则轮系传动比为

$$i_{1k} = \frac{n_1}{n_k} = \frac{所有从动齿轮齿数乘积}{所有主动齿轮齿数乘积} \qquad (4\text{-}3\text{-}1)$$

从上面的传动比计算中,我们看到,轮 4 不影响传动比的大小,只起到改变转向的作用。轮系中的这种齿轮称为过桥齿轮。过桥齿轮用于改变轮系的转向和调节轮轴间的距离。

4.3.2.2 各轮转向的确定

1. 首末轮轴线平行的定轴轮系

因为首、末两轮轴线平行,所以首、末两轮的转向或是相同,或是相反。因此确定传动比符号时,应逐对标出各齿轮转向,若首、末两轮转向相同,传动比符号为正;首、末两轮转向相反,传动比符号为负。

2. 首、末轮轴线不平行的定轴轮系

这类定轴轮系首轮的 n_1 与末轮的 n_k 的方向既不相同又不相反,所以在公式(4-3-1)的齿数比前不加正、负号,要逐对标出各轮的转向,以确定 n_1、n_k 的转向关系。

外啮合齿轮传动两轮转向相反,箭头标注的方法如图 4-3-4 所示。

内啮合齿轮传动两轮转向相同,箭头标注的方法如图 4-3-5 所示。

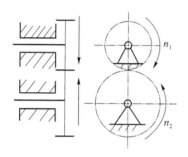

图 4-3-4 外啮合齿轮传动

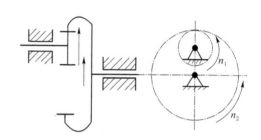

图 4-3-5 内啮合齿轮传动

圆锥齿轮两轮转向若指向节点,则都指向节点,若背离节点,则都背离节点,箭头标注方法如图 4-3-6 所示。

蜗轮蜗杆传动向判断用左右手定则。蜗杆左旋用左手,右旋用右手,握住蜗杆轴线,四指弯曲方向代表蜗杆回转方向,拇指方向的反方向为蜗轮圆周速度的方向,以此来确定蜗轮转向。箭头标注方法如图 4-3-7 所示。

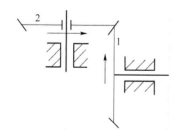

图 4-3-6 圆锥齿轮啮合传动

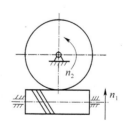

图 4-3-7 蜗轮蜗杆啮合传动

用箭头法判断两个组合轮系的传动方向,如图 4-3-8 所示。

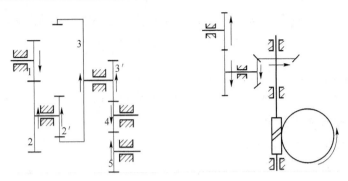

图 4-3-8 组合轮系运动方向示意图

【例 4-3-1】 图示 4-3-9 的轮系中,已知各齿轮的齿数 $z_1=20$, $z_2=40$, $z_2'=15$, $z_3=60$, $z_3'=18$, $z_4=18$, $z_7=20$, 齿轮 7 的模数 $m=3$ mm, 蜗杆头数为 1(左旋), 蜗轮齿数 $z_6=40$。齿轮 1 为主动轮,转向如图所示,转速 $n_1=100$ r/min,试求齿条 8 的速度和移动方向。

解:

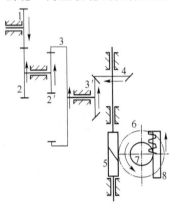

图 4-3-9

$$i_{16}=\frac{n_1}{n_6}=\frac{z_2 z_3 z_4 z_6}{z_1 z_2' z_3' z_5}$$

$$n_6=\frac{n_1}{i_{16}}=n_1\times\frac{z_1 z_2' z_3' z_5}{z_2 z_3 z_4 z_6}$$

$$=100\times\frac{20\times15\times18\times1}{40\times60\times18\times40}$$

$$=0.312\ 5\ \text{r/min}$$

$$n_7=n_6$$

$$v_8=2\pi r_7 n_7/1\ 000=2\pi m z_7 n_7/2\ 000$$

$$=2\times3.14\times3\times20\times0.312\ 5/(2\ 000\times60)$$

$$=0.000\ 98\ \text{m/s}$$

4.3.3 行星轮系传动比的计算

4.3.3.1 行星轮系的组成

若轮系中,至少有一个齿轮的几何轴线不固定,而绕其他齿轮的固定几何轴线回转,则称为周转轮系。如图 4-3-10 所示的轮系中,齿轮 2 除绕自身轴线回转外,还随同构件 H 一起绕齿轮 1 的固定几何轴线回转,该轮系即为行星轮系。齿轮 2 称为行星轮,H 称为行星架或系杆,齿轮 1、3 称为中心轮。

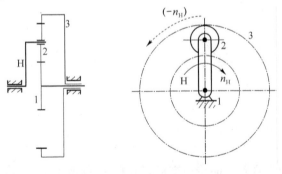

图 4-3-10 行星轮系

4.3.3.2 行星轮系传动比的计算

因为行星轮系有转动的行星架,而行星架的转速和转向又影响到行星轮和中心轮的运动,所以不能直接用定轴轮系传动比的计算方法来计算行星轮系的传动比。

计算行星轮系的传动比,对行星架的转速和转向的研究则是主要问题。这里使用转化轮系法。根据相对运动原理,假想对整个行星轮系加上一个与 n_H 大小相等而方向相反的公共转速($-n_H$),如图 4-3-10 所示。此时,行星架 H 的转速为零($n_H - n_H = 0$),即为静止不动。于是该轮系中,所有齿轮的几何轴线位置全部固定,原来的行星轮系便转化成了假想的定轴轮系。这种经过转化后得到的定轴轮系,称为原行星轮系的转化轮系或转化机构。

因为行星齿轮系的转化轮系是一定轴轮系。所以可引用计算定轴轮系传动比的计算方法来计算转化轮系的传动比。前面所说是对机构整体加上了一个($-n_H$)转速,实际上就等于给机构中每一构件都加上了一个($-n_H$)转速。各构件转化前、后的转速列表如表 4-3-1 所示。

表 4-3-1 行星轮系及其转化轮系各构件转速表

构件代号	转化前的转速	转化轮系中的转速	构件代号	转化前的转速	转化轮系中的转速
1	n_1	$n_1^H = n_1 - n_H$	3	n_3	$n_3^H = n_3 - n_H$
2	n_2	$n_2^H = n_2 - n_H$	H	n_H	$n_H^H = n_H - n_H = 0$

表中的 n_1、n_2、n_3、n_H 是各构件在行星轮系中的转速(或称绝对转速),n_1^H、n_2^H、n_3^H、n_H^H 是各构件在转化轮系中的转速(或称相对转速)。

利用定轴轮系传动比的计算方法,可列出转化轮系中任意两个齿轮的传动比。

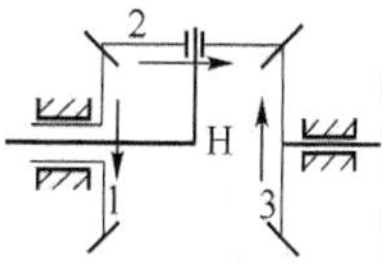

转化轮系中 1,3 轮的传动比为:

$$i_{13}^H = \frac{n_1^H}{n_3^H} = \frac{n_1 - n_H}{n_3 - n_H} = (-1)^1 \frac{z_2 z_3}{z_1 z_2} = -\frac{z_3}{z_1}$$

图 4-3-11 圆锥型行星轮系

式中齿数比前面的"—"号,表示在转化轮系中 1、3 两轮的转向相反。
将以上结论推广到一般情况,可写出行星轮系传动比计算的通用公式

$$i_{1k}^H = \frac{n_1^H}{n_k^H} = \frac{n_1 - n_H}{n_k - n_H} = (-1)^m \frac{\text{所有从动轮齿数乘积}}{\text{所有主动轮齿数乘积}} \quad (4\text{-}3\text{-}2)$$

应用以上公式时应注意以下几点:
(1) 公式只适用于圆柱齿轮组成的行星轮系。

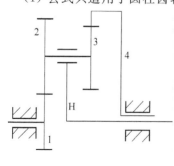

图 4-3-12

对于由圆锥齿轮组成的行星轮系,当两太阳轮和行星架的轴线互相平行时,仍可用转化轮系法来建立转速关系式,但正、负号应按画箭头的方法来确定。并且,不能应用转化机构法列出包括行星轮在内的转速关系。

$$\frac{n_1 - n_H}{n_3 - n_H} = -\frac{z_3}{z_1}$$

(2) 将已知转速带入公式时,注意"+"、"—"号。一方向代正,另一方向代负号。求得的转速为正,说明与正方向一致,反而反之。

【例 4-3-2】 周转轮系如图 4-3-12 所示。已知 $z_1 = 15$,$z_2 = 25$,$z_3 = 20$,$z_4 = 60$,$n_1 = 200$ r/min,$n_4 = 50$ r/min,且两太阳轮 1、4 转向相反。试求行星架转速 n_H 及行星轮转速 n_3。

(1) 求 n_H

$$\frac{n_1-n_H}{n_4-n_H}=(-1)^1\frac{z_2z_4}{z_1z_3}$$

代入已知量

$$\frac{200-n_H}{(-50)-n_H}=-\frac{25\times 60}{15\times 20}$$

$$n_H=-\frac{50}{6}\text{r/min}$$

说明行星轮架转速与轮1的转向相反。

(2) 求 n_3 $\qquad n_2=n_3$

$$\frac{n_1-n_H}{n_2-n_H}=-\frac{z_2}{z_1} \text{ 或 } \frac{n_3-n_H}{n_4-n_H}=\frac{z_4}{z_3}$$

$$\frac{200-(-50/6)}{n_2-(-50/6)}=-\frac{25}{15}$$

$$n_2=-133.33 \text{ r/min}=n_3(\text{轮3与轮1转向相反})$$

【例 4-3-3】 图示 4-3-13 是由圆锥齿轮组成的行星轮系。已知 $z_1=40, z_2=40, z_3=40$，均为标准齿轮传动。试求 i_{13}^H。

解：由公式得

$$i_{13}^H=\frac{n_1^H}{n_3^H}=\frac{n_1-n_H}{n_3-n_H}=-\frac{z_2z_3}{z_1z_2}=-\frac{z_3}{z_1}=-1$$

其"—"号表示轮1与轮3在反转机构中的转向相反。

【例 4-3-4】 如图 4-3-14 所示的轮系中，已知 $z_1=100, z_2=101, z_2'=100, z_3=99$，均为标准齿轮传动。试求 i_{H1}。

解：由公式得

$$i_{13}^H=\frac{n_1^H}{n_3^H}=\frac{n_1-n_H}{n_3-n_H}=\frac{z_2z_3}{z_1z_2'}$$

因 $\qquad n_3=0$

故有 $\qquad \dfrac{n_1-n_H}{0-n_H}=\dfrac{z_2z_3}{z_1z_2'}$

所以 $\qquad i_{1H}=\dfrac{n_1}{n_H}=1-\dfrac{z_2z_3}{z_1z_2'}=1-\dfrac{101\times 99}{100\times 100}=\dfrac{1}{10\,000}$

$$i_{H1}=\frac{n_H}{n_1}=\frac{1}{i_{1H}}=10\,000$$

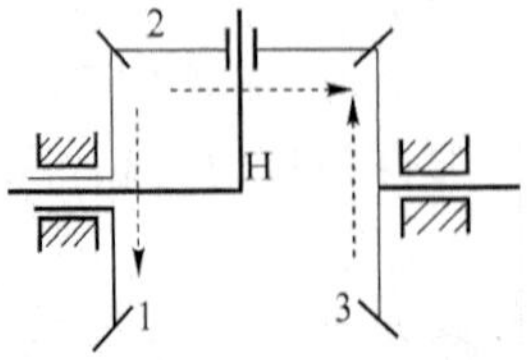

图 4-3-13

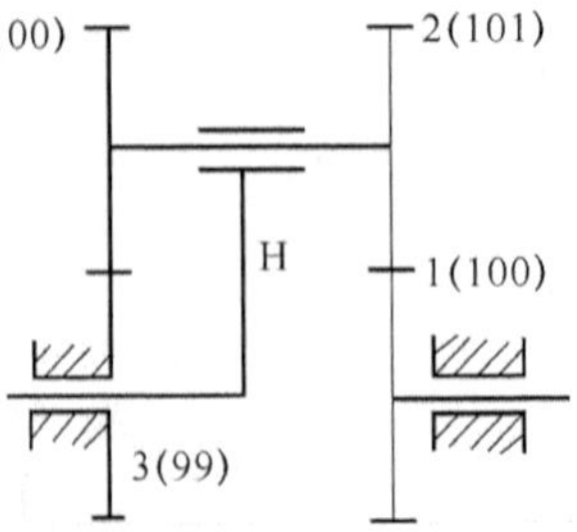

图 4-3-14

4.3.4 组合轮系传动比的计算

4.3.4.1 组合轮系传动比的计算

因为组合轮系一般由定轴轮系和行星轮系或几个单一的行星轮系组成,如图4-3-14所示。所以计算组合轮系的传动比时,既不能将整个组合轮系作定轴轮系处理,也不能单纯采用行星轮系的计算方法来计算组合轮系的传动比。因为转化轮系法无法将整个组合轮系转化成定轴轮系(转化后,原来的行星轮系成了定轴轮系,但原来的定轴轮系又成了行星轮系)。即使是几个单一的行星轮系组成的组合轮系,也无法一起转化成定轴轮系(因为各自行星架的转速不同)。

在计算组合轮系的传动比时,须先将组合轮系准确地划分为基本轮系,然后分别列出方程式,最后联立求解,得到所要求的传动比。

4.3.4.2 划分基本轮系的方法

计算组合轮系的关键,在于准确地划定基本轮系。划定基本轮系的方法为:先找行星轮,再找中心轮,最后确定行星架;重复以上步骤找出所有行星轮系,剩余的部分即为定轴轮系。

【例4-3-5】 图示4-3-15的齿轮系中,已知 $z_1=20, z_2=40, z_2'=20, z_3=30, z_4=60$,均为标准齿轮传动。试求 i_{1H}。

解:(1)划分基本轮系

由图可知该轮系为一平行轴定轴轮系与简单行星轮系组成的组合轮系,其中行星轮系:$2'$-3-4-H;定轴轮系:1-2。

(2)分别计算传动比

① 定轴齿轮系

由式(4-3-1)得

$$i_{12}=\frac{n_1}{n_2}=(-1)^1\frac{z_2}{z_1}=-\frac{40}{20}=-2$$

$$n_1=-2n_2 \qquad (1)$$

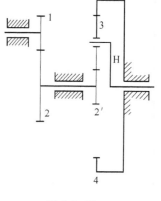

图 4-3-15

② 行星齿轮系

由式(4-3-2)得

$$i_{2'4}^H=\frac{n_{2'}^H}{n_4^H}=\frac{n_{2'}-n_H}{n_4-n_H}=-\frac{z_4 z_3}{z_3 z_{2'}}=-\frac{60}{20}=-3 \qquad (2)$$

(3)联立求解

联立(1)、(2)式,代入 $n_4=0, n_2=n_{2'}$ 得

$$\frac{n_2-n_H}{0-n_H}=-3$$

$$n_1=-2n_2$$

所以 $i_{1H}=\frac{n_1}{n_H}=\frac{-2n_2}{\frac{n_2}{4}}=-8$

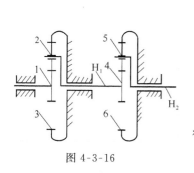

图 4-3-16

【例4-3-6】 如图4-3-16所示,已知 $z_1=34$,$z_2=22$,$z_3=78$,$z_4=18$,$z_5=35$,$z_6=88$,求 i_{1H_2}。

解:(1)划分基本轮系

首先找出行星轮2,再找到与之啮合的太阳轮1、太阳轮3以及行星架日 H_1,所以第一个行星轮系由齿轮1、2、3和行星架 H_1 组成。

然后找到行星轮 5,再找到与之啮合的太阳轮 4(行星架 H_1)、太阳轮 6 以及行星架 H_2,所以第二个行星轮系由齿轮 4、5、6 和行星架 H_2 组成。

(2) 分别计算传动比

第一个行星轮系:由式(4-3-2)得

$$i_{13}^{H_1}=\frac{n_1-n_{H_1}}{n_3-n_{H_1}}=\frac{n_1-n_{H_1}}{0-n_{H_1}}=-\frac{z_3}{z_1}$$

则

$$i_{13}^{H_1}=\frac{n_1-n_{H_1}}{-n_{H_1}}=-\frac{z_3}{z_1}=-\frac{78}{34}$$

所以

$$\frac{n_1}{n_{H_1}}=\frac{112}{34} \qquad (a)$$

第二个行星轮系:由式(4-3-2)得

$$i_{46}^{H_2}=\frac{n_4-n_{H_2}}{n_6-n_{H_2}}=\frac{n_4-n_{H_2}}{0-n_{H_2}}=-\frac{z_6}{z_4}$$

则

$$i_{46}^{H_2}=\frac{n_4-n_{H_2}}{-n_{H_2}}=-\frac{z_6}{z_4}=-\frac{88}{18}$$

所以

$$\frac{n_4}{n_{H_2}}=\frac{106}{18} \qquad (b)$$

又因为 $n_4=n_{H_1}$,所以联立式(a)、式(b)得

$$i_{1H_2}=\frac{n_1}{n_{H_2}}=\frac{n_1}{n_{H_1}}\times\frac{n_4}{n_{H_2}}=\frac{112}{34}\times\frac{106}{18}=19.4$$

4.3.5 轮系的应用

4.3.5.1 实现远距离传动

当两轴间的距离较远时,如果仅用一对齿轮传动,两轮尺寸很大。这样既占空间又费材料。若改用轮系传动,则减少齿轮尺寸,节约材料,且制造安装都方便。如图 4-3-17 所示。

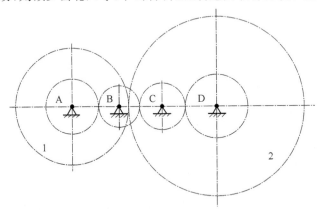

图 4-3-17 实现远距离传动

4.3.5.2 可获得大的传动比

当两轴之间需要较大的传动比时,如果仅用一对齿轮传动,必然使两轮的尺寸相差很大,小齿轮也较易损坏。通常一对齿轮的传动比不大于 5~7。由于定轴轮系的传动比等于该轮系中各对啮合齿轮传动比的连乘积,所以采用轮系可获得较大的传动比。尤其是周转轮系,可以用很少几个齿轮获得很大的传动比,而且结构很紧凑。如图 4-3-18 所示的行星轮系,H、1

分别是主、从动件,据公式(4-3-2)可列出

$$\frac{n_1 - n_H}{0 - n_H} = \frac{z_2 z_3}{z_1 z_{2'}}$$

$$1 - i_{1H} = \frac{101 \times 99}{100 \times 100}$$

$$i_{1H} = \frac{1}{10\ 000}$$

$$i_{H1} = 10\ 000$$

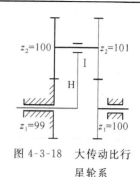

图 4-3-18 大传动比行星轮系

4.3.5.3 可实现变速传动

在主动轴转速不变的情况下,通过轮系,可以使从动轮获得若干种转速。如图 4-3-19 所示的车床变速箱,通过三联齿轮 a 和双联齿轮 b 在轴上的移动,使得带轮可以有 6 种不同的转速。此外,用周转轮系也可实现变速传动。

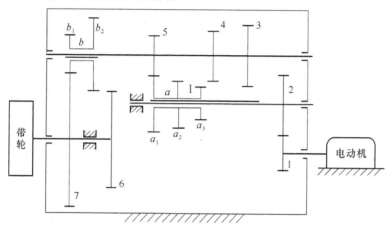

图 4-3-19 车床变速箱

4.3.5.4 实现换向传动

在主动轴转向不变的情况下,利用轮系可以改变从动轴的转向。图 4-3-20 所示为车床上走刀丝杠的三星轮换向机构。通过扳动手柄 a,从动轮 4 可实现换向。

4.3.5.5 实现分路传动

利用轮系,可以将主动轴上的运动传递给若干个从动轴,实现分路传动。

图 4-3-21 为滚齿机上滚刀与轮坯之间作展成运动的运动简图。滚齿加工要求滚刀的转速与轮坯的转速必须满足传动比关系。主动轴 I 通过锥齿轮 1 经锥齿轮 2 将运动传给滚刀,主动轴又通过齿轮 3 经齿轮 4—5、6、7—8 传给蜗轮 9,带动轮坯转动,从而满足滚刀与轮坯的传动比要求。

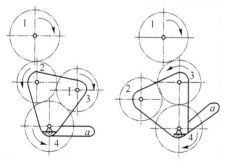

图 4-3-20 实现换向传动

4.3.5.6 实现运动的合成与分解

对于差动轮系,必须给定两个基本构件的运动,第三个基本构件的运动才能确定。也就是说,第三个基本构件的运动是另两个基本构件的运动的合成。

如图 4-3-22 所示的差动轮系,$z_1 = z_3$,故

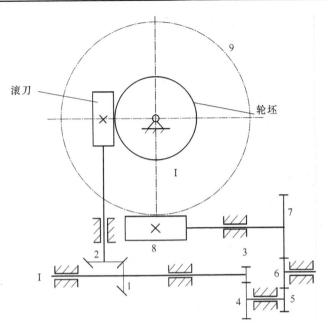

图 4-3-21 滚齿机中的轮系

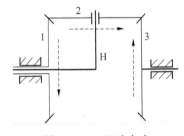

图 4-3-22 运动合成

$$\frac{n_1-n_H}{n_3-n_H}=-\frac{z_3}{z_1}=-1$$

即 $$n_H=\frac{1}{2}(n_1+n_3)$$

上式说明,系杆 H 的转速是轮 1 和轮 3 转速的合成。

同样,差动轮系也可以实现运动的分解,即将一个主动的基本构件的转动,按所需比例分解为另两个从动的基本构件的转动。比较典型的实例是汽车的差速器。当汽车转弯时,将主轴的一个转动,利用差速器分解为两个后轮的两个不同的转动。

4.3.6 其他新型齿轮传动装置简介

本节介绍几种特殊行星传动的原理、结构和应用。它们的基本原理与行星轮系相同,只是太阳轮固定,行星轮的运动由输出轴同步输出。

4.3.6.1 少齿差行星齿轮传动

如图 4-3-23 为少齿差行星齿轮传动机构的运动简图,该机构由固定太阳轮 1、行星轮 2、行星架 H(输入轴)、输出轴 X、机架以及等速比机构 M 组成。其中等速比机构的功能,是将轴线可动的行星轮 2 的运动,同步地传送给轴线固定的 X 轴,以便将运动和动力输出。

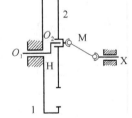

图 4-3-23 少齿差行星轮系

其传动比为 $$i_{12}^H=\frac{n_1-n_H}{n_2-n_H}=\frac{z_2}{z_1}$$

因 $$n_1=0$$

$$\frac{0-n_H}{n_2-n_H}=\frac{z_2}{z_1}$$

得

$$i_{H2} = -\frac{z_2}{z_1 - z_2}$$

故

$$i_{HV} = i_{H2} = \frac{1}{i_{2H}} = -\frac{z_2}{z_1 - z_2}$$

由上式可以知道,齿数差$(z_1 - z_2)$值越小,则传动比越大。

少齿差行星齿轮传动机构,按齿廓形状可以分为,采用渐开线作齿廓的渐开线少齿差行星齿轮传动和采用摆线作齿廓的摆线少齿差行星齿轮传动。

图4-3-24为摆线少齿差行星齿轮传动示意图,行星轮2采用摆线作齿廓,与渐开线少齿差行星齿轮传动相比,制造和装配难度增大,固定太阳轮1的齿形,在理论上呈针状,实际上制成滚子,固定在壳体上,称为针轮,故这种传动又称为摆线针轮行星传动。

摆线少齿差行星齿轮传动的齿数差(z_1-z_2)为1,单级传动比可达9～87,啮合齿数多,摩擦、磨损小,承载能力强。

少齿差行星齿轮传动机构,结构紧凑,传动比大。渐开线少齿差行星齿轮传动适用于中、小型动力传动,在轻工、化工等机械中广泛应用;摆线少齿差行星齿轮传动在军工、冶金、造船等工业机械中广泛应用。

4.3.6.2 谐波齿轮传动

图4-3-25是谐波齿轮传动示意图。它主要由谐波发生器H(相当于行星架H)、刚轮1(相当于太阳轮)和柔轮2(相当于行星轮)组成。

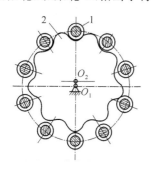

图4-3-24 摆线少齿差行星齿轮

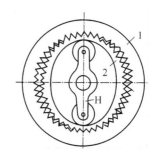

图4-3-25 谐波齿轮传动

柔轮2是一个容易变形的外齿圈,刚轮1是一个刚性内齿圈,它们的齿距相等,但柔轮2比刚轮1少一个或几个齿。波发生器由一个转臂和几个滚子组成。通常谐波发生器H为输入端,柔轮2为输出端,刚轮1固定不动。

把谐波发生器H装入柔轮2内后,当谐波发生器H转动时,因为柔轮2的内孔径略小于谐波发生器H的长度,所以迫使柔轮产生弹性变形而呈椭圆形状。椭圆长轴两端轮齿进入啮合,而短轴两端轮齿脱开,其余处的轮齿处于过渡状态。随着波发生器回转,柔轮长、短轴位置不断周期性的变化,轮齿啮合位置也随着周期性的变化,由于刚轮不动,且刚轮的齿数大于柔轮齿数,导致柔轮转动,并由柔轮直接将运动输出。

谐波齿轮传动与摆线针轮行星齿轮传动相比,除传动比大、体积小、重量轻外,因不需等角速比机构,故大大简化了结构,密封性好;由于同时参加啮合的齿数很多,故承载能力强,传动平稳。

由于柔轮周期性变形,容易发热和疲劳,故要求柔轮的抗疲劳强度高、热处理性能要好。

谐波齿轮传动已广泛应用于仪表、船舶、能源及军事装备中。

项目一作业

一、填空题

1. 金属塑性的指标有_____和_____2种。
2. 洛氏硬度的标尺有_____、_____和_____3种。
3. 常用测定硬度的方法有_____、_____和维氏硬度测试法。
4. 在测量薄片工件的硬度时,常用的硬度测试方法的表示符号是_____。
5. 分别填出下列铁碳合金组织的符号:
奥氏体_____;铁素体_____;渗碳体_____;珠光体_____;
高温莱氏体_____;低温莱氏体_____。
6. 珠光体是由_____和_____组成的机械混合物。
7. 莱氏体是由_____和_____组成的机械混合物。
8. 奥氏体在1 148 ℃时碳的质量分数可达_____,在727 ℃时碳的质量分数为_____。
9. 碳的质量分数为_____的铁碳合金称为共析钢,当加热后冷却到S点(727 ℃)时会发生_____转变,从奥氏体中同时析出_____和_____的混合物,称为_____。
10. 奥氏体和渗碳体组成的共晶产物为_____,其碳的质量分数为_____。
11. 亚共晶白口铸铁碳的质量分数为_____,其室温组织为_____。
12. 亚共析钢碳的质量分数为_____,其室温组织为_____。
13. 过共析钢碳的质量分数为_____,其室温组织为_____。
14. 过共晶白口铸铁碳的质量分数为_____,其室温组织为_____。
15. 整体热处理分为_____、_____、_____和_____等。
16. 表面淬火的方法有_____表面淬火、_____表面淬火、_____表面淬火和_____表面淬火等。
17. 化学热处理的方法有_____、_____、_____和_____等。
18. 热处理工艺过程由_____、_____和_____3个阶段组成。
19. 淬火方法有_____淬火、_____淬火、_____淬火和_____淬火等。
20. 常用的退火方法有_____、_____和_____等。
21. 常用的冷却介质有_____、_____和_____等。
22. 常见的淬火缺陷有_____与_____、_____与_____、_____与_____等。
23. 感应加热表面淬火法,按电流频率的不同,可分为_____、_____和_____3种。而且电流频率越高,淬硬层越_____。
24. 按回火温度范围可将回火分为_____回火、_____回火和_____回火3种。
25. 化学热处理是由_____、_____和_____3个基本过程所组成。

26. 根据渗碳时介质的物理状态不同，渗碳可分为_____渗碳、_____渗碳和_____渗碳3种。

27. 白铜是铜和金属_____组成的合金。

28. 青铜是除_____和_____元素以外，铜和其他元素组成的合金。

29. 目前常用的滑动轴承合金组织有_____和_____2大类。

30. 通用硬质合金又称_____。

31. 在钨钴类硬质合金中，碳化钨的含量越多，钴的含量越少，则合金的硬度、红硬及耐磨性越_____，但强度和韧性越_____。

二、选择题

1. 铁素体为_____晶格，奥氏体为_____晶格，渗碳体为_____晶格。
   A. 体心立方晶格　　B. 面心立方晶格　　C. 密排六方　　D. 复杂的

2. Fe-Fe₃C 相图上的共析线是_____，共晶线是_____。
   A. ECF 线　　　　B. ACD 线　　　　C. PSK 线

3. Fe-Fe₃C 相图上的 SE 线，用代号_____表示，PSK 线用代号_____表示。
   A. A_1　　　　B. A_{cm}　　　　C. A_3

4. 调质处理就是_____的热处理。
   A. 淬火＋低温回火　　　　　　B. 淬火＋中温回火
   C. 淬火＋高温回火

5. 化学热处理与其他热处理方法的根本区别是_____。
   A. 加热温度　　B. 组织变化　　C. 改变表面化学成分

6. 零件渗碳后，一般需经_____处理，才能达到表面高硬度及耐磨的目的。
   A. 淬火＋低温回火　　B. 正火　　C. 调质

7. 合金渗碳钢渗碳后，必须进行_____后才能使用。
   A. 淬火加低温回火　　B. 淬火加高温回火　　C. 淬火加高温回火

8. 球墨铸铁经_____可获得铁素体基体组织；经_____可获得下贝氏体基体组织。
   A. 退火　　　　B. 正火　　　　C. 贝氏体等温淬火

9. GCr15 钢中，Cr 的含量是_____。
   A. 1.5%　　　　B. 15%　　　　C. 0.15%

10. 为提高灰铸铁的表面硬度和耐磨性，采用_____热处理方法效果较好。
    A. 电接触加热表面淬火　　　　B. 等温淬火
    C. 渗碳后淬火加低温回火

11. 为下列零件正确选材：
    电动机壳_____；机座_____；冲压件_____；丝锥_____。
    A. Q195　　　　B. QT400-15　　　　C. 9SiCr　　　　D. HT150

三、判断题

1. 钢中合金元素含量越高，其淬透性越好。（　　）

2. 热处理可以改变灰铸铁的基体组织，但不能改变石墨的形状、大小和分布情况。（　　）

3. 制造滚动轴承应选用 GCr15。（　　）

4. 厚壁铸铁件的表面硬度总比其内部高。（　　）

5. 可锻铸铁比灰铸铁的塑性好,因此,可以进行锻压加工。(　　)
6. 调质钢的合金化主要是考虑提高其红硬性。(　　)
7. 合金钢的淬透性比碳钢高。(　　)
8. 可锻铸铁一般只适用于薄壁小型铸件。(　　)
9. 白口铸铁件的硬度适中,易于进行切削加工。(　　)
10. 碳钢中的硅、锰是有益元素,而磷、硫是有害元素。(　　)

四、简答题

1. 为什么一般机器的支架、机床床身用灰铸铁铸造而不用碳钢?
2. 合金元素在钢中的存在形式有几种? 对钢性能有何影响?
3. 试述石墨形态对铸铁性能的影响。
4. 球墨铸铁是如何获得的? 它与相同钢基体的灰铸铁相比,其突出性能特点是什么?
5. 为什么比较重要的大截面的结构零件都必须用合金钢制造?
6. 不锈钢属于非铁金属。(　　)
7. 铝及其合金具有良好的耐酸、碱、盐腐蚀能力。(　　)
8. 铝及其合金都无法用热处理强化。(　　)
9. 颜色呈紫红色的铜属于纯铜。(　　)
10. 钛是目前唯一可以在超低温条件下工作的金属工程材料。(　　)
11. 滑动轴承合金越软,减摩性越好。(　　)
12. 镁合金是目前使用的密度最小的金属工程材料。(　　)
13. 说明下列符号的意义和单位。
(1) σ_b　　(2) δ　　(3) ψ　　(4) A_K
14. 拉伸试样的原标距长度为 50 mm,直径为 10mm。试验后,将已断裂的试样对接起来测量,标距长度为 73 mm,缩颈区的最小直径为 5.1 mm。试求该材料的延伸率和断面收缩率的值。
15. 材料的弹性模量 E 的工程含义是什么? 它和零件的刚度有何关系?
16. 将 6 500 N 的力施加于直径为 10 mm、屈服强度为 520 MPa 的钢棒上,试计算并说明钢棒是否会产生塑性变形。
17. 黄铜轴套和硬质合金刀片采用什么硬度测试法较合适?
18. 简述碳的质量分数为 0.4% 和 1.2% 的铁碳合金从液态冷至室温时的结晶过程。
19. 碳的质量分数为 0.45% 的钢和白口铸铁都加热到高温(1 000～1 200 ℃),能否进行锻造? 为什么?
20. 完全退火、球化退火与去应力退火在加热规范、组织转变和应用上有何不同?
21. 正火和退火有何异同? 试说明二者的应用有何不同?
22. 淬火的目的是什么? 亚共析钢和过共析钢的淬火加热温度应如何选择?
23. 回火的目的是什么? 工件淬火后为什么要及时回火?
24. 叙述常见的 3 种回火方法所获得的组织、性能及应用。
25. 渗碳的目的是什么? 为什么渗碳后要进行淬火和低温回火?
26. 为什么一般机器的支架、机床床身用灰铸铁铸造而不用碳钢?
27. 合金元素在钢中的存在形式有几种? 对钢性能有何影响?
28. 试述石墨形态对铸铁性能的影响。

29. 球墨铸铁是如何获得的？它与相同钢基体的灰铸铁相比，其突出性能特点是什么？
30. 为什么比较重要的大截面的结构零件都必须用合金钢制造？
31. 纯铜的特性和用途。
32. 铝合金淬火与钢淬火有什么不同？
33. 铜合金分为几类？举例说明各类铜合金的牌号、性能特点和用途。
34. 青铜分为几类？为什么工业用锡青铜的含锡量小于14%？
35. 轴承合金必须具备哪些特性？其组织有何特点？常用的滑动轴承有哪些？
36. 硬质合金在组成、制造工艺方面有何特点？
37. 什么是零件的失效？失效形式主要有哪些？分析零件失效的主要目的是什么？
38. 选择零件材料应遵循哪些原则？在选用材料力学性能判据时，应注意哪些问题？
39. 简述零件选材的方法和步骤。
40. 有一根30 mm×300 mm的轴，要求摩擦部位的硬度为53～55 HRC，现用30钢制造，经调质后表面高频淬火（水冷）和低温回火，使用过程中发现摩擦部位严重磨损，试分析失效原因，并提出再生产时的解决办法。
41. 为什么在蜗轮蜗杆传动中，蜗杆采用低、中碳钢或合金钢（如15钢、45钢、20Cr钢、40Cr钢）制造，而蜗轮则采用青铜制造？
42. 指出下列几种轴的选材及热处理：
(1) 卧式车床主轴，最高转速为1 800 r/min，电动机功率4 kW，要求花键部位及大端与卡盘配合处硬度为53～55 HRC，其余部位整体硬度为220～240 HBS，在滚动轴承中运转；(2) 坐标镗床主轴，要求表面硬度≥850 HV，其余硬度为260～280 HBS，在滑动轴承中工作，精度要求很高；(3) 手扶拖拉机中的185型柴油机曲轴，功率为5.9 kW（8马力），转速为2 200 r/min，单缸。
43. 试为下列齿轮选材，并确定热处理：
(1) 不需润滑的低速、无冲击齿轮，如打稻机上的传动齿轮；(2) 尺寸较大，形状复杂的低速中载齿轮；(3) 受力较小，要求有一定抗蚀性的轻载齿轮（如钟表齿轮）；(4) 受力较大，并受冲击，要求高耐磨性的齿轮（如汽车变速齿轮）。
44. 确定下列工具的材料及最终热处理：
(1) M8的手用丝锥；(2) ⌀10 mm麻花钻；(3) 切削速度为35 m/min的圆柱铣刀；(4) 切削速度为150 m/min，用于切削灰铸铁及有色金属的外圆车刀。
45. 某厂用T10钢制的钻头加工一批铸铁件（钻⌀10 mm深孔），钻了几个孔后钻头磨损失效。经检验，钻头材质、热处理工艺、金相组织及硬度均合格。试问失效原因？并提出解决办法。
46. 指出你在金工实习过程中，见过或使用过的3种零件或工具的材料及热处理方法。
47. 本课程的性质和研究对象。
48. 机械系统的基本构成是什么。
49. 机械设计的基本要求有哪些。
50. 机械设计的步骤及各阶段的主要任务。
51. 机械零件设计时要考虑的问题及机械零件设计的准则。

五、说明下列各符号的含义

T8、45Mn、60、Q235A、Q345、20CrMnTi、38CrMoAl、40Cr、Gr15、HT150、KTH300-06、

Q7F400-1 8、Y20、ZG230-450、60Si2Mn

六、计算分析题

1. 试写出图中 4 个力的矢量表达式。已知：$F_1=1\,000$ N，$F_2=1\,500$ N，$F_3=3\,000$ N，$F_4=2\,000$ N。

2. A,B 两人拉一压路碾子，如图所示，$F_A=400$ N，为使碾子沿图中所示的方向前进，B 应施加多大的力（$F_B=?$）。

第 1 题图   第 2 题图

3. 试计算图中力 F 对于 O 点之矩。

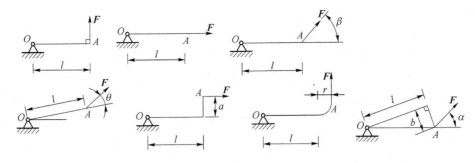

第 3 题图

4. 求图中力 F 对点 A 之矩。若 $r_1=20$ cm，$r_2=50$ cm，$F=300$ N。

5. 图中摆锤重 G，其重心 A 点到悬挂点 O 的距离为 l。试求图中三个位置时，力对 O 点之矩。

6. 图示齿轮齿条压力机在工作时，齿条 BC 作用在齿轮 O 上的力 $F_n=2$ kN，方向如图所示，压力角 $\alpha_0=20°$，齿轮的节圆直径 $D=80$ mm。求齿间压力 F_n 对轮心点 O 的力矩。

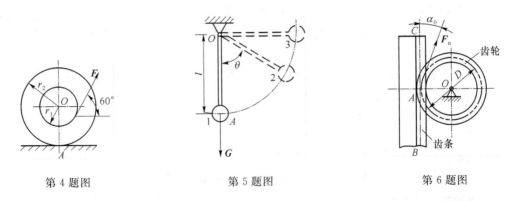

第 4 题图   第 5 题图   第 6 题图

7. 画出图示指定物体的受力图。

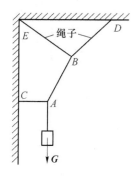
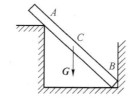

(a) 画出节点 A，B 的受力图。　　(b) 画出轮 C 的受力图。　　(c) 画出轮 C 的受力图。

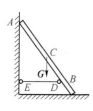
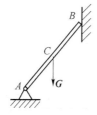
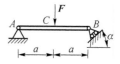

(d) 画出杆 AB 的受力图。　(e) 画出杆 AB 的受力图。　(f) 画出杆 AB 的受力图。　(g) 画出杆 AB 的受力图。

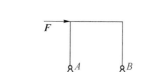
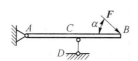
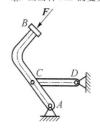

(h) 画出杆 AB 的受力图。　　(i) 画出杆 AB 的受力图。　　(j) 画出杆 AB 的受力图。

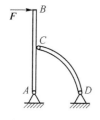
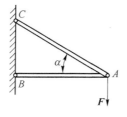
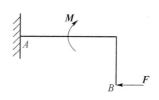

(k) 画出杆 AB 的受力图。　　(l) 画出销钉 A 的受力图。　　(m) 画出杆 AB 的受力图。

第 7 题图

8. 画出图示各物系中指定物体的受力图。

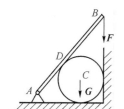
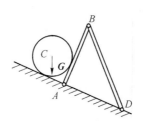
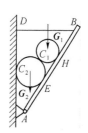

(a) 画出图示物体系中杆 AB、轮 C、整体的受力图。　　(b) 画出图示物体系中杆 AB、轮 C 的受力图。　　(c) 画出图示物体系中杆 AB、轮 C_1、轮 C_2、整体的受力图。

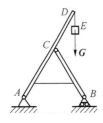
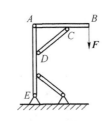
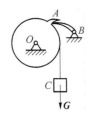

(d) 画出图示物体系中支架 AD、BC、物体 E、整体的受力图。

(e) 画出图示物体系中横梁 AB、立柱 AE、整体的受力图。

(f) 画出图示物体系中物体 C、轮 O 的受力图。

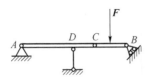
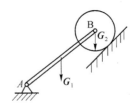

(g) 画出图示物体系中梁 AC、CB、整体的受力图。

(h) 画出图示物体系中轮 B、杆 AB、整体的受力图。

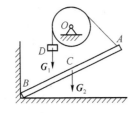
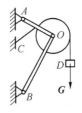

(i) 画出图示物体系中物体 D、轮 O、杆 AB 的受力图。

(j) 画出图示物体系中物体 D、销钉 O、轮 O 的受力图。

第 8 题图

9. 分析图示平面任意力系向 O 点简化的结果。已知：$F_1 = 100\ \text{N}$，$F_2 = 150\ \text{N}$，$F_3 = 200\ \text{N}$，$F_4 = 250\ \text{N}$，$F = F' = 50\ \text{N}$。

10. 图示起重吊钩，若吊钩点 O 处所承受的力偶矩最大值为 $5\ \text{kN}\cdot\text{m}$，则起吊重量不能超过多少？

11. 图示三角支架由杆 AB，AC 铰接而成，在 A 处作用有重力 G，求出图中 AB，AC 所受的力（不计杆自重）。

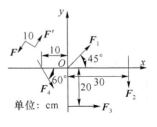

第 9 题图

第 10 题图

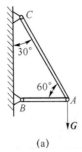
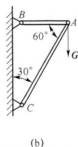
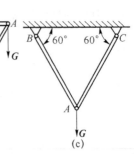
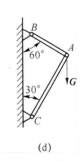

(a) (b) (c) (d)

第 11 题图

12. 铰链四连杆机构 $OABO_1$ 在图示位置平衡,已知 $OA=0.4$ m,$O_1B=0.6$ m,作用在曲柄 OA 上的力偶矩 $M_1=1$ N·m,不计杆重,求力偶矩 M_2 的大小及连杆 AB 所受的力。

13. 试求图中梁的支座反力。已知 $F=6$ kN,$q=2$ kN/m,$M=2$ kN·m,$l=2$ m,$a=1$ m。

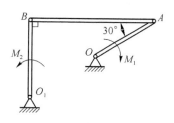

第 12 题图

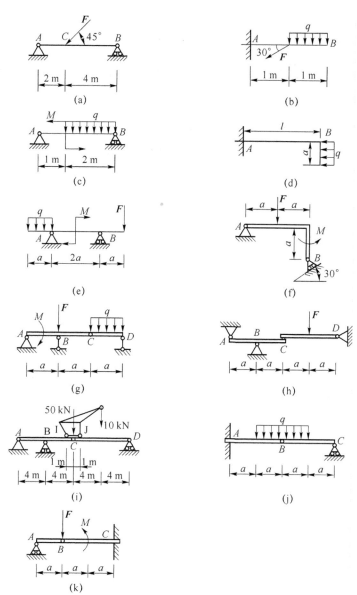

第 13 题图

14. 水塔固定在支架 A,B,C,D 上,如图所示。水塔总重力 $G=160$ kN,风载 $q=16$ kN/m。为保证水塔平衡,试求 A,B 间的最小距离。

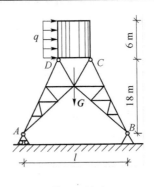

第 14 题图

15. 汽车地秤如图所示，BCE 为整体台面，杠杆 AOB 可绕 O 轴转动，B,C,D 三点均为光滑铰链连接，已知砝码重 G_1，尺寸 l,a。不计其他构件自重，试求汽车自重 G_2。

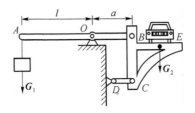

第 15 题图

项目二作业

一、填空题

1. 将连续回转运动转换为单向间歇转动的机构有_____、_____、_____。
2. 在棘轮机构中,为使棘爪能自动啮紧棘轮齿根不滑脱的条件是_____。

二、判断题

1. 根据铰链四杆机构各杆长度,即可判断其类型。（   ）
2. 曲柄为主动件的摆动导杆机构一定具有急回特性。（   ）
3. 曲柄为主动件的曲柄滑块机构一定具有急回特性。（   ）
4. 曲柄为主动件的曲柄摇杆机构一定具有急回特性。（   ）
5. 曲柄为主动件的曲柄摇杆机构,其最小传动角的位置在曲柄与连杆共线的两位置之一。（   ）
6. 四杆机构有无止点位置,与何构件为主动件无关。（   ）
7. 机构是由两个以上构件组成的。（   ）
8. 运动副的主要特征是两个构件以点、线、面的形式相接触。（   ）
9. 机构具有确定相对运动的条件是机构的自由度大于零。（   ）
10. 转动副限制了构件的转动自由度。（   ）
11. 机架是机构不可缺少的组成部分。（   ）
12. 3 个构件在一处铰接,则构成 3 个转动副。（   ）
13. 机构的运动不确定,就是指机构不能具有相对运动。（   ）
14. 虚约束对机构的运动不起作用。（   ）
15. 四杆机构中,传动角越大机构的传力性能越好。（   ）
16. 由于凸轮机构是高副机构,所以与连杆机构相比,更适用于重载场合。（   ）
17. 凸轮机构工作中,从动件的运动规律和凸轮转向无关。（   ）
18. 凸轮机构的工作过程中按工作要求可不含远停程或近停程。（   ）
19. 凸轮机构采用等加速等减速运动规律时,所引起的冲击为刚性冲击。（   ）
20. 滚子从动件盘形凸轮的基圆半径是指凸轮理论轮廓上的最小向径。（   ）
21. 同一凸轮与不同端部形式的从动件组合运动时,从动件的运动规律不变。（   ）
22. 凸轮机构的压力角越大,机构的传力性能越差。（   ）
23. 对同一凸轮轮廓,其压力角的大小会因从动件端部形状的改变而改变。（   ）
24. 当凸轮机构的压力角增大到一定值时,就会产生自锁现象。（   ）

三、选择题

1. 曲柄滑块机构有止点时,其主动件为何构件？_____
A. 曲柄　　　　　　B. 滑块　　　　　　C. 曲柄滑块均可

2. 四杆长度不等的双曲柄机构,若主动曲柄作连续匀速转动,则从动曲柄怎样运动? _____

   A. 匀速转动   B. 间歇转动   C. 变速转动

3. 杆长不等的铰链四杆机构,若以最短杆为机架,则是什么机构? _____

   A. 双曲柄机构   B. 双摇杆机构

   C. 双曲柄机构或双摇杆机构

4. 一对心曲柄滑块机构,曲柄长度为 100 mm,则滑块的行程是多少? _____

   A. 50 mm   B. 100 mm   C. 200 mm

5. 有急回特性的平面连杆机构的行程速比系数 K 是什么值? _____

   A. $K=1$ B. $K>1$ C. $K>0$

6. 对心曲柄滑块机构的曲柄为主动件时,机构有无急回特性和止点位置? _____

   A. 有急回特性,无止点位置   B. 无急回特性,无止点位置

   C. 有急回特性,有止点位置

7. 凸轮机构按下列哪种运动规律运动时,会产生刚性冲击。_____

   A. 等速运动规律   B. 等加速等减速运动规律

   C. 简谐运动规律

8. 设计某用于控制刀具进给运动的凸轮机构,从动件处于切削阶段时宜采用何种运动规律。_____

   A. 等速运动规律   B. 等加速等减速运动规律

   C. 简谐运动规律

9. 设计盘形凸轮轮廓时,从动件应按什么方向转动,来绘制其相对于凸轮转动时的移动导路中心线的位置。_____

   A. 与凸轮转向相同   B. 与凸轮转向相反   C. 两者都可以

10. 在移动从动件盘形凸轮机构中,哪种端部形状的从动件传力性能最好。_____

   A. 尖端从动件   B. 滚子从动件   C. 平底从动件

11. 滚子从动件盘形凸轮的基圆半径对下列哪些方面有影响。_____

   A. 凸轮机构的压力角   B. 从动件的运动是否"失真"

   C. A 和 B

12. 某槽轮机构中,槽轮在一个运动循环里有 70% 的时间处于停歇状态,则该机构的运动系数等于_____。

   A. 0.7   B. 0.3   C. 1.3   D. 0.5

13. 若槽轮机构中槽轮每转的停歇时间为 1 s,槽轮的运动时间为每转 2 s,则运动系数等于_____。

   A. 1/3   B. 2/3   C. 1/2   D. 1/4

14. 设拨盘转速为 n,圆销数为 K,槽轮槽数为 Z,槽轮运动的运动系数与_____有关。

   A. Z、K B. Z、n C. Z、K、n D. Z

15. 在其他条件完全相同的情况下,减少槽轮的槽数,则在拨盘转动一周情况下,可以_____。

A. 增加运动平稳性　　　　　　　　　　B. 增加槽轮运动时间
C. 增加槽轮停歇时间　　　　　　　　　D. 只改变槽轮的转角和上述因素无关

16. 单圆销槽轮机构的运动系数必须满足_____。

A. $0<t<1$　　　B. $0<t<1/2$　　　C. $1/2<t<1$　　　D. $t\geqslant 1$

17. 在槽轮机构中,槽轮工作适用于_____。

A. 低速轻载　　　B. 高速轻载　　　C. 低速重载　　　D. 高速重载

四、简答题

1. 凸轮有哪几种型式?为什么说盘形凸轮是凸轮的最基本型式?它如何演变成移动凸轮和圆柱凸轮?

2. 试比较尖顶、滚子和平底从动件的优缺点,并说明它们的应用场合。

3. 说明等速、等加速等减速、简谐运动和摆线运动等4种基本运动规律的加速度变化特点和它们的应用场合。

4. 凸轮的基圆指的是哪个圆?滚子从动件盘形凸轮的基圆在何处度量?

5. 如何用作图法来绘制凸轮的轮廓曲线?怎样从理论廓线来求实际廓线?凸轮的理论廓线与实际廓线有什么关系?

6. 什么叫"反转法"?设计凸轮时为什么要采用"反转法"?

7. 如何理解从动件某一位移时凸轮的转角?从动件在推程和回程阶段的凸轮转角如何度量?

8. 试比较凸轮机构与平面连杆机构的特点和应用。

9. 何谓凸轮机构压力角?压力角的大小与凸轮尺寸有何关系?压力角的大小对凸轮机构的作用力和传动有何影响?

10. 常见的棘轮机构有哪几种型式?各具有什么特点?

11. 举出一不完全齿轮机构实例,说明其工作原理及作用。

12. 凸轮间歇运动机构的运动规律如何确定?如何实现?设计运动规律时应注意哪些问题?

13. 棘轮机构、槽轮机构、不完全齿轮机构和凸轮间歇运动机构是常用的4种间歇运动机构,通过对比,说出在运动平稳性、加工工艺性和经济性等方面各具有哪些优缺点?各适用于什么场合?

五、计算题

1. 拉杆或压杆如图所示。试用截面法求各杆指定截面的轴力,并画出各杆的轴力图。

2. 圆截面钢杆长 $l=3$ m,直径 $d=25$ mm,两端受到 $F=100$ kN 的轴向拉力作用时伸长 $\Delta l=2.5$ mm。试计算钢杆横截面上的正应力 σ 和纵向线应变 ε。

3. 阶梯状直杆受力如图所示。已知 AD 段横截面面积 $A_{AD}=1\,000$ mm^2,DB 段横截面面积 $A_{DB}=500$ mm^2,材料的弹性模量 $E=200$ GPa。求该杆的总变形量 Δl_{AB}。

4. 某悬臂吊车如图所示。最大起重荷载 $G=20$ kN,杆 BC 为 Q235A 圆钢,许用应力 $[\sigma]=120$ MPa。试按图示位置设计 BC 杆的直径 d。

5. 如图所示 AC 和 BC 两杆铰接于 C,并吊重物 G。已知杆 BC 许用应力 $[\sigma_1]=160$ MPa,杆 AC 许用应力 $[\sigma_2]=100$ MPa,两杆横截面面积均为 $A=2$ cm^2。求所吊重物的最大重量。

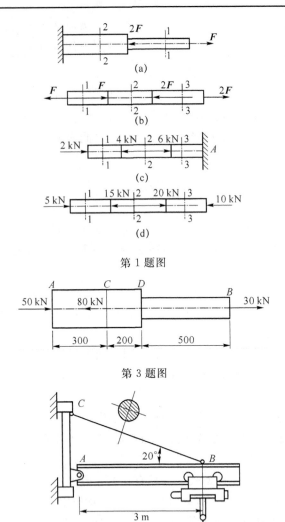

第 1 题图

第 3 题图

第 4 题图

6. 三角架结构如图所示。已知杆 AB 为钢杆,其横截面面积 $A_1=600 \text{ mm}^2$,许用应力 $[\sigma_1]=140 \text{ MPa}$;杆 BC 为木杆,横截面面积 $A_2=3\times10^4 \text{ mm}^2$,许用应力 $[\sigma_2]=3.5 \text{ MPa}$。试求许用荷载 $[F]$。

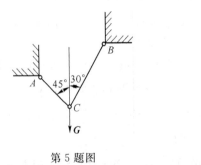

第 5 题图

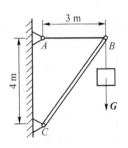

第 6 题图

六、设计题

1. 设计一铰链四杆机构。已知 $l_{CD}=75$ mm,$l_{AD}=100$ mm,摇杆 CD 的一个极限位置与机架 AD 间的夹角 $\varphi=45°$,行程速比系数 $k=1.4$。求曲柄 l_{AB} 和连杆长 l_{BC}。

2. 已知一偏置曲柄滑块机构,滑块的行程 $S=120$ mm,偏距 $e=10$ mm,行程速比系数 $k=1.4$。试设计该机构。

3. 已知一摆动导杆机构,机架 $l_{AC}=300$ mm,行程速比系数 $K=2$ 设计该机构。

4. 如图所示为对心尖顶从动件盘形凸轮机构,请在图上标出基圆半径;作出 A 点的压力角 α;以及凸轮逆时针转过 45°时的压力角 α';该机构从动件的最大行程(凸轮转一周,从动件沿导路的最大行程)。

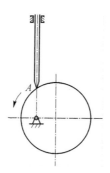

5. 已知从动件升程 $h=30$ mm,凸轮转角 φ 从 0°~150°时从动件等速运动上升到最高位置;在 150°~180°时从动件在最高位置不动;从 180°~300°时从动件以等加速等减速运动返回;而在 300°~360°时,从动件在最低位置不动。试绘出从动件的位移线图。

6. 有一外啮合槽轮机构,已知槽轮槽数 $z=6$,槽轮的停歇时间为 1 s,槽轮的运动时间为 2 s。求槽轮机构的运动特性系数及所需的圆销数目。

7. 设计一单销四槽外槽轮机构,要求槽轮在停歇时间完成工作动作,所需时间为 30 s,试求:(1) 拨盘的转速 n。

(2) 槽轮转位所需的时间 t_d。

项目三作业

一、填空题

1. 圆柱普通螺纹的牙型角是指在_____截面内,_____的夹角。
2. 圆柱普通螺纹的导程是指同一螺纹线上的_____在中径线上_____的轴向距离。
3. 圆柱普通螺纹的螺距是指相邻螺牙在中径线上_____间的_____距离。导程 L 与螺距 P 的关系式为_____。
4. 螺纹联接的防松,其根本原因在于防止螺纹副_____。
5. 根据采用的标准制度不同,螺纹分为_____制和_____制,我国除管螺纹外,一般都采用_____制螺纹。
6. 圆柱普通螺纹的公称直径是指_____。
7. 圆柱普通螺纹的牙型角为_____度。
8. 楔键的工作面是_____,而半圆键的工作面是_____,平键的工作面是_____。
9. 标准平键静联接的主要失效形式是_____。
10. 花键联接由_____和_____组成。
11. 花键联接的主要失效形式,对于静联接为_____,对于动联接为_____。
12. 花键联接按齿形的不同分为_____花键、_____花键和三角形花键 3 类。
13. 花键联接的工作面是_____,工作时靠_____传递转矩。
14. 联接可分为动联接和静联接两类,_____的联接称为静联接。
15. 自行车的中轴是_____轴,而前轮轴是_____轴。
16. 为了使轴上零件与轴肩紧密贴合,应保证轴的圆角半径_____轴上零件的圆角半径或倒角 C。
17. 对大直径的轴的轴肩圆角处进行喷丸处理是为了降低材料对_____的敏感性。
18. 传动轴所受的载荷是_____。
19. 一般单向回转的转轴,考虑起动、停车及载荷不平稳的影响,其扭转剪应力的性质按_____处理。

二、选择题

1. 螺纹联接是一种_____。
   A. 可拆联接
   B. 不可拆联接
   C. 具有防松装置的为不可拆联接,否则为可拆联接
   D. 具有自锁性能的为不可拆联接,否则为可拆联接
2. 螺纹的牙型有三角形、矩形、梯形、锯齿形和圆形 5 种。其中用于联接和用于传动的各有_____。
   A. 1 种和 4 种   B. 2 种和 3 种   C. 3 种和 2 种
   D. 3 种和 3 种   E. 4 种和 1 种

3. 螺纹副在摩擦系数一定时,螺纹的牙型角越大,则_____。
   A. 当量摩擦系数越小,自锁性能越好   B. 当量摩擦系数越小,自锁性能越差
   C. 当量摩擦系数越大,自锁性能越好   D. 当量摩擦系数越大,自锁性能越差
4. 螺纹联接承受预紧力的目的是_____。
   A. 让螺纹承受足够的载荷,发挥其承载能力
   B. 提高联接刚度、紧密性和防松能力
   C. 使螺栓只受拉不受扭
5. 普通螺纹联接的强度计算,主要是计算_____。
   A. 螺杆在螺纹部分的拉伸强度   B. 螺纹根部的弯曲强度
   C. 螺纹工作表面的挤压强度   D. 螺纹的剪切强度
6. 键连接的主要作用是使轴和轮毂之间_____。
   A. 沿轴向固定并传递轴向力   B. 沿轴向可做相对滑动并具有导向作用
   C. 沿周向固定并传递扭矩   D. 安装与拆卸方便
7. 普通平键联接的主要失效形式是什么?_____
   A. 工作面疲劳点蚀   B. 工作面挤压破坏   C. 压缩破裂
8. 在轴的端面加工 B 型键槽,一般采用什么加工方法?_____
   A. 用盘铣刀铣制   B. 在插床上用插刀加工
   C. 用指铣刀铣制
9. 在轴的端面加工 C 型键槽,一般采用什么加工方法?_____
   A. 用盘铣刀铣制   B. 在插床上用插刀加工
   C. 用指铣刀铣制
10. 齿轮减速箱的箱体和箱盖用螺纹联接,箱体被联接处的厚度不太大、且经拆装,一般用什么联接?_____
    A. 螺栓联接   B. 螺钉联接   C. 双头螺柱联接
11. 螺纹联接预紧的目的是什么?_____
    A. 增强联接的强度   B. 防止联接自行松脱   C. 保证联接的可靠性和密封
12. 螺栓联接是一种_____。
    A. 可拆联接
    B. 不可拆联接
    C. 具有防松装置的为不可拆联接,否则为可拆联接
    D. 具有自锁性能的为不可拆联接,否则为可拆联接
13. 螺纹的牙形一般有三角形、矩形、梯形、锯齿形 4 种。其中用于联接和用于传动的各有_____。
    A. 1 种和 2 种   B. 1 种和 3 种   C. 2 种和 2 种   D. 2 种和 3 种
14. 螺栓的数目一般不应取_____。
    A. 2   B. 3   C. 4   D. 5   E. 6
15. 铆接是一种_____。
    A. 可拆联接   B. 不可拆联接   C. 有时为可拆联接,有时为不可拆联接
16. 螺纹标记 M24×2 表示_____。
    A. 普通螺纹,公称直径为 24 mm,2 级精度   B. 细牙螺纹,公称直径 24 mm,2 级精度

C. 普通螺纹,公称直径 24 mm,双线　　　　D. 细牙螺纹,公称直径 24 mm,螺距 2 mm

17. 用于联接的螺纹牙形为三角形,这是因为其_____。
   A. 螺纹强度高　　　B. 传动效率高　　　C. 防振性能好
   D. 螺纹副的摩擦属于楔面摩擦,摩擦力大,自锁性好

18. 用于薄壁零件联接的螺纹,应采用_____。
   A. 三角细牙螺纹　　　　　　　　　　B. 梯形螺纹
   C. 锯齿螺纹　　　　　　　　　　　　D. 多线的三角粗牙螺纹

19. 采用螺纹联接时,若被联接件总厚度较大,且材料较软,强度较低,需要经常拆装的情况下,一般宜采用_____。
   A. 螺栓联接　　　B. 双头螺柱联接　　　C. 螺钉联接

20. 采用螺纹联接时,若被联接件总厚度较大,且材料较软,强度较低但不需要经常拆装的情况下,一般宜采用_____。
   A. 螺柱联接　　　B. 双头螺柱联接　　　C. 螺钉联接

21. 普通螺栓联接中的松联接和紧联接之间的主要区别是:松联接的螺纹部分不承受_____。
   A. 拉伸作用　　　B. 扭转作用　　　C. 剪切作用　　　D. 弯曲作用

22. 被联接件受横向外力作用时,如采用铰制孔螺栓联接,则螺栓的失效形式可能为_____。
   A. 螺纹处拉伸　　　　　　　　　　B. 螺纹处拉,扭断裂
   C. 螺栓杆剪切或挤压破坏　　　　　D. 螺纹根部弯曲断裂

23. 一般按照_____来选择平键的剖面尺寸。
   A. 轮毂长度　　　B. 轴的长度　　　C. 轴的直径　　　D. 工作条件

24. 在拧紧螺栓联接时,控制拧紧力矩有很多方法,例如_____。
   A. 增加拧紧力　　　B. 增加扳手力臂　　　C. 使用测力矩扳手或定力矩扳手

25. 螺纹联接防松的根本问题在于_____。
   A. 增加螺纹联接能力　　　　　　　B. 增加螺纹联接的横向力
   C. 防止螺纹副的相对转动　　　　　D. 增加螺纹联接的刚度

26. 联接用螺纹的螺旋线头数是_____。
   A. 1　　　B. 2　　　C. 3　　　D. 4

27. 在螺纹联接中,同时拧上两个螺母是为了_____。
   A. 提高强度　　　B. 增大预紧力　　　C. 防松　　　D. 备用螺母

28. 紧键联接主要是使轴与轮毂之间_____。
   A. 沿轴向固定并传递轴向力　　　　B. 沿轴向可作相对滑动并具有作用
   C. 沿轴向固定并传递扭矩　　　　　D. 安装及拆卸方便

29. 普通平键联接传递动力是靠_____。
   A. 两侧面的摩擦力　　　　　　　　B. 两侧面的挤压力
   C. 上下面的挤压力　　　　　　　　D. 上下面的摩擦力

30. 工作时只承受弯矩,不传递转矩的轴,称为_____。
   A. 心轴　　　B. 转轴　　　C. 传动轴　　　D. 曲轴

31. 采用_____的措施不能有效地改善轴的刚度。
   A. 改用高强度合金钢　　　　　　　　B. 改变轴的直径
   C. 改变轴的支承位置　　　　　　　　D. 改变轴的结构

32. 按弯扭合成计算轴的应力时,要引入系数α,这α是考虑_____。
   A. 轴上键槽削弱轴的强度　　　　　　B. 合成正应力与切应力时的折算系数
   C. 正应力与切应力的循环特性不同的系数　D. 正应力与切应力方向不同

33. 转动的轴,受不变的载荷,其所受的弯曲应力的性质为_____。
   A. 脉动循环　　　B. 对称循环　　　C. 静应力　　　D. 非对称循环

34. 对于受对称循环转矩的转轴,计算弯矩(或称当量弯矩)$M_{ca}=\sqrt{M^2(\alpha T)^2}$,α应取_____。
   A. $\alpha \approx 0.3$　　B. $\alpha \approx 0.6$　　C. $\alpha \approx 1$　　D. $\alpha \approx 1.3$

35. 根据轴的承载情况,_____的轴称为转轴。
   A. 既承受弯矩又承受转矩　　　　　　B. 只承受弯矩不承受转矩
   C. 不承受弯矩只承受转矩　　　　　　D. 承受较大轴向载荷

36. 滚动轴承代号由前置代号、基本代号和后置代号组成,其中基本代号表示_____。
   A. 轴承的类型、结构和尺寸　　　　　B. 轴承组件
   C. 轴承内部结构变化和轴承公差等级　D. 轴承游隙和配置

37. _____只能承受径向载荷。
   A. 深沟球轴承　　B. 调心球轴承　　C. 圆锥滚子轴承　　D. 圆柱滚子轴承

38. _____只能承受轴向载荷。
   A. 圆锥滚子轴承　B. 推力球轴承　　C. 滚针轴承　　　　D. 调心滚子轴承

39. _____不能用来同时承受径向载荷和轴向载荷。
   A. 深沟球轴承　　B. 角接触球轴承　C. 圆柱滚子轴承　　D. 调心球轴承

40. 角接触轴承承受轴向载荷的能力,随接触角α的增大而_____。
   A. 增大　　　　　B. 减小　　　　　C. 不变　　　　　　D. 不定

三、判断题

1. 一般联接多用细牙螺纹。(　　)
2. 圆柱普通螺纹的公称直径就是螺纹的最大直径。(　　)
3. 管螺纹是用于管件联接的一种螺纹。(　　)
4. 三角形螺纹主要用于传动。(　　)
5. 梯形螺纹主要用于联接。(　　)
6. 金属切削机床上丝杠的螺纹通常都是采用三角螺纹。(　　)
7. 双头螺柱联接适用于被联接件厚度不大的联接。(　　)
8. 平键联接可承受单方向轴向力。(　　)
9. 普通平键联接能够使轴上零件周向固定和轴向固定。(　　)
10. 键连接主要用来联接轴和轴上的传动零件,实现周向固定并传递转矩。(　　)
11. 紧键联接中键的两侧面是工作面。(　　)
12. 紧键联接定心较差。(　　)
13. 单圆头普通平键多用于轴的端部。(　　)

14. 半圆键联接,由于轴上的键槽较深,故对轴的强度削弱较大。(　　)
15. 键连接和花键联接是最常用的周向固定方法。(　　)
16. 圆柱销和圆锥销都是靠过盈配合固定在销孔中。(　　)
17. 销和圆锥销的销孔一般均需铰制。(　　)
18. 平键中,导向键联接适用于轮毂滑移距离不大的场合,滑键联接适用于滑移距离较大的场合。(　　)
19. 设计键联接时,键的长度通常根据传递转矩的大小来确定。(　　)
20. 由于花键联接较平键联接的承载能力高,因此花键联接主要用于载荷较大的场合。(　　)
21. 键联接的主要失效形式是剪断。(　　)
22. 普通平键的工作表面是键的侧面。(　　)
23. 键联接的主要用途是轴向固定轴与轮毂的位置。(　　)

四、简答题

1. 常用的螺纹有哪几类？它们各有什么特点？其中哪些已标准化？
2. 常用的螺纹连接零件有哪些？螺纹连接有哪几种基本类型？各适用于什么场合？
3. 螺纹连接为什么要预紧？预紧力的大小如何保证？
4. 螺纹连接常用的防松方法有哪几种？它们是如何防松的？其可靠性如何？试自行设计一种防松方案。
5. 在受横向载荷的螺栓组连接中,什么情况下宜采用铰制孔用螺栓？
6. 受拉伸载荷作用的紧螺栓连接中,为什么总载荷不是预紧力和拉伸载荷之和？
7. 提高螺栓连接强度的措施有哪些？这些措施中哪些主要是针对静载荷的？哪些主要是针对变载荷的？
8. 圆头、平头及单圆头普通平键各有何优缺点？分别用在什么场合？轴上的键槽是怎样加工的？
9. 普通平键连接哪些失效形式？主要失效形式是什么？怎样进行强度校核？如经校核判定强度不足时,可采取哪些措施？
10. 平键和楔键在结构和使用性能上有何区别？为何平键应用较广？
11. 常用的花键齿形有哪几种？各用于什么场合？
12. 轴受载荷的情况可分哪3类？试分析自行车的前轴、中轴、后轴的受载情况,说明它们各属于哪类轴？
13. 为提高轴的刚度,把轴的材料由45号钢改为合金钢是否有效？为什么？
14. 轴上零件的轴向及周向固定各有哪些方法？各有何特点？各应用于什么场合？
15. 轴的计算当量弯矩公式 $M_{ca} = \sqrt{M^2 + (\alpha T)^2}$ 中,应力校正系数 α 的含义是什么？如何取值？
16. 影响轴的疲劳强度的因素有哪些？在设计轴的过程中,当疲劳强度不够时,应采取哪些措施使其满足强度要求？
17. 何谓滚动轴承的基本额定寿命？何谓滚动轴承的基本额定动载荷？
18. 何为向心推力轴承的"正装"和"反装",这两种安装方式各有何长处？

五、分析计算题

1. 试分析题图1所示卷扬机中各轴所受的载荷,并由此判定各轴的类型。(轴的自重、轴

承中的摩擦均不计)

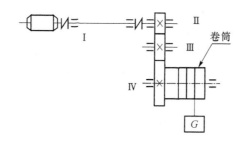

图 1

2. 某蜗轮与轴用 A 型普通平键联接。已知轴径 $d=40$ mm,转矩 $T=522\,000$ N·mm,轻微冲击。初定键的尺寸为 $b=12$ mm,$h=8$ mm,$L=100$ mm。轴、键和蜗轮的材料分别为 45 号钢,35 号钢和灰铸铁,试校核键联接的强度。若强度不够,请提出两种改进措施。

平键联接的许用应力(MPa)

	联接方式	联接中较弱零件的材料	载荷性质		
			静载荷	轻微冲击	冲击
$[\sigma]_p$	静联接(普通平键)	钢	120～150	100～120	60～90
		铸铁	70～80	50～60	30～45

3. 如图 2 所示的锥齿轮减速器主动轴。已知锥齿轮的平均分度圆直径 $d_m=56.25$ mm,所受圆周力 $F_t=1\,130$ N,径向力 $F_r=380$ N,轴向力 $F_a=146$ N。试求:
(1) 画出轴的受力简图;
(2) 计算支承反力;
(3) 画出轴的弯矩图、合成弯矩图及转矩图。

4. 一根装有两个斜齿轮的轴由一对代号为 7210AC 的滚动轴承支承。已知两轮上的轴向力分别为 $F_{a1}=3\,000$ N,$F_{a2}=5\,000$ N,方向如图 3 所示。轴承所受径向力 $F_{r1}=8\,000$ N,$F_{r2}=12\,000$ N。冲击载荷系数 $f_d=1$,X、Y 系数查第 4 题表,其他参数查附表 1-2。求两轴承的当量动载荷 P_1、P_2。

第 4 题表

F_s	$F_a/F_r \leqslant e$		$F_a/F_r > e$		e
	X	Y	X	Y	
$0.68F_r$	1	0	0.41	0.87	0.68

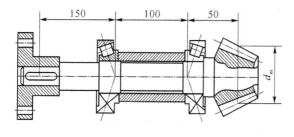

图 2

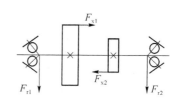

图 3

5. 某轴由一对代号为 30212 的圆锥滚子轴承支承，其基本额定动载荷 $C=97.8$ kN。轴承受径向力 $F_{r1}=6\,000$ N，$F_{r2}=16\,500$ N。轴的转速 $n=500$ r/min，轴上有轴向力 $F_x=3\,000$ N，方向如图 4 所示。轴承的其他参数查附表 1-3。X、Y 系数查第 5 题及第 6 题表，冲击载荷系数 $f_d=1$。求轴承的基本额定寿命。

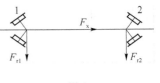

图 4

第 5 题及第 6 题表

F_s	$F_a/F_r \leqslant e$		$F_a/F_r > e$		e
	X	Y	X	Y	
$F_r/2Y$	1	0	0.4	1.5	0.40

6. 一传动装置的锥齿轮轴用一对代号为 30212 的圆锥滚子轴承支承，布置如图 5 所示。已知轴的转速为 1 200 r/min，两轴承所受的径向载荷 $F_{r1}=8\,500$ N，$F_{r2}=3\,400$ N。$f_d=1$，常温下工作。轴承的预期寿命为 15 000 小时。X、Y 系数查第 5 题及第 6 题表。试求：

(1) 允许作用在轴上的最大轴向力 F_x；
(2) 滚动轴承所受的轴向载荷 F_{a1}、F_{a2}。

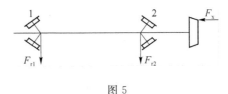

图 5

六、结构题（图解题）

1. 如图 6 所示的某圆柱齿轮装于轴上，在圆周方向采用 A 型普通平键固定；在轴向，齿轮的左端用套筒定位，右端用轴肩定位。试画出这个部分的结构图。

2. 如图 7 所示，试画出轴与轴承盖之间分别采用毛毡圈和有骨架唇形密封圈时的结构图。

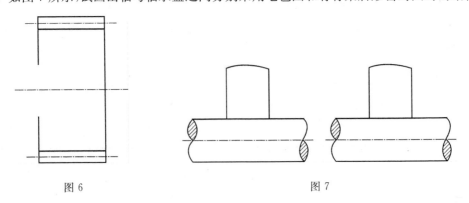

图 6　　　　　图 7

3. 试指出图 8 所示的轴系零部件结构中的错误，并说明错误原因。
说明：
(1) 轴承部件采用两端固定式支承，轴承采用油脂润滑；
(2) 同类错误按 1 处计；
(3) 指出 6 处错误即可，将错误处圈出并引出编号，并在图下做简单说明；

(4) 若多于6处,且其中有错误答案时,按错误计算。

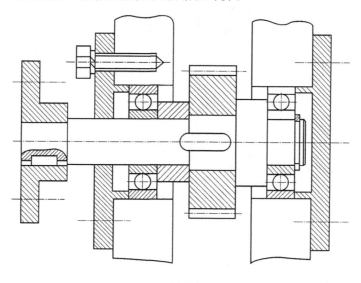

图 8

4. 图9所示为下置式蜗杆减速器中蜗轮与轴及轴承的组合结构。蜗轮用油润滑,轴承用脂润滑。试改正该图中的错误,并画出正确的结构图。

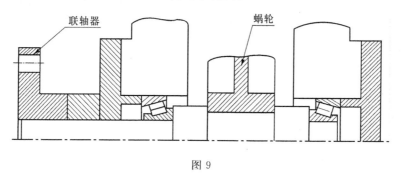

图 9

5. 图10所示为斜齿轮、轴、轴承组合结构图。斜齿轮用油润滑,轴承用脂润滑。试改正该图中的错误,并画出正确的结构图。

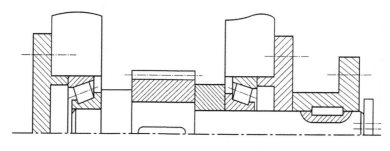

图 10

项目四 作业

一、填空题

1. 平带、V带传动主要依靠_____传递运动和动力。
2. 带传动打滑总是在_____轮上先开始。
3. 普通V带中以_____型带的截面尺寸最小。
4. 带传动采用张紧装置的目的是_____。
5. 带传动正常工作时不能保证准确的传动比是因为_____。
6. 带轮常采用_____材料来制造。
7. 平面定轴轮系传动比的大小等于_____；从动轮的回转方向可用_____方法来确定。
8. 所谓定轴轮系是指_____而周转轮系是指_____。
9. 在周转轮系中，轴线固定的齿轮称为_____；兼有自转和公转的齿轮称为_____；而这种齿轮的动轴线所在的构件称为_____。
10. 组成周转轮系的基本构件有：_____；_____，_____；i_{1k}与i_{1k}^H有区别，i_{1k}是_____；i_{1k}^H是_____；i_{1k}^H的计算公式为_____，公式中的正负号是按_____来确定的。

二、选择题

1. 带传动工作时产生弹性滑动是因为_____。
   A. 带的预紧力不够　　　　　　　　B. 带的紧边和松边拉力不等
   C. 带与带轮间的摩擦力不够
2. V带传动设计中，限制小带轮的最小直径主要是为了_____。
   A. 使结构紧凑　　　B. 限制弯曲应力　　　C. 保证带与带轮接触面有足够摩擦力
3. V带传动设计中，选取小带轮基准直径的依据是_____。
   A. 带的型号　　　　B. 带的速度　　　　C. 传动比
4. V带比平带传动能力大的主要原因是什么？_____
   A. V带的强度高　　　B. 没有接头　　　　C. 产生的摩擦力大
5. 带传动的打滑现象首先发生在何处？_____
   A. 大带轮　　　　　B. 小带轮　　　　　C. 大、小带轮同时出现
6. 设计时，带速如果超出许用范围应该采取何种措施？_____
   A. 更换带型号　　　B. 降低对传动能力的要求
   C. 重选带轮直径
7. 带传动的中心距过大将会引起什么不良后果？_____
   A. 带会产生抖动　　B. 带易磨损　　　　C. 带易产生疲劳破坏
8. 带轮常采用何种材料？_____
   A. 钢　　　　　　　B. 铸铁　　　　　　C. 铝合金

9. V带轮槽角应小于带楔角的目的是什么？_____
   A. 增加带的寿命   B. 便于安装   C. 可以使带与带轮间产生较大的摩擦力
10. 图1所示轮系，给定齿轮1的转动方向如图所示，则齿轮3的转动方向_____。
    A. 与ω_1相同；   B. 与ω_1相反；   C. 只根据题目给定的条件无法确定。

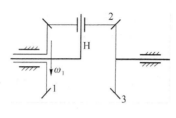

图1

11. 下面给出图2示轮系的三个传动比计算式，_____为正确的。
    A. $i_{12}^H=(\omega_1-\omega_H)/(\omega_2-\omega_H)$ B. $i_{13}^H=(\omega_1-\omega_H)/(\omega_3-\omega_H)$
    C. $i_{23}^H=(\omega_2-\omega_H)/(\omega_3-\omega_H)$

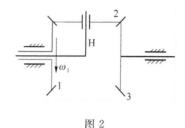

图2

三、判断题

1. V带的基准长度是指在规定的张紧力下，位于带轮基准直径上的周线长度。（   ）
2. 带型号中，截面尺寸最小的是E型。（   ）
3. 弹性滑动是可以避免的。（   ）
4. 带轮转速越高，带截面上的最大拉应力也相应增大。（   ）
5. 带传动不能保证传动比准确不变的原因是发生打滑现象。（   ）
6. 为了增强传动能力，可以将带轮工作面制得粗糙些。（   ）
7. 为了保证V带传动具有一定的传动能力，小带轮的包角通常要求大于或等于120°（   ）
8. V带根数越多，受力越不均匀，故设计时一般V带不应超过8根。（   ）
9. V带的张紧轮最好布置在松边外侧靠近大带轮处。（   ）
10. 为了降低成本，V带传动通常可将新、旧带混合使用。（   ）
11. 定轴轮系的传动比等于各对齿轮传动比的连乘积。（   ）
12. 周转轮系的传动比等于各对齿轮传动比的连乘积。（   ）
13. 行星轮系中若系杆为原动件可驱动中心轮，则反之不论什么情况，以中心轮为原动件时也一定可驱动系杆。（   ）

四、简答与计算题

1. 在相同的条件下，为什么三角胶带比平型带的传动能力大？
2. 带传动为什么要限制其最小中心距？
3. 在三角胶带传动中，为什么一般推荐使用的带速 $v \leqslant 25$ m/s？

4. 带传动的弹性滑动是什么原因引起的？它对传动的影响如何？

5. 带传动的打滑经常在什么情况下发生？打滑多发生在大轮上还是小轮上？刚开始打滑时，紧边拉力与松边拉力有什么关系？

6. 给出带的应力分布图注明各种应力名称及最大合成应力的位置。

7. V 带传动传递的功率 $P=7.5$ kW，平均带速 $v=10$ m/s，紧边拉力是松边拉力的两倍（$F_1=2F_2$）。试求紧边拉力 F_1，有效圆周力 F_e 和预紧力 F_0。

8. V 带传动传递的功率 $P=5$ kW，小带轮直径 $D_1=140$ mm，转速 $n_1=1\,440$ r/min，大带轮直径 $D_2=400$ mm，V 带传动的滑动率 $\varepsilon=2\%$，①求从动轮转速 n_2；②求有效圆周力 F_e。

9. C618 车床的电动机和床头箱之间采用垂直布置的 V 型带传动。已知电动机功率 $P=4.5$ kW，转速 $n=1\,440$ r/min，传动比 $i=2.1$，二班制工作，根据机床结构，带轮中心距 a 应为 900 mm 左右。试设计此 V 带传动。

10. 分度圆和节圆有什么关系？啮合角和分度圆压力角及节圆压力角有什么关系？单个齿轮有没有节圆和啮合角？

11. 压力角 $\alpha=20°$，齿顶高系数 $h_a^*=1$ 的标准直齿圆柱齿轮，当齿根圆与基圆重合时，其齿数为若干？又当齿数大于以上求出的数值时，其齿根圆与基圆哪个大？

12. 已知一对外啮合正常齿标准直齿圆柱齿轮的模数 $m=3$ mm，$z_1=19$，$z_2=41$，试计算这对齿轮的几何尺寸（参见表 4-2-3 所有公式）。

13. 设一对外啮合传动齿轮的齿数 $z_1=30$，$z_2=40$，模数 $m=20$ mm，压力角 $\alpha=20°$，齿顶高系数 $=1$。当中心距 $a'=725$ mm 时，求啮合角 α；如果 $\alpha'=22°30'$ 时，求中心距 a'。

14. 试设计一对外啮合的标准直齿圆柱齿轮传动，要求传动比 $i=\dfrac{n_1}{n_2}=\dfrac{z_2}{z_1}=\dfrac{8}{5}$，安装中心距 $a'=78$ mm。若根据强度的需要，取模数 $m=3$ mm。采用标准齿形，齿顶高系数 $h_a^*=1$，试确定这对齿轮的齿数 z_1，z_2，并计算这对齿轮的各部分尺寸 d、d_b、d_a、d_f、h_a、h_f、h、p、s、e。

15. 设有一对外啮合齿轮，已知 $z_1=21$，$z_2=22$，$m_n=2$ mm，中心距 $a'=50$ mm，拟用斜齿轮来凑中心距，问这对斜齿轮的螺旋角应为多少？

16. 一对铸铁齿轮（HT200）和一对钢制齿轮（45 钢调质），参数、尺寸相同，传递相同的载荷。试问：

（1）哪对齿轮的接触应力大？为什么？

（2）哪对齿轮的接触强度高？为什么？

（3）哪对齿轮的弯曲强度高？为什么？

17. 单级闭式直齿圆柱齿轮传动，已知小齿轮材料为 45 钢，调质处理，大齿轮材料为 ZG45，正火处理，已知传递功率 $P_1=4$ kW，$n_1=720$ r/min，$m=4$ mm，$z_1=25$，$z_2=73$，$b_1=84$ mm，$b_2=78$ mm，双向运转，预期寿命 15 年（每年按 300 天计），双班制，齿轮在轴上对称布置，中等冲击，电动机驱动。试校核此齿轮传动的强度。

18. 已知开式齿轮传动，传递功率 $P_1=3.2$ kW，$n_1=50$ r/min，$i=4$，$z_1=21$，小齿轮材料为 45 钢调质，大齿轮材料为 45 钢正火，电动机驱动，单向运转，载荷均匀，寿命为 5 年（每年按 300 天计），单班工作。试设计此齿轮传动。

19. 闭式直齿圆柱齿轮传动中，已知传递功率 $P_1=30$ kW，$n_1=730$ r/min，$i=3.5$，使用寿命为 10 年（每年按 300 天计），单班制，对称布置，电动机驱动，长期双向运转，载荷有中等冲击,要求结构紧凑,$z_1=24$,大、小齿轮都用 45 钢。试设计此齿轮传动。

20. 如图 3 所示为车床溜板箱进给刻度盘轮系,运动由齿轮 1 输入,经齿轮 4 输出。各轮齿数 $z_1=18,z_2=87,z_2'=28,z_3=20,z_4=84$,试求此齿轮的传动比 i_{14}。

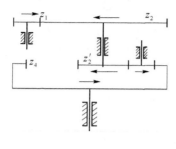

图 3

21. 如图 4 所示为一手摇提升装置,其中各轮齿数已知。试求传动比 i_{15};若提升重物上升时,试确定手轮的转向。

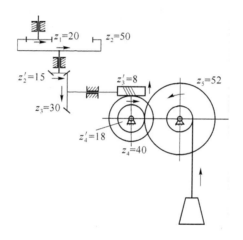

图 4

22. 如图 5 所示的轮系中,已知各齿轮齿数为 $z_1=20,z_2=36,z_2'=18,z_3=60,z_3'=70,z_4=28,z_5=14$,轮 1 的转速 $n_1=60$ r/min(顺时针),构件 H 的转速 $n_H=300$ r/min(逆时针),试求轮 5 的转速 n_5 的大小和方向。

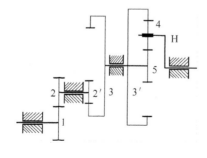

图 5

23. 如图 6 所示的轮系中,运动由轮 1 输入,从系杆输出。已知各轮齿数为 $z_1=12,z_2=48,z_3=48,z_4=50,z_5=14,z_6=78$,试求传动比 i_{iH}。

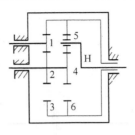

图 6

24. 如图 7 所示为一电动卷扬机的传动简图,已知蜗杆 1 为单头右旋蜗杆,蜗轮 2 的齿数 $z_2=42$,其余各轮齿数为:$z_{2'}=18, z_3=78, z_{3'}=18, z_4=55$,卷筒 5 与齿轮 4 固联,其直径 $D_5=400$ mm,电动机转速 $n_1=1\,500$ r/min。试求:

(1) 转筒 5 的转速 n_5 的大小和重物的移动速度 v;

(2) 提升重物时,电动机应该以什么方向旋转?

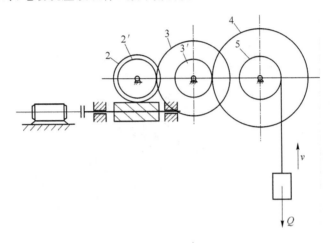

图 7

25. 如图 8 所示轮系中,齿轮均是标准齿轮正确安装,轮 1 顺时针转动,已知各齿轮齿数为 $z_1=20, z_2=25, z_4=25, z_5=20$,试求传动比 i_{1H} 和 H 轴的转向。

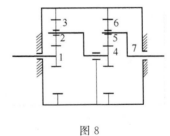

图 8

附 录

附表 1-1 常用轴承的径向基本额定动载荷 C_r 和径向额定静载荷 C_{or} kN

轴承内径/mm	深沟球轴承(60000型)								圆柱滚子轴承(N0000型 NF0000型)							
	(1)0		(0)2		(0)3		(0)4		10		(0)2		(0)3		(0)4	
	C_r	C_{or}	C_r	C_{or}	C_r	C_{or}	C_r	C_{or}	C_r	C_{or}	C_r	C_{or}	C_r	C_{or}	C_r	C_{or}
10	4.58	1.98	5.10	2.38	7.65	3.48										
12	5.10	2.38	6.82	3.05	9.72	5.08										
15	5.58	2.85	7.65	3.72	11.5	5.42					7.98	5.5				
17	6.00	3.25	9.58	4.78	13.5	6.58	22.5	10.8			9.12	7.0				
20	9.38	5.02	12.8	6.65	15.8	7.88	31.0	15.2	10.5	8.0	12.5	11.0	18.0	15.0		
25	10.0	5.85	14.0	7.88	22.2	11.5	38.2	19.2	11.0	10.2	14.2	12.8	25.5	22.5		
30	13.2	8.30	19.5	11.5	27.0	15.2	47.5	24.5			19.5	18.2	33.5	31.5	57.2	53.0
35	16.2	10.5	25.5	15.2	33.2	19.2	56.8	29.5			28.5	28.0	41.0	39.5	70.8	68.2
40	17.0	11.8	29.5	18.0	40.8	24.0	65.5	37.5	21.2	22.0	37.5	38.2	48.8	47.5	90.5	89.8
45	21.0	14.8	31.5	20.5	52.8	31.8	77.5	45.5			39.8	41.0	66.8	66.8	102	100
50	22.	16.2	35.0	23.2	61.8	38.0	92.2	55.2	25.0	27.5	43.2	48.5	76.0	79.5	120	120
55	30.2	21.8	43.2	29.2	71.5	44.8	100	62.5	35.8	40.0	52.8	60.2	97.8	105	128	132
60	31.5	24.2	47.8	32.8	81.8	51.5	108	70.0	38.5	45.0	62.8	73.5	118	128	155	162

附表 1-2 常用角接触球轴承的径向基本额动载荷 C_r 和径向额定静载荷 C_{or} kN

轴承内径/mm	70000C型($\alpha=15°$)				70000AC型($\alpha=25°$)				70000B型($\alpha=40°$)			
	(1)0		(0)2		(1)0		(0)2		(0)2		(0)3	
	C_r	C_{or}	C_r	C_{or}	C_r	C_{or}	C_r	C_{or}	C_r	C_{or}	C_r	C_{or}
10	4.92	2.25	5.82	2.95	4.75	2.12	5.58	2.82				
12	5.42	2.65	7.35	3.52	5.20	2.55	7.10	3.35				
15	6.25	3.42	8.68	4.62	5.95	3.25	8.35	4.40				
17	6.60	3.85	10.8	5.95	6.30	3.68	10.5	5.65				
20	10.5	6.08	14.5	8.22	10.0	5.78	14.0	7.82	14.0	7.85		
25	11.5	7.45	16.5	10.5	11.2	7.08	15.8	9.88	15.8	9.45	26.2	15.2
30	15.2	10.2	23.0	15.0	14.5	9.85	22.0	14.2	20.5	13.8	31.0	19.2
35	19.5	14.2	30.5	20.0	18.5	13.5	29.0	19.2	27.0	18.8	38.2	24.5
40	20.0	15.2	36.8	25.8	19.0	14.5	35.2	24.5	32.2	23.5	46.2	30.5
45	25.8	20.5	38.5	28.5	25.8	20.5	36.8	27.2	36.0	26.2	59.5	39.8
50	26.5	22.0	42.8	32.0	25.2	21.0	40.8	30.5	37.5	29.0	68.2	48.0
55	37.2	30.5	52.8	40.5	35.2	29.2	50.5	38.5	46.2	36.0	78.8	56.5
60	38.2	32.8	61.0	48.5	36.2	31.5	58.2	46.2	56.0	44.5	90.0	66.3

注：尺寸系列代号括号中的数字通常省略。

附表 1-3 常用圆锥滚子轴承的径向基本额定动载荷 C_r 和径向额定静载荷 C_{or}　　kN

轴承代号	轴承内径/mm	C_r	C_{or}	α	轴承代号	轴承内径/mm	C_r	C_{or}	α
30203	17	20.8	21.8	12°57′10″	30303	17	28.2	27.2	10°45′29″
30204	20	28.2	30.5	12°57′10″	30304	20	33.0	33.2	11°18′36″
30205	25	32.2	37.0	14°02′10″	30305	25	46.8	48.0	11°18′36″
30206	30	43.2	50.5	14°02′10″	30306	30	59.0	63.0	11°51′35″
30207	35	54.2	63.5	14°02′10″	30307	35	75.2	82.5	11°51′35″
30208	40	63.0	74.0	14°02′10″	30308	40	90.8	108	12°57′10″
30209	45	67.8	83.5	15°06′34″	30309	45	108	130	12°57′10″
30210	50	73.2	92.0	15°38′32″	30310	50	130	158	12°57′10″
30211	55	90.8	115	15°06′34″	30311	55	152	188	12°57′10″
30212	60	102	130	15°06′34″	30312	60	170	210	12°57′10″

参 考 文 献

[1] 徐春艳. 机械设计基础. 北京:北京理工大学出版社,2006.
[2] 张京辉. 机械设计基础. 西安:西安电子科技大学出版社,2005.
[3] 姜波. 机械基础. 北京:中国劳动社会保障出版社,2005.
[4] 许德珠. 机械工程材料. 第 2 版. 北京:高等教育出版社,2003
[5] 谭要. 金属材料. 北京:中国物资出版社,2000
[6] 单小君. 金属材料与热处理. 第 4 版. 中国劳动社会保障出版社,2001.
[7] 吴建蓉. 工程力学与机械设计基础. 北京:电子工业出版社,2003.
[8] 陈位宫. 工程力学(多学时). 北京:高等教育出版社,2002.
[9] 张定华. 工程力学(少学时). 北京:高等教育出版社,2000.
[10] 尹传华. 金属工艺学. 北京:机械工业出版社,2001.
[11] 韩向东. 工程力学. 北京:机械工业出版社,1998.
[12] 束德林. 工程材料力学性能. 第 2 版. 北京:机械工业出版社,2007.
[13] 叶振东. 机械基础. 北京:中国劳动社会保障出版社,2007.
[14] 杨可桢,程光蕴. 机械设计基础. 第 4 版. 北京:高等教育出版社,2003.
[15] 黄森彬. 机械设计基础. 北京:高等教育出版社,2001.
[16] 孙桓,陈作模. 机械原理. 北京:高等教育出版社,1996.
[17] 张春林. 机械创新设计. 北京:机械工业出版社,1999.
[18] 杨可桢,程光蕴. 机械设计基础. 第 4 版. 北京:高等教育出版社,2003.
[19] 陈立德. 机械设计基础. 第 2 版. 北京:高等教育出版社,2004.
[20] 崔正昀. 机械设计基础. 天津:天津大学出版社,2000.
[21] 李秀珍. 机械设计基础. 北京:机械工业出版社,2005.
[22] 程光蕴. 机械设计基础学习指导书. 第 3 版. 北京:高等教育出版社,1999.
[23] 胡家秀. 机械设计基础. 北京:机械工业出版社,2004.
[24] 孙宝钧. 机械设计基础. 北京:机械工业出版社,2004.
[25] 张建中. 机械设计基础学习与训练指南. 北京:高等教育出版社,2003.
[26] 隋明阳. 机械设计基础. 修订版. 北京:机械工业出版社,2001.
[27] 孙孙桓,陈作模. 机械原理. 北京:机械工业出版社,1996.
[28] 孙先菊. 机械设计基础. 郑州:河南科技出版社,1994.
[29] 赵祥. 机械基础. 北京:高等教育出版社,2001.
[30] 《机械工程标准手册》编委会. 机械工程标准手册. 北京:中国标准出版社,2003.

[31] 孙靖民.现代机械设计方法.哈尔滨:哈尔滨工业大学出版社,2003.

[32] 王成寿.现代机械设计:思想与方法.上海:上海科学技术文献出版社,1999.

[33] 成大先.机械设计手册.第 4 版.北京:化学工业出版社,2002.

[34] Robert L. Machine Elements in Mechanical Design.北京:机械工业出版社,2003.

[35] 濮良贵.机械设计.第 5 版.北京:高等教育出版社,1994.

[36] 何永熹.机械精度设计与检测.北京:国防工业出版社,2006.

[37] 刘庶民.实用机械维修技术.北京:机械工业出版社,1999.

[38] 陆茂盛.机械基础(修订版).南京:江苏科学技术出版社,2000.

[39] 邢琳,王潍.机械设计习题与指导.北京:机械工业出版社,2005.